BCC _ RAD
大气辐射传输模式

张　华　编著

气象出版社
China Meteorological Press

内容简介

本书以相关 k-分布方法为基础，首先研制了5种用于不同需要的谱带划分方案和新的 k-分布间隔点选取方法；并把优化的气体吸收重叠带处理方法用于 BCC _ RAD。在此基础上研制了与气体吸收谱带相匹配的硫酸盐和硝酸盐、黑碳和有机碳、沙尘、海盐气溶胶的光学参数化方案，黑碳气溶胶与其他气溶胶内混合的光学参数化方案，研制了包含6种冰晶形状的新的冰云光学参数化方案和非球形状沙尘气溶胶的光学参数化方案。对于大气辐射传输方法，该书介绍了作者新近发展的计算方法，这些都是 BCC _ RAD 的特色。

本书对从事大气辐射、气候模拟和相关气候变化研究的人员和学者具有很高的实用价值。

图书在版编目(CIP)数据

BCC _ RAD 大气辐射传输模式 / 张华编著. —北京：气象出版社，2016.4

ISBN 978-7-5029-6337-8

Ⅰ. ①B… Ⅱ. ①张… Ⅲ. ①大气辐射－传输－研究 Ⅳ. ①P422.3

中国版本图书馆 CIP 数据核字(2016)第 079589 号

BCC _ RAD 大气辐射传输模式

BCC _ RAD Daqi Fushe Chuanshu Moshi

张 华 编著

出版发行：气象出版社

地 址：北京市海淀区中关村南大街 46 号 邮政编码：100081

电 话：010-68407112(总编室) 010-68409198(发行部)

网 址：http://www.qxcbs.com E-mail：qxcbs@cma.gov.cn

责任编辑：杨泽彬 终 审：邵俊年

责任校对：王丽梅 责任技编：赵相宁

封面设计：易普锐创意

印 刷：北京中新伟业印刷有限公司

开 本：787 mm×1092 mm 1/16 印 张：13.5

字 数：350 千字

版 次：2016 年 5 月第 1 版 印 次：2016 年 5 月第 1 次印刷

定 价：54.00 元

序

大气辐射传输过程，一方面通过地表和大气顶的辐射通量影响地气系统的辐射能量收支平衡，另一方面通过辐射加热率影响大气的垂直和水平运动，是气候系统物理过程的重要组成部分之一。作为描述气候模式中最为关键的物理过程之一，辐射计算方案将在很大程度上影响气候模拟的精度。因此，一个物理过程清晰、计算精度高和计算时间少的大气辐射传输模式对气候模拟和气候变化研究尤为重要。

《BCC _ RAD 大气辐射传输模式》一书作者在大气辐射学领域辛勤耕耘了 20 余载，多年指导研究生的丰富研究成果为撰写该书奠定了扎实的基础。该书不仅十分清晰地向读者介绍了大气辐射传输必要的基础知识，更综合了作者对大气辐射前沿问题的最新研究成果，从而在众多的大气辐射学教材和著作中彰显了自己的特色。

该书致力于帮助读者系统地掌握北京气候中心大气辐射传输模式（简称 BCC _ RAD）的全部计算过程，在了解大气辐射学基本理论知识的同时，对辐射传输模式的各个组成部分有深入和细致的认识。全书共分 8 章。第 2 章通过采用 5 种不同的 k-分布间隔点数，发展了 5 种不同目的精度和速度需求的辐射计算方案，给出了可应用于天气气候模式中辐射方案的多种选择。第 3 章和第 4 章在讲述气溶胶和云光学特征基本物理量和计算方法的基础上，具体阐述了 BCC _ RAD 的不同种类气溶胶和云的光学参数化方案的整个制作流程，并详细给出了他们的光学性质参数表。第 5 章除了介绍传统的辐射传输方法中的二流算法外，还介绍了新发展的四流算法和作者发展的新的二流四流混合算法。

在本书的最后 3 个章节，将 BCC _ RAD 与其他辐射传输模式进行了比较（第 6 章），并介绍了 BCC _ RAD 在研究温室气体辐射强迫中的应用（第 7 章）和在 BCC _ AGCM 全球气候模式中的应用（第 8 章），全面地展示了 BCC _ RAD 在全球气候模式中的应用成果。

本书适用于研究大气辐射相关问题的研究生，为其提供气体重叠吸收处理的解决方案、关于气溶胶和云的光学性质的详细计算方法、大气辐射传输的最新算法及辐射模式应用的最新成果。另外，对于从事卫星遥感和气候模式研究的科研人员，该书也具有很好的参考价值。希望该书的出版，能对大气辐射学和气候研究的发展起到推动作用，并能对相关领域的科研工作者有所帮助。

我衷心祝贺该书的出版，相信读者能够在该书的指导下，深入了解大气辐射领域的最新发展动态及大气辐射在气候模拟和气候变化研究中的最新应用成果。

石广玉

（中国科学院院士）

2016 年 2 月 19 日

前　言

本书是国家气候中心张华研究员及其指导的研究生团队，近年来在大气辐射领域最新研究成果的集成。内容包括了气体吸收、气溶胶光学、云的光学和辐射传输算法等组成大气辐射传输模式的各个部分。基于上述研究成果研发了北京气候中心大气辐射传输模式（简称 BCC _ RAD）。书中同时介绍了利用 BCC _ RAD 进行全球增温潜能研究，并进一步将 BCC _ RAD 应用于北京气候中心全球气候模式（BCC _ AGCM2.0）的系列成果。

气体吸收是辐射计算首先需要考虑的问题，也是作者构建 BCC _ RAD 辐射方案的基础。快速的相关 k-分布方法是以精确的逐线积分（Line-by-Line，简称 LBL）方法为基础建立的，而 LBL 方法需要气体吸收的光谱数据集，所以，在第 2 章中首先对目前最常用的气体吸收光谱数据库 HITRAN（HIgh resolution TRANsmission）进行了介绍，并比较了不同版本 HITRAN 数据资料对大气辐射计算的影响。然后，重点介绍了 BCC _ RAD 气体吸收方案中的谱带划分方法、进行光谱积分的 k-分布间隔点的选取方法和对不同气体重叠吸收处理的新方法。

气溶胶是影响辐射传输的重要大气介质。由于人为气溶胶既是大气污染物、也是重要的辐射强迫因子，近年来对气溶胶的环境和气候效应的研究成为国际国内的热点。本书作者多年来一直致力于研究气溶胶光学的前沿科学问题，在经典气溶胶散射理论基础上，也探索了气溶胶光学领域的一些崭新研究方向，如非球形沙尘气溶胶的光学参数化方案和内混合气溶胶的光学参数化方案。这些研究成果目前都已经包括在 BCC _ RAD 中。本书第 3 章详细介绍了气溶胶光学的理论基础、计算方法和相应的 BCC _ RAD 参数化方案。

在云的光学方面，国际上几乎都采用谱带平均的云的光学特性，而本书作者研究表明云的光学特性和气体光谱吸收有一定的相关性，在谱带内部是有很大变化的，准确考虑这种变化将大大减少有云大气辐射传输的计算误差。这种考虑了云的光学性质和气体吸收谱的相关性的方法就是本书介绍的水云的 k-分布方法，本书第 4 章对这一方法进行了详细的介绍。此外，利用不同形状冰晶粒子的光谱数据集来求取 BCC _ RAD 冰云光学性质参数化方案是 BCC _ RAD 的另一个特色。作者利用全球可以获得的冰晶粒子谱分布数据、不同形状冰晶粒子几何和光学性质（主要包括尺度参数、消光系数、单次散射反照率和非对称因子）的高光谱数据，通过计算获取了按照 BCC _ RAD 谱带划分的冰云光学参数化方案。第 4 章第 2 部分对冰云光学参数化过程所用的数据、方法和结果进行了详细的介绍。

第 5 章介绍了本书所采用的辐射传输算法，包括两种二流辐射传输算法（矩阵法和爱丁顿算法）和本书作者开发的四流累加辐射传输算法（分别为四流离散纵标累加算法和四流球函数展开累加算法）以及二流四流混合算法。五种辐射传输算法均可在 BCC _ RAD 中任意选用。在本书的最后三个章节，分别给出了 BCC _ RAD 与其他辐射传输模式结果的比较（第 6 章）；介绍了利用 BCC _ RAD 研究温室气体全球增温潜能的方法和结果（第 7 章）；重点评估了 BCC _ RAD 在 BCC _ AGCM 全球气候模式中的应用效果（第 8 章）。

本书由张华任主编。第 1 章和第 2 章由张华主笔；第 3 章的 3.1、3.2 节由卫晓东主笔，3.3 节由周晨主笔；第 4 章的 4.1 节由卢鹏、王志立主笔，4.2 节由陈琪主笔；第 5 章的 5.1、5.2、5.4 节由卢鹏主笔，5.3 节由张峰主笔；第 6 章由卢鹏主笔；第 7 章由吴金秀主笔；第 8 章由荆现文主笔。周喜讯为本书做了大量细致和繁琐的整理、修改及其他辅助工作。在此谨向为本书做出贡献的所有成员表示诚挚的感谢。

在完成本书研究工作中，中国科学院大气物理研究所石广玉院士，东京大学中岛映至教授，美国华盛顿大学大气科学系的付强教授，加拿大气候模拟与分析中心的李江南博士都曾给予了非常重要的帮助。在此谨向他们表示诚挚的感谢。

本书中很多新的研究成果分别是在国家自然基金项目“新的水云和冰云辐射参数方案的研究及其在气候模式中的应用（合同号：41375080）”“云的垂直结构的卫星观测和模拟研究（合同号：41075056）”“消耗臭氧物质替代品的辐射强迫、增温潜能与气候效应研究（合同号：40775006）”，以及科技部公益性行业专项项目“新一代云-辐射-气溶胶物理过程模块的研制与应用（GYHY201406023）”和中国科学院战略性先导科技专项课题“碳卫星综合遥感反演系统（XDA05040201）”的资助下完成的。本书的研究和出版得到了国家重点基础研究发展计划项目课题“全球气溶胶的气候效应及对亚洲季风的影响（合同号：2011CB403405）”的资助，在此，一并致谢。

由于时间仓促，科学认识水平有限，书中难免有误，敬请读者指正。

张　华
2016 年 1 月

目 录

第1章 绪 论

目前，气候模拟和气候预测成为世界各国科学家研究的焦点和难点问题。而辐射过程作为气候模拟中最为关键控制因子之一，将在很大程度上影响气候模拟的结果。长波辐射在影响天气、气候和气候对外部辐射强迫的敏感性上，起着关键的作用；太阳辐射是地球气候最终的能量源，在短波辐射加热率计算中的一个小的误差就可能引起模式模拟气候中很大的误差。随着模式空间和时间分辨率的增加和物理过程的改进，气候模拟中对一个高精度、高速度的辐射模块的需求显得越来越迫切。

模拟温室气体的吸收可以利用很多方法，其中逐线积分方法是最精确的方法，但由于计算时间长，计算成本高，所以不能直接应用在气候模式中。进入 20 世纪 90 年代以后，相关 *k*-分布方法作为对逐线积分方法的高精度和低成本近似，已被广泛用于气候模拟研究中。但是，即使利用相关 *k*-分布方法进行辐射计算，也要在精度和速度之间做出选择。北京气候中心大气辐射传输模式（简称：BCC_RAD）采用相关 *k*-分布方法来处理气体吸收，通过采用 5 种不同的 *k*-分布间隔点数，发展了 5 种不同目的精度和速度需求的辐射计算方案，给出了可应用于天气气候模式中辐射方案的多种选择，其中长波方案中包括了水汽、二氧化碳、臭氧、氧化亚氮、甲烷 5 种主要温室气体和 4 种主要的卤碳化合物（CFCs），短波方案中还考虑了氧气的吸收，水汽、二氧化碳、臭氧和氧气的连续吸收。具体在本书第 2 章给予介绍。

在大气中存在很多重叠吸收带，也就是各种不同的气体在同一个波长区间产生吸收，在相关 *k*-分布方法中，如何处理重叠吸收带会影响辐射传输计算的精度和速度。本书第 2 章还讨论了谱带划分和每一谱带中 *k*-分布间隔点的选取方法及其对大气辐射通量和冷却（加热）率计算的影响，并给出可用于气候模式辐射计算方案的最佳选择，然后基于完全不相关、完全相关和部分相关方法提出了一种优化的获取重叠吸收带 *k*-分布参数的方法。同时，提出了两种新的部分相关方法和它们的计算公式。

BCC_RAD 总共由 3 部分组成：上述气体重叠吸收处理方案、气溶胶和云的光学性质计算和辐射传输方法。

大气气溶胶是由多种气体和悬浮于其中的固体粒子或气体粒子所组成，主要包括以人类活动产生为主的硫酸盐、硝酸盐、黑碳和有机碳等气溶胶，以及以自然产生为主的沙尘和海盐等气溶胶。在全球气候变化和低碳经济的时代背景下，大气气溶胶相关内容的研究是当今全球气候变化与环境变化所关注的焦点内容。大气气溶胶光学是辐射模式的重要组成部分，气溶胶的光学性质以参数表的形式放入辐射传输方程中，在此基础上对方程求解可以计算出大气中的气溶胶粒子对地气系统中辐射传输通量的影响，进而可以确定气溶胶的直接辐射强迫。所以，气溶胶光学是利用辐射传输方程计算气溶胶辐射强迫的基础。

目前在辐射传输模式及遥感应用中气溶胶粒子的形状都假设为球形，这是为了方便采用经典的 Mie 散射理论来计算气溶胶的光学性质。实际大气当中的很多液态气溶胶粒子，在表面液体张力的作用下，形状接近球形，因此，采用球形近似计算气溶胶的光学性质可以取得比较精确的计算结果。但实验室及观测数据表明：沙尘粒子的形状在很大程度上都是不规则的，许多研究用不同方法从不同角度证实了非球形沙尘粒子的散射与球形沙尘粒子的散射具有很大差别。本书第 3 章分别针对球形气溶胶和非球形气溶胶介绍了气溶胶光学的理论研究和数值算法，并根据 BCC_RAD 辐射传输方案，分别计算了包括沙尘、碳类、硫酸盐、硝酸盐及海盐等主要气溶胶的光学参数化方案，为 BCC_RAD 提供这几种气溶胶光学特性的输入参数。

许多观测研究表明，大气中大部分气溶胶粒子是由多种成分混合形成的，并且这些颗粒中有很大一部分是以内混合形式存在的。内混合粒子的形态各异，不同的混合形态对粒子的光学性质的影响均不相同。本书第 3 章也针对三种不同的内混合模型（Core-Shell 模型、Maxwell-Garnett 模型和 Bruggeman 模型）及典型外混合模型，以黑碳-硫酸盐混合粒子为例，讨论了内混合气溶胶在不同体积混合比和不同相对湿度下的光学特性。

云的光学也是辐射模式的重要组成部分。云能反射太阳短波辐射，并能吸收地气系统的长波辐射，再以自身温度放出长波辐射，从而影响气候系统的辐射收支。前人研究的气体吸收与云光学性质之间的相互作用都是在谱带模式的框架下研究水汽吸收和云吸收的相互关系。而 Fomin 和 Correa(2005)的研究表明，水汽和云也存在重叠吸收的问题，当水汽吸收强烈的时候，有可能会削弱水云的吸收。目前的相关 k-分布方法中，仅将 k-分布重排法用于气体吸收的计算上，而在计算云光学性质时仍采用谱带平均的云光学性质，因此，目前的相关 k-分布方法在处理气体吸收和水云光学性质时，存在不匹配的现象。本书第 4 章除了介绍谱带平均的水云光学性质外，还介绍了一种与相关 k-分布结构相匹配的水云光学性质参数化方案，从而更准确地进行有云大气的辐射计算。与水云相比，冰云的短波光学厚度通常远远小于水云，但冰云对长波辐射的吸收能力相对强于其对短波辐射的反射能力，这使得冰云对气候系统的影响与水云差异较大。本书在第 4 章介绍了一种新的冰云光学性质参数化方案，并给出了 BCC_RAD 使用的冰云光学性质参数表。

辐射传输方程的求解是大气辐射模式的重要组成部分。有些方法直接对辐射传输方程进行离散化处理（离散纵坐标法和球谐函数展开法），有些基于直观的物理过程进行考虑（倍加-累加法、逐次散射法和蒙特卡洛求解法）。目前大多数气候模式仍然采用二流辐射传输方法，该方法的优点是计算速度快。随着高性能计算机的发展，四流辐射方案逐渐被应用于气候模式之中。研究表明，采用四流算法可以获得较小的计算误差。本书第 5 章先后对辐射传输方法中的二流算法和四流算法进行了介绍，最后介绍了作者发展的新的二流四流混合算法。

在本书的最后三个章节，对 BCC_RAD 与其他辐射传输模式进行了比较（第 6 章），并介绍了 BCC_RAD 在研究温室气体辐射强迫中的应用（第 7 章）和在 BCC_AGCM 全球气候模式中的应用（第 8 章）。

参考文献

Fomin B, Correa M P. 2005. A *k*-distribution technique for radiative transfer simulation in inhomogeneous atmosphere: 2. FKDM, fast *k*-distribution model for the shortwave[J]. *Journal of Geophysical Research*: Atmospheres, **110**(D2). doi:10.1029/2004JD005163.

第 2 章　BCC_RAD 的气体吸收 k-分布方法

摘要：如果仅用一种方案来处理大气吸收重叠吸收带，就无法得到最优精度。尤其当气体吸收光谱之间的相关性变强时，利用传统的透过率相乘法来计算重叠气体的透过率误差很大。因此，基于完全不相关、完全相关和部分相关方法，本章提出了一种优化的获取气体重叠吸收带 k-分布参数的方法。同时，提出了两种新的部分相关方法和它们的计算公式。与此同时，由于谱带划分是进行辐射计算的基础，基于各种需要的谱带结构会直接影响大气辐射计算的精度和速度。本章给出了 5 种针对不同需要的谱带划分方案，并对它们的大气辐射通量和冷却率进行了详细的比较。k-分布间隔点的选取是相关 k-分布方法计算的基础，如何选取 k-分布间隔点是目前辐射计算中没有解决的问题之一。本章通过数值计算指出：在其他条件相同的情况下，谱带划分和 k-分布间隔点的选取是影响大气辐射计算精度的两个较为重要的因子。如果计算机能力允许，增加谱带和 k-分布间隔点的个数是提高大气辐射计算精度的有效手段。本章研究结果表明，k-分布间隔点的增加对辐射计算精度的影响具有饱和度，因此，提出了 k-分布间隔点选取的优化原则和方法，并在此基础上，给出了可应用于天气气候模式的多种大气辐射计算方案。

2.1　不同版本 HITRAN 光谱数据对辐射模式的影响

BCC_RAD 中气体吸收计算采用的光谱数据来自 HITRAN 光谱数据。HITRAN（HIgh resolution TRANsmission）分子光谱数据集被广泛应用于大气遥感、大气辐射等领域，是目前世界公认的高精度光谱数据库之一（Rothman，2010）。HITRAN 分子光谱数据集的主要版本有 HITRAN1986、HITRAN1992、HITRAN1996、HITRAN2000、HITRAN2004、HITRAN2008、HITRAN2012（Rothman *et al.*，1987，1998，2003，2005，2009，2013），目前发布的最新版本是 HITRAN2012。HITRAN 光谱数据集主要包括逐线光谱参数、红外吸收截面参数、紫外逐线光谱参数、紫外吸收截面参数和气溶胶光学参数。其中逐线光谱参数包括了 47 种气体，BCC_RAD 采用了其中的水汽、二氧化碳、臭氧、氧化亚氮、一氧化碳、甲烷、氧气 7 种气体的逐线光谱参数（Zhang *et al.*，2013；张华 等，2013）。对于一些大分子量气体，例如全氟碳化物（PFCs）、氢氟碳化物（HFCs）和六氟化硫等与大气臭氧层破坏和温室气体密切相关的气体，目前的光谱实验水平尚不足以获取逐线光谱参数，因此以吸收截面的形式给出，BCC_RAD 中也使用了上述吸收截面数据（Zhang *et al.*，2011；张华 等，2011）。

逐线积分辐射模式首先利用分子光谱数据计算气体吸收系数，然后通过气体吸收系数结合大气廓线中的气体浓度信息得到气体吸收的光学厚度，最后进行辐射传输计算。因此，分子光谱数据的精确程度直接决定了逐线积分大气辐射模式的精度。

相关 k-分布辐射模式与逐线积分辐射模式相比，计算速度快，并且能根据精度需求，灵活的调整相关 k-分布间隔的数目，如果需要高精度，只需增加 k-分布间隔的个数，如需要节约计算时间，则可以减少 k-分布间隔的数目。正因为以上优点，相关 k-分布辐射模式被广泛地应用于数值天气预报和气候模式。相关 k-分布模式需要预先计算出不同温度、气压下每个 k-分布间隔点上的吸收系数，而在计算不同温度、气压下每个 k-分布间隔点上的吸收系数时，需要使用逐线积分模式计算的气体吸收系数，因此，相关 k-分布辐射模式的精度，也在很大程度上取决于分子光谱参数的精度。

不少研究者针对不同版本 HITRAN 分子光谱数据集对辐射传输的影响做了大量工作。Pinnock 和 Shine(1998)比较了利用 HITRAN1986、HITRAN1992 和 HITRAN1996 计算的长波辐亮度、冷却率和辐射强迫的区别，并且评估了谱线强度和谱线加宽的不确定性对长波辐射的影响。Fomin 等(2004)评估了 HITRAN1992、HITRAN1996 和 HITRAN2002 对辐射通量的影响。Feng 等(2007)以及 Feng 和 Zhao(2009)评估了不同 HITRAN 版本光谱数据对遥感的影响。Kratz(2008)研究了 HITRAN1982、HITRAN1986、HITRAN1992、HITRAN1996、HITRAN2000、HITRAN2004 对大气辐射计算造成的差异。Fomin 和 Falaleeva(2009)将 HITRAN2008 与之前版本的 HITRAN 光谱数据作了一个简略的比较。

2.1.1 HITRAN 主要吸收气体谱线参数统计

表 2.1 统计了 4 个 HITRAN 版本(HITRAN1996、HITRAN2000、HITRAN2004 和 HITRAN2008)5 种温室气体(水汽、二氧化碳、臭氧、氧化亚氮和甲烷)在长波区间(0～3000 cm^{-1})的谱线参数。从中可以看出 HITRAN2008 的二氧化碳谱线数目是前几个版本的 4 倍以上，但是，总线强和线强加权的半宽改变却很小。

表 2.1　0～3000 cm^{-1} 谱线统计

HITRAN database	N	$\sum S$ ($cm^2 \cdot mol^{-1} \cdot cm^{-1}$)	$\sum S\alpha / \sum S$ (cm^{-1})
H_2O			
2008	18429	6.388E−17	7.6826E−2
2004	18429	6.341E−17	7.8819E−2
2000	16422	6.358E−17	7.5242E−2
1996	15571	6.347E−17	7.5568E−2
CO_2			
2008	161272	1.098E−16	7.3577E−2
2004	40095	1.098E−16	7.3577E−2
2000	38843	1.098E−16	7.3577E−2
1996	38843	1.098E−16	7.3577E−2
O_3			
2008	357375	1.762E−17	7.6412E−2

续表

HITRAN database	N	$\sum S$ (cm^2 · mol^{-1} · cm^{-1})	$\sum S\alpha / \sum S$ (cm^{-1})
2004	295292	1.761E−17	7.6399E−2
2000	258958	1.819E−17	7.2288E−2
1996	258958	1.819E−17	7.2288E−2
CH_4			
2008	153792	8.374E−18	5.832E−2
2004	129684	8.354E−18	5.858E−2
2000	37392	8.440E−18	5.916E−2
1996	37392	8.440E−18	5.916E−2
N_2O			
2008	32307	6.967E−17	7.704E−2
2004	32299	6.967E−17	7.704E−2
2000	20828	6.974E−17	7.656E−2
1996	20827	6.974E−17	7.656E−2

表中，N 为谱线数目，$\sum S$ 为谱线强度和，$\sum S\alpha / \sum S$ 为谱线强度加权半宽。

表 2.2 统计了不同谱线强度下二氧化碳的谱线数目、谱线强度和以及谱线强度加权的空气加宽半宽度。由于 HITRAN1996 和 HITRAN2000 采用同样的二氧化碳光谱数据，因此，表 2.2 中仅给出了 HITRAN1996、HITRAN2004 和 HITRAN2008 的统计结果。从 HITRAN1996 和 HITRAN2004 的统计结果可以发现，谱线强度大于 1E−26(cm^2 · mol^{-1})的谱线数目占总谱线数目的比重分别约为 79%和 75%；而在 HITRAN2008 中，该比重仅为 6%。这意味着 HITRAN2008 二氧化碳光谱数据中增加了大量谱线强度较小光谱谱线(简称弱线)。同样发现在 HITRAN1996 和 HITRAN2004 中，谱线强度大于 1E−22(cm^2 · mol^{-1})的谱线数目分别为 1978 条和 1959 条，而在 HITRAN2008 中，该数目为 505，这表明 HITRAN2008 中谱线强度比较大的光谱谱线(简称强线)，与之前版本 HITRAN 光谱数据集相比，有了大幅减少。因此，推断有可能是随着实验室光谱学的发展，更多的弱线被测得，同时，以往测得的某些强线也被更精确的测量拆分为若干弱线。

表 2.2　二氧化碳 0～3000 cm^{-1} 区间谱线按照谱线强度的参数统计表

CO_2	N	$\sum S$ (cm^2 · mol^{-1} · cm^{-1})	$\sum S\alpha / \sum S$ (cm^{-1})
2008			
>0	161272	1.098E−16	7.3577E−2
>1e−26	8983	6.2215E−18	7.3980E−2
>1e−22	505	6.1921E−18	7.3985E−2
>1e−18	0	0	0
2004			
>0	40095	1.098E−16	7.3577E−2

续表

CO_2	N	$\sum S$ ($cm^2 \cdot mol^{-1} \cdot cm^{-1}$)	$\sum S\alpha / \sum S$ (cm^{-1})
>1e−26	30071	1.0849E−16	7.3697E−2
>1e−22	1959	1.0839E−16	7.3669E−2
>1e−18	34	8.3164E−17	7.3940E−2
1996			
>0	38843	1.098E−16	7.3577E−2
>1e−26	30708	1.098E−16	7.3577E−2
>1e−22	1978	1.097E−16	7.3579E−2
>1e−18	34	8.316E−17	7.3940E−2

表中，N 为谱线数目，$\sum S$ 为谱线强度和，$\sum S\alpha / \sum S$ 为谱线强度加权半宽。

2.1.2 HITRAN 光谱数据对光学厚度、辐射通量和冷却率的影响

选取 6 种标准大气廓线[热带大气(TRO)、中纬度夏季大气(MLS)、中纬度冬季大气(MLW)、亚寒带夏季大气(SAS)、亚寒带冬季大气(SAW)和美国标准大气(USS)](McClatchey *et al.*，1972)用于大气辐射计算。ZS2000 逐线积分模式的光谱分辨率取为 0.1 cm^{-1}，单条谱线的截断取为 5 cm^{-1}。大气分为 100 层，每层 1 km。由于 70 km 以上的辐射计算需要考虑非局地热力平衡，因此，仅选取 70 km 以下的计算结果分析。

光学厚度的公式如下：

$$\tau_\nu(z_1, z_2) = \int_{z_1}^{z_2} k_\nu \rho(z) \mathrm{d}z \tag{2.1}$$

式中，τ_ν 是波数 ν 处的光学厚度，z_1 和 z_2 表示光程的两端，k_ν 表示吸收系数，$\rho(z)$ 表示高度 z 处的气体密度。

图 2.1 给出了中纬度夏季大气廓线条件下计算的 5 种温室气体的整层大气的总光学厚度。图中显示的光谱分辨率为 5 cm^{-1}。从图 2.1 可以看出，HITRAN2008 和 HITRAN2004 相对差别最大的区间在 490～600 cm^{-1}，最大相对差别为 497.5 cm^{-1} 处的 17.99%；HITRAN2008 和 HITRAN2000 相对差别最大的区间在 2500～2820 cm^{-1}。最大相对差别可以达到 −99%，也就是说在该区间内利用 HITRAN2000 计算的光学厚度要远远小于利用 HITRAN2008 计算的光学厚度。HITRAN2008 和 HITRAN1996 相对差别最大的区间在 2390～2430 cm^{-1} 以及 780～920 cm^{-1}，最大相对差别为 2412.5 cm^{-1} 的 44.23%。由 Rothman 等(2003)可知 HITRAN2000 与 HITRAN1996 相比，5 种气体中仅有水汽进行了更新。从图 2.1 中可以发现，在 2500～2820 cm^{-1} 区间，HITRAN1996 与 HITRAN2008 的相对差别要小于 HITRAN2000 和 HITRAN2008 的相对误差；而在 780～920 cm^{-1} 区间，HITRAN1996 与 HITRAN2008 的相对差别要大于 HITRAN2000 和 HITRAN2008 的相对误差。这表明在 2500～2820 cm^{-1} 区间，HITRAN1996 的水汽光谱数据有可能要优于 HITRAN2000；反之在 780～920 cm^{-1} 区间，HITRAN2000 的水汽光谱数据有可能要优于 HITRAN1996。

表 2.3 给出了 HITRAN2008 计算的 6 种大气廓线的大气顶向上辐射通量和地表向下辐

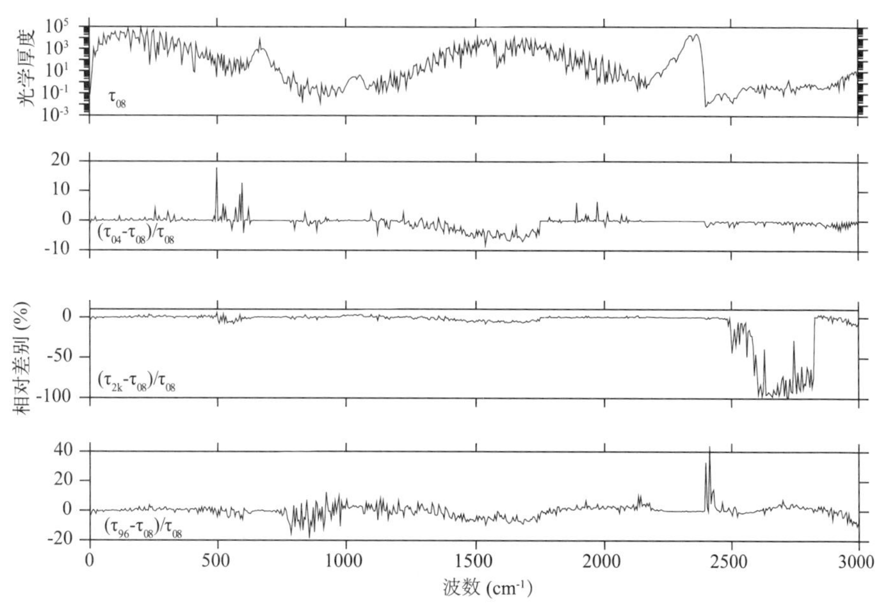

图 2.1　0～3000 cm^{-1},中纬度夏季大气廓线下 5 种温室气体的光学厚度之和

射通量,并给出与之前 3 个 HITRAN 版本的差值。对于大气顶向上辐射通量而言,HITRAN2008 与之前 3 个版本的差别很小,不超过 0.28 W·m^{-2}。对于地表向下辐射通量而言,HITRAN1996 和 HITRAN2008 计算结果差异较大,在热带大气、中纬度夏季大气、亚寒带夏季大气廓线下的差别都大于 1 W·m^{-2}。其中差别最大的为热带大气廓线下的 1.7 W·m^{-2}。从上文对图 2.1 的分析可知,HITRAN1996 在 780～920 cm^{-1} 区间的水汽光学参数可能要略逊于其他 3 个版本,因此,造成了 HITRAN1996 和 HITRAN2008 地表向下辐射通量差异比较大。之所以地表向下辐射通量的误差要大于大气顶向上辐射通量的误差,主要是由于水汽主要集中在低层大气,而热红外辐射主要是每层的发射决定的,因此,水汽光谱参数的差异对地表向下辐射的影响更大。之所以在热带廓线的误差最大,主要是由于热带的水汽含量比较高造成的。

表 2.3　利用不同版本 HITRAN 光谱数据计算的 0～3000 cm^{-1} 区间的 6 种大气廓线下的辐射通量

	HITRAN2008		2004—2008		2000—2008		1996—2008	
	$F^{\uparrow}$	$F^{\downarrow}$	$F^{\uparrow}$	$F^{\downarrow}$	$F^{\uparrow}$	$F^{\downarrow}$	$F^{\uparrow}$	$F^{\downarrow}$
TRO	297.06	332.85	−0.24	0.12	−0.17	0.01	0.28	−1.70
MLS	286.89	303.96	−0.24	0.21	−0.19	0.08	0.15	−1.38
MLW	232.30	204.38	−0.18	0.48	−0.17	0.32	−0.01	−0.48
SAS	269.04	268.18	−0.22	0.34	−0.18	0.16	0.13	−1.07
SAW	199.97	156.49	−0.12	0.48	−0.12	0.39	−0.05	−0.16
USS	265.23	262.52	−0.25	0.40	−0.21	0.21	0.09	−0.85

表中,$F^{\uparrow}$ 表示大气顶向上辐射通量,$F^{\downarrow}$ 表示地表向下辐射通量。表中所有变量的单位为 W·m^{-2}。

图 2.2 给出了 HITRAN2008 光谱数据计算的中纬度夏季大气廓线的冷却率,并给出了与之前 3 个 HITRAN 版本的差值。HITRAN2004 和 HITRAN2008 的差别小于 0.05 K/d。HITRAN2000

和 HITRAN2008 以及 HITRAN1996 和 HITRAN2008 的差别小于 0.12 K/d。HITRAN2008 和之前 3 个版本的最大差别都出现在 50 km 处，这主要是由于中纬度夏季大气廓线的冷却率在 50 km 处也达到最大，HITRAN2008 和之前 3 个版本在 50 km 处的相对差别小于 1%。

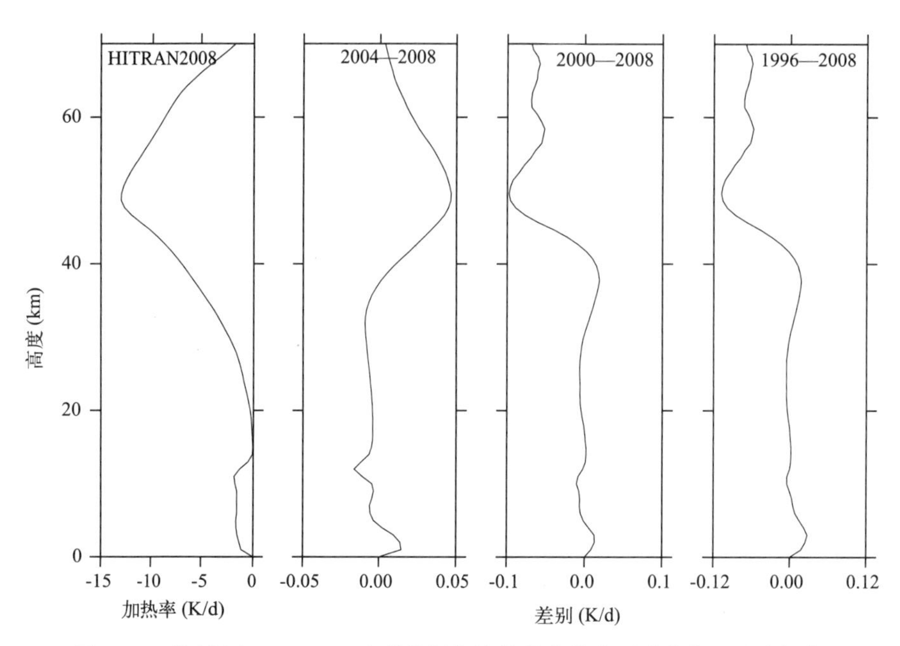

图 2.2　不同版本 HITRAN 光谱数据集计算的中纬度夏季廓线下的冷却率

2.1.3　HITRAN 光谱资料对辐射模式不确定性的研究

为了评估由谱线强度和空气加宽半宽度的不确定性造成的光学厚度、辐射通量和冷却率的不确定性，我们选取 HITRAN2008 中谱线强度和空气加宽半宽度的不确定性指数作为研究资料。表 2.4 给出了 HITRAN 分子光谱数据集中的不确定性指数的界定。为了便于计算，将不确定性指数为 0～3 的不确定性取为 20%，将不确定性指数为 4 的不确定性取为 15%，将不确定性指数为 5 的不确定性取为 7.5%，将不确定性指数为 6 的不确定性取为 2.5%，将不确定性指数为 7 的不确定性取为 1.5%，将不确定性指数为 8 的不确定性取为 1%。

表 2.4　HITRAN 不确定指数(Rothman *et al.*, 2005)

指数	谱线强度，空气加宽半宽度
0	没有记录
1	默认值或常数
2	均值或评估值
3	≥20%
4	≥10%且<20%
5	≥5%且<10%
6	≥2%且 <5%
7	≥1%且<2%
8	<1%

表 2.5 统计了 5 种气体谱线强度和空气加宽半宽度不确定性指数的分布情况。Pinnock 和 Shine(1998)在假定所有谱线的谱线强度和空气加宽半宽度的不确定性相同的前提下研究了谱线强度和空气加宽半宽度的不确定性对辐射计算的影响，从表 2.5 可知，这种假设与真实情况存在一定的差异，因此本章利用每条谱线强度和空气加宽半宽度的不确定性指数来评估对辐射计算的影响更为合理。

表 2.5　谱线强度和空气加宽半宽度不确定指数的分类统计

指数		0	1	2	3	4	5	6	7	8
水汽	线强	3604	0	0	0	1	14150	131	543	0
	半宽	123	0	0	0	2525	13336	1628	615	202
二氧化碳	线强	87	0	3804	12539	112440	19686	12683	18	15
	半宽	0	0	0	0	8791	152481	0	0	0
臭氧	线强	158721	0	0	13196	75814	93335	14829	1480	0
	半宽	15724	0	61	0	83453	120325	137812	0	0
氧化亚氮	线强	451	0	0	0	0	293	31422	141	0
	半宽	0	168	0	0	0	0	32139	0	0
甲烷	线强	0	0	0	78005	16932	52942	5912	0	0
	半宽	0	0	76766	50919	15394	8506	2050	157	0

由吸收系数计算公式(2.2)和光学厚度计算公式(2.1)可知，光学厚度正比于谱线强度。Pinnock 和 Shine(1998)研究表明增加空气加宽半宽将增加翼部的吸收从而增加光学厚度。同时 Pinnock 和 Shine(1998)还给出了长波辐亮度与光学厚度的关系

$$k_\nu = \frac{k_0 Y}{\pi}\int_{-\infty}^{\infty}\frac{\mathrm{e}^{-t^2}}{Y^2+(x-t)^2}\mathrm{d}t \tag{2.2}$$

其中 k_ν 表示波数 ν 处的吸收系数，$k_0=S/(\alpha_D\sqrt{\pi})$，$x=(\nu-\nu_0)/\alpha_D$，$Y=\alpha_L/\alpha_D$，$S$ 表示谱线强度，α_L 和 α_D 分布表示洛仑兹半宽度和多普勒半宽度，ν_0 表示谱线中心位置。

$$I_{sfc} = B(T_{atm})(1-\mathrm{e}^{-\tau}) \tag{2.3}$$

$$I_{top} = B(T_{sfc})\mathrm{e}^{-\tau} + B(T_{atm})(1-\mathrm{e}^{-\tau}) \tag{2.4}$$

其中，T_{atm} 和 T_{sfc} 分别表示大气温度和地表温度；I_{top} 和 I_{sfc} 分别表示大气顶向上和地表向下的辐亮度。从长波辐亮度和光学厚度的关系可以看出，当光学厚度增加时，地表向下的辐亮度增加；大气顶向上的辐亮度减少(地表温度大于大气平均温度)。

结合上述分析，谱线强度和空气加宽半宽达到不确定性区间上限时，对应最大的光学厚度、最大的地表向下辐亮度以及最小的大气顶向上辐亮度。当谱线强度和空气加宽半宽达到不确定性区间下限时，对应最小的光学厚度、最小的地表向下辐亮度以及最大的大气顶向上辐亮度。因此，可以通过计算谱线强度和空气加宽半宽同时达到不确定性上限，以及同时达到不确定性下限时的光学厚度、辐射通量和冷却率，来评估谱线强度和空气加宽半宽度的不确定性造成的光学厚度、辐射通量和冷却率的不确定性。

图 2.3 给出了 5 cm^{-1}分辨率的整层大气的光学厚度的不确定性评估结果。从图 2.3 可知，整个长波区间的光学厚度的不确定性都小于 10%。从图 2.1 可知，HITRAN2008 和 HITRAN2004 在490～600 cm^{-1}，最大相对差别为 17.99%；HITRAN2008 和 HITRAN2000 在 2500～2820 cm^{-1}，最大相对差别达到 99%；HITRAN2008 和 HITRAN1996 的区间在 2390～2430 cm^{-1}，最大相对差别为 2412.5 cm^{-1}的 44.23%，都要大于由于谱线强度和空气加宽半宽度不确定性造成的差异，因此这些区域的辐射传输计算，特别是应用于高分辨率光谱相关的遥感研究时，需要谨慎使用。

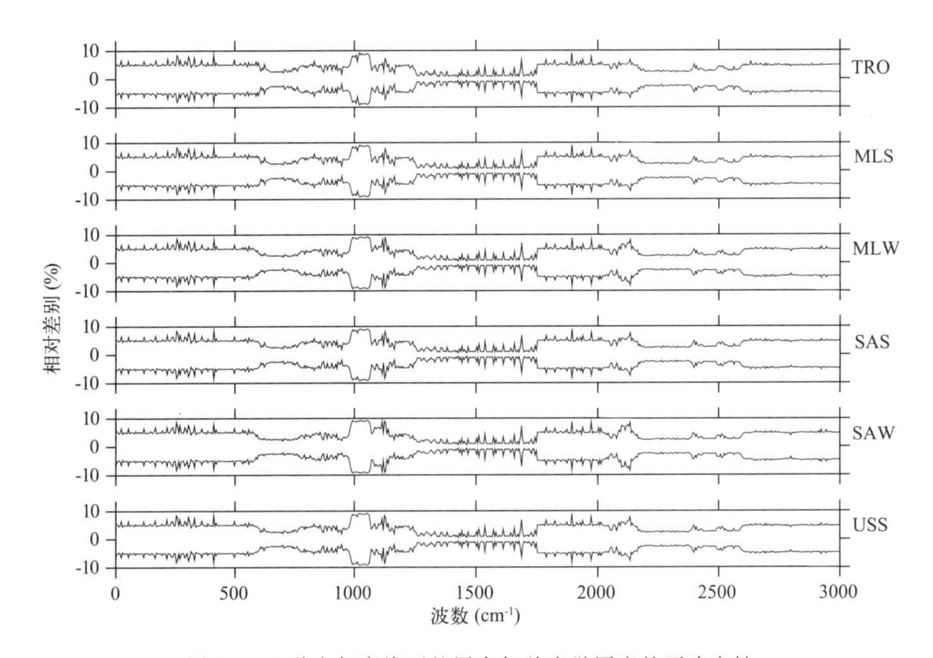

图 2.3　6 种大气廓线下整层大气总光学厚度的不确定性

从表 2.6 可以看出由 HITRAN 光谱参数中谱线强度和空气加宽半宽不确定性造成的大气顶向上辐射通量不确定性范围为 1.92 W · m^{-2}，地表向下辐射通量不确定性范围为 1.97 W · m^{-2}。最大不确定性都出现在热带大气条件下。

表 2.6　6 种大气廓线下辐射通量的不确定性范围

	HITRAN2008		不确定性(W · m^{-2})	
	$F\uparrow$	$F\downarrow$	$F\uparrow$	$F\downarrow$
TRO	297.06	332.85	[−1.82, 1.92]	[−1.97,1.86]
MLS	286.89	303.96	[−1.63, 1.73]	[−1.91, 1.79]
MLW	232.30	204.38	[−1.10, 1.16]	[−1.69, 1.59]
SAS	269.04	268.18	[−1.34, 1.43]	[−1.84, 1.75]
SAW	199.97	156.49	[−0.76, 0.80]	[−1.51, 1.42]
USS	265.23	262.52	[−1.52, 1.61]	[−1.85, 1.78]

从图 2.4 可以看出由 HITRAN 光谱参数不确定性造成的冷却率的不确定性范围为 0.5 K/d。最大不确定性出现在美国标准大气条件下。

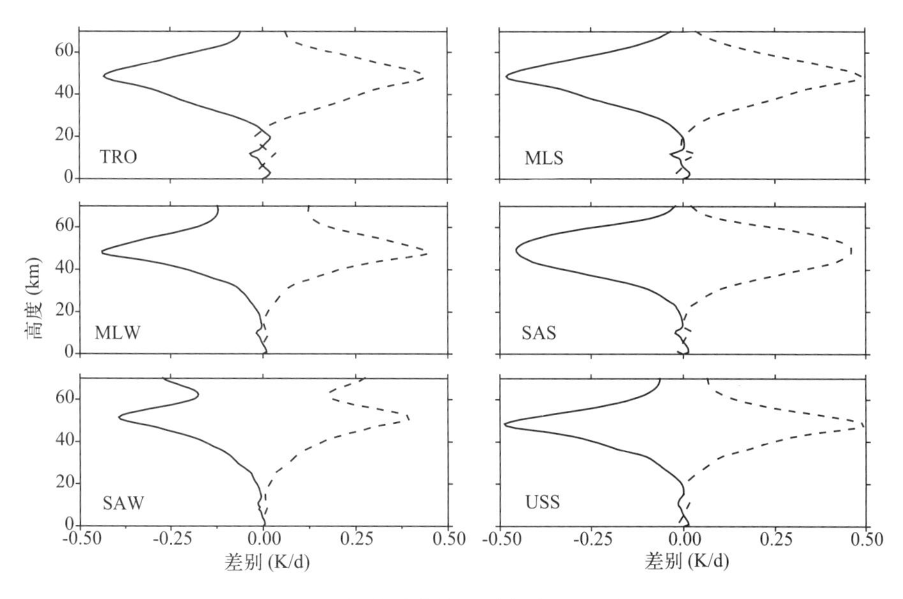

图 2.4　6 种大气廓线条件下冷却率的不确定性范围

2.2　不同气体重叠吸收方法

可以用许多方法模拟温室气体的辐射吸收。其中逐线积分方法是最精确的方法，但是，由于该方法对所有波长的积分成本太高，所以，在实际应用中，仅仅将该方法作为其他方法的参考标准。相关 k-分布(此后简写为 ck-D)方法通过重排吸收谱简化了对波长的积分，大大减少了计算时间，同时又保证了计算的高精度。

在 ck-D 方法中，如何处理重叠吸收带会影响辐射传输计算的精度和速度。在大气中存在很多重叠吸收带，也就是各种不同的气体在同一个波长区间产生吸收。例如，CH_4 和 N_2O 都在 7～8 μm 带产生吸收；CO_2，H_2O 和 O_3 都在 15 μm 带产生吸收；CO_2 和 H_2O 在 2.7 μm 带产生吸收，等等。科学家们研究了几种方法来解决这一现象。一种方法是两种或多种重叠线吸收气体结合起来生成一种“单一的复合气体”，即代表两种或多种线吸收气体的单一的吸收波谱 (Goody *et al.*, 1989; Fu *et al.*, 1992; Mlawer *et al.*, 1997)。然而，这种方法并不适合于一些需要把每种气体的 ck-D 函数单独定义的大气遥感应用 (Buchwitz *et al.*, 2000)。此外，主吸收气体的选择需要限制气体混合比的范围 (Gerstell, 1993)。

第二种广泛采用的方法是通过假定重叠气体的吸收波谱之间存在相关性，将每种吸收气体的吸收系数联系起来 (Shi, 1981; Isaacs *et al.*, 1987; Lacis *et al.*, 1991; Firsov *et al.*, 1998)。最通用的方法是假定重叠线吸收气体的单色透过率或吸收波谱在感兴趣的波长间隔内是互不相关的(Wang *et al.*, 1983; Lacis *et al.*, 1991; Ellingson, 1991)。此时，透过率的平均值可由单个吸收气体的平均透过率的乘积来决定，有了吸收系数$\{k_i^1 \times k_j^2; i,j=1,\cdots,M\}$，辐射传输方程需要求解$M^2$次（$M$是波长积分离散的积分点数量），例如在两种重叠气体的情况下。对于较小的波长间隔的窄带模式，这种处理方法是相当精确的。若忽略了重叠气体的线吸收的相关性，就会产生相当大的误差。在*ck*-D框架下的另一种方案是假定气体的吸收波谱是完全相关的（Isaacs *et al.*，1987；Liu *et al.*，2001）。在这种方案中，假定吸收系数分布的形状是相同的，这样，只是数量级有所不同，所以，仅有相同积分指数的系数$\{k_i^1, k_i^2; i=1,\cdots,M\}$才需要联合，这种方案中，只需要计算$M$次辐射传输。然而，这里隐含的完全相关性假设不符合实际大气，并且在许多情况下会系统性地过高估计重叠吸收的透过率（Shi，1981，1984；Firsov *et al.*，1998）。因此，寻找第三种方法来描述线吸收气体之间的部分相关关系是值得本章探讨的问题。

基于重叠气体的相对强度及其之间的相互关系，Shi（1981）提出了几种使用*ck*-D方法研究大气重叠吸收带的方案。但是他只给出了均匀大气路径的不同处理方法导致的透过率的差异；并没有告诉我们对于非均匀大气路径，哪种方案是最佳。Liu等（2001）比较了几种不包含部分相关关系的方案。以往的研究工作考虑了部分相关关系，但他们是以“透过率相乘方案”作为参考标准，而没有将这些结果与最精确的逐线积分方法的结果作比较（Shi，1984；Liu *et al.*，2001）。Yang等（2000）又提出了几种方案来修正这些传统的方法（Fu *et al.*，1992；Lacis *et al.*，1991），将部分相关关系包括在内，但它们只对带宽很窄的大气遥感研究有用。与以上的方法不同的是，Nakajima等（2000）研究了一种优化的非线性的连续积分程序（SQP），能够自动地调节*k*-分布参数，以解释部分相关关系。

以往的研究表明，在气候或遥感的应用中，没有对所有重叠吸收带或通道都适合的通用处理方法，因为相关关系在重叠吸收带之间变化很大。即使Nakajima等（2000）的方法也仅包含很少的收敛的例子来最终获得*k*-分布函数。因此，将几种相关关系方案结合起来，找到一种更客观的获取*k*-分布参数的方法，是非常有用的。

本章提出了两种部分相关关系的简化方案，用映射次气体的吸收谱到相应的主气体吸收谱中去的方法，将不同气体吸收波谱之间的相关性包括进去（例如Shi，1981，1984；Mlawer *et al.*，1997）。这样，存在于重叠气体之间的相互关系就自动地包含在计算的透过率和辐射通量之中；而不需要Firsov等（1998）方案中的特别处理。在前文阐述的完全不相关、完全相关和部分相关的方案的基础之上，本章提出了优化的方法来选择重叠吸收带的*k*-分布参数。

2.2.1 在*ck*-D方法下处理重叠吸收透过率的方法

如果两种气体（1和2）的吸收带在同一个波段重叠，怎样解决两种气体的联合透过率呢？如果我们在重叠波段独立地重排每种气体，可得到两种重叠方案（图2.5），再对每种气体的垂直非均匀大气采用*ck*-D方法假设作处理（Zhang *et al.*，2002）。一种是常用的透过率相乘方案，假定重叠气体之间的吸收谱是完全不相关的，用*ck*-D方法表示的重叠透过率为：

$$T(u_1,u_2)=T(u_1)T(u_2)=\sum_{\substack{i=1,M\\ j=1,N}} A_i A_j \mathrm{e}^{-(k_i^1 u_1+k_j^2 u_2)} \tag{2.5}$$

这里，u_1 和 u_2 是两种气体的吸收量，$\{k_i^1, i=1,M\}$ 和 $\{k_j^2, j=1,N\}$ 分别是气体 1 和气体 2 在高斯积分点（或子区间）的有效吸收系数。k_i^1 和 k_j^2 的上标代表气体的种类；M 和 N 分别是气体 1 和气体 2 的子区间个数总和。A_i 和 A_j 是气体 1 和气体 2 在高斯积分点上的相应权重。第二种方案是所谓的完全相关方案。该方案中的重叠透过率公式为：

$$T(u_1, u_2) = \sum_{i=1}^{M} A_i \mathrm{e}^{-(k_i^1 u_1 + k_i^2 u_2)} \tag{2.6}$$

此处 A_i，u_1，u_2 和 M 的含义完全同公式（2.5）。公式（2.5）与（2.6）之间的区别在于式（2.5）中包含这两种气体的交叉乘积项，由于吸收谱的随机假设，式（2.6）不包含这一项，因为式（2.6）中假定两种吸收谱是完全相关的。当用逐线积分方法作波数积分，或者窄带方案的带宽少于几十个波数时，式（2.5）产生了两种或多种气体精确的重叠透过率。当各种气体之间的相关性变强时，它可能会过低或过高地估计重叠透过率（Shi，1984；Chou *et al.*，2001）。因为完全相关假设在实际的吸收波谱中很少得到满足，式（2.6）在大多数情况下过高地估计了重叠透过率（Firsov *et al.*，1998）。

图 2.6a 和 2.6b 展示了波数范围在 550～850 cm^{-1} 和 1000～1450 cm^{-1} 的平均吸收波谱，它们是大气中两个典型的重叠吸收带，即 CO_2，O_3 和 N_2O 的 15 μm 吸收带，H_2O，CH_4 和 N_2O 的 7.8 μm 吸收带。图 2.6a 和 2.6b 中 3 种气体的平均吸收有相似的波数依赖关系，表明几种吸收气体之间必定存在重要的相关关系。根据这一点，本章给出一种合适的介于公式（2.5）与（2.6）之间的近似算法，它考虑到了存在于不同大气吸收光谱中的部分相关关系。

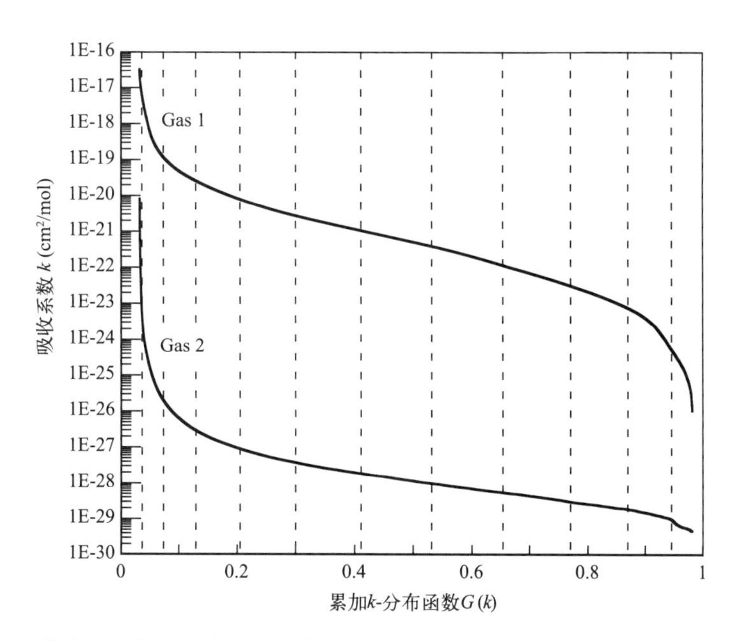

图 2.5　完全不相关方法和完全相关方法示意图（Lacis *et al.*，1991）。图中的虚线代表高斯积分点的位置（Shi，1981）

图 2.7 给出本章处理部分相关的重叠吸收带的方案的示意图。首先，根据总的线强和每种气体丰度的乘积，在被研究的气体种类中选择一种参照气体。这种乘积能有效地说明该种

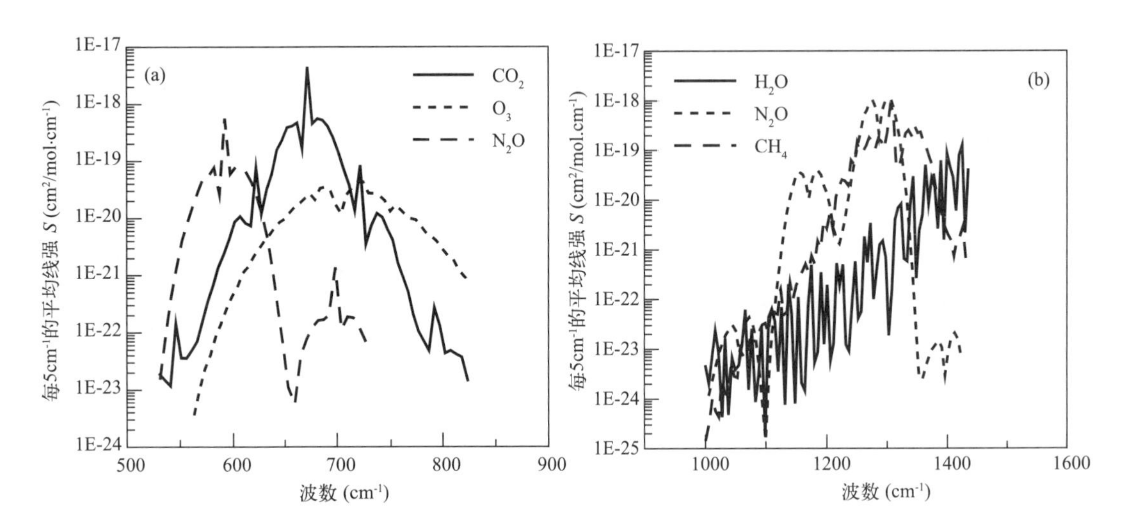

图 2.6 对两种典型的重叠吸收带,辐射气体之间的相关性示意图。(a) CO_2,O_3 和 N_2O 15 μm 带;(b) H_2O,N_2O 和 CH_4 7.8 μm 带

类气体在划分的每一个波段内的重要性(Mlawer *et al.*,1997),换句话说,让 ζ 代表乘积,则

$$\xi = SW \tag{2.7}$$

这里 S 和 W 分别是每种气体的总的线强度和总的柱含量。每个波段具有最大 ζ 值的气体被当作参照气体,如图 2.7 中的气体 1。对参照气体采取 *ck*-D 假设,也就是说,在某一种压力下或者/和某一温度下的吸收系数与另一种压力下或者/和温度下的吸收系数存在一一对应的关系 (Zhang *et al.*,2002)。但是,并没对非参照气体作这样的假设,如图 2.7 中的气体 2,或第 3 种气体(如果有 3 种气体重叠),相反,在给定的压力和温度下,根据参照气体在参考压力和温度下吸收波谱重排后的序列,重新映射它们的吸收系数。本章用试错法找到最优化的参考压力和温度,发现在各个波段均为 1 hPa 和 260 K。因此,气体 2 的相关关系信息就自动保留在重新映射的波谱中。有两种方法来处理气体 2 重新映射的波谱,这样,就有两种算法来获取第 2 种吸收气体在每个子区间的有效吸收系数。一种方法是将气体 2 在每个子区间的吸收系数重新排序,以得到平滑的曲线(图 2.7 灰线),再计算每个高斯积分点附近的一个中间值,以得到有效吸收系数 k_i^2。重叠透过率就变为

$$T(u_1, u_2) = \sum_{i=1}^{M} A_i \mathrm{e}^{-(k_i^1 u_1 + k_i^2 u_2)} \tag{2.8}$$

注意到尽管公式(2.6)与(2.8)相似,其求解有效吸收系数 k_i^1 和 k_i^2 的算法却不同。如果把所有吸收系数的平均值用来得到每个子区间的有效吸收系数$\overline{k_i^2}$(第 2.2.2 节有详细的算法来获取 k_i^2 和$\overline{k_i^2}$),这样得到第 2 个公式以计算部分相关的重叠透过率:

$$T(u_1, u_2) = \sum_{i=1}^{M} A_i \mathrm{e}^{-(k_i^1 u_1 + \overline{k_i^2} u_2)} \tag{2.9}$$

公式(2.8)与(2.9)中 A_i,u_1,u_2 和 M 的含义与公式(2.5)相同。在优化方法中我们将这两个公式和其他两个公式一起用来选择计算精度以确定最后的 *k*-分布参数。应当指出,公式(2.8)与(2.9)是在 Shi (1984)的基础上发展的,与它有同样的精度,但是,根据本章试验它们却比 Shi

(1984)速度更快。因为 Shi (1984)在每个区间对次吸收气体划分了过多子区间,使得重叠透过率的计算速度比本章提出的公式(2.6),(2.7),(2.8)更慢,甚至比公式(2.5)也慢。因此,Shi (1984)提出的公式没有包括在本章的优化方法讨论中。但 Shi (1984)方法对于超出本研究范围以外的一些非常窄波段的遥感应用研究或许有用。

图 2.8a,b,c 和 d 表示了重叠吸收带在 15 μm 吸收带(630～700 cm^{-1};H_2O,CO_2 和 O_3),7.8 μm 吸收带(1200～1350 cm^{-1};H_2O,CH_4 和 N_2O),9.6 μm 吸收带(940～1200 cm^{-1};H_2O,CO_2 和 O_3)和 2.5 μm 吸收带(3900～4540 cm^{-1};H_2O 和 CH_4)用逐线积分计算的加热率,与公式(2.5),(2.6),(2.8)与(2.9)表示的 4 个 ck-D 透过率模式计算的加热率的比较结果。可以看出,公式(2.1)对 7.8 μm 和 9.6 μm 的重叠吸收带产生了最佳的近似效果,而公式(2.9)在 15 μm 和 2.5 μm 的效果最佳。换句话说,仅使用完全不相关、完全相关和部分相关的方案中的一种,不能保证最佳精度。从物理上讲,每个波段的相关关系可以从几乎完全不相关变化到几乎完全相关;然而在大多数情况下,是部分相关的。相关关系的行为间接表明了所有 4 种方案都应被包括在计算中。这里需要注意到:如何在 4 种透过率方案中取得有效吸收系数,是决定每个重叠吸收带的每个子区间的最终精度的另一个重要因素(如第 2.2.2 节所述)。

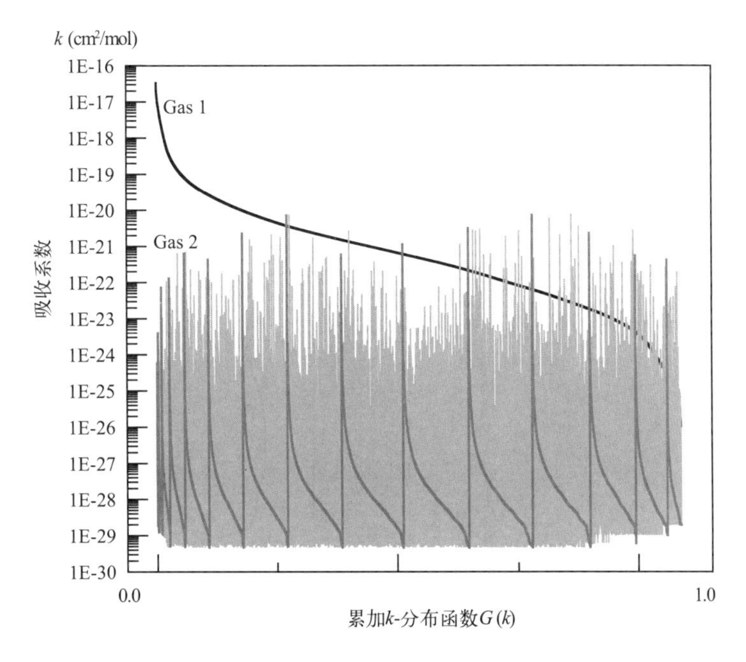

图 2.7　重叠吸收带部分相关假定计算方法示意图。黑实线代表参考气体(Gas 1)的重排曲线,而浅灰色线是次吸收气体对参考气体(Gas 1)的映射图像(Gas 2);灰色线代表次吸收气体的吸收系数在每个子间隔第二次重排后的曲线

这里,我们提出一个判据,在详细的 k-分布计算之前,利用该判据来选取最优方法。

$$\mathrm{Diff} = \frac{1}{M_{\mathrm{layer}} \cdot N_{\mathrm{atm}}} \sum (CR^{ck\text{-}D} - CR^{LBL})^2 \tag{2.10}$$

这里，N_{atm} 和 M_{layer} 代表模式大气和垂直层的个数，在目前的研究中分别取值为 6 和 75。大气的垂直分辨率为 1 km。式(2.10)表示了 6 种模式大气用 *ck*-D 方法与逐线积分方法计算的大气加热(或冷却)率(用 *CR* 表示)的均方根值误差(标准差)相关的评价函数。Diff 为优化方法的判据。我们在 4 种方案中选择使 Diff 值达到最小的方案来进行后续的辐射传输计算。

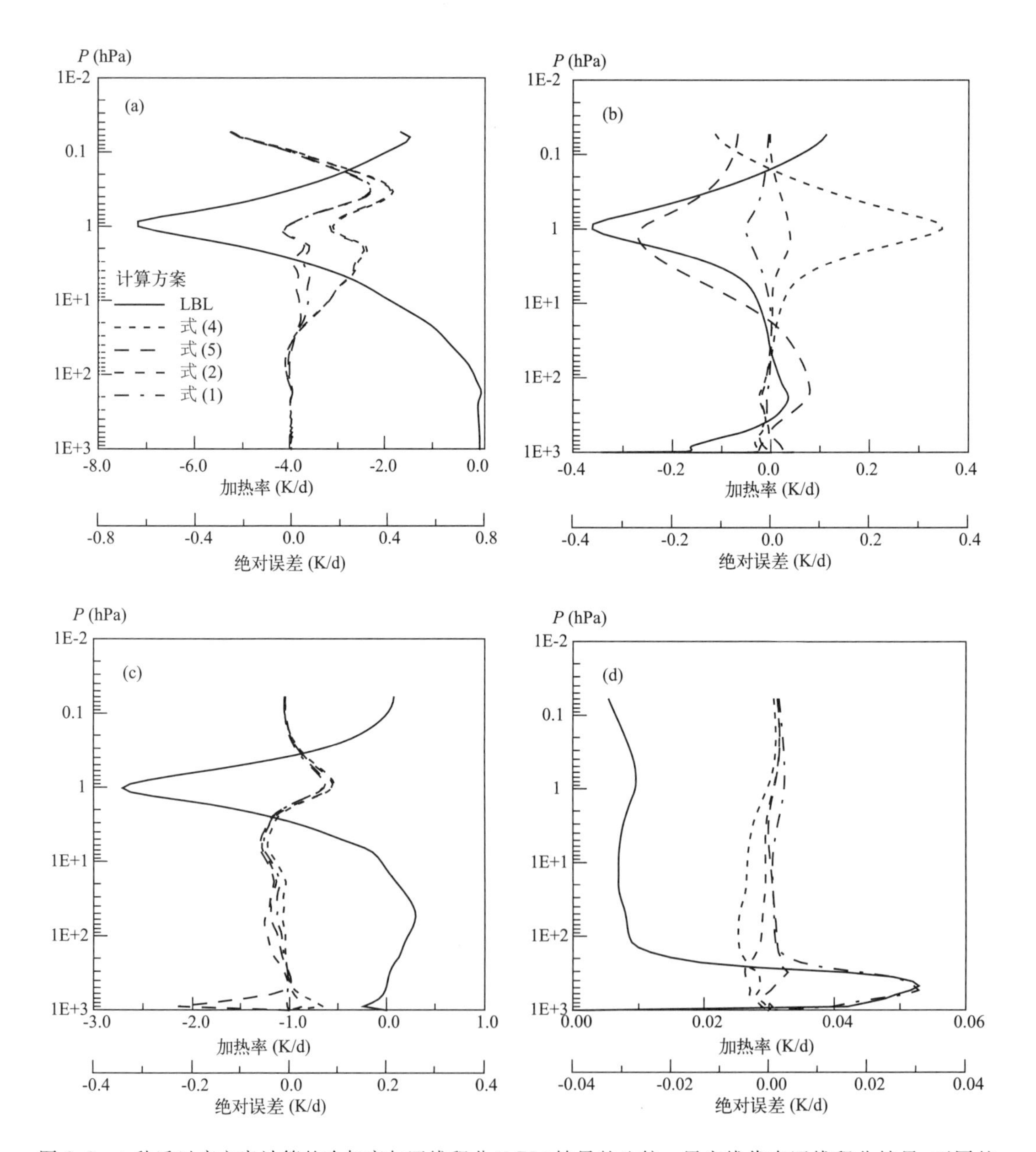

图 2.8　4 种透过率方案计算的冷却率与逐线积分(LBL)结果的比较。黑实线代表逐线积分结果；不同的虚线代表 4 种方案与逐线积分的差别。(a) H_2O，CO_2 和 O_3(630～700 cm^{-1})；(b) H_2O，N_2O 和 CH_4(1200～1350 cm^{-1})；(c) H_2O，CO_2 和 O_3(940～1200 cm^{-1})；(d) H_2O 和 CH_4(3900～4540 cm^{-1})

2.2.2　计算方法

本章研究的算法细节将在下文论述。HITRAN2000 数据库(Rothman *et al.*,2000)将用于输入谱线参数和吸收截面。用 CKD_2.4 (Clough *et al.*,2000)计算由水汽、CO_2、O_3 和 O_2 而产生的连续吸收系数。在 22 个压力层和 3 种温度(200 K,260 K,320 K)下的吸收系数,包括了所有地球大气范围。在逐线积分方法(LBLRTM)(Clough *et al.*,2000)计算中(Clough *et al.*,1992;Clough *et al.*,1995),采用 1/4 半宽度的波数分辨率和 25 cm^{-1} 的线翼截断。这 22 个压力层来自 AFGL 的中纬度夏季大气廓线,包括 0.01,0.0158,0.0215,0.0251,0.0464,0.1,0.158,0.215,0.398,0.464,1.0,2.15,4.64,10.0,21.5,46.4,100.0,220.0,340.0,460.0,700.0 和 1013.25 hPa。许多方法解释过吸收系数随压力的变化,包括拟合法(Shi,1981;Nakajima *et al.*,2000),换算法(Chou,1999;Chou *et al.*,2001)和插值法(Mlawer *et al.*,1997)。按照详细测试,插值法是最准确的,所以,本研究对压力使用了线性插值法,对温度使用公式(2.11) (Shi,1998;Zhang,1999):

$$k = k_0 \left(\frac{T}{T_0}\right)^{(a+bT)} \tag{2.11}$$

这里 k_0 是在参考温度 T_0(260 K)下的吸收系数;a 和 b 是压力的函数。请参见 Zhang(1999)关于公式(2.11)中 a 和 b 的详细算法。用这种方法,可以计算任意一层的吸收系数。

现在来阐述有效吸收系数 k_i 的算法,包括第 2.2.1 节中公式(2.5),(2.6),(2.8)与(2.9)给出的 4 个 ck-D 透过率模式中的 k_i^1,k_i^2 和 $\overline{k_i^2}$。在上述的 22 个压力层和 3 种温度下,如同 Shi(1981),参照气体的吸收系数用降序排列。参照气体的有效吸收系数,也就是式(2.5),(2.6),(2.8)与(2.9)中的 k_i^1,可由两种方法求得。方法 1 包括了参照气体在每个子区间所有 $k(g)$ 的平均值(Lacis *et al.*,1991)。方法 2 求取每个高斯积分点附近范围内 $k(g)$ 的平均值。在方法 1 中,由于是算术平均,较大的 $k(g)$ 在每个子区间占优势。通常说来,吸收系数在每个子区间存在 5～10 个量级的差别,所以,算术平均导致在子区间主要考虑了较大的吸收系数的影响,这成为计算有效吸收系数误差的一个来源。尽管方法 1 在 66 km 到大气层顶部(TOA)得到了精确的加热率,但这使得 66 km 以下的平流层和中层大气的结果不精确。在方法 2 中,k_i 的中值在每个子区间都占优势,使得加热率在 66 km 以下的平流层和中层大气变得更精确,因为 k_i 的中值在这些高度是有效的,而最大的 k_i 值在 66 km 以上大气层会影响加热率 (Mlawer *et al.*,1997;Zhang,1999) 。在以下计算中,用方法 2 来求解参照气体的 k_i^1,因为大多数气候模式的大气层顶在 66 km 以下。

在每个子区间求取次吸收气体的有效吸收系数有两种可行的方案。如图 2.7 所示,方案Ⅰ与第 2.2.1 节阐述的部分相关的透过率模式有关,按照参照气体(图 2.7 的气体 1)的吸收系数位置,映射次吸收气体的吸收系数(图 2.7 的气体 2),以生成图中淡色的灰线。显然,此线包含了次吸收气体吸收波谱与参照气体吸收波谱的相关关系信息。图 2.5 给出了方案Ⅱ的一个图解,它与完全不相关或者部分相关的透过率模式有关,与参照气体(图 2.5 的气体 1)相独立,将次吸收气体(图 2.5 的气体 2)的波谱独立地重新排序。按照图 2.5 和图 2.7 两种方案,次吸收气体的 k_i 值由两种平均数求得。按方案Ⅰ,高斯积分点附

近的 $k(g)$ 在公式(2.8)中被平均求得 k_i^2。按方案Ⅰ,公式(2.9)将子区间内所有的 $k(g)$ 值平均求得 $\overline{k_i^2}$。按方案Ⅱ,公式(2.5)和(2.6)将每个高斯积分点附近的 $k(g)$ 值平均求得 k_j^2 和 k_i^2。

由于水汽自吸收系数对其浓度具有二次方依赖关系,所以,其自吸收连续系数 k_i 值是单独计算的。这些值可由每个子区间内所有的连续自吸收系数取平均数得到,因为它们随波数的变化不大。逐线积分模式为所有的快速计算模式提供了一个精确的参考标准,包括第 2.2.1 节讨论的算法。本书研究中的逐线积分模式利用由 LBLRTM 直接计算的吸收系数,再对波数的积分来求辐射通量。在逐线积分模式中所采用的辐射传输方案同时也用于 *ck*-D 模式,以使由不同波数积分方法(*ck*-D 与逐线积分)产生的误差达到最小。这样,在 *ck*-D 与逐线积分方法之间的误差就主要来自对重叠吸收带的不同处理方法,从而使本章对优化方案的验证更加有效和客观。

为了研究在不同压力、温度和气体浓度下的本算法的精度,对美国空军地球物理实验室(AFGL)的 6 种模式大气进行了运算,包括晴空条件下的热带大气(TRO)、中纬度夏季(MLS)、中纬度冬季(MLW)、高纬度夏季(SAS)、高纬度冬季(SAW)和美国标准大气(USS)。每种大气均匀划分为 1km 分辨率的 75 个大气子层。热辐射和太阳辐射传输的计算分别用 Lacis 等(1991),并用改进的漫射因子近似 (Zhang *et al.*,2001),以及 Nakajima 等(2000)提出的二流算法来处理垂直不均匀性。应当注意到,贯穿本章的全部计算中,辐射净通量在长波区间定义为向上的通量减去向下的通量,在短波区间定义为向下的通量减去向上的通量。

2.2.3 模式验证

表 2.7 代表 *ck*-D 方法在长波和短波区间的谱带结构,包括每个波段的气体种类、*k*-分布间隔点数和所选择的透过率方案。整个光谱区间被划分成 27 个波段:长波 14 个,短波 13 个。贯穿本章都是采用这种波段划分。在全部标准计算中(除非专门注明),地表反射率固定为 0.2,太阳天顶角固定取值 60°。N_2O 和 CH_4 的浓度分别采用 0.32 和 1.70 ppmv①;本章 CO_2 的浓度采用 330 ppmv(除表 2.9 的计算外)。

表 2.7　带划分结构

带	波数(cm^{-1})	*k*-间隔	吸收气体	透过率模式
1	10～250	12	H_2O	
2	250～430	14	H_2O	
3	430～530	16	H_2O	
4	530～630	14	H_2O,CO_2,N_2O	公式 (2.5)
5	630～700	16	H_2O,CO_2,O_3	公式 (2.9)
6	700～820	16	H_2O,CO_2,O_3	公式 (2.5)

① ppmv:10^{-6} 体积分数,即百万分之一体积。下同。

续表

带	波数(cm^{-1})	*k*-间隔	吸收气体	透过率模式
7	820～940	6	H_2O	
8	940～1200	10	H_2O,CO_2,O_3	公式 (2.5)
9	1200～1300	9	H_2O,CH_4	公式 (2.8)
10	1300～1390	14	H_2O,N_2O,CH_4	公式 (2.5)
11	1390～1480	16	H_2O	
12	1480～1810	14	H_2O	
13	1810～2110	10	H_2O	
14	2110～2680	14	H_2O,CO_2,N_2O	公式 (2.5)
15	2680～3500	8	H_2O,CH_4	公式 (2.6)
16	3500～3900	15	H_2O,CO_2	公式 (2.6)
17	3900～4540	16	H_2O,CH_4	公式 (2.9)
18	4540～6150	16	H_2O	
19	6150～8050	15	H_2O	
20	8050～12000	16	H_2O	
21	12000～22000	3	H_2O,O_3	公式 (2.9)
22	22000～31000		—	
23	31000～33000	2	O_3	
24	33000～35000	2	O_3	
25	35000～37000	2	O_3	
26	37000～43000	4	O_3,O_2	公式 (2.5)
27	43000～49000	2	O_3,O_2	公式 (2.9)

(一)光谱积分结果

表 2.8 给出了在大气层顶部(TOA)、对流层顶和地球表面的净通量的比较,对 6 种模式大气,分别由逐线积分模式和本章提出的方案计算得到。这 3 种典型高度的净通量的最大误差不超过 0.7 W/m^2;并且对 6 种模式大气,在长波和短波区间的任何高度,净通量的误差都小于 0.9 W/m^2。图 2.9 表示了用 *ck*-D 模式和逐线积分模式,对 6 种模式大气的光谱积分的长波加热率(由 a—f 表示),并给出这两种模式的差别。应该注意到:误差的横坐标在图中采有两种不同的比例尺。可以看出:整个对流层的最大误差都小于 0.07 K/d,而在对流层顶以上 6 种模式大气的最大误差都小于 0.35 K/d。在对流层顶(高度约 11 km)与平流层中部(高度约 40 km)之间的误差很小。对于 MLS,MLW,SAS,SAW 和 USS 这 5 种模式大气,最大误差小于 0.05 K/d;而 TRO 模式大气的最大误差小于 0.07 K/d。

表 2.8　在太阳和长波区间，6 种模式大气净通量的比较

大气	区间	大气顶（W/m^2）		对流层顶（W/m^2）		地面（W/m^2）	
		净通量	差别	净通量	差别	净通量	差别
TRO	LW	280.89	0.66	270.58	0.36	62.13	0.46
	SW	565.00	0.21	541.78	0.19	412.14	0.48
MLS	LW	275.64	0.53	258.86	0.27	76.05	0.00
	SW	563.03	0.24	536.82	0.30	418.86	0.51
MLW	LW	227.64	0.19	216.13	0.22	89.06	0.50
	SW	554.95	0.19	532.33	0.16	443.76	0.61
SAS	LW	259.33	0.41	230.22	0.20	85.88	0.24
	SW	560.55	0.23	531.10	0.56	426.59	0.48
SAW	LW	197.08	0.05	190.70	0.00	78.37	0.66
	SW	550.64	0.22	535.52	0.16	456.30	0.69
USS	LW	256.34	0.41	235.18	0.08	104.97	0.01
	SW	557.87	0.21	528.82	0.55	434.66	0.49

表中，“净通量”代表 LBL 结果；“差别”代表净通量在 *ck*-D 和 LBL 模式之间的绝对误差。

图 2.10 给出短波加热率的结果，其余与图 2.9 相同。6 种模式大气的最大误差都在大气层顶部(0.1 hPa)。误差在对流层小于 0.05 K/d，在对流层顶部以上小于 0.25 K/d。中纬度夏季(MLS)大气在太阳短波区间的逐波段的结果如图 2.11 所示。它表明：太阳净辐射通量的绝对误差在各个高度都小于 0.25 W/m^2；而第 15 和 16 波段是例外，前者在地表达到 0.5 W/m^2，后者在 10 km 高度达到 0.76 W/m^2。太阳加热率的绝对误差在各个高度都小于 0.18 K/d，除了第 16 波段在大气层顶(TOA)达到 0.28 K/d。

为了检验本章提出的方法在气候模式中应用的精度，以 Garand 等(2001)给出的 42 种不同廓线为基础，进行验证。它们包括了气候模式可能出现的所有大气状况。这 42 种廓线的前 6 种是标准廓线，与上文阐述的相同；第 7 到第 18 这 12 种廓线是按递增的平均大气温度(质量权重)排列；后 12 种(第 19 到第 30)廓线是按递增的总水汽浓度的排列；最后 12 种(第 31 到第 42)廓线是按递增的臭氧总量排列。图 2.12a 和 b 分别展示的是这 42 种廓线中的每一种在对流层顶内部及其以上，用 *ck*-D 与逐线积分方法计算长波加热率的最大误差。它给出这 42 种廓线加热率的最大误差的平均值，在对流层内为 0.068 K/d，在对流层顶部以上为 0.22 K/d。对所有这些廓线，净辐射通量的精度在所有高度均为 1.1 W/m^2(此处图略)。这些精度达到并超过了目前世界上通常使用的辐射模式的计算精度。

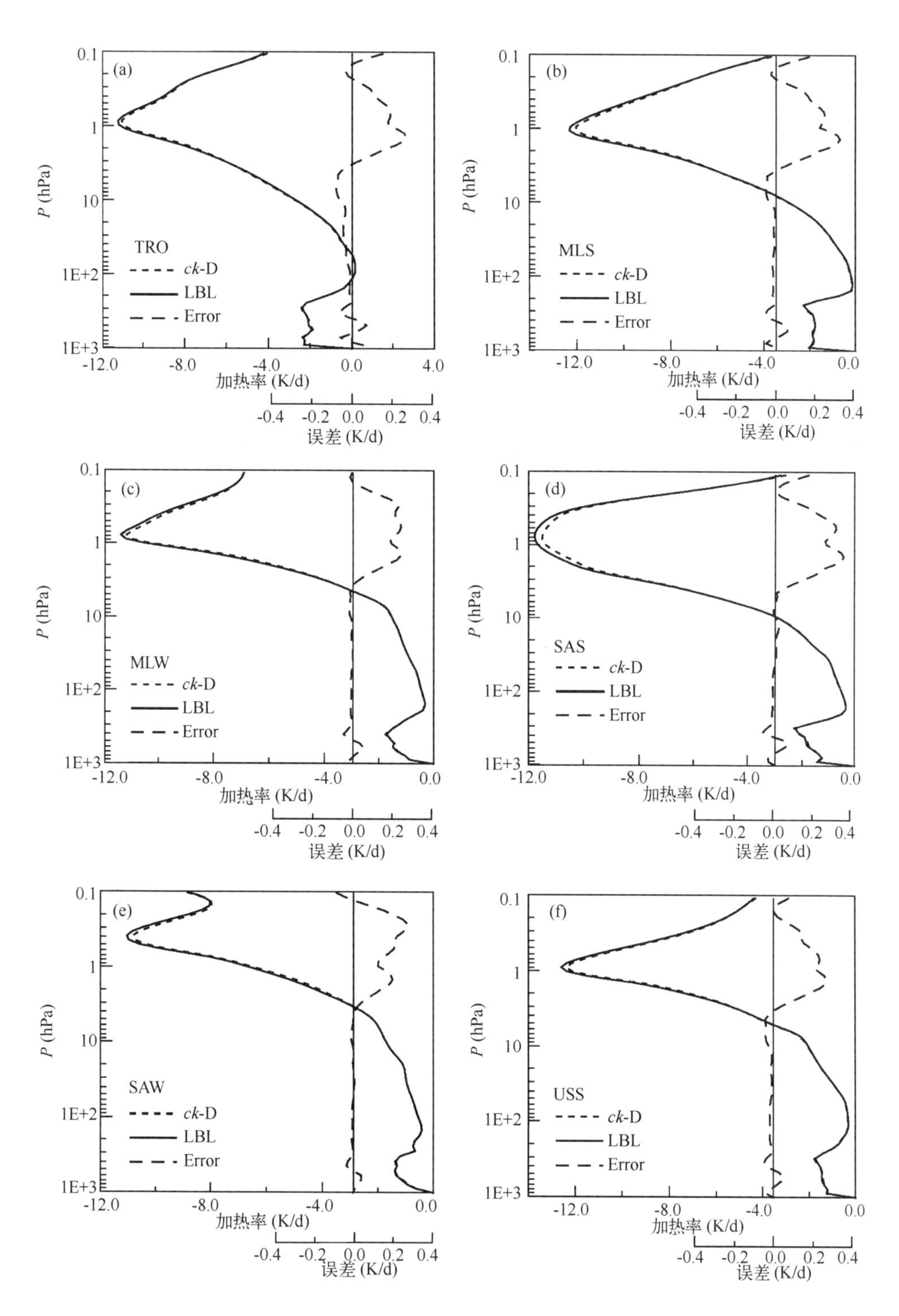

图 2.9　对 6 种模式大气(a,b,c,d,e 和 f),用 ck-D 和 LBL 模式计算的谱积分的长波冷却率,以及它们之间的差别(Error)

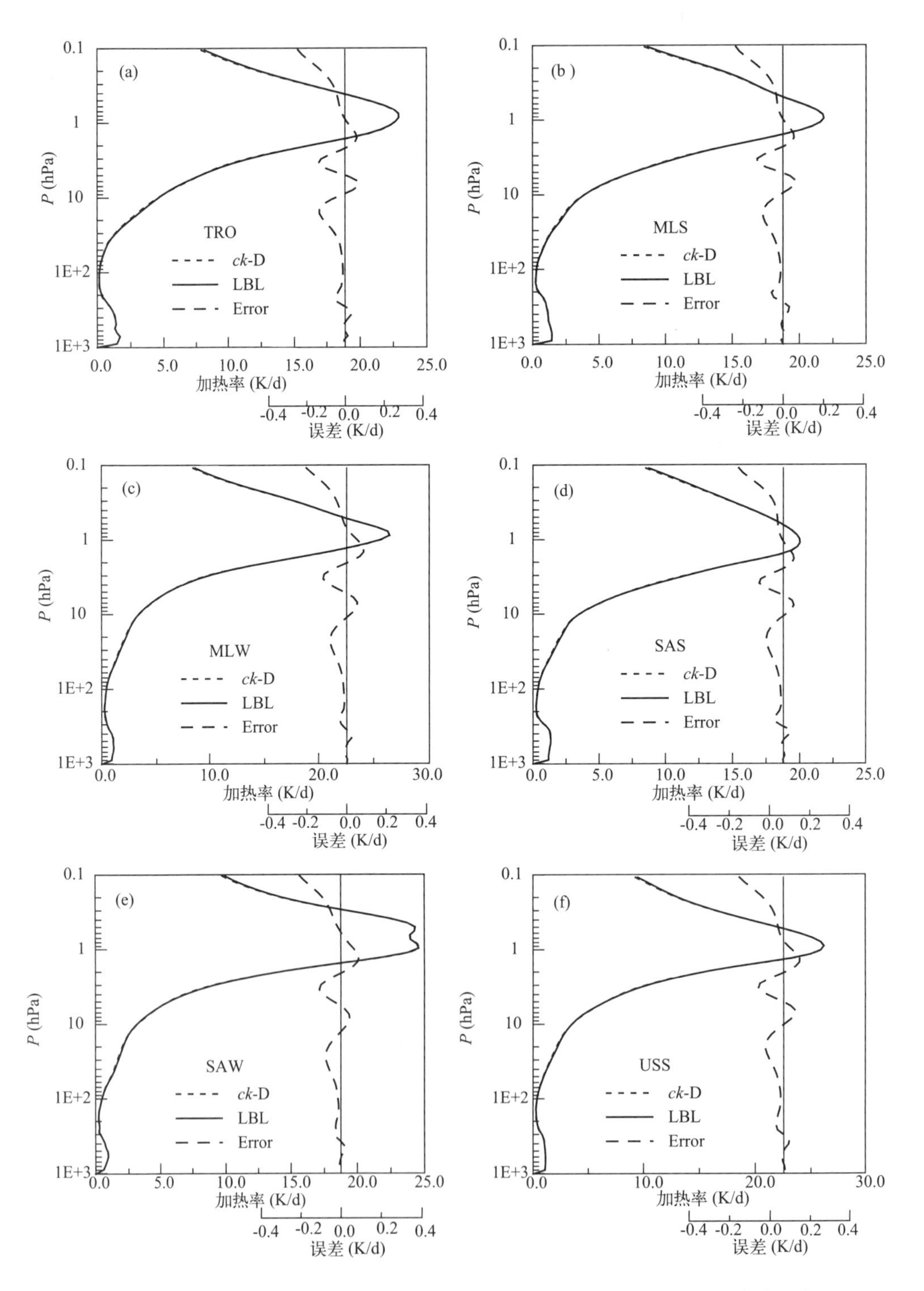

图 2.10　如同图 2.9,只是对短波加热率。地面反照率为 0.2,太阳天顶角为 60°

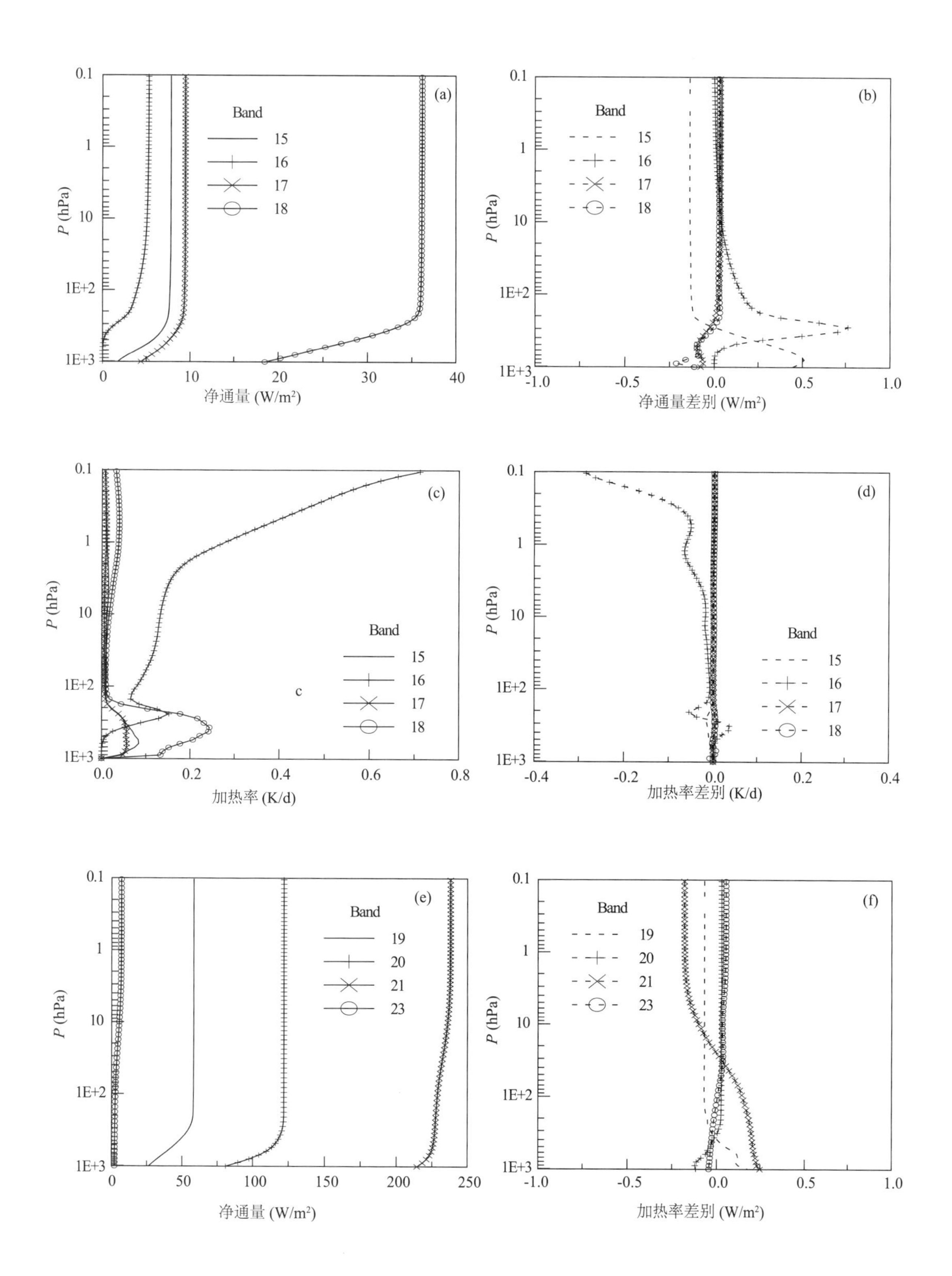
(a)
Band
15
16
17
18
P (hPa)
净通量 (W/m²)
(b)
Band
15
16
17
18
净通量差别 (W/m²)
(c)
Band
15
16
17
18
c
加热率 (K/d)
(d)
Band
15
16
17
18
加热率差别 (K/d)
(e)
Band
19
20
21
23
净通量 (W/m²)
(f)
Band
19
20
21
23
加热率差别 (W/m²)

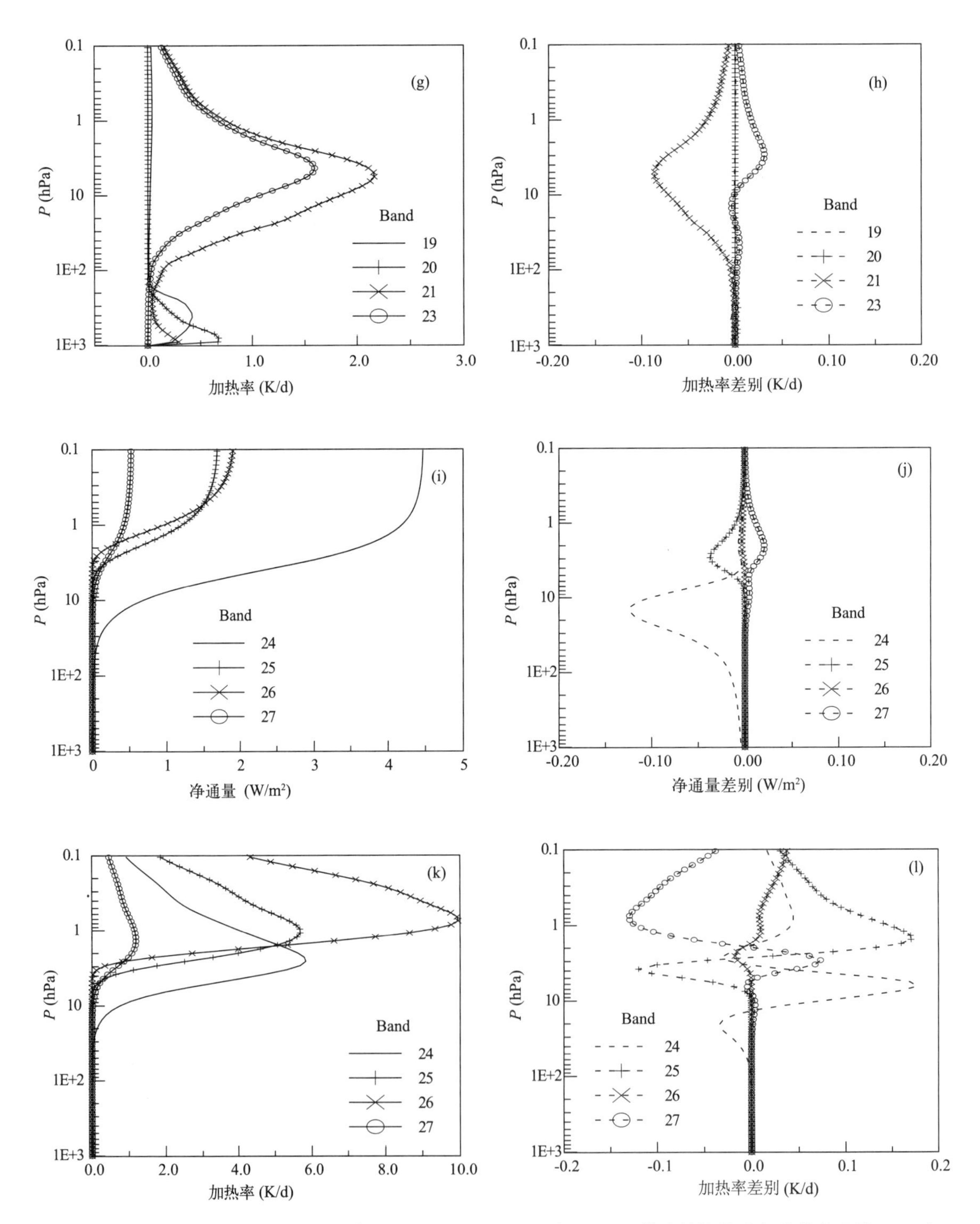

图 2.11　对中纬度夏季大气，太阳短波区间 2680～49000 cm^{-1}，用 LBL 模式计算的谱积分的净通量（a，e 和 i）和加热率（c，g 和 k）的逐带结果（带 15—27）。这些量在 LBL 和 *ck*-D 模式之间的差别分别在右图（b，f 和 j）和（d，h 和 l）给出。地面反照率为 0.2，太阳天顶角为 60°

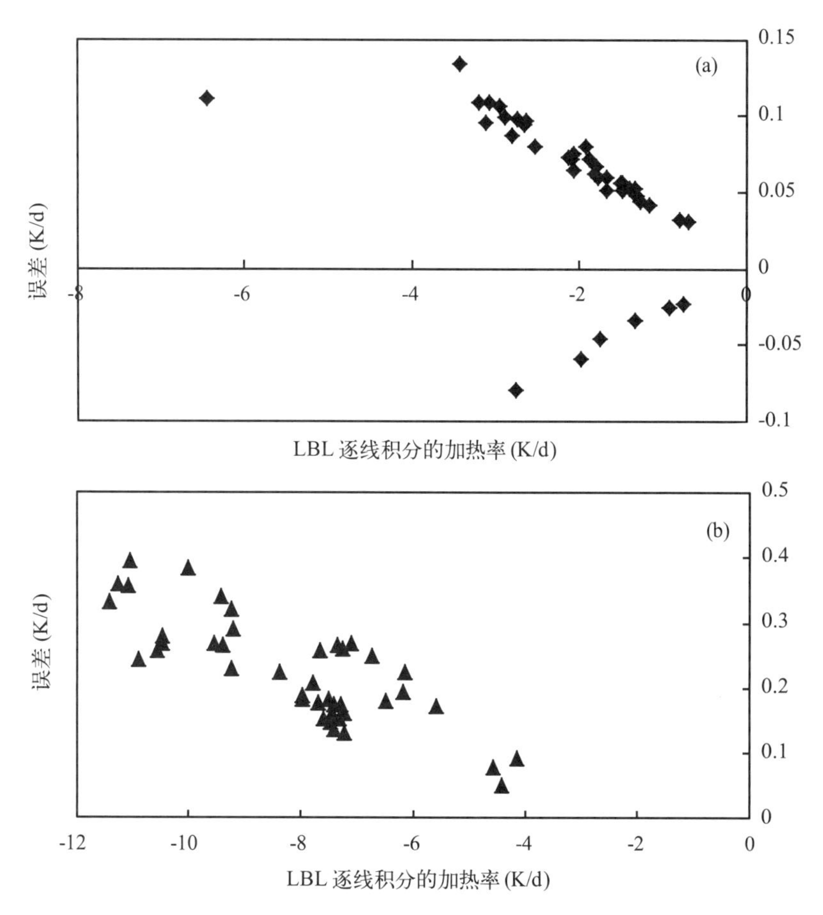

图 2.12　对 42 种大气廓线，在对流层(a)和对流层顶以上大气(b)，最大的长波冷却率误差图。横轴表示 LBL 加热率，纵轴表示每种大气廓线下的最大误差

(二)对 CO_2 浓度加倍的敏感性试验

ck-D 模式中一套 k_i 参数是在 CO_2 浓度为 330 ppmv 下得到的。这里，*ck*-D 方法的辐射通量和加热率在 CO_2 浓度加倍情况下与逐线积分方法一致。图 2.13a 和 2.13b 展示光谱积分的向上、向下和净通量，以及 CO_2 浓度为 660 ppmv 的中纬度夏季(MLS)大气用 *ck*-D 与逐线积分方法之间的差别。整个大气层的通量误差都小于 0.9 W/m^2。图 2.13c 是 CO_2 浓度加倍情况下，用 *ck*-D 与逐线积分方法求得的加热率之间的比较。在地表附近的最大误差为 0.06 K/d，并在 50 km 高度左右增加到 0.45 K/d。这与目前的 CO_2 浓度(330 ppmv)很相似，其误差范围在 0.059 K/d 到 0.33 K/d 之间。*ck*-D 模式的结果与逐线积分模式在一系列 CO_2 浓度上都一致。表 2.9 给出把目前的 355 ppmv CO_2 浓度水平加倍后的通量误差。这里采用 355 ppmv 的 CO_2 浓度是为了与 LBLRTM 的浓度保持一致。通过比较 LBLRTM 的相应值(误差 2 栏)，发现逐线积分方法与 *ck*-D 模式求得的净通量的精度分别为 0.39 W/m^2 和 0.35 W/m^2。证明尽管计算中存在许多不同的因素，本章研究的结果与 LBLRTM 非常一致。注意到表 2.9 中 LBLRTM 的参考值是来自 Mlawer 等(1997)，而且 Mlawer 等(1997)使用了不同版本的 LBLRTM(Clough *et al.*，2000)。例如，使用了不同的

HITRAN 数据库，因为在运行 LBLRTM 过程中用的是 HITRAN2000 版作为输入（这里的 HITRAN2000 对比于 HITRAN1992）。此外，还使用了不同的连续吸收模式（本章中的 CKD_2.4 对比于他们的 CKD_2.1），以及不同的辐射传输方案。另外，表 2.9 还给出了 CO_2 浓度加倍后的辐射强迫的精度为 0.04 W/m^2，由表 2.8 中对流层顶的净辐射通量的差别来表示。

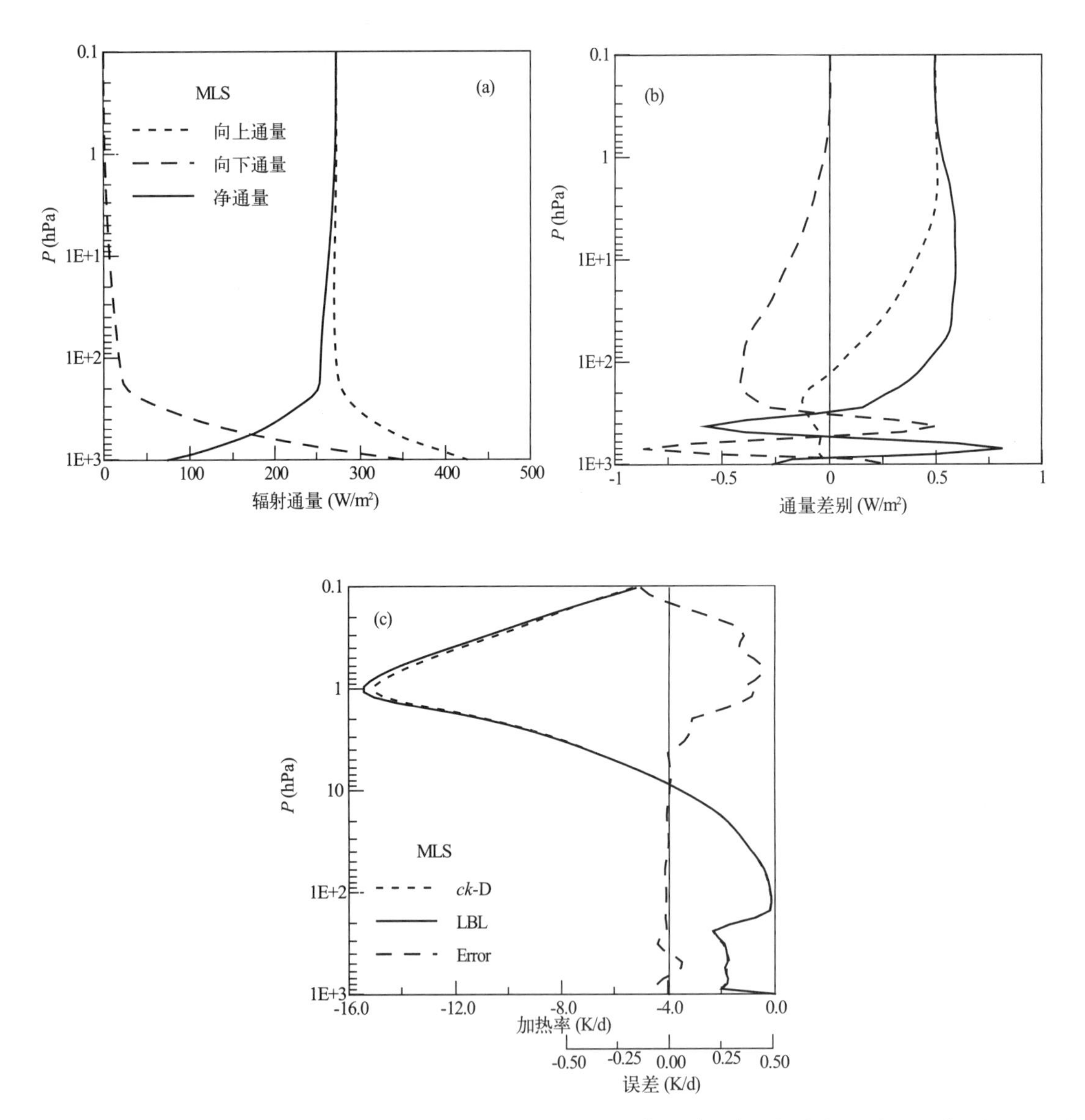

图 2.13　(a) CO_2 浓度加倍情况下，对中纬度大气，由 LBL 计算的谱积分的长波向上、向下和净通量；(b) 这些通量在 LBL 和 *ck*-D 模式之间的差别；(c) 用 LBL（实线）和 *ck*-D（短虚线）模式计算的谱积分的加热率和它们之间的误差（长虚线，用小坐标轴表示）

表 2.9 CO_2 浓度从 355 ppmv 加倍对辐射通量的影响在 LBL、*ck*-D 和 LBLRTM 之间的比较

带	波数区间 (cm^{-1})	大气顶		对流层顶						地面	
		净通量		向上通量		向下通量		净通量		净通量	
		LBL	CKD	LBL	CKD	LBL	CKD	LBL	CKD	LBL	CKD
4	530～630	−1.04	−1.04	−1.08	−1.07	0.68	0.69	−1.75	−1.76	−0.03	−0.04
5	630～700	0.61	0.60	−0.32	−0.32	0.35	0.35	−0.68	−0.67	0.00	0.00
6	700～820	−1.66	−1.67	−1.83	−1.80	0.60	0.56	−2.43	−2.36	−0.89	−0.89
8	940～1200	−0.33	−0.34	−0.36	−0.37	0.01	0.01	−0.37	−0.38	−0.66	−0.67
14	2110～2680	−0.03	−0.04	−0.04	−0.05	0.00	0.00	−0.04	−0.06	−0.03	−0.05
总	10～2680	−2.45	−2.49	−3.63	−3.61	1.64	1.61	−5.27	−5.23	−1.61	−1.65
误差-1		0.04		0.02		0.03		0.04		0.04	
误差-2		0.39	0.35	0.25	0.27	0.06	0.09	0.31	0.35	0.20	0.16
参考		LBLRTM		LBLRTM		LBLRTM		LBLRTM		LBLRTM	
	10～3000	−2.84		−3.88		1.70		−5.58		−1.81	

表中列出在长波区间仅包含 CO_2 的吸收带。误差-1 是在 *ck*-D 和 LBL 之间的差别；误差-2 是在 LBL 和 LBLRTM 之间的差别；LBLRTM 参考值取自 Mlawer 等(1997)。表中的所有数字代表绝对值，单位为 W/m^2。

2.3 谱带划分方法

表 2.10 给出各种不同的谱带划分结构，包括 17 个带(8 个长波带，9 个短波带)，21 个带(11 个长波带，10 个短波带)，27 个带(14 个长波带，13 个短波带)和 55 个带(24 个长波带，31 个短波带)四种方案。根据 Peixoto 等(1992)和 Goody 等(1989)给出的太阳辐射和地球辐射的黑体辐射谱和大气吸收谱，每种方案中给出每个谱带的波数区间范围和所含吸收气体种类。图 2.14 给出不同带划分结构的长波冷却率的 *k*-分布结果与逐线积分结果的绝对误差。说明：17 个带划分结构的长波冷却率的 *k*-分布结果与逐线积分结果的误差最大，在对流层最大误差为 4 km 处的 0.19 $K \cdot d^{-1}$，在平流层和中层大气最大误差为 63 km 处的 1.06 $K \cdot d^{-1}$；21 和 27 个带方案的误差次之，在对流层最大误差分别为 1 km 处的 −0.08 $K \cdot d^{-1}$ 和 5 km 处的 0.05 $K \cdot d^{-1}$，从对流层顶到 65 km 的大气顶最大误差都是为 51 km 处的 0.27 $K \cdot d^{-1}$；55 个带方案的误差最小，在对流层最大误差为 4 km 处的 0.018 $K \cdot d^{-1}$，在平流层和中层大气最大误差为 39 km 处的 −0.14 $K \cdot d^{-1}$。上述研究表明，带划分数越多，用 *k*-分布方法计算的结果越接近精确的逐线积分结果，所以，表 2.10 中，55 个带方案主要是为需要精确的辐射传输计算的某些研究设计的，而 17 个带方案可用于目前的气候模式，21 和 27 个带方案可用于未来的气候模式中。下面的所有计算都将以表 2.10 为基础进行讨论。

表 2.10　谱带划分结构

N	17 个带 (cm^{-1})	气体	21 个带 (cm^{-1})	气体	27 个带 (cm^{-1})	气体	55 个带 (cm^{-1})	气体
1	10	H_2O	10	H_2O	10	H_2O	10	H_2O
2	250	H_2O	250	H_2O	250	H_2O	50	H_2O
3	550	H_2O,CO_2	430	H_2O	430	H_2O	60	H_2O
4	780	H_2O	530	H_2O、CO_2、N_2O	530	H_2O、CO_2、N_2O	80	H_2O
5	990	H_2O、O_3	630	H_2O、CO_2、O_3	630	H_2O,CO_2、O_3	100	H_2O
6	1,200	H_2O、N_2O、CH_4	700	H_2O、CO_2、O_3	700	H_2O、CO_2、O_3	120	H_2O
7	1430	H_2O	820	H_2O	820	H_2O	160	H_2O
8	2110	H_2O,CO_2、N_2O	940	H_2O、CO_2、O_3	940	H_2O、CO_2、O_3	220	H_2O
9	2680	H_2O	1200	H_2O、N_2O、CH_4	1200	H_2O、CH_4	280	H_2O86
10	5200	H_2O	1430	H_2O	1300	H_2O、N_2O、CH_4	350	H_2O
11	12000	H_2O、O_3	2110	H_2O、CO_2、N_2O	1390	H_2O	430	H_2O
12	22000	—	2680	H_2O、CO_2、CH_4	1480	H_2O	530	H_2O、CO_2、N_2O
13	31000	O_3	4540	H_2O、CO_2	1,810	H_2O	630	H_2O、CO_2、O_3
14	33000	O_3	6150	H_2O	2110	H_2O、CO_2、N_2O	700	H_2O、CO_2、O_3
15	35000	O_3	12000	H_2O、O_3	2680	H_2O、CH_4	820	H_2O
16	37000	O_3、O_2	22000	—	3500	H_2O、CO_2	940	H_2O、CO_2、O_3
17	43000	O_3、O_2	31000	O_3	3900	H_2O、CH_4	1110	H_2O、CO_2、O_3
18	49000		33,000	O_3	4540	H_2O	1200	H_2O、N_2O、CH_4
19			35000	O_3	6150	H_2O	1350	H_2O、CH_4
20			37000	O_3、O_2	8050	H_2O	1430	H_2O
21			43000	O_3、O_2	12000	H_2O、O_3	1600	H_2O
22			49000		22000	—	1810	H_2O、CO_2、O_3
23					31000	O_3	2110	H_2O、CO_2、N_2O
24					33000	O_3	2380	CO_2、N_2O
25					35000	O_3	2680	H_2O、CH_4
26					37000	O_3、O_2	3080	H_2O、N_2O
27					43000	O_3、O_2	3400	H_2O、CO_2
28					49000		3890	H_2O、CH_4
29							4540	H_2O、CO_2
30							5400	H_2O
31							6150	H_2O、CO_2
32							7600	H_2O,O_2
33							8050	H_2O
34							10000	H_2O
35							12000	O_3,O_2
36							13200	H_2O,O_3
37							14500	H_2O,O_3

续表

N	17 个带 (cm^{-1})	气体	21 个带 (cm^{-1})	气体	27 个带 (cm^{-1})	气体	55 个带 (cm^{-1})	气体
38							16000	H_2O,O_3
39							18000	H_2O,O_3
40							20000	O_3
41							22000	—
42							29000	O_3
43							31000	O_3
44							33000	O_3
45							35000	O_3
46							37000	O_3,O_2
47							39000	O_3, O_2
48							41000	O_3,O_2
49							43000	O_3,O_2
50							45000	O_3,O_2
51							47000	O_3,O_2
52							49000	O_3,O_2
53							51000	O_3,O_2
54							53000	O_3,O_2
55							55000	O_2
							57000	

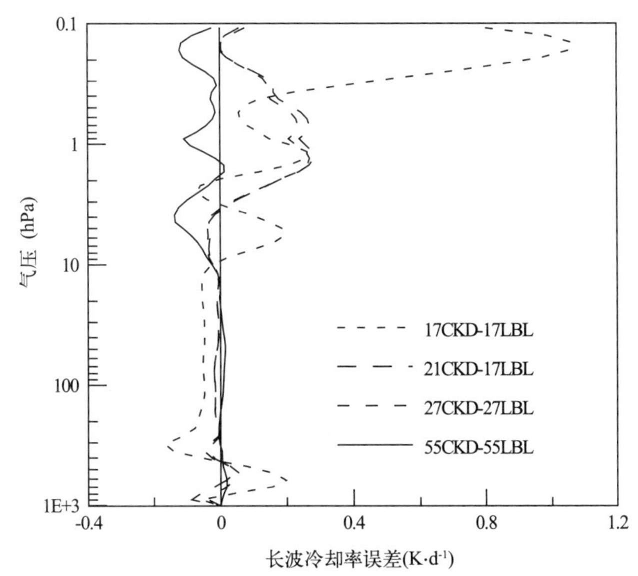

图 2.14　不同带划分结构长波冷却率的 k-分布结果与逐线积分结果的绝对误差

图 2.15 给出美国标准大气下，上述 4 种带划分方案用逐线积分和 k-分布方法计算的长波冷却率和在每种方法下 17,21,27 个带与 55 个带相应结果的绝对差别。其中，在 k-分布方法

中,对 4 种带划分方案的 k-分布间隔都取 16 个高斯点,以便于比较;选择美国标准大气是因为它能代表全球大气条件的平均状况。在图 2.15 中,将 55 个带的逐线积分和 k-分布结果分别当作两种方法的参考结果,即,认为 55 个带的逐线积分和 k-分布结果与 17,21 和 27 个带的结果相比是最为精确的。从图 2.15 可以看出,无论对逐线积分方法还是 k-分布方法,无论对长波冷却率还是短波加热率,17 个带的结果与 55 个带的结果的差别都是最大的:对逐线积分和

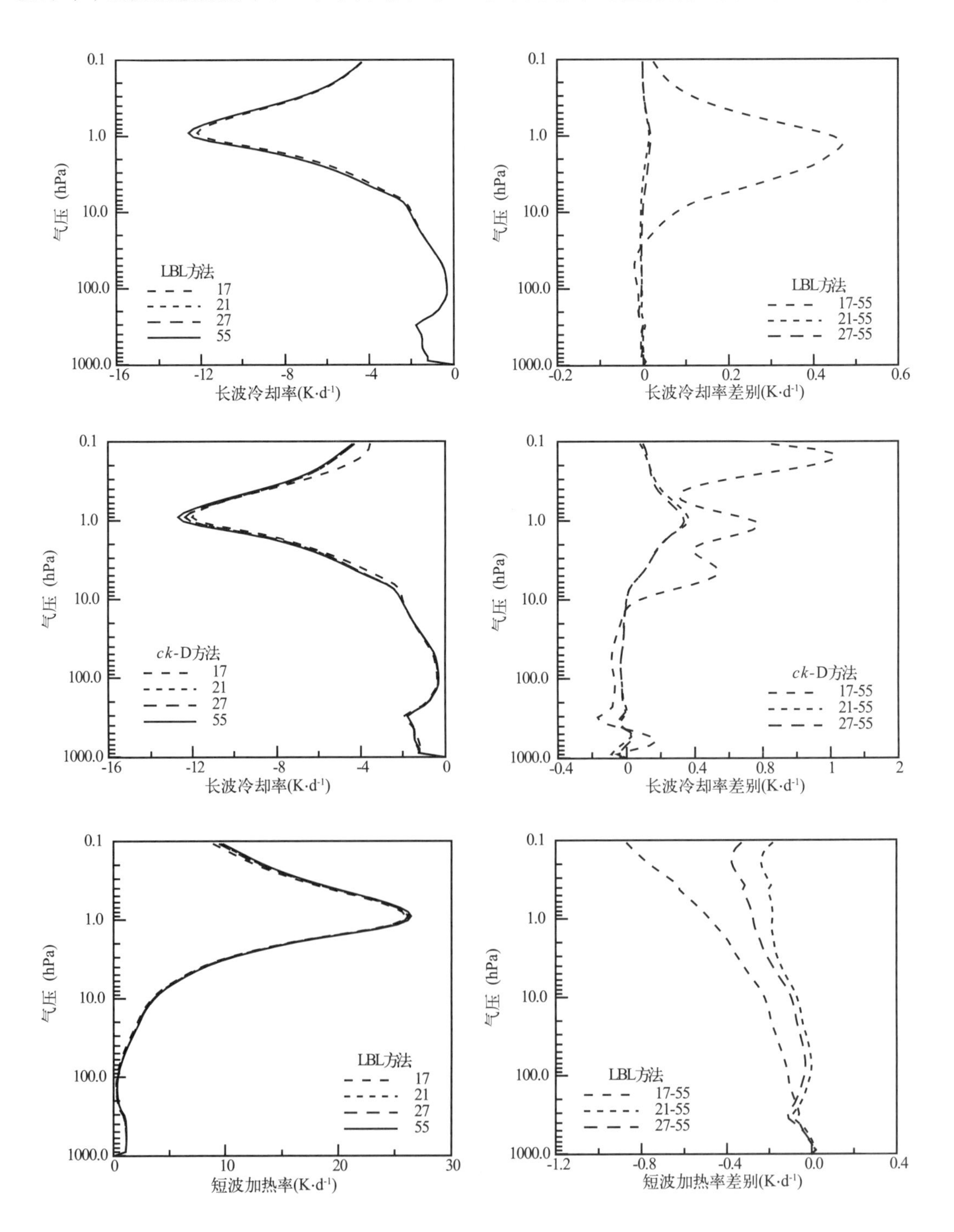

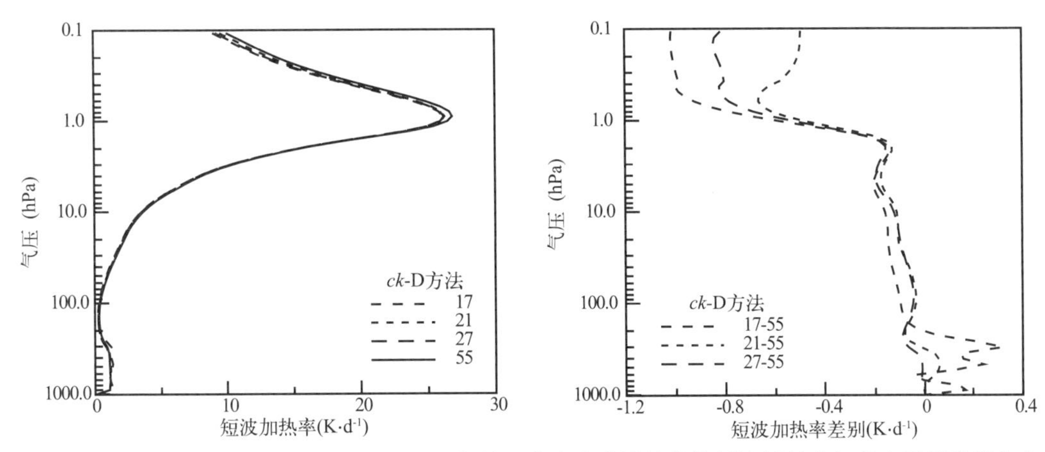

图 2.15　美国标准大气下，用逐线积分方法和相关 k-分布方法计算的长短波辐射冷却率在不同带划分之间的比较。其中，图的左半部分为 17，21，27 和 55 个带用逐线积分方法和相关 k-分布方法计算的长短波辐射冷却率；图的右半部分为两种方法下 17，21 和 27 个带结果与 55 带的绝对差别

k-分布的长波冷却率，在 15 km 以下的对流层，二者之间的最大差别分别为发生在 11 km 和 15 km 之间的 0.01 $K \cdot d^{-1}$ 和发生在 4 km 上的 0.17 $K \cdot d^{-1}$；在 15 km 以上的平流层和中层大气，二者之间的最大差别分别为 0.47 $K \cdot d^{-1}$ 和 1.22 $K \cdot d^{-1}$，分别发生在 46 km 和 63 km 的高度上；对逐线积分和 k-分布的短波加热率，在 15 km 以下的对流层，二者之间的最大差别分别为发生在 14 km 和 15 km 之间的 0.1 $K \cdot d^{-1}$ 和发生在 9 km 上的 0.32 $K \cdot d^{-1}$；在 15 km 以上的平流层和中层大气，二者之间的最大差别分别为 −1.01 $K \cdot d^{-1}$ 和 −0.86 $K \cdot d^{-1}$，分别发生在 65 km 的大气顶。总的来说，用 k-分布方法计算的 17 个带，21 个带和 27 个带与 55 个带的大气短波加热率差别与用逐线积分方法计算的差别在整层大气都偏大。在逐线积分方法中，不同带划分方案之间存在的差别主要是由谱带划分结构造成的，谱带划分越细，所包含的吸收气体越多，如在 17 个带方案中，就忽略了一些气体的弱带吸收。对于 k-分布方法，不同带划分方案之间存在的差别不仅由上述谱带划分结构本身造成，也可以由相关 k-分布的前提假定造成，带划分数目越少，每个带的波数区间范围越宽，在 k-分布间隔点相同时，与精确的逐线积分结果相比，k-分布方法结果的误差就越大。

为了进一步了解辐射通量在不同带划分方案之间的差别，表 2.11 详细地给出了用逐线积分方法和 k-分布方法计算的 17，21，27 和 55 个带划分方案长波和短波区间向上和向下辐射通量，以及 17，21 和 27 个带的这些结果与 55 个带相应结果之间的绝对差别。从表 2.11 可以看出：对长波向上辐射通量，在逐线积分方法中，17 个带与 55 个带的差别最大，为大气顶的 1.58 $W \cdot m^{-2}$（相对差别为 0.6%）；在 k-分布方法中，21 个带与 55 个带的差别最大，为大气顶的 1.97 $W \cdot m^{-2}$（相对差别为 0.77%）；对长波向下辐射通量，在逐线积分方法中，17 个带与 55 个带的差别最大，为地面的 −1.34 $W \cdot m^{-2}$（相对差别为 0.47%）；在 k-分布方法中，17 个带与 55 个带的差别最大，为地面的 −1.65 $W \cdot m^{-2}$（相对差别为 0.58%）。对短波向上辐射通量，在逐线积分方法中，17 个带与 55 个带的差别最大，为大气顶的 1.34 $W \cdot m^{-2}$（相对差别为 1.12%）；在 k-分布方法中，17 个带与 55 个带的差别最大，为地面的 −2.58 $W \cdot m^{-2}$（相对差别为 2.03%）；对短波向下辐射通量，在逐线积分方法中，17 个带与 55 个带的差别最大，为地面的 5.61 W·m^{-2}（相对差别为 1.0%）；在 k-分布方法中，17 个带与 55 个带的差别最大，为地面的−9.85 W·m^{-2}（相对差别为 1.76%）。综上分析，21 个带和 27 个带与 55 个带结果的差别相近，17 个带与 55 个带的差别都是最大的（个别情况除外），特别对短波向下辐射通量，即使对逐线积分而言，在地面也达到 5.61 W·m^{-2}的差别。但是，相对差别最大也不超过 2%，所以，17 个带的精度应该足以保证目前气候研究中所需的精度。

表 2.11 用逐线积分和 k-分布方法计算的长短波向上、向下辐射通量和净辐射通量在大气顶、对流层顶和地面在 17、21、27 和 55 个带划分之间的比较

波段	辐射通量	带划分及差别	逐线积分			k-分布		
			大气顶 (W·m^{-2})	对流层顶 (W·m^{-2})	地面 (W·m^{-2})	大气顶 (W·m^{-2})	对流层顶 (W·m^{-2})	地面 (W·m^{-2})
长波	向上	55	255.39	258.12	390.85	255.58	258.20	390.85
		17	256.97	259.25	390.85	257.05	258.57	390.85
		21	255.56	258.25	390.85	257.55	259.78	390.85
		27	256.45	259.10	390.85	256.87	259.08	390.85
		17～55	1.58	1.12	−0.001	1.47	0.36	0.00
		21～55	0.18	0.13	0.00	1.97	1.57	0.00
		27～55	1.06	0.98	0.00	1.29	0.87	0.00
	向下	55	0.10	17.27	286.46	0.10	17.15	285.54
		17	0.10	16.63	285.12	0.11	16.41	283.89
		21	0.10	17.28	286.33	0.10	16.95	286.61
		27	0.10	17.23	285.88	0.10	16.93	285.87
		17～55	−0.0002	−0.64	−1.34	0.007	−0.74	−1.65
		21～55	−0.0048	0.01	−0.13	0.0006	−0.19	1.07
		27～55	−0.0008	−0.04	−0.58	0.0007	−0.22	0.33
短波	向上	55	119.73	121.53	126.23	119.99	121.88	126.63
		17	121.07	122.75	127.21	117.95	119.58	124.05
		21	120.20	121.89	126.50	120.14	121.87	126.20
		27	120.75	122.44	126.98	120.96	122.70	127.12
		17～55	1.34	1.22	0.97	−2.04	−2.30	−2.58
		21～55	0.46	0.36	0.28	0.15	−0.01	−0.43
		27～55	1.02	0.90	0.75	0.97	0.82	0.49
	向下	55	678.70	654.55	557.06	678.69	654.68	558.81
		17	678.63	656.63	562.66	678.63	656.25	548.96
		21	678.62	654.71	559.59	678.62	655.43	558.26
		27	678.62	655.14	561.64	678.62	655.57	562.28
		17～55	−0.07	2.08	5.61	−0.06	1.57	−9.85
		21～55	−0.08	0.17	2.54	−0.07	0.75	−0.55
		27～55	−0.08	0.60	4.59	−0.07	0.89	3.47

2.4　k-分布间隔点选取方法

第 2.3 节主要讨论了不同带划分方案对大气辐射通量和冷却率的影响。本节主要讨论在同一带划分方案下，取不同的 k-分布间隔数对大气辐射通量和冷却率的影响。通过上述比较，本节选定 17 个带划分结构作为气候模式中辐射计算方案的基础，以下将着重研究在 17 个带划分结构下，选取不同的 k-分布间隔点对计算结果的影响。

在以往的研究中，k-分布间隔点取为固定数，虽然 Nakajima 等(2000)用 SQP 非线性优化方法来选取 k-分布间隔数，但如前所述，该方法不能保证在每个波数区间范围内都迭代成功并得到给定精度的 k-分布间隔数。如何科学地选取每个波数区间范围内的 k-分布间隔点数，使计算精度和速度都达到最优化是辐射计算中还没有解决的难点问题。在公式(2.10)给出了选取重叠吸收优化方法的公式，在本章的研究中发现，公式(2.10)也可作为选取 k-分布间隔点的优化判据。图 2.16 给出 17 个带划分方案中，Diff 值随不同 k-分布间隔(用 MG 表示)的变化。其中 MG 取为 2～16，间隔为 1。在计算中发现，对大多数吸收带，当 MG 超过 16 个点时，Diff 值不再减小，即，计算精度不再增加。换句话说，通过增加 k-分布间隔数来提高 k-分布方法的计算精度存在一定的饱和度或阈值。当超过一定的阈值时，Diff 会保持不变，甚至在某些情况下会增加。对 17 个或更多个谱带划分而言，当 MG 取 32 甚至 64 个点时，用 k-分布方法计算的大气冷却率的精度不再增加(图略)。特别对于窄带吸收，情况尤为明显，对某些吸收带，当 MG 增加时，反而会导致 Diff 增加，使计算精度降低。为了说明该种情况，设计 998 个谱带划分结构，可用于高精度计算的大气遥感算法中，但在本节中，该方案仅作为其他方案的精确参考标准。它的划分原则为：在 10～2680 cm^{-1} 长波区间等波数间隔划分 534 个窄带，每个窄带的平均波数间隔为 5 cm^{-1} 左右；在 2680～50000 cm^{-1} 短波区间等波长(单位为 μm)间隔划分 464 个窄带，每个窄带的平均波长间隔为 0.0076 μm 左右。根据 Peixoto 等(1992)和 Goody 等(1989)给出的太阳辐射和地球辐射的黑体辐射谱和大气吸收谱，对 998 个谱带划分结构，每个窄带区间包含了所有可能出现的吸收气体种类，包括非常弱的吸收带。因此，用逐线积分方法计算的 998 个带的大气辐射通量和冷却率结果是最精确的参考标准，成为所有其他带划分方案的逐线积分和 k-分布结果的一个参考标准。在后面的计算中，将给出 17 个带不同 k-分布间隔的辐射通量和冷却率与 998 个带相应结果的比较，由此说明用于气候模式中的辐射方案与精确的辐射方案之间到底有多大误差。如图 2.17 所示，是 998 个带划分方案 Diff 随 MG 的变化。图 2.17 说明，对某些吸收带，Diff 随着 k-分布间隔 MG 的增大而减小(如图中带 10—带 18)，在这种情况下，增加 k-分布间隔点是增加 k-分布方法计算精度的有效手段；对另外一些窄带吸收，Diff 随 MG 的变化不明显(如图中带 1—带 8)，在这种情况下，取较小的 k-分布间隔数，在相同的 k-分布精度下，会大大提高计算速度；但是，对大多数窄带吸收，在 k-分布间隔 MG 在 2～16 变化时，Diff 随着 MG 的变化存在一个最小值(称为阈值)(如图中带 31—带 70)，称这种现象为 Diff 对 MG 的饱和行为，在 Diff 达到阈值后，再增加 MG 点数，也不会使 Diff 值小于该阈值，有时甚至会出现随着 MG 的增加，Diff 增大的现象。在这种情况下，取 MG 等

于阈值是 k-分布间隔的最佳选择，它使 k-分布计算的精度达到最大，并使计算速度提高。Diff 与 MG 这种关系的原因，可能与 k-分布的前提假定，以及在计算每个 k-分布间隔点的辐射通量分布后进行高斯积分加权求和时的误差抵消有关，关于原因还有待于进一步研究。但是，无论如何，Diff 与 MG 的上述关系为优化的 k-分布间隔点数的选取方法奠定了基础。优选方法的原则是：①对相同的 Diff，选取最小的 MG；②Diff 的变化呈量级递减时，选取使 Diff 达到最小或次小的 MG；③Diff 在同一量级变化时，可以选择较小的 MG。根据该原则，对 17 个带划分结构，本节给出了 5 种精度版本，即，高精度版本 17H，中等精度版本 17M 和三个低精度版本 17L1，17L2 和 17L3，如表 2.12 所示。表 2.12 给出不同精度版本中，在每个谱带区间选取的 k-分布间隔数和总数。k-分布间隔数值越高，Diff 值越小，精度越高。同时，应该注意到：k-分布间隔总数越高，计算速度成本也相应提高。下面将给出用 17 个带不同精度版本计算的大气辐射通量和冷却率与 998 个带的逐线积分相应结果的比较。由此挑选出计算速度快，精度相对较好，可用于目前气候模式中的辐射计算方案。

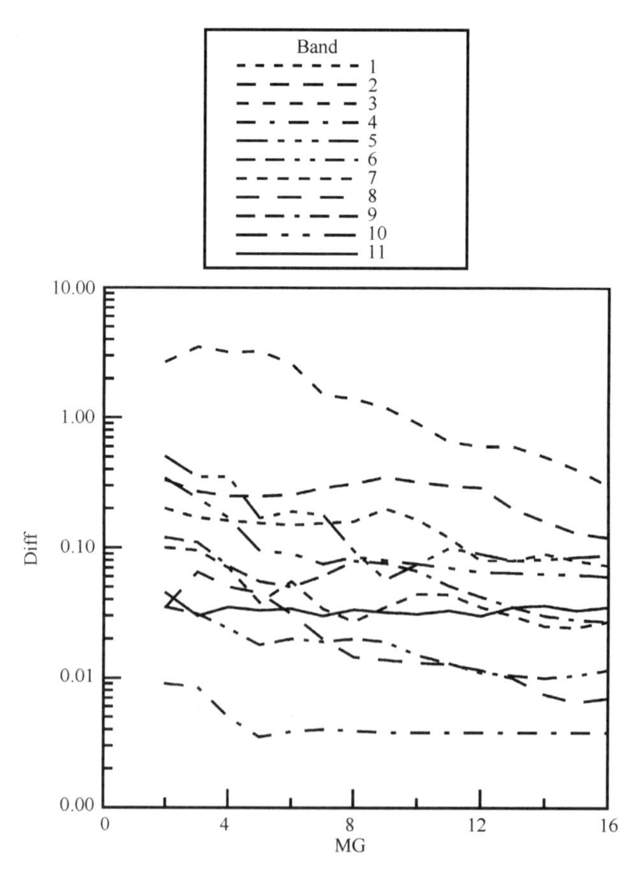

图 2.16　在 17 个带方案中，带 1—带 11 的 Diff 值随 k-分布间隔 MG 的变化。图中横轴表示 MG；纵轴为 Diff 值，表示用 k-分布方法计算的大气冷却率与逐线积分方法之间对 6 种模式大气所有大气垂直层的均方误差[公式(2.10)]；不同的虚线代表不同的带

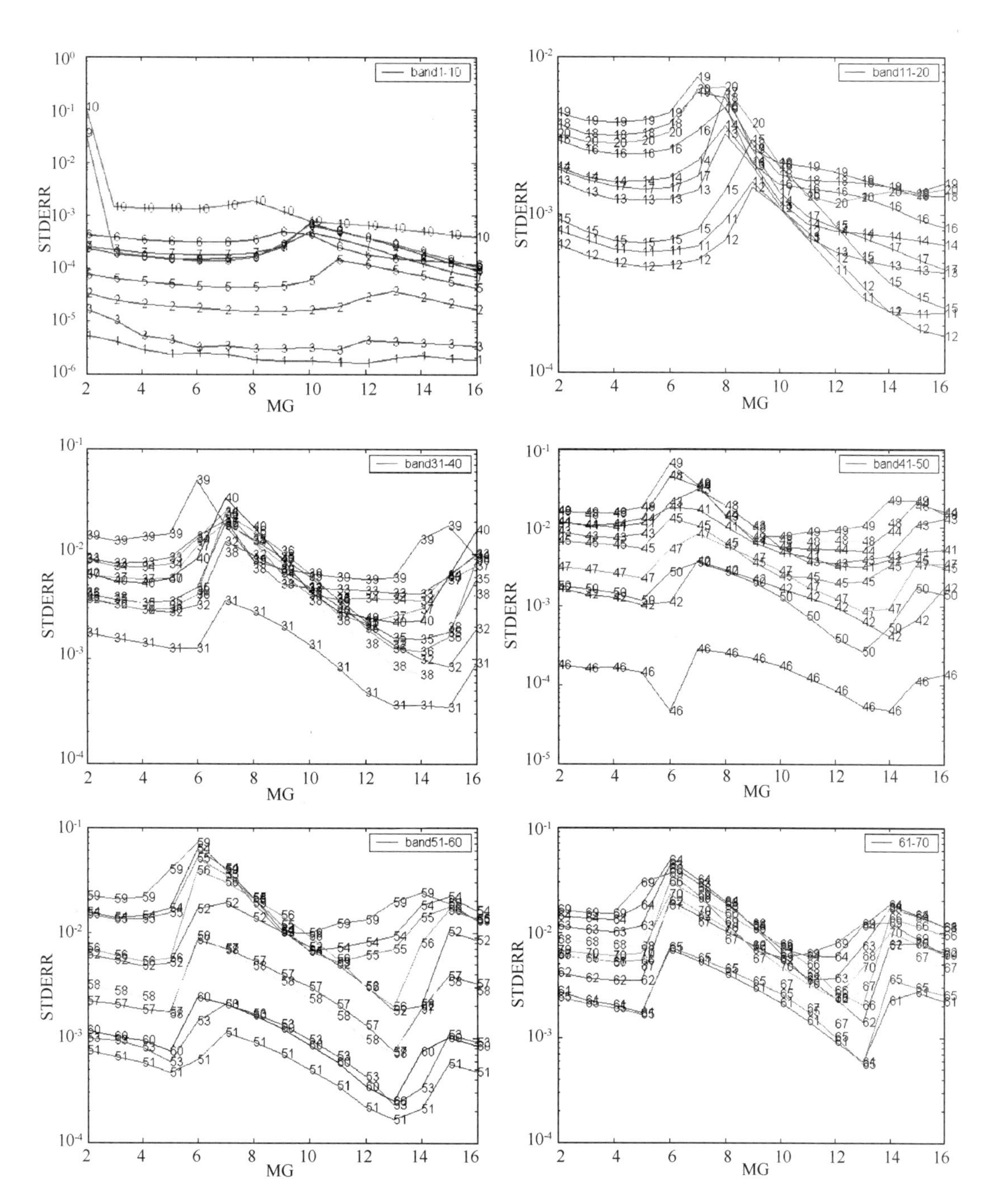

图 2.17　在 998 个带划分方案中，带 1—带 70 的 Diff 值随 *k*-分布间隔 MG 的变化。图中横轴表示 MG；纵轴为 Diff 值，表示用 *k*-分布方法计算的大气冷却率与逐线积分方法之间对 6 种模式大气所有大气垂直层的均方误差[公式(2.10)]。每个图中包含 10 个吸收带，数字指示属于哪个吸收带

表 2.12　17 个带划分结构中 5 种不同 *k*-分布间隔数方案

谱带	区间(cm^{-1})	气体	5 种精度版本				
			17H	17M	17L1	17L2	17L3
1	10～250	H_2O	12	12	4	4	4
2	250～550	H_2O	16	15	15	4	4
3	550～780	H_2O,CO_2	16	16	16	16	11
4	780～990	H_2O	5	5	5	5	5
5	990～1200	H_2O,O_3	9	9	5	5	5
6	1200～1430	H_2O,N_2O,CH_4	14	12	5	5	5
7	1430～2110	H_2O	8	5	5	5	5
8	2110～2680	H_2O,CO_2,N_2O	15	14	2	2	2
9	2680～5200	H_2O	16	6	5	5	5
10	5200～12000	H_2O	7	7	5	5	5
11	12000～22000	H_2O,O_3	3	3	3	3	3
12	22000～31000	—	0	0	0	0	0
13	31000～33000	O_3	2	2	2	2	2
14	33000～35000	O_3	2	2	2	2	2
15	35000～37000	O_3	2	2	2	2	2
16	37000～43000	O_3, O_2	4	4	4	4	4
17	43000～49000	O_3, O_2	2	2	2	2	2
k-分布间隔总数			133	116	82	71	66

图 2.18 给出选取不同 *k*-分布间隔点对长波冷却率的影响。其中，图 2.18a，b，c，d，e 分别给出 17H，17M，17L1，17L2 和 17L3 共 5 个精度版本，即，5 种 *k*-分布间隔点选取方法，用 *k*-分布方法计算的 6 种模式大气的长波冷却率与用逐线积分方法计算的 998 带的大气冷却率结果之间的绝对误差。从图 2.18 可以看出：总的来说，在每种精度版本下，6 种模式大气的误差垂直分布趋势是一致的、有规律的：在对流层以下，都存在两个次极大值；在平流层中下部从 100 hPa 到 10 hPa(大约 16 km 的对流层顶到 31 km)，误差都是最小分布；在平流层中上部到中层大气，从 10 hPa 到 0.1 hPa(大约 30 km 到 70 km)，都存在两个到三个极大或次极大值分布，以上结果基本上能代表在实际大气应用中可能出现的误差分布趋势。进一步分析表明，随着从 17H～17L3 所选取的 *k*-分布间隔点的减少，误差极大或次极大数值增大。以美国标准大气为例分析，在对流层以下，出现在 4～5 km 左右的误差的极大值从 17H 的 0.20 $K \cdot d^{-1}$，17M 的 0.21 $K \cdot d^{-1}$，17L1 的 0.22 $K \cdot d^{-1}$，增加到 17L2 的 0.32 $K \cdot d^{-1}$ 和 17L3 的 0.31 $K \cdot d^{-1}$；在平流层中下部，误差数值范围从 17H 的 0.03～ 0.056 $K \cdot d^{-1}$，17M 的 0.01～ 0.051 $K \cdot d^{-1}$，17L1 的 0.04～ 0.079 $K \cdot d^{-1}$，到 17L2 的 0.002～ 0.19 $K \cdot d^{-1}$，17L3 的 0.0001～ 0.17 $K \cdot d^{-1}$，误差的极值稍有增大；在平流层中上部到中层大气，误差的次极大和极大值从 17H 的 0.26 $K \cdot d^{-1}$(47 km)和 1.06 $K \cdot d^{-1}$(63 km)，17M 的 0.22 $K \cdot d^{-1}$(47 km)和 0.97 $K \cdot d^{-1}$(62 km)，17L1 的 0.22 $K \cdot d^{-1}$(45 km)和 0.94 $K \cdot d^{-1}$(62 km)，到 17L2 的 0.40 $K \cdot d^{-1}$(45 km)和 1.13 $K \cdot d^{-1}$(63 km)，17L3 的 1.06 $K \cdot d^{-1}$(49 km)和 −0.72 $K \cdot d^{-1}$(59 km)，其中，17L3 版本发生在 45 km 到 49 km 左右的次极大值增加较为显著，其他 5 种大气的误差分布与此类似。考虑到

目前气候模式的应用高度，可以不考虑 45 km 以上的误差状况，这样，对大气冷却率，总的来说，17H，17M 和 17L1 的精度相近，而 17L2 和 17L3 的精度相近。

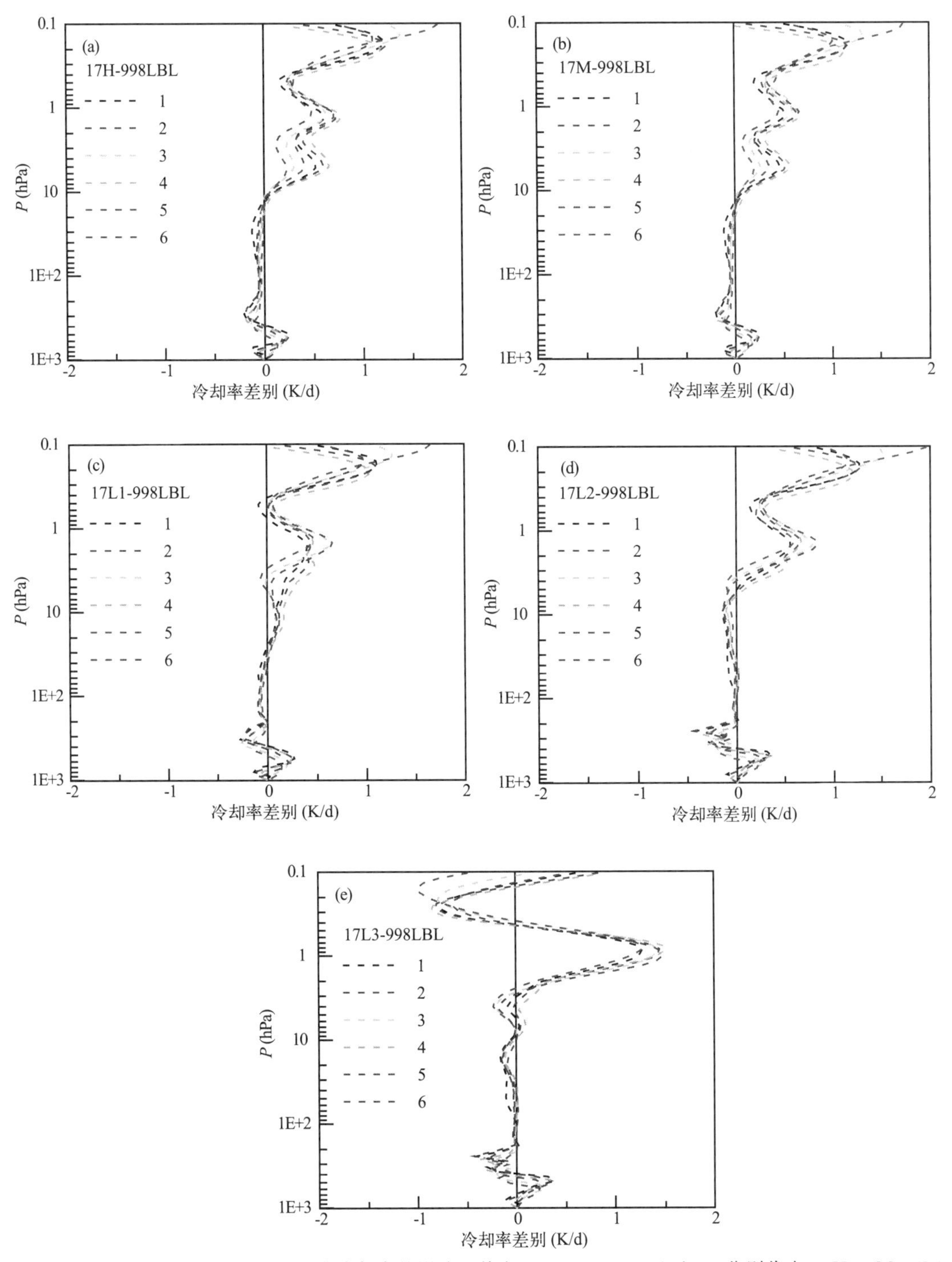

图 2.18 选取不同 k-分布间隔对长波冷却率的影响。其中，(a)，(b)，(c)，(d)和(e)分别代表 17H，17M，17L1，17L2，17L3 不同精度版本；图中的各种虚线分别代表 6 种模式大气下，由相关 k-分布方法计算的 17H，17M，17L1，17L2 和 17L3 的大气冷却率与用逐线积分方法计算的 998 带的大气冷却率参考结果之间的绝对误差；图中的数字 1～6 分别代表热带、中纬夏季、中纬冬季、亚极夏季、亚极冬季和美国标准大气 6 种模式大气廓线

下面再进一步分析大气辐射通量的情况。以美国标准大气为例，图 2.19a 和 b 给出 k-分布间隔数对长波净辐射通量的影响。从图 2.19b 可以看到，从 17H，17M，17L1，17L2 和 17L3 五个不同精度版本的净辐射通量误差随高度的分布趋势是一致的，17H 和 17M，17L2 和 17L2 的净辐射通量误差随高度的分布曲线几乎重叠，17L1 的曲线更靠近 17H 和 17M 的曲线。在对流层，均发生在 6 km 处的净辐射通量误差最大值分别为 $-3.09\ \mathrm{W \cdot m^{-2}}$，$-3.11\ \mathrm{W \cdot m^{-2}}$，$-3.58\ \mathrm{W \cdot m^{-2}}$，$-5.44\ \mathrm{W \cdot m^{-2}}$ 和 $-5.47\ \mathrm{W \cdot m^{-2}}$，相对误差依次为：1.6%，1.6%，1.87%，2.8%和 2.86%；在对流层以上，净辐射通量误差最大值分别为 $1.78\ \mathrm{W \cdot m^{-2}}$，$1.81\ \mathrm{W \cdot m^{-2}}$，$1.67\ \mathrm{W \cdot m^{-2}}$，$1.08\ \mathrm{W \cdot m^{-2}}$ 和 $1.13\ \mathrm{W \cdot m^{-2}}$，都小于 $2\ \mathrm{W \cdot m^{-2}}$，分别发生在 27，27，23，37 km 和 40 km 的高度上。综合图 2.18 和图 2.19 的分析结果，得出：对大气辐射通量和冷却率，17H，17M 和 17L1 的精度基本相近，17L1 和 17L2 的精度基本相近。由于计算时间与总 k-分布间隔数 MG 呈正比例关系，若假定进行一个 k-分布间隔点的辐射传输计算所花费的时间为 t_0，则总的计算时间 $t \propto MG \times t_0$。对 17H～17L3 各种精度版本，由于它们总的 k-分布间隔数不同，如表 2.12 所示，17H 为 133，17M 为 116，17L1 为 82，17L2 为 71，17L3 为 66，所以计算速度各不相同，计算速度从快到慢依次为：17L3，17L2，17L1，17M，17H。17L3 的速度几乎会比 17H 快近一倍。因此，考虑到计算速度成本，对可应用于目前气候模式中的长波辐射计算，可选用的版本为精度较高、速度也较快的 17L1 和速度最高的 17L3。以下将用类似的方法考察短波辐射方案。

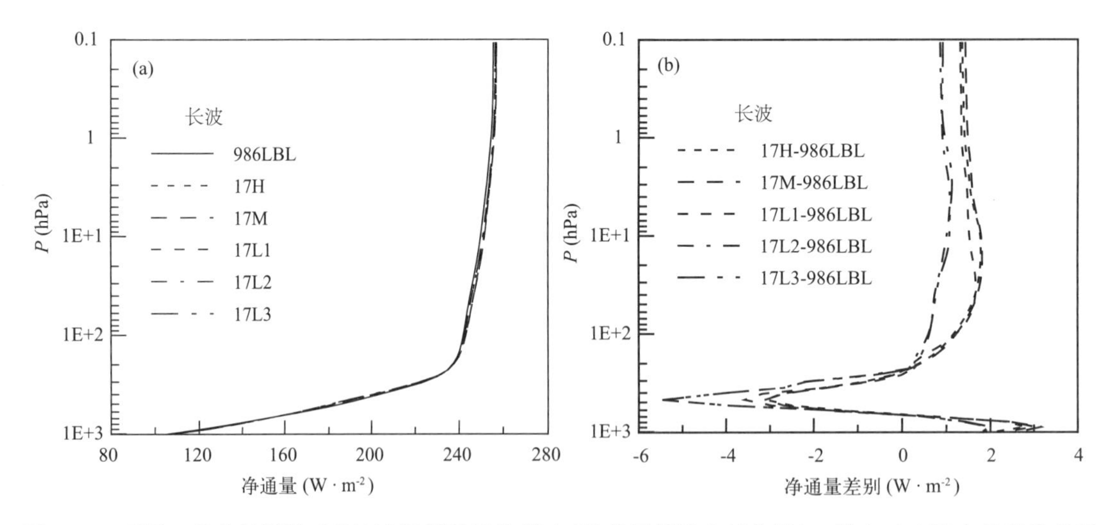

图 2.19　不同 k-分布间隔数对长波净辐射通量的影响（以美国标准大气为例）。其中，(a)图中的实线代表 998 带的长波净辐射通量的逐线积分参考结果，不同的虚线分别代表用 k-分布方法计算的 17H，17M，17L1，17L2 和 17L3 的长波净辐射通量；(b)图中的各种虚线分别代表 17H～17L3 的 k-分布净辐射通量与 998 带相应参考结果的绝对误差

图 2.20 给出 6 种模式大气下，由相关 k-分布方法计算的 17H，17M 和 17L1 不同精度版本的大气加热率与用逐线积分方法计算的 998 带的大气加热率参考结果之间的绝对误差，其中，由于 17L2 和 17L3 与 17L1 在短波的带划分结构相同，所以在此只给出 17L1 的结果。总的来说，k-分布间隔点数对短波加热率的影响同对长波冷却率的影响一致，例如，对每种精度

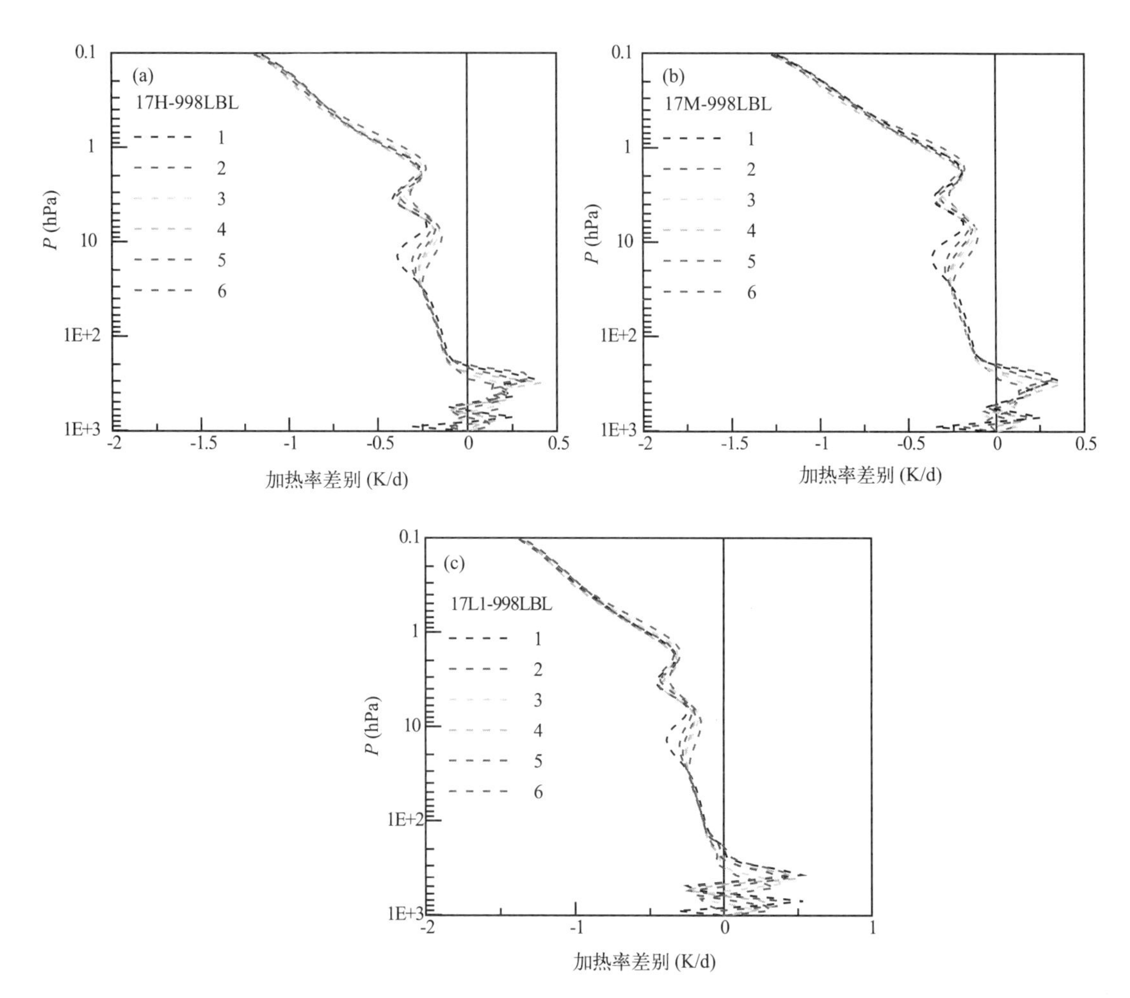

图 2.20　不同 k-分布间隔点对短波加热率的影响。其中，(a)，(b) 和 (c)分别代表 17H，17M，17L1 不同精度版本(17L2，17L3 版本与 17L1 版本精度相同)；图中的各种虚线分别代表 6 种模式大气下，由相关 k-分布方法计算的 17H，17M 和 17L1 的大气加热率与用逐线积分方法计算的 998 带的大气加热率参考结果之间的绝对误差；图中的数字 1～6 分别代表热带、中纬夏季、中纬冬季、亚极夏季、亚极冬季和美国标准大气 6 种模式大气廓线

版本，6 种模式大气的误差垂直分布趋势也是一致的，这一点对短波加热率尤为明显，6 种误差曲线在 50 km 以上的中层大气几乎重叠在一起。误差分布在数量级上也相近，在对流层以下，17H 和 17M 的精度相近，为 0.41 $K \cdot d^{-1}$，17L1 的精度为 0.41 $K \cdot d^{-1}$；在对流层以上，误差分布几乎随着高度的增加而增加，所以在大气顶 0.1 hPa 处的误差成为各种精度版本的最大值，17H，17M 和 17L1 的最大值分别为 1.14，1.23 $K \cdot d^{-1}$ 和 1.37 $K \cdot d^{-1}$。不同点在于，不同精度版本长波冷却率的误差分布在平流层以上趋于正误差，而短波加热率的误差分布趋于负误差，这样，不考虑散射影响的纯气体吸收的总的加热(或)冷却率的误差在平流层以上会大大减小。k-分布间隔数对短波净辐射通量的影响也与长波区间相近，只是在绝对数量上偏大。图 2.21 给出美国标准大气下，不同 k-分布间隔数对短波净辐射通量的影响。在此，应该注意到，图 2.21 中短波净辐射通量定义同长波一样，仍为向上的辐射通量减去向下的辐射通

量，故结果均为负值，表示净辐射通量向下。从图 2.21 看出，在对流层以下，17H，17M 和 17L1 净辐射通量误差的最大值分别为－10.96，－10.82 W・m^{-2} 和－11.58 W・m^{-2}，相对误差分别为：2.1％，2.1％ 和 2.2％，均发生 10 km 左右；在对流层顶以上，净辐射通量误差随高度的增加而减小，在 31 km(10 hPa)以上维持少变，对 17H，17M 和 17L1，数值分别在－6.6～－6.9 W・m^{-2}，－6.5～－6.7 W・m^{-2} 和－7.7～－8.0 W・m^{-2} 范围之间变化。通过比较得出，虽然 17H，17M 和 17L1 辐射计算方案会低估大气吸收，但低估的相对误差并不大，占 2.0％左右，同时在 17H，17M 和 17L1(17L2 和 17L3 同 17L1)之间的误差的量级范围几乎相当，考虑到在气候模式中的应用成本，同长波辐射方案一样，仍可考虑采用 17L1 和 17L3 两种方案，如果未来计算机能力允许，17H 和 17M 乃至 21 和 27 个谱带划分结构都可以作为下一代气候模式中高精度的大气辐射计算的入选方案。

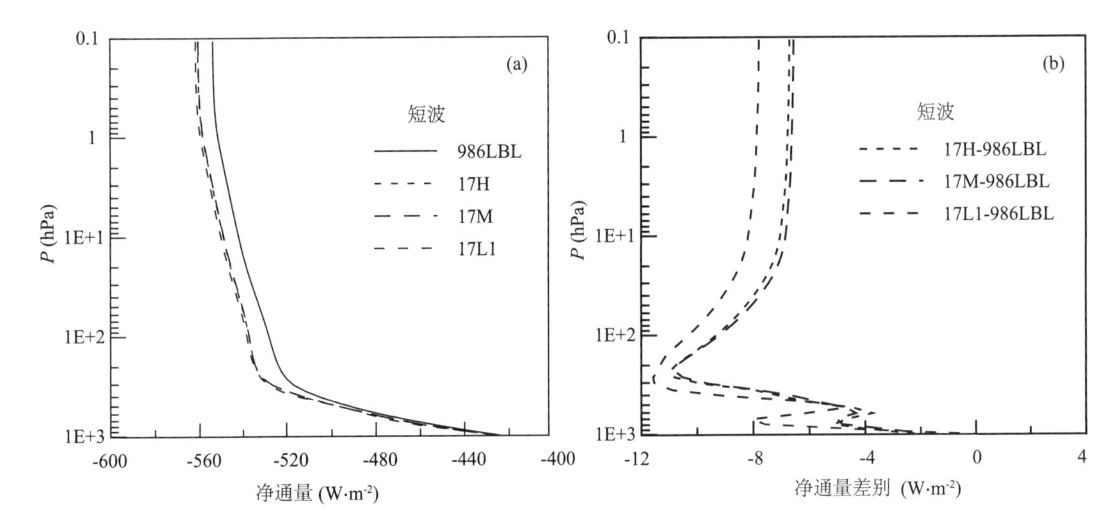

图 2.21 不同 k-分布间隔数对短波净辐射通量的影响(美国标准大气为例)。其中，(a)图中的实线代表 998 带的短波净辐射通量的逐线积分参考结果，不同的虚线分别代表用 k-分布方法计算的 17H，17M 和 17L1 的短波净辐射通量(17L2 和 17L3 与 17L1 相同)；(b)图中的各种虚线分别代表 17H，17M 和 17L1 的 k-分布净辐射通量结果与 998 带相应参考结果的绝对误差

参考文献

张华，石广玉. 2000. 一种快速高效的逐线积分大气吸收计算方法[J]. 大气科学，**24**(1)：111-121.

张华，石广玉. 2005. 两种逐线积分辐射模式大气吸收的比较研究[J]. 大气科学，**29**(4)：581-593.

张华，吴金秀，沈钟平. 2011. PFCs 和 SF_6 的辐射强迫与全球增温潜能[J]. 中国科学地球科学（中文版），**41**(2)：225-233.

张华，张若玉，何金海，等. 2013. CH_4 和 N_2O 的辐射强迫与全球增温潜能[J]. 大气科学，**37**(3)：745-754.

Buchwitz M, Rozanov V V, Burrows J P. 2000. A correlated-k distribution scheme for overlapping gases suitable for retrieval for atmospheric constituents from moderate resolution radiance measurements in the visible/near-infrared spectral region[J]. *Journal of Geophysical Research*: Atmospheres (1984—2012), **105**(D12): 15247-15261.

Chou M D. 1999. Atmospheric solar heating in minor absorption bands[J]. *Terrestrial Atmospheric and*

Oceanic Sciences, **10**: 511-528.

Chou M D, Liang X Z, Yan M M H. 2001. Technical report series on global modeling and data assimilation [R]. NASA/TM—2001—104606, **19**: 8-15.

Clough S A, Iacono M J. 1995. Line-by-line calculation of atmospheric fluxes and cooling rates: 2. Application to carbon dioxide, ozone, methane, nitrous oxide and the halocarbons[J]. *Journal of Geophysical Research*: Atmospheres (1984—2012), **100**(D8): 16519-16535.

Clough S A, Iacono M J, Moncet J L. 1992. Line-by-Line Calculations of Atmospheric Fluxes and Cooling Rates: Application to Water Vapor (Paper 92JD01419) [J]. *Journal of Geophysical Research-*All series—, **97**: 15761-15761.

Clough S A, Kneizys F X, Anderson G P. 2000. The updated LBLRTM_ver 5.21[J], http://www. rtweb. aer. com/, 2000.

Ellingson R G, Ellis J, Fels S. 1991. The intercomparison of radiation codes used in climate models: Long wave results[J]. *Journal of Geophysical Research*: Atmospheres (1984—2012), **96**(D5): 8929-8953.

Feng X, Zhao F S. 2009. Effect of changes of the HITRAN database on transmittance calculations in the near—infrared region[J]. *Journal of Quantitative Spectroscopy and Radiative Transfer*, **110**(4): 247—255.

Feng X, Zhao F S, Gao W H. 2007. Effect of the improvement of the HITRAN database on the radiative transfer calculation[J]. *Journal of Quantitative Spectroscopy and Radiative Transfer*, **108**(2): 308—318.

Firsov K M, Mitsel A A, Ponomarev Y N, *et al*. 1998. Parametrization of transmittance for application in atmospheric optics[J]. *Journal of Quantitative Spectroscopy and Radiative Transfer*, **59**(3): 203-213.

Fomin B A, Falaleeva V A. 2009. Recent progress in spectroscopy and its effect on line—by—line calculations for the validation of radiation codes for climate models[J]. *Atmospheric and Oceanic Optics*, **22**(6): 626—629.

Fomin B A, Udalova T A, Zhitnitskii E A. 2004. Evolution of spectroscopic information over the last decade and its effect on line—by—line calculations for validation of radiation codes for climate models[J]. *Journal of Quantitative Spectroscopy and Radiative Transfer*, **86**(1): 73—85.

Fu Q, Liou K N. 1992. On the correlated k-distribution method for radiative transfer in nonhomogeneous atmospheres[J]. *Journal of the Atmospheric Sciences*, **49**(22): 2139-2156.

Garand L, Turner D S, Larocque M, *et al*. 2001. Radiance and Jacobian intercomparison of radiative transfer models applied to HIRS and AMSU channels [J]. *Journal of Geophysical Research*: Atmospheres (1984—2012), **106**(D20): 24017-24031.

Gerstell M F. 1993. Obtaining the cumulative *k*-distribution of a gas mixture from those of its components[J]. *Journal of Quantitative Spectroscopy and Radiative Transfer*, **49**(1): 15-38.

Goody R M, Yung Y L. 1989. Atmospheric radiation: theoretical basis[M], 2nd ed., by Richard M. Goody and YL Yung. New York, NY: Oxford University Press, 1989.

Goody R, West R, Chen L, *et al*. 1989. The correlated-*k* method for radiation calculations in nonhomogeneous atmospheres[J]. *Journal of Quantitative Spectroscopy and Radiative Transfer*, **42**(6): 539-550.

Isaacs R G, Wang W C, Worsham R D, *et al*. 1987. Multiple scattering LOWTRAN and FASCODE models [J]. *Applied optics*, **26**(7): 1272-1281.

Joseph J H, Wiscombe W J, Weinman J A. 1976. The delta-Eddington approximation for radiative flux transfer[J]. *Journal of the Atmospheric Sciences*, **33**(12): 2452-2459.

Kratz D P. 2008. The sensitivity of radiative transfer calculations to the changes in the HITRAN database from 1982 to 2004[J]. *Journal of Quantitative Spectroscopy and Radiative Transfer*, **109**(6): 1060—1080.

Lacis A A, Oinas V. 1991. A description of the correlated k distribution method for modeling nongray gaseous absorption, thermal emission, and multiple scattering in vertically inhomogeneous atmospheres[J]. *J. geophys. Res.* ,**96**(15): 9027-9064.

Liu F, Smallwood G, Gulder O. 2001. Application of the statistical narrow-band correlated-*k* method to non-grey gas radiation in CO_2-H_2O mixtures: approximate treatments of overlapping bands[J]. *IEEE Acoustics, Speech, and Signal Processing Newsletter*, **68**(4): 401-417.

Li Z, Moreau L. 1996. Alteration of atmospheric solar absorption by clouds: Simulation and observation[J]. *Journal of Applied Meteorology*,**35**(5): 653-670.

McClatchey R A, Fenn R W, Selby J E A, *et al*. 1972. Optical properties of the atmosphere[R]. 3rd ed. AF-CRL—72—0497. Hanscom Field, Bedford, Massachusetts.

Mlawer E J, Taubman S J, Brown P D, *et al*. 1997. Radiative transfer for inhomogeneous atmospheres: RRTM, a validated correlated-*k* model for the longwave[J]. *Journal of Geophysical Research*: Atmospheres (1984—2012),**102**(D14): 16663-16682.

Nakajima T, Tanaka M. 1986. Matrix formulations for the transfer of solar radiation in a plane-parallel scattering atmosphere[J]. *Journal of Quantitative Spectroscopy and Radiative Transfer*,**35**(1): 13-21.

Nakajima T, Tsukamoto M, Tsushima Y, *et al*. 2000. Modeling of the radiative process in an atmospheric general circulation model[J]. *Applied Optics*,**39**(27): 4869-4878.

Peixoto J P, Oort A H. 1992. *Physics of Climate*[M]. Am. Inst. of Phys. , New York.

Pinnock S, Shine K P. 1998. The effects of changes in HITRAN and uncertainties in the spectroscopy on infrared irradiance calculations[J]. *Journal of the Atmospheric Sciences*, **55**(11): 1950—1964.

Plass G N, Kattawar G W, Catchings F E. 1973. Matrix operator theory of radiative transfer. 1: Rayleigh scattering[J]. *Applied Optics*,**12**(2): 314-329.

Rothman L S. 2010. The evolution and impact of the HITRAN molecular spectroscopic database[J]. *Journal of Quantitative Spectroscopy and Radiative Transfer*, **111**(11): 1565—1567.

Rothman L S, Barbe A, Benner D C, *et al*. 2003. The HITRAN molecular spectroscopic database: edition of 2000 including updates through 2001[J]. *Journal of Quantitative Spectroscopy and Radiative Transfer*, **82**(1): 5-44.

Rothman L S, Gamache R R, Goldman A, *et al*. 1987. The HITRAN database: 1986 edition[J]. *Applied Optics*, **26**(19): 4058-4097.

Rothman L S, Gamache R R, Tipping R H, *et al*. 1992. The HITRAN molecular database: editions of 1991 and 1992[J]. *Journal of Quantitative Spectroscopy and Radiative Transfer*, **48**(5): 469-507.

Rothman L S, Gordon I E, Babikov Y, *et al*. 2013. The HITRAN2012 molecular spectroscopic database[J]. *Journal of Quantitative Spectroscopy and Radiative Transfer*, **130**: 4-50.

Rothman L S, Gordon I E, Barbe A, *et al*. 2009. The HITRAN 2008 molecular spectroscopic database[J]. *Journal of Quantitative Spectroscopy and Radiative Transfer*, **110**(9): 533-572.

Rothman L S, Jacquemart D, Barbe A, *et al*. 2005. The HITRAN 2004 molecular spectroscopic database[J]. *Journal of Quantitative Spectroscopy and Radiative Transfer*, **96**(2): 139-204.

Rothman L S, Rinsland C P, Goldman A, *et al*. 1998. The HITRAN molecular spectroscopic database and HAWKS (HITRAN atmospheric workstation): 1996 edition[J]. *Journal of Quantitative Spectroscopy and Radiative Transfer*, **60**(5): 665-710.

Rothman L S, Rinsland C P, Goldman A, *et al*. 2000. The HITRAN molecular spectroscopic database and HAWKS (HITRAN Atmospheric Workstation). http://www.hitran.com/ , Updated HITRAN2000.

Shi G Y. 1981. An accurate calculation and representation of the infrared transmission function of the atmospheric constituents[D]. PhD Thesis, Tohoku University of Japan.

Shi G Y. 1984. Effect of atmospheric overlapping bands and their treatment on the calculation of thermal radiation[J]. *Advances in Atmospheric Sciences*, **1**(2): 246-255.

Shi G Y. 1998. On correlated k distribution model in radiative calculation[J]. *Chin. J. Atmos. Sci*, **22**: 659-676.

Wang B, Liu H, Shi G Y. 2000. *Radiation and Cloud Scheme, IAP Global Ocean—Atmosphere-Land System Model*[M]. Beijing: Science Press: 28-49.

Wang W C, Ryan P B. 1983. Overlapping effect of atmospheric H_2O, CO_2 and O_3 on the CO_2 radiative effect [J]. *Tellus B*, **35**(2): 81-91.

Yang S R, Ricchiazzi P, Gautier C. 2000. Modified correlated *k*-distribution methods for remote sensing applications[J]. *Journal of Quantitative Spectroscopy and Radiative Transfer*, **64**(6): 585-608.

Zhang H. 1999. On the study of a new correlated k distribution method for nongray gaseous absorption in the inhomogeneous scattering atmosphere[D], Ph D Thesis, the Institute of Atmospheric Physics, Beijing, China.

Zhang H, Nakajima T, Shi G Y, *et al*. 2003. An optimal approach to overlapping bands with correlated *k*-distribution method and its application to radiative calculations[J]. *Journal of Geophysical Research*: Atmospheres (1984—2012), **108**(D20), 4641.

Zhang H, Shi G Y. 2001. An improved approach to diffuse radiation[J]. *Journal of Quantitative Spectroscopy and Radiative Transfer*, **70**(3): 367-372.

Zhang H, Shi G Y. 2002. Numerical explanation for accurate radiative cooling rates resulting from the correlated *k*-distribution hypothesis[J]. *Journal of Quantitative Spectroscopy and Radiative Transfer*, **74**(3): 299-306.

Zhang H, Wu J X, Lu P. 2011. A study of the radiative forcing and global warming potentials of hydrofluorocarbons [J]. *J. Quant. Spectrosc. Radiat. Transf.*, **112**(2): 220-229.

Zhang H, Zhang R Y, Shi G Y. 2013. Radiative forcing due to CO_2 and its effect on global surface temperature change [J]. *Advances in Atmospheric Sciences*, **30**(4): 1017-1024.

Zhang X, Shi G Y, Liu H. 2000. *IAP Global Ocean-Atmosphere-Land System Model*[M]. Beijing: Science Press.

第 3 章　气溶胶光学

摘要：大气气溶胶是由多种气体和悬浮于其中的固体粒子或气体粒子所组成，主要包括以人类活动产生为主的硫酸盐、硝酸盐、黑碳和有机碳等气溶胶，以及以自然产生为主的沙尘和海盐等气溶胶。其中沙尘气溶胶主要来源于沙漠和半沙漠化地区，例如非洲的撒哈拉沙漠地区和亚洲的塔克拉玛干沙漠地区都是全球比较显著的沙尘源区；海盐气溶胶主要分布在海洋上空；人为气溶胶的主要源区分布在东亚、西欧、北美东南部、南美和非洲中部(Solomon *et al.*，2007)。在全球气候变化和低碳经济的时代背景下，大气气溶胶相关内容的研究是当今全球气候变化与环境变化所关注的焦点内容。

大气气溶胶的光学性质是计算气溶胶辐射强迫的基础，其中，气溶胶的光学性质以参数表的形式放入辐射传输方程中，在此基础上对方程求解可以计算出大气中的气溶胶粒子对地气系统中辐射传输通量的影响，进而可以确定气溶胶的直接辐射强迫；另一方面，大气中的气溶胶还可以作为云凝结核，改变云滴半径和云滴密度，导致云量和云的光学厚度改变，从而改变地-气辐射平衡，产生气溶胶的间接辐射强迫，影响气候和气候变化。

研究大气气溶胶的光学性质具有重要的基础意义，本章重点研究球形和非球形气溶胶以及混合气溶胶的光学性质。首先介绍气溶胶光学的理论和数值算法，并在此基础上对其光学性质展开初步讨论，然后根据 BCC_RAD 辐射传输方案，分别计算了包括球形和非球形沙尘气溶胶、碳类气溶胶、硫酸盐气溶胶、硝酸盐气溶胶以及海盐等主要气溶胶的光学性质，为辐射方案提供这几种气溶胶光学特性的输入，为精确计算气溶胶的辐射强迫奠定基础。最后在 3.3 节中以黑碳-硫酸盐和黑碳-有机碳混合为例介绍了 4 种混合方式气溶胶光学性质的计算方法。

3.1　球形气溶胶

目前，在辐射传输模式及遥感应用中气溶胶粒子的形状都假设为球形，这是为了方便采用经典的 Mie 散射理论来计算气溶胶的光学性质，运用 Mie 散射理论计算粒子的光学性质严格来说需要满足 3 个条件：粒子为理想的球形，内部混合均匀，表面为镜表面。实际大气当中的很多液态气溶胶粒子，在表面液体张力的作用下，形状接近球形，因此，采用球形近似计算气溶胶的光学性质可以取得比较精确的计算结果。

3.1.1　理论基础和计算方法

研究球形气溶胶光学性质的理论研究具有十分重要的基础意义，目前球形粒子散射特性的理论研究已经比较成熟，Lorenz(1890)和Mie(1808)分别独立地推导出了平面波与各向同性均匀球形粒子相互作用的解，Wiscombe(1980)建立了完善的Mie散射数值算法，为球形粒子光学特性的计算提供了有力的工具。

球形气溶胶光学特性的计算涉及气溶胶的谱分布资料和复折射指数以及光学特性的数值计算方法。所采取的气溶胶模型不同，其复折射指数资料以及谱分布的具体形式和参数则不同，弄清模型中谱分布的形式和参数是确保计算准确的重要前提，另外，熟悉各种数值算法的理论推导及其计算程序才能正确使用气溶胶资料计算其光学特性，因此，本节首先在概念上将关于气溶胶的理论基础和光学特性的计算方法做详细介绍。

完整描述气溶胶物理和化学特性，严格来说需要三个参量，即气溶胶粒子尺度特征参量、气溶胶粒子形态和取向特征参量及构成粒子的化学组成特征参量。就气溶胶光学特性的计算而言，在球形粒子散射的假定之下，气溶胶的尺度谱分布和复折射指数(由粒子化学组成决定)最终决定了气溶胶的散射特征。

3.1.1.1　气溶胶粒子尺度谱分布

通常情况下，我们说的粒子尺度谱分布是指气溶胶粒子的数浓度谱分布，另外常用的分布还有粒子的体积谱分布、表面积谱分布和质量谱分布等。对同一种气溶胶质粒样本来说，其体积谱分布、表面积谱分布和质量谱分布同数浓度谱分布应具有不同的谱分布参量值(如算术平均值、中值半径、几何平均半径和分布曲线等)，但相互之间可以按照基本的物理关系进行转换。BCC_RAD辐射方案计算气溶胶光学特性时，散射参数表的制作是在体积谱分布的假定下计算出来的，因此，在为BCC_RAD辐射方案计算光学特性时，在给定谱分布为数浓度谱分布的情况下需要首先进行粒子尺度谱分布的转换，以确保光学特性计算的准确性。

谱分布有两种形式，即离散分布和连续分布。实际参量的气溶胶谱分布数据总是离散化的，为了数学处理和表述的方便，常转化为连续型，即用数学表达式解析的表示，但是目前在许多气候模式的方案中仍然采用离散化的谱分布形式(如国家气候中心大气环流模式BCC_AGCM2.0.1)。常用的粒子谱分布的解析形式有三种，幂指数分布(Junge)、伽马(r-Gamma)分布和对数正态分布(LND)。

上述三种常用谱分布的解析形式分别如下所示，下面表达式中 r 为粒子半径，$n(r)$ 是半径为 r 的粒子所对应的数浓度。

(1)幂指数分布(Junge)

$$n(r)=\begin{cases}\dfrac{2r_1^2 r_2^2}{r_2^2-r_1^2}r^{-3} & (r_1\leqslant r\leqslant r_2)\\ 0 & (\text{其他})\end{cases}\tag{3.1}$$

式中 r_1 和 r_2 分别是幂指数分布中粒子半径的下限和上限。

(2)伽马(Γ-Gamma)分布

$$n(r) = ar^{\gamma} e^{-br^{\beta}} \tag{3.2}$$

式中可调参数共 4 个,即 a,b,β 和 γ 都是正实数(γ 为正整数)。

(3)对数正态分布(LND)

$$n(r) = \frac{1}{(2\pi)^{1/2}\sigma} \frac{1}{r} e^{-\frac{1}{2}\left(\frac{\ln r - \ln r_m}{\ln \sigma}\right)^2} \tag{3.3}$$

式中,r_m 和 σ 分别是对数正态分布的模态半径(mode radius)和平均方差。另外,由于对数正态分布较为常用,因此还有另外两种常见的表达形式,分别如下所示:

$$n(r) = \frac{1}{(2\pi)^{1/2}\ln 10 \log_{10}\sigma} \frac{1}{r} e^{-\frac{1}{2}\left(\frac{\log_{10} r - \log_{10} r_m}{\log_{10}\sigma}\right)^2} \tag{3.4}$$

$$n(r) = \frac{1}{(2\pi)^{1/2}\sigma \ln 10} \frac{1}{r} e^{-\frac{1}{2}\left(\frac{\log_{10} r - \log_{10} r_m}{\sigma}\right)^2} \tag{3.5}$$

根据 $\log_{10}$ 和 ln 之间的转换关系,可以推导出(3.3)和(3.4)式的表达式是等价的,式中的参数 r_m 和 σ 的取值是相同的,而(3.5)式与(3.3)、(3.4)的表达式则不相同,(3.5)式中的 r_m 与(3.3)、(3.4)式中的 r_m 取值相同,但是 σ 的取值不同,(3.5)式中的 $\sigma \ln 10$ 与(3.3)、(3.4)式中的 $\ln\sigma$ 在数值上才是等价的。国外有些文献中讨论气溶胶光学特性时采用的对数正态谱分布是(3.5)中的形式(Yang *et al.*, 2007;Fu *et al.*, 2009),因此,在使用气溶胶谱分布的参数时需要注意气溶胶谱分布的解析形式,相同的谱分布在解析形式不同的情况下,谱分布参数的值也不同。

3.1.1.2 气溶胶粒子的复折射指数

复折射指数是计算气溶胶光学特性的重要参数,由构成粒子的化学成分决定,随着气溶胶源区地理位置不同存在很大差异(Houghton *et al.*, 2001)。气溶胶粒子的化学组成同气溶胶的来源有关,而气溶胶的化学组成不同,粒子的复折射指数也不同。粒子的复折射指数由实部和虚部两部分组成,实部决定气溶胶粒子的散射能力,而虚部决定气溶胶粒子的吸收能力。一般来讲,除了有机物质燃烧生成的碳气溶胶,气溶胶粒子的虚部都很小(张鹏,1998)。另外,粒子的复折射指数实部除了能够反映粒子的散射能力以外,还可以作为气溶胶粒子吸湿能力的一个指标。

复折射率 n 定义为:真空中的光速 C 与在气溶胶物质中的光速 V_p 之比,物质的折射率随波长有较小的变化,对于非吸收性物质 $n(\lambda)=C/V_p$ 即称为绝对折射率(复折射指数)。对于具有吸收性的物质,一般具有明显的电导率,折射率必须用复数表示:$n(\lambda)=n_r(\lambda)-\mathrm{i}n_i(\lambda)$,其中 n 称为复折射指数,n_r 和 n_i 分别表示其实部和虚部,分别对应气溶胶的散射和吸收性质。实部 n_r 表示光在该介质中传播的速度比在真空中慢多少倍数,其值决定了介质中光传播的速度 v,即 $v=C/n_r$。复折射率的虚部 n_i 是表征电磁波振幅在传播过程中吸收衰减的参数,是大气气溶胶的一个重要特性。研究表明气溶胶对地一气系统产生增温效应还是冷却效应直接取决于其折射指数虚部的大小。n_i 的值取决于粒子的成分和性质。

在实际应用中,由于气溶胶粒子的化学组成不同,使复折射指数的变化非常复杂,因此,同一种气溶胶也有多种数据库。以沙尘气溶胶为例,目前为止,常用的沙尘气溶胶复折射指数数据库主要有 4 种。最早是由 Shettle 和 Fenn 于 1979 年在观测资料的基础上假定了几种气溶胶的复折射指数模型，其中就包括了沙尘的复折射指数，称为 AFGL(Air Force Geophysics Laboratory)模型。WMO 于 1983 年给出了 0.2 μm 到 40 μm 之间共 31 个波长间隔的沙尘复折射指数，这一模型在后来的沙尘辐射效应研究中被广泛采用。Hess 等(1998)在对云和气溶胶复折射指数进行测算的基础上，将 0.2～40 μm 的光谱范围分成 154 个波段，给出了一种更为详细的沙尘气溶胶复折射指数模型 OPAC(Optical Properties of Aerosols and Clouds)。ADEC 工作组于 2001 年 4 月 12—14 日在塔克拉玛干沙漠进行气溶胶采样，获得 0.2～3 μm 范围内代表东亚沙尘气溶胶的复折射指数模型 ADEC (Aeolian Dust Experimenton Climate-Impact)。王宏等(2004)比较上述 4 种模型后指出，ADEC 与 OPAC 模型总体比较相似。

在气溶胶谱分布给定的前提下，气溶胶的光学特性随波长的变化完全取决于其复折射指数随波长的变化，因此在计算气溶胶的光学特性时，应根据不同的计算目的来选择合适的气溶胶复折射指数模型。

3.1.1.3 Mie 散射理论和数值算法

Mie 散射理论是在经典电磁波动方程的基础上，推导出的对各向同性球体的散射解。根据 Maxwell 方程组和球形粒子边界场条件，可以推导得到矢量波动方程的形式散射解。通过对该形式散射解的远场解分析，可以进一步推导得到相对于散射和入射波平面的散射相矩阵及其他散射光学参数的表示[详细的理论推导可以参见有关的参考文献，如廖国男(2004)]。Mie 散射理论是球形粒子在电磁场中对平面波散射的精确解。

数学理论始于 Maxwell 方程组，它是球形粒子在电磁场中对平面波散射的精确解。根据麦克斯韦方程组和球形粒子边界场条件，可以推导得到矢量波动方程的形式散射解。通过对该形式散射解的远场分析，可以进一步推导得到相对于散射和入射波平面的散射矩阵及其他散射光学参数的表示，详细的理论推导可以参考文献廖国男(2004)，Mie 散射的有关结论如下：

(1)散射函数 $S_{1,2}(\Theta)$ 和强度函数 $i_{1,2}(\Theta)$

$$S_1(\Theta) = \sum_{n=1}^{\infty} \frac{2n+1}{n(n+1)}[a_n\pi_n(\cos\Theta) + b_n\tau_n(\cos\Theta)] \tag{3.6}$$

$$S_2(\Theta) = \sum_{n=1}^{\infty} \frac{2n+1}{n(n+1)}[b_n\pi_n(\cos\Theta) + a_n\tau_n(\cos\Theta)] \tag{3.7}$$

$$i_1(\Theta) = | S_1(\Theta) |^2 \tag{3.8}$$

$$i_2(\Theta) = | S_2(\Theta) |^2 \tag{3.9}$$

式中系数 a_n，b_n，π_n 和 τ_n 分别为

$$a_n = \frac{\psi_n'(mx)\psi_n(x) - m\psi_n(mx)\psi_n'(x)}{\psi_n'(mx)\xi_n(x) - m\psi_n(mx)\xi_n'(x)} \tag{3.10}$$

$$b_n = \frac{m\psi_n'(mx)\psi_n(x) - \psi_n(mx)\psi_n'(x)}{m\psi_n'(mx)\xi_n(x) - \psi_n(mx)\xi_n'(x)} \tag{3.11}$$

$$\psi_n(x) = xj_n(x) \tag{3.12}$$

$$\xi_n(x) = xh_n^{(2)}(x) \tag{3.13}$$

$$\pi_n(\cos\theta) = \frac{1}{\sin\theta}p_n^1(\cos\theta) \tag{3.14}$$

$$\tau_n(\cos\theta) = \frac{\mathrm{d}}{\mathrm{d}\theta}p_n^1(\cos\theta) \tag{3.15}$$

其中，m 是复折射指数，x 为尺度参数，Θ 为散射角，$j_n(x)$ 和 $h_n^{(2)}(x)$ 分别为第一类和第三类球贝塞尔函数，$p_n^1(\cos\theta)$ 为连带的勒朗德多项式。

(2)球形粒子的散射效率因子 Q_s 和消光效率因子 Q_e

$$Q_s = \frac{\sigma_s}{\pi r^2} = \frac{2}{x^2}\sum_{n=1}^{\infty}(2n+1)(|a_n|^2+|b_n|^2) \tag{3.16}$$

$$Q_e = \frac{\sigma_e}{\pi r^2} = \frac{2}{x^2}\sum_{n=1}^{\infty}(2n+1)\mathrm{Re}(a_n+b_n) \tag{3.17}$$

式中 Re 表示对方括号内的复数取实部。

(3)相函数 $p(\Theta,x,m)$ 和不对称因子 g

$$p(\Theta,x,m) = \frac{2}{x^2 Q_s}[i_1(\Theta)+i_2(\Theta)] \tag{3.18}$$

$$g = \frac{4}{x^2 Q_s}\sum_{n=1}^{\infty}\left[\frac{n(n+2)}{n+1}\mathrm{Re}(a_n a_{n+1}^* + b_n b_n^*) + \frac{2n+1}{n(n+1)}\mathrm{Re}(a_n b_n^*)\right] \tag{3.19}$$

式中“ * ”号上标表示复数的共轭。

在 Mie 散射理论建立之后，关于该理论的数值算法得到了进一步发展，主要的数值算法有以下几种：Dave(1968)首先利用前向递推法计算出粒子的消光效率因子 Q_{ext} 和散射效率因子 Q_{sca}，在尺度参数比较小的时候结果比较准确，但是由于前向递推法具有不稳定性，计算的时候会产生数值溢出，所以，Dave 的算法难以应用到大尺度参数情况下。Lentz 1976 年发布了连分式算法，该算法稳定性高，并且计算结果最为精确，可以对任意的有效参数进行计算，但是在编制程序时较为复杂，而且由于迭代的次数很多，计算速度也比较缓慢，在粒子尺度参数较大时并不适用。Wiscombe(1980)发表了紫外波长到微波波长范围内的计算方案，方案详细讨论了计算时间，循环次数等，得到了准确的结果，并且发布了标准的计算程序 MIEV0 和相应的使用说明。该程序用 FORTRAN77 编制，采用后向递推的办法，计算速度快，可以将计算范围延伸到小粒子和全反射粒子，也可以计算球形粒子的单次散射特性、相函数及其展开式系数。MIEV0 中采用了若干的近似，在大部分的应用中都可以取得较好的结果，适用于尺度参数小于 20000 的粒子。Born 和 Wolf(2004)在著作的附录中也提供了一个计算程序，该程序采用了与 MIEV0 相类似的计算方法，但是该程序计算的尺度参数不可以超过 1000，并且不能计算相函数及其展开式系数，计算范围与 MIEV0 小很多。基于此，本书主要采用已经得到广泛使用的 Wiscombe(1980)的数值算法和程序来计算球形气溶胶粒子的光学特性。

3.1.2 基本光学特性的分析与研究

Van de hulst(1957)指出，一个小体积元对单色光的单次散射可以用三个基本的光学参量描述，其他的光学特征参量都可用这三个参量来表示。Van de hulst 给出的三个基本参量是：平均消光截面 σ_{ext}、平均散射截面 σ_{sca}、和散射相函数 P；与之等价的三个光学参量依次是：平均消光截面、单次散射比和相函数(或不对称因子 g)。对粒子群散射中的上述光学参量可以通过单个粒子的对应参量对粒子尺度分布的加权平均获得，下面逐一简单介绍。

3.1.2.1　消光、散射和吸收截面

具有一定谱分布的气溶胶粒子群的平均消光、散射和吸收系数可以分别由单个粒子的消光、散射和吸收效率因子对粒子几何截面的加权平均获得：

$$\sigma_{e,s,a} = \int_{r_{\min}}^{r_{\max}} Q'_{e,s,a}(r)(x,m)S(r)n(r)\mathrm{d}r \tag{3.20}$$

$$\sigma_e = \sigma_s + \sigma_a \tag{3.21}$$

式中，$Q'_{e,s,a}$分别是单个粒子的消光、散射和吸收效率因子，$r_{\min}$和$r_{\max}$分别是粒子尺度谱范围内的最小和最大半径值，可由Mie散射理论计算获得，$x=2\pi r/\lambda$是粒子尺度参数，m是粒子复折射指数，$S(r)$是粒子的几何截面，$n(r)$是归一化的粒子尺度谱分布。消光效率因子是粒子从入射能中移除的总能量与粒子几何面积的比，反映了气溶胶对辐射传输的衰减作用强弱。粒子群的平均消光、散射和吸收效率因子$Q_{e,s,a}$可以在此基础上求得：

$$Q_{e,s,a} = \frac{\sigma_{e,s,a}}{\int_{r_{\min}}^{r_{\max}} S(r)n(r)\mathrm{d}r} \tag{3.22}$$

辐射传输方案中经常需要的是某一光谱段上的消光、散射和吸收系数，而对于某一光谱段上的消光、散射和吸收系数就需要用各单色波长下的太阳常数$E(\lambda)$作为权重进行计算。

$$\sigma_{e,s,a} = \frac{\int_{\lambda_1}^{\lambda_2} \sigma_{e,s,a}(\lambda)E(\lambda)\mathrm{d}\lambda}{\int_{\lambda_2}^{\lambda_2} E(\lambda)\mathrm{d}\lambda} \tag{3.23}$$

式中$E(\lambda)$为不同波长下的权重系数。

3.1.2.2　单次散射比

单次散射比ω定义为气溶胶粒子群的散射同消光的比，计算式为：

$$\omega = Q_s/Q_e \tag{3.24}$$

ω的大小反映了粒子散射能力的强弱。单次散射比ω为0，表示粒子只吸收不散射。当粒子的复折射率的虚部为零，单次散射比为1，表示粒子只散射不吸收。

对于某一光谱段上的单次散射比就需要用各单色波长下的太阳常数$E(\lambda)$作为权重进行计算。

$$\omega = \frac{\int_{\lambda_1}^{\lambda_2} \omega(\lambda)\sigma_e(\lambda)E(\lambda)\mathrm{d}\lambda}{\int_{\lambda_1}^{\lambda_2} \sigma_e(\lambda)E(\lambda)\mathrm{d}\lambda} \tag{3.25}$$

3.1.2.3　相函数和不对称因子

相函数P定义为某一方向的散射光强度与平均散射光强度的比，用于描述散射光的角分布特征，是一个无量纲参数，并满足归一化条件

$$\frac{1}{4\pi}\int_{4\pi} P(\theta,m)\mathrm{d}\Omega = 1 \tag{3.26}$$

具有一定谱分布的气溶胶粒子群，其散射相函数可以由单个粒子的散射相函数对其散射截面

和谱分布加权平均得到：

$$P(\theta,m)=\frac{\int_0^{\infty}Q_s'(x,m)S(r)n(r)P(\theta,x,m)\mathrm{d}r}{\int_0^{\infty}Q_s'(x,m)S(r)n(r)\mathrm{d}r} \tag{3.27}$$

式中 $P(\theta,x,m)$ 是单个粒子的相函数。相函数实际上也是矢量散射辐射传输计算中散射相矩阵的第一个矩阵元素 P_{11}。另外，在辐射传输计算中，为适应数值计算的需要，通常将相函数的展开式系数作为辐射计算不可少的输入参数，而不是相函数本身，其表达式为：

$$P(\theta)=\sum_{l=0}^{N}\bar{\omega}_l P_l(\theta) \tag{3.28}$$

式中 N 是展开项数，$P_l(\theta)$ 是勒让德多项式，$\bar{\omega}_l$ 是展开式系数，可由勒让德多项式的正交性获得

$$\bar{\omega}_l=\frac{2n+1}{2}\int_{-1}^{1}P(\theta)P_l(\theta)\mathrm{d}\theta \tag{3.29}$$

为获得展开式系数，在实际数值计算中，将(3.29)式积分转换为高斯数值积分。

相函数的勒让德展开精度由展开项数 N 决定，只要 N 足够大，就可以精确获得辐射传输计算中所需要的由入射方向和散射方向确定的任意散射角的相函数。在 Mie 散射中，随着粒子半径的增大，粒子散射的前向峰值迅速增大，为了精确表示相函数的值，勒让德多项式展开项数也需相应增加。

不对称因子 g 定义为相函数的一阶距，为散射角的余弦对相函数加权的平均，如下所示

$$g=\frac{1}{4\pi}\int_{4\pi}P(\theta,m)\cos\theta\mathrm{d}\theta \tag{3.30}$$

不对称因子也可以用相函数的第一项展开式系数表示为

$$g=\frac{\bar{\omega}_l}{3} \tag{3.31}$$

$\bar{\omega}_l$ 是相函数的第一项勒让德展开式系数。

不对称因子反映了粒子群散射前向和后向的相对强度，其值在 1 和 −1 之间变化。瑞利散射具有前向和后向散射对称的特性，因而 $g=0$，而 Mie 散射，粒子半径越大，前向散射的衍射峰值越尖锐，不对称因子越大。

对于某一光谱段上的不对称因子就需要用各单色波长下的太阳常数和散射系数作为权重进行计算：

$$g=\frac{\int_{\lambda_1}^{\lambda_2}g(\lambda)\sigma_s(\lambda)E(\lambda)\mathrm{d}\lambda}{\int_{\lambda_1}^{\lambda_2}\sigma_s(\lambda)E(\lambda)\mathrm{d}\lambda} \tag{3.32}$$

3.1.2.4 计算实例与分析

考虑吸湿增长的硝酸盐和硫酸盐气溶胶，在液体表面张力的作用下，形状接近球形，在假定内部混合均匀，表面为镜表面的情况下，采用球形近似可以比较精确地表现两者的光学性质。本节采用 3.1.1 所述数值算法，分别计算硝酸盐和硫酸盐气溶胶考虑湿增长后的消光效率因子、单次散射比和不对称因子三种主要的光学参数，并通过对比两种气溶胶的复折射指

数、有效半径和上述三个光学参数来分析两种气溶胶在光学性质上的差异。

计算单个气溶胶粒子的光学性质时，仍采用3.1.1中提到的Wiscombe数值算法。硝酸盐和硫酸盐的复折射指数分别是采用HITRAN2004中质量浓度为50%的硝酸和硫酸在T=293 K下测得的数据，两种气溶胶均假定为对数正态谱分布，形式同(3.5)式，Zhang等(2007)将两种气溶胶分为核模态和积聚态两种模态，核模态的模态半径和标准偏差分别为0.015 μm和1.7，积聚态的模态半径和标准偏差分别为0.15 μm和1.7，核模态和积聚态的体积浓度比分别为1%和99%。本节采用这些谱分布参数来计算两种气溶胶的光学性质。另外为了便于比较硝酸盐和硫酸盐气溶胶湿增长后的光学性质差异，本节引入表征谱分布的物理量有效半径r_e。Hansen等(1974)通过对谱分布的研究表明，对大多数具有物理意义的尺度谱分布来说，球形粒子的散射特征与有效半径r_e存在紧密联系，有效半径r_e的定义如下：

$$r_e=\frac{\int_0^{\infty} r\times \pi r^2 n(r)\mathrm{d}r}{\int_0^{\infty}\pi r^2 n(r)\mathrm{d}r} \tag{3.33}$$

其中r为粒子半径，$n(r)$为尺度谱分布。

考虑湿增长时，复折射指数采用湿粒子体积加权平均的方法，按照以下公式计算得到：

$$m=m_{\mathrm{water}}+(m_{\mathrm{dry}}-m_{\mathrm{water}})\frac{r_{\mathrm{dry}}^3}{r_m^3} \tag{3.34}$$

其中，r_{dry}是干粒子的半径，r_m是某相对湿度下的半径，m是湿粒子的复折射指数，m_{dry}是干粒子的复折射指数，m_{water}是水的复折射指数。

在3.1.2气溶胶光学特性的基础知识中我们提到，Van de hulst指出，一个小体积元对单色光的单次散射可以用三个基本的光学参量描述，其他的光学特征参量都可用这三个参量表示。Van de hulst给出的三个基本参量是平均消光截面σ_{ext}、平均散射截面σ_{sca}、和散射相函数P；与之等价的三个光学参量依次是平均消光截面、单次散射比和相函数(或不对称因子g)，而消光截面和消光效率因子的物理意义相类似，因此，本节通过讨论上述三个光学参数来对比分析硫酸和硝酸盐气溶胶的光学性质。

在(3.5)式假定的谱分布下，气溶胶的消光效率因子Q_e，单次散射比ω和相函数P_{11}的表达式分别为：

$$Q_e=\frac{\int_{r_{\min}}^{r_{\max}} Q_e'(r)S(r)n(r)\mathrm{d}r}{\int_{r_{\min}}^{r_{\max}} S(r)n(r)\mathrm{d}r} \tag{3.35}$$

$$\omega=\frac{\int_{r_{\min}}^{r_{\max}} Q_e'(r)S(r)n(r)\mathrm{d}r}{\int_{r_{\min}}^{r_{\max}} Q_e'(r)S(r)n(r)\mathrm{d}r} \tag{3.36}$$

$$P_{11}=\frac{\int_{r_{\min}}^{r_{\max}} P_{11}'(r)Q_s'(r)S(r)n(r)\mathrm{d}r}{\int_{r_{\min}}^{r_{\max}} Q_e'(r)S(r)n(r)\mathrm{d}r} \tag{3.37}$$

其中r，Q_e'，Q_s'，P_{11}'和S分别为单个粒子的半径、消光效率因子、散射效率因子、相函数和投影截面。不对称因子 g 是相函数展开式系数的第一项，反映了粒子前后向散射能量的相对强度，表达式为：

$$g=\frac{1}{2}\int_{-1}^{1}P_{11}(\cos\Theta)\cos\Theta \mathrm{d}(\cos\Theta) \tag{3.38}$$

由于气溶胶的光学性质与复折射指数和有效半径存在紧密联系，因此，本节在分析光学性质前，首先分别对不同相对湿度下两种气溶胶的复折射指数和有效半径进行对比分析，其次再分析两种气溶胶的光学性质。

（1）复折射指数（m）是决定单个气溶胶粒子散射和吸收的重要参数，包括实部（m_r）和虚部（m_i）两部分，通常来说 m_r 和 m_i 分别反映了散射和吸收的相对强度。图 3.1a 是不同相对湿度下硝酸盐气溶胶 m_r 随波长的变化，图 3.1b 是不同相对湿度下硝酸盐和硫酸盐 m_r 的比值随波长的变化。由图 3.1a 可见：

①实线和虚线（分别代表相对湿度为 0 和 20%时硝酸盐气溶胶的 m_r）在整个光谱范围内相重合，即相对湿度增大到 20%时硝酸盐气溶胶的 m_r 并未发生变化。

②在相对湿度大于 20%，波长在 2.8～3.3 μm 时，硝酸盐的 m_r 随着相对湿度的增大而增大，而在除此以外的短波范围内，m_r 则随着相对湿度的增大而减小。对所有相对湿度而言，m_r 的最大和最小值分别位于波长 2.8 μm 和 3.3 μm。

图 3.1b 对比分析了两种气溶胶的 m_r：

①在整个短波范围内，两种气溶胶 m_r 的比随相对湿度的增大而减小，当相对湿度达到 99%时，两种气溶胶的 m_r 相等。

②波长小于 2.8 μm 时，硝酸盐和硫酸盐 m_r 的比随波长的增大而增大，波长等于 2.8 μm 时，比值达到最大。相对湿度等于 40%，波长为 2.8 μm 时该最大值为 1.04。

③波长大于 2.8 μm 时比值在 1 附近，即两种气溶胶 m_r 的差异可以忽略。

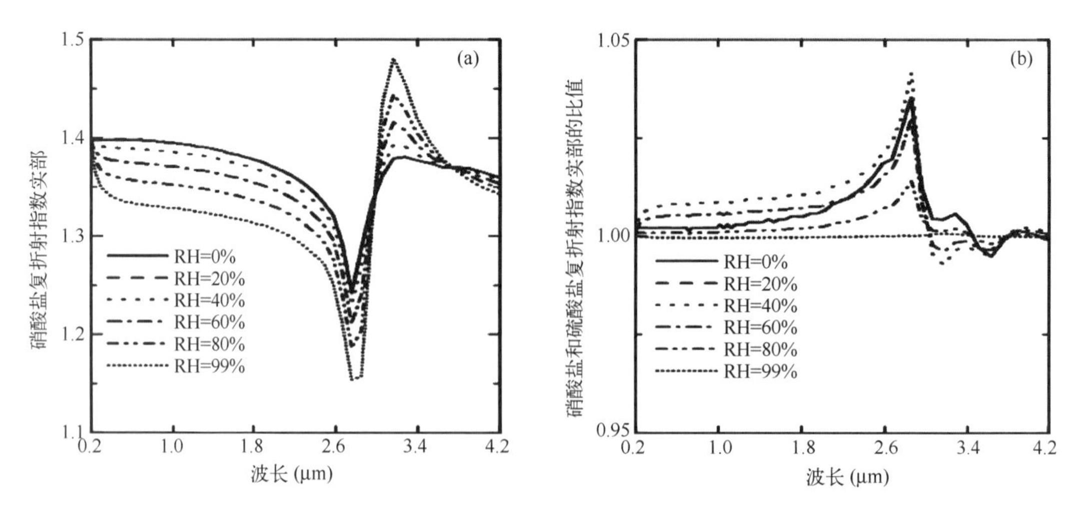

图 3.1　硝酸盐 m_r 随波长的变化（a）和硝酸盐与硫酸盐 m_r 的比随波长的变化（b）

（2）图 3.2a 和 b 分别是硝酸盐和硫酸盐的 r_e 随相对湿度的变化以及硝酸盐和硫酸盐 r_e 的比随相对湿度的变化。由图 3.2a 可见：相对湿度小于 20%时实线和虚线（分别代表硝酸盐和

硫酸盐的 r_e)相重合,即两者的 r_e 相同;相对湿度在37%~80%时,硝酸盐比硫酸盐的 r_e 偏小;相对湿度在20%~37%和80%~100%时,硫酸盐比硝酸盐的 r_e 偏小。由图3.2b可见:相对湿度小于37%时,r_e 的相对误差小于5%;相对湿度在37%~80%时,相对误差大于5%;相对湿度大于80%时,相对误差随相对湿度的增大迅速增大;相对湿度为97%时,相对误差达到最大,值为13%。

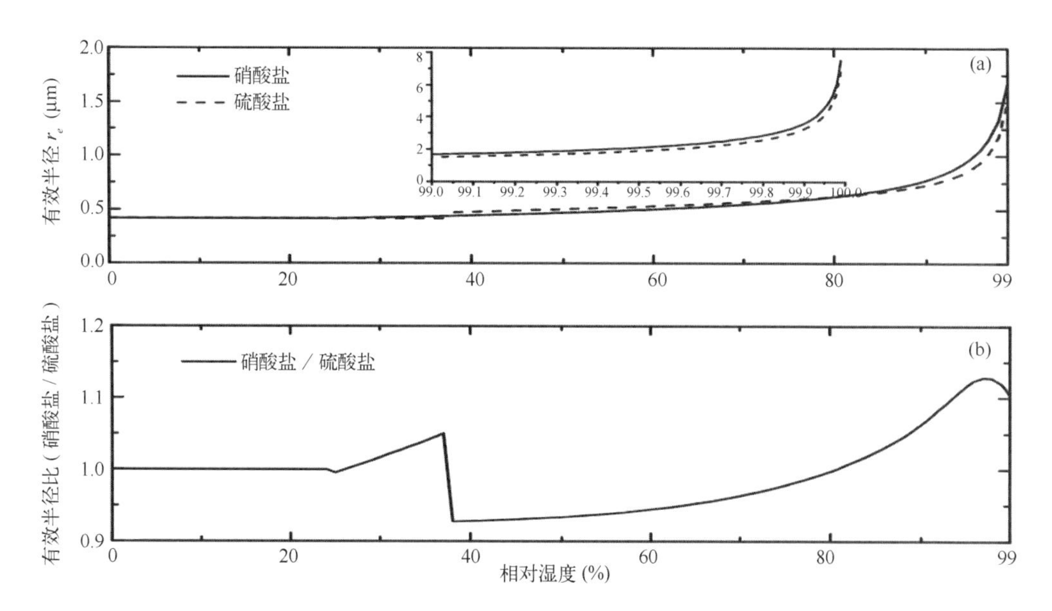

图3.2 硝酸盐和硫酸盐气溶胶的 r_e 随相对湿度的变化(a)和硝酸盐与硫酸盐 r_e 的比随相对湿度的变化(b)

由于硝酸盐和硫酸盐气溶胶都是散射型气溶胶,此处主要讨论两种气溶胶在短波(波长小于4 μm)的光学性质 Q_e,ω 和 g。

(1)首先,消光效率因子 Q_e 的差异与复折射指数和有效半径之间存在着紧密的联系。图3.3a和b分别给出了短波范围内,硝酸盐 Q_e 和硝酸盐与硫酸盐 Q_e 的比值随相对湿度的变化。如图3.3a所示,Q_e 随着波长的增大而减小,但是随相对湿度的变化则不明显;波长在0.2~0.8 μm时,Q_e 的值大于2,波长在2.0~4.2 μm时,Q_e 的值小于0.5(除在波长2.8 μm处)。由图3.3b可见:当相对湿度小于37%且波长小于2.8 μm时,硝酸盐的 Q_e 大于硫酸盐,而当相对湿度小于37%且波长大于2.8 μm时,情况则相反,这主要是由于如图3.1b所示的两种气溶胶复折射指数实部比值在波长大于2.8 μm和小于2.8 μm时的差别所致;当相对湿度大于37%时,两种气溶胶 Q_e 的差别主要是由于如图3.2b所示有效半径的差别所致;当相对湿度在37%~80%时,硝酸盐的 Q_e 小于硫酸盐,这是由于此时硝酸盐的有效半径小于硫酸盐(图3.2b),而当相对湿度大于80%时,情况则相反。

(2)其次,单次散射反照率 ω 的情况与消光效率因子 Q_e 类似。如图3.4a所示,波长2.8 μm时,对所有的相对湿度而言,硝酸盐 ω 的值都达到最低;波长大于2.8 μm时,硝酸盐的 ω 随相对湿度的增大而增大,这也与复折射指数的变化趋势一致。由图3.4b可知,硝酸和硫酸盐的 ω 在波长2.8 μm附近,相对湿度小于40%时,两种气溶胶的 ω 差别最大,此时硝酸盐比硫酸盐的 ω 大40%左右,这种差别也与两种气溶胶复折射指数实部的比值在波长

2.8 μm 附近的情况(图 3.1b)相对应。

(3)最后,不对称因子 g 的情况和单次散射反照率 ω 类似。由图 3.5a 可知,硝酸盐的 g 随波长的增大而减小,这是由于随着波长的增大,粒子散射性质向瑞利散射靠近,而瑞利散射的 g 为 0。图 3.5b 告诉我们,两种气溶胶 g 的比值较小,相对误差在±4%以内。

综上所述,在硝酸盐和硫酸盐的光学性质中,Q_e 的差异不仅与波长紧密相关,而且随相对湿度的变化较大,这是由于随相对湿度的变化,两种气溶胶的湿增长情况不同,有效半径的差别较大。两种气溶胶的 ω 和 g 的差别随相对湿度的变化较小,但是两种气溶胶在波长 2.8 μm 附近 ω 的差别较大,这或许与两种气溶胶的复折射指数在 2.8 μm 附近的差别有关。

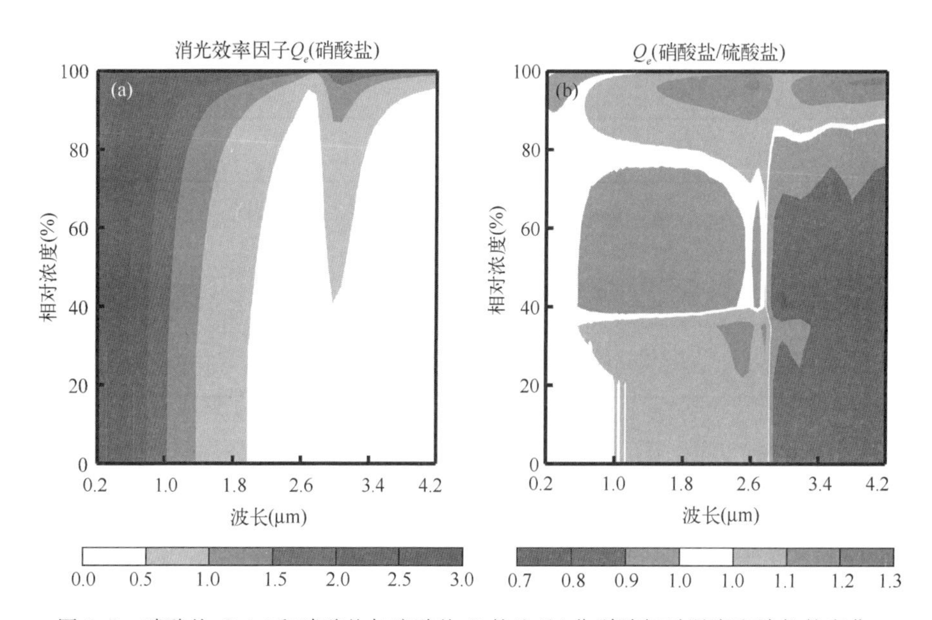

图 3.3　硝酸盐 Q_e(a)和硝酸盐与硫酸盐 Q_e 的比(b)分别随相对湿度和波长的变化

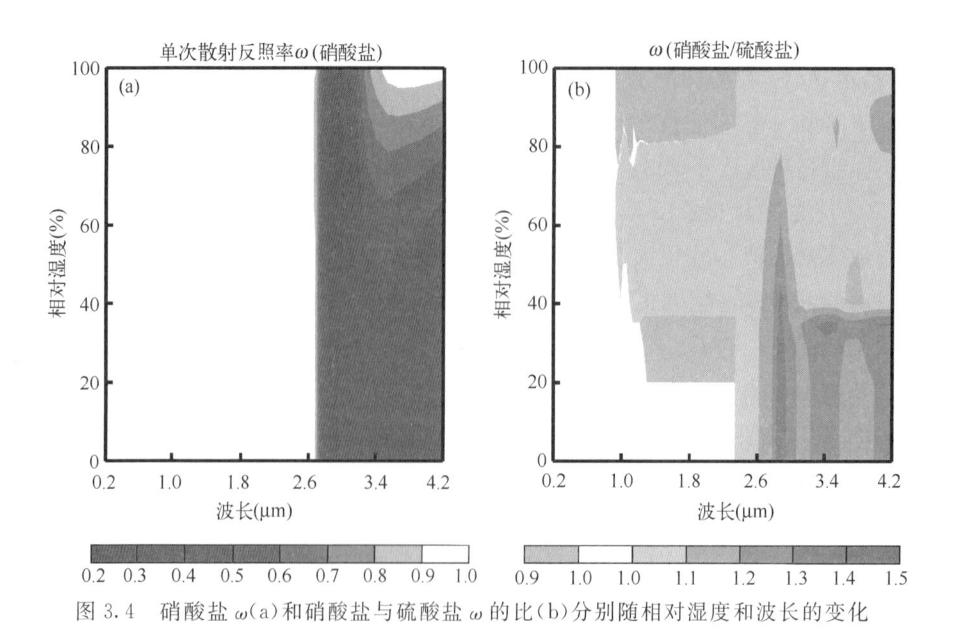

图 3.4　硝酸盐 ω(a)和硝酸盐与硫酸盐 ω 的比(b)分别随相对湿度和波长的变化

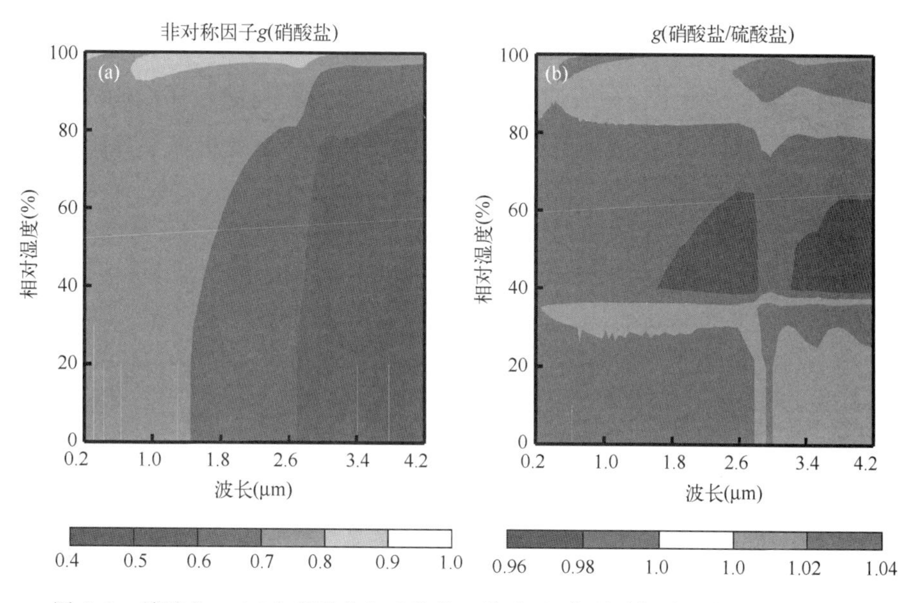

图 3.5　硝酸盐 g (a)和硝酸盐与硫酸盐 g 的比(b)分别随相对湿度和波长的变化

3.1.3　BCC_RAD 辐射传输方案的气溶胶参数表

大气气溶胶的光学性质参数化方案(结果以参数表的形式给出)与气体的吸收方案是辐射传输模式中两个重要的组成部分。BCC_RAD 辐射模式是在日本东京大学 RSTAR5C/CCSR 和 MSTRNX 的基础上发展起来的,与 RSTAR5C 辐射模式中气体的吸收方案所不同,Zhang 等(2003)发展了优化的 k-分布方法,研制了长波和短波大气吸收辐射方案和不同精度的辐射计算模块(Zhang, 2006a;b),本节将详细介绍 BCC_RAD 辐射模式的气溶胶参数表,与 RSTAR5C 辐射模式相比其主要特点有:

(1)快速精确的气溶胶光学性质数值算法。随着数值算法的日益更新,气溶胶光学性质的计算也越来越快速、准确和完善。Wiscombe(1980)发展的 Mie 散射数值算法可以精确计算尺度参数小于 20000 的球形粒子的消光截面、散射截面、不对称因子、相函数及其展开式系数,具有计算稳定、准确和速度快等优点,并适用于可能出现的最大复折射指数和尺度参数。该算法是一个经典和比较成熟的 Mie 散射算法,并已为许多气溶胶的研究者所认可和采用。本书应用该数值算法计算单个球形粒子的上述光学参数,并在此基础上建立气溶胶参数表。

(2)气溶胶复折射指数的更新。复折射指数是计算气溶胶光学特性的重要参数,在为 BCC_RAD 辐射模式建立气溶胶参数表时,本书采用 HITRAN2004(Rothman *et al.*, 2005)的复折射指数资料。

(3)气溶胶尺度谱分布的更新。气溶胶的尺度分布在实际中通常有两种表达方式:连续谱分布形式和粒径分档形式,在连续谱分布形式中,用一种统计的模态分布函数来表征气溶胶尺度分布特征。在分档形式中,气溶胶的粒径分布被近似为一系列连续非重叠的分离的档(Gong *et al.*, 1997)。RSTAR5C 辐射模式参数表中采用连续谱分布来假定气溶胶的尺度分布形式,RAD_BCC 对气溶胶谱分布参数进行了更新,另外作为 BCC_RAD 模式在气溶胶大气化学-全球气候双向耦合模式的应用，本书使用气溶胶化学传输模式 CUACE_Aero(Gong *et al.*, 2002)中的粒径分档建立了分档模式的气溶胶参数表。

(4) 硫酸盐气溶胶的吸湿性增长问题。硫酸盐气溶胶是一种重要的水溶性气溶胶，但是由于受到当时计算手段和资料的限制，RSTAR5C 辐射模式参数表中没有考虑硫酸盐气溶胶的吸湿增长，只考虑了海盐气溶胶的吸湿性增长，因此本章计算了不同相对湿度下硫酸盐气溶胶的光学性质，在新的参数表中增加了 10 个相对湿度分档下硫酸盐气溶胶的光学性质。

(5) 新增硝酸盐气溶胶的光学参数表。作为一种主要由人为产生的气溶胶，硝酸盐气溶胶具有明显的环境效应和气候效应，而 RSTAR5C 辐射模式参数表中并未考虑硝酸盐气溶胶。本章采用 HITRAN2004 中硝酸的复折射指数资料和气溶胶化学传输模式 CUACE_Aero 中的粒径分档以及连续谱分布形式，考虑硝酸盐的吸湿性增长，建立了新的硝酸盐气溶胶光学参数表。

(6) 新增有机碳气溶胶(OC)的光学参数表。RSTAR5C 辐射模式参数表由于受到当时客观资料的限制无法计算有机碳气溶胶的光学性质，而我们在制作新的参数表时，利用 HITRAN2004 中有机碳(OC)的复折射指数资料与 CUACE_Aero 中的粒径分档以及连续谱分布形式计算了有机碳的光学性质，并考虑了有机碳的吸湿性增长，建立了新的有机碳气溶胶光学参数表。

综上所述，我们为 BCC_RAD 辐射模式建立了沙尘(包括非球形和球形两种形状)、碳类(包括黑碳和有机碳)、海盐、硝酸盐和硫酸盐 6 种主要气溶胶的光学参数表。

本节将首先在下面 3.1.3.1 节中对建立参数表所需要的输入参数、计算流程及计算结果予以详细说明，其次在 3.1.3.2 节中详细论证了参数表的有效性和实用性，最后在 3.1.3.3 节中对参数表的使用方法做简要说明。

3.1.3.1 参数表的制作说明

计算气溶胶光学性质的许多数值算法[包括 Wiscombe(1980)的 Mie 散射数值程序及第 3 章中提到的 ***T*** 矩阵和几何光学方法等方案]都是用来计算单个粒子在单色光下的光学参数，而辐射模式需要具有一定谱分布和波谱划分的气溶胶光学性质，因此，需要将单个粒子单色光的光学性质转换到一定谱分布和波谱带的光学参数表才能作为辐射模式的输入。下面首先具体说明制作参数表所需要的参数及参数表的结果形式，然后根据输入参数和结果形式将制作流程予以说明。

1. 首先，利用 Wiscombe 的 Mie 散射数值程序计算单个球形粒子的光学特性，需要如下输入参数：

(1)波长 λ，即计算结果是波长 λ 下的光学性质。BCC_RAD 辐射模式划分了 17 个谱带(具体见表 2.12)，在制作新参数表过程中，又将每个谱带细分为 10 个平均波长点，然后计算每个波长点下的光学性质，在此基础上根据每个波长点的太阳常数和普朗克函数权重来得到每个谱带下的光学性质。

(2)在波长 λ 下气溶胶粒子的复折射指数。在制作参数表时，我们采用的复折射指数资料源自于 HITRAN2004。HITRAN2004 提供了制作参数表所需要的 6 种主要气溶胶的复折射指数。

(3)气溶胶粒子谱分布形式和谱分布参数,对于粒径分档形式需要气溶胶分档的半径 r。对于连续谱分布形式,需要气溶胶谱分布的解析形式和有效半径。以对数正态谱分布为例,首先需要确定解析式(3.4 和 3.5 式),其次需确定有效半径和标准偏差。以气溶胶化学传输模式 CUACE_Aero 中的粒径分档形式为例,将气溶胶半径分为 12 个档,具体为:0.005～0.01,0.01～0.02,0.02～0.04,0.04～0.08,0.08～0.16,0.16～0.32,0.32～0.64,0.64～1.28,1.28～2.56,2.56～5.12,5.12～10.24,10.24～20.48 μm。气溶胶颗粒在每档的有效半径取该档的平均半径。另外考虑了水溶性气溶胶的吸湿增长,吸湿后的半径等于与周围空气相对湿度处于平衡状态时的半径,由 Kohler 方程计算得到。

2. 其次,BCC_RAD 辐射模式需要的气溶胶光学性质的形式为:单位体积浓度(即 1 cm^3/cm^3)假定下,17 个谱带下 6 种气溶胶的质量消光系数 k'_{ext}(单位为 m^2/kg)、质量吸收系数 k'_{abs}(单位为 m^2/kg)、不对称因子 g(无量纲量)、相函数展开式系数第二项 ω_2(无量纲量)、第三项 ω_3(无量纲量)和第四项 ω_4(无量纲量),对于硫酸盐、硝酸盐、海盐及有机碳这四种水溶性气溶胶,还需要在上述基础上 10 个相对湿度下的上述参数,10 个相对湿度分别为 0,45%,50%,60%,70%,80%,90%,95%,98%和 99%。

3. 最后,根据输入参数和所需结果,参数表的制作流程示意图如下:

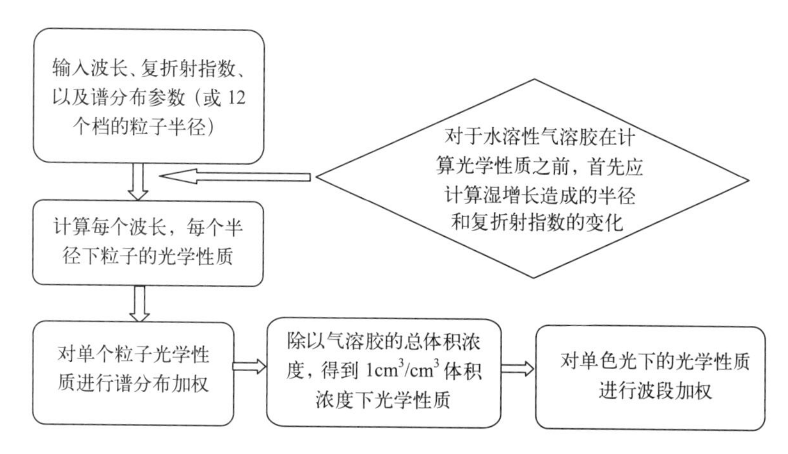

图 3.6　BCC_RAD 辐射模式气溶胶光学参数表的计算流程图

上述流程中的关键过程是对单个粒子的光学性质进行谱分布加权和除以气溶胶的总体积浓度这两个过程,现将这两个过程用公式具体展示如下:

假设半径 r 的粒子对应的数浓度为 $N(r)$个/cm^3,消光截面为 $C_{ext}(r)$,则这些粒子的体积消光系数 k_{ext} 为:

$$k_{ext} = C_{ext}(r)N(r) \tag{3.39}$$

根据体积消光系数与质量消光系数的关系,可得质量消光系数 k'_{ext} 为

$$k'_{ext} = \frac{C_{ext}(r)N(r)}{\rho_{aero}} \tag{3.40}$$

其中 ρ_{aero} 为气溶胶的密度。上述是在数浓度为 $N(r)$个/cm^3 假设下的质量消光系数,将其转换为单位体积浓度下的质量消光系数为:

$$\frac{k'_{ext}}{\frac{4}{3}\pi r^3 N(r)} = \frac{Q_e(r)\times\pi\times r^2}{\frac{4}{3}\times\pi\times r^3\times\rho_{aero}} = \frac{3Q_e(r)}{4r}\times\frac{1}{\rho_{aero}} \tag{3.41}$$

式中 $Q_e(r)$ 是半径为 r 的粒子对应的消光效率因子，可由 Wiscombe 的 Mie 数值算法计算得到。

在上述计算结果的基础上，考虑不同波长的权重系数和吸湿性粒子的吸湿增长，即可得到相应的散射参数表。

3.1.3.2　参数表的有效性验证

在建立参数表之前，首先用 Wiscombe 的 Mie 散射程序和上述计算流程，根据 RSTAR5C 辐射模式参数表中的复折射指数资料和谱分布，计算 RSTAR5C 辐射模式参数表中球形沙尘、黑碳及海盐气溶胶的光学性质，以此来证明上述计算流程和计算方法的有效性。RSTAR5C 辐射模式参数表中假定上述 3 种气溶胶的谱分布均为对数正态谱分布，并且根据几何平均半径的大小分为 6 档，对于海盐考虑了 6 个相对湿度下的光学参数。本节取其中一个档和一个相对湿度下的计算结果，画图对比本书方案和 RSTAR5C 辐射模式参数表中的计算结果，其他档的结果与之类似，本书不再逐一罗列。

图 3.7 至图 3.9 分别是沙尘在几何平均半径等于 1.0 μm、黑碳在几何平均半径等于 0.1 μm 及海盐在相对湿度等于 90%，本书计算结果与 RSTAR5C 辐射模式参数表的体积消光系数、体积吸收系数及不对称因子的比较。综合三张图可见，采用本书方案与 RSTAR5C 辐射模式的结果在 17 个谱带内总体相等，只存在微小的计算误差，因此，本书的计算方案是有效的，可以根据上述制作方案来制作辐射模式气溶胶光学性质参数表。

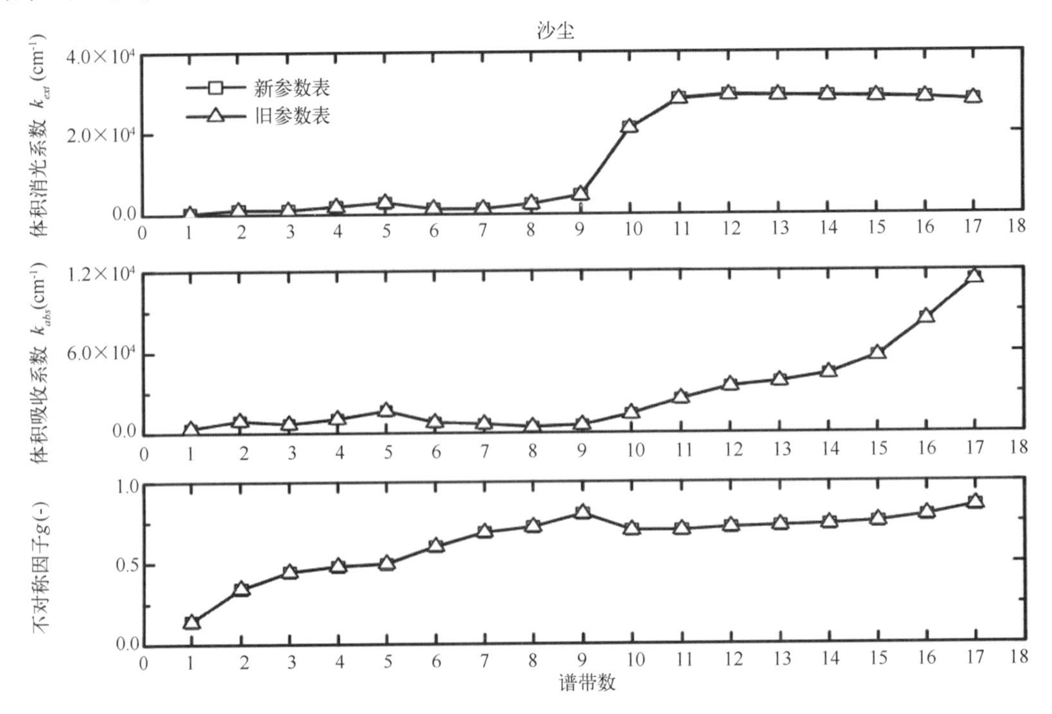

图 3.7　新旧参数表中沙尘气溶胶 17 个谱带下的光学性质

另外，由图3.7和图3.8可见，与短波（10～17谱带）的吸收系数相比，沙尘与黑碳气溶胶在长波（1～9谱带）的消光系数都比较小，而且在长波比在短波的吸收系数有显著的增大趋势，沙尘的增大趋势比较平缓。由图3.9可见，海盐气溶胶在长波的吸收则明显大于短波，这与事实都是相符的。这从另外一个角度证明了本书中参数表制作方案的有效性。

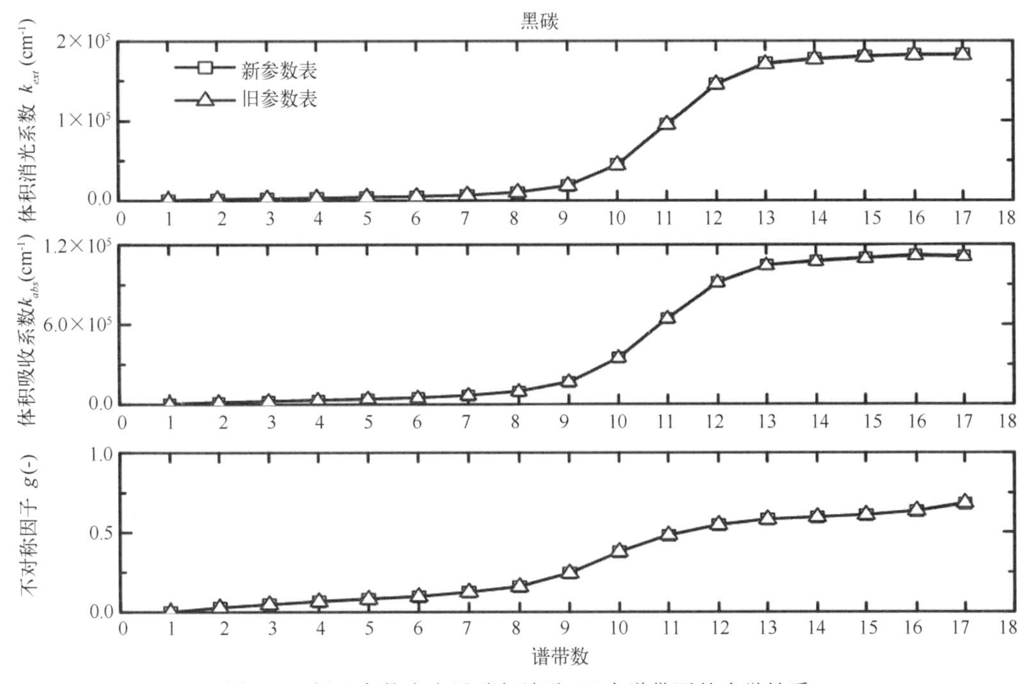

图3.8 新旧参数表中黑碳气溶胶17个谱带下的光学性质

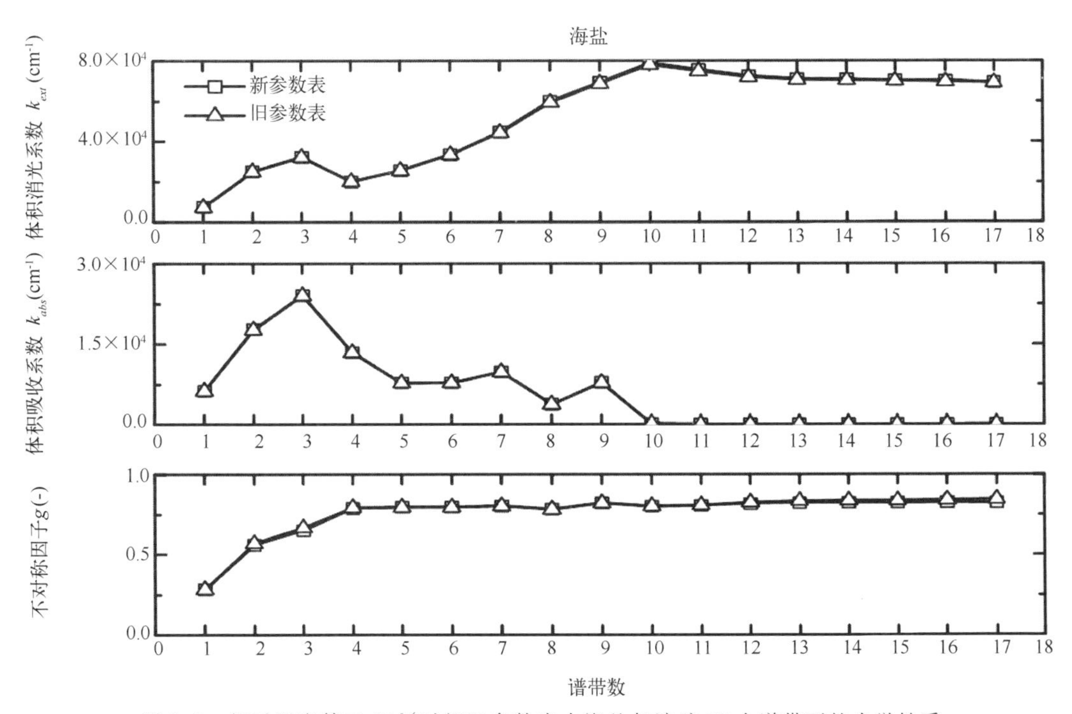

图3.9 相对湿度等于90%时新旧参数表中海盐气溶胶17个谱带下的光学性质

3.1.3.3 BCC_RAD 参数表的使用说明

根据上述制作流程，计算了 BCC_RAD 辐射模式中沙尘、黑碳、海盐、硫酸盐、硝酸盐以及有机碳 6 种主要气溶胶的光学参数表，这 6 种气溶胶的谱分布形式均假设为对数正态谱分布(解析式见 3.4 式)，其中海盐、硫酸盐、硝酸盐及有机碳 4 种水溶性气溶胶计算了相对湿度分别为 20%，50%，70%，90%，95%和 99%时的参数表，以硫酸盐气溶胶为例，对参数表的格式说明如下：

附表 1 为硫酸盐气溶胶的光学参数表，表中第一行为 6 个相对湿度分档信息，接下来每一行分别给出了 1～17 个谱带下的三个光学参数，分别为质量消光系数 k_{ext}(cm^2/g)、单次散射反照率 Albedo(—)和非对称因子 GFactor(—)，除消光系数以外的量均为无量纲量。

另外，作为 BCC_RAD 模式在气溶胶大气化学－全球气候双向耦合模式的应用，制作了 6 种主要气溶胶在化学传输模式 CUACE_Aero 中 12 个粒径分档下的光学性质参数表。其中海盐、硫酸盐、硝酸盐及有机碳 4 种水溶性气溶胶，根据 CUACE_Aero 制作了相对湿度分别为 0，45%，50%，60%，70%，80%，90%，95%，98%和 99%时的参数表。以沙尘气溶胶为例，对参数表的格式说明如下：

附表 2 为沙尘气溶胶的光学参数表，表中第一行为 12 个粒径分档信息，接下来每一行分别给出了 1～17 个谱带下的 6 个光学参数，分别为质量消光系数 k_{ext}(m^2/kg)、质量吸收系数 k_{abs}(m^2/kg)、不对称因子 GFactor(—)、相函数展开式的第二项 PMOM2(—)、第三项 PMOM3(—)和第四项 PMOM4(—)，除消光和吸收系数以外的量均为无量纲量。

该参数表与气溶胶化学传输模式 CUACE_Aero 输出的气溶胶浓度结合起来，可以为 BCC_RAD 辐射模式提供气溶胶的光学厚度，因此，该参数表是将 BCC_RAD 辐射方案与气溶胶化学模式结合的重要参数表。

综上，本书针对连续积分和粒径分档两种气溶胶谱分布形式，建立了一个包含 6 种气溶胶在 17 个谱带和 10 个相对湿度下 6 种主要光学性质的参数表。该参数表是利用 BCC_RAD 辐射模式划分的 17 个谱带、HITRAN2004 的复折射指数资料，以及气溶胶化学传输模式 CUACE_Aero 中气溶胶粒径的分档来进行计算。根据辐射模式所需要的计算结果，详细描述了参数表的制作流程，并通过新旧参数表的对比验证了该制作流程的有效性。该参数表可以为 BCC_RAD 辐射模式提供有效的气溶胶参数输入。

3.2 非球形沙尘气溶胶

目前，关于非球形气溶胶的光学性质国内外已有许多研究工作，其中一部分是关于计算理论方面的研究(Mishchenko，1991；Yang *et al.*，1996 a，b)，另一部分研究致力于相关数值算法的开发(Mishchenko *et al.*，1996；Yang *et al.*，1995，1996 a，b，1997；Grenfell *et al.*，2005)，此外，还有部分工作应用这些理论和算法分析比较气溶胶的光学特性(Mishchenko *et al.*，1997；Yang *et al.*，2005，2007；Bi *et al.*，2009；Fu *et al.*，2009；宫纯文 等，2009)。这些工作分别在理论、算法和应用上取得了不同程度的进展。

首先，计算气溶胶光学性质的理论研究具有十分重要的基础意义。近年来非球形气溶胶光学特性的计算取得了很大的进展。首先，Mishchenko(1991)在前人的基础上推导出了随机取向粒子的 ***T*** 矩阵表达式，进而求解出随机取向且具有对称轴粒子的消光、散射截面和相函数，并在前人基础上简化了相函数展开式系数的计算。其次，Yang 等(1995，1996a，1997)在传统几何光学的基础上发展了一种改进的几何光学算法(IGOM)，IGOM 考虑了光线经过粒子的相变、多次内部反射透射等过程，使几何光学方法可以计算尺度参数介于 20～800 的粒子。

其次，在理论研究基础上，科学家们建立了相应的数值算法。Mishchenko 等(1996)建立了 ***T*** 矩阵的数值算法，该算法的 FORTRAN 程序代码已在 http://www.giss.nasa.gov/～crmim 网站公开，该算法为大气中具有不规则形状的沙尘气溶胶光学特性计算，提供了一种非常有效的数值算法，但是其对于尺度参数较大的气溶胶粒子不能完成有效的数值计算。Yang 等(1996 a，b；1997)在理论推导的基础上，建立了有限差分元方法和改进几何光学方法的数值计算程序，这两种方法结合起来可以满足不同尺度参数非球形粒子光学特性的计算需求，并且用这两种数值算法计算了不同尺度参数冰晶和沙尘气溶胶的光学特性，证明了这种方法的可行性。另外，Grenfell 等(2005)指出了，用等体积、等表面积的小球体来计算非球形冰晶粒子的光学性质，比直接用等体积球体或者等表面积球体来计算冰晶粒子的光学性质，可以取得更加准确的计算结果。

最后，气溶胶光学特性的数值算法在实际中得到了广泛的应用。Yang 等(2007)将 ***T*** 矩阵与几何光学方法结合起来，计算从瑞利散射到几何光学范围内椭球沙尘粒子的光学特性，并与等体积的球形沙尘粒子对比后指出：两种计算结果在相函数尤其是后向散射相函数差异较大。Fu 等(2009)比较了在 0.55 μm 波长处扁椭球沙尘粒子与等体积、等表面积球形沙尘粒子光学特性的差别，指出用等体积、等表面积的球形粒子代替非球形沙尘粒子的误差主要表现在相函数上。

本节首先介绍非球形气溶胶光学的理论研究和数值算法，并在此基础上对光学性质展开初步讨论，最后根据 BCC_RAD 辐射传输方案，计算了非球形沙尘气溶胶的光学性质，为该辐射方案提供非球形沙尘气溶胶光学特性的输入，为精确计算沙尘气溶胶的辐射强迫奠定基础。

3.2.1 理论基础和计算方法

本书 3.1 节中提到运用 Mie 散射计算球形气溶胶的光学性质严格来说需满足三个条件，但是自然界当中的大多数固体类气溶胶粒子，其形态和取向千差万别，因此，考虑粒子的不同形态可以使气溶胶粒子光学特性的计算更加符合实际情况。

到目前为止，非球形粒子光学特性的理论研究主要有离散偶极子近似法(DDA)、有限差分元方法、***T*** 矩阵方法及几何光学方法等。作为必不可少的基础知识，首先简单介绍上述各种方法的计算理论。

(1)离散偶极子近似法

离散偶极子近似法(DDA)对于计算任意形状几何形体的电磁波散射和吸收而言，都是一种灵活而有力的工具。由 Purcell 和 Pennypacker 于 1973 年首次提出，经过 Draine 等人的进一步改进，逐步发展成一种成熟的算法，并广泛应用于分析星际灰尘和大气气溶胶的光散射特性。DDA 主要用于计算与波长大小相当的电介质的散射，以及计算单色平面波与点偶极子阵列的相互作用，其最大的优点是可用于具有任意形状、非均匀和各向异性粒子的光散射，但存在数值精度（特别是相矩阵元素的计算）随着离散偶极子数目的增加收敛减慢，以及对新的入射方向需要重复全部计算等缺点。入射波可以是任意的椭圆极化波，计算实体相对于入射波可以是任意方向。

离散偶极子近似法（DDA）从理论上而言，能够准确计算任意形状、非均匀、各向异性粒子的光散射。关于 DDA 方法的数值算法也有很多种，例如，Draine 等（1994）开发的 DDSCAT 6.0 软件等。由于该算法的数值精度随着离散偶极子数目的增加收敛减慢及对新的入射方向需要重复全部计算，因此，对于实际大气中尺度参数较大、空间取向复杂的气溶胶粒子，其数值计算非常耗时。因此，DDA 的数值计算方法主要用于在理论上研究非球形粒子的光学特性，在实际大气气溶胶光学特性的计算中尚未得到有效的使用。

（2）有限差分元方法

有限差分元方法（FDTD）对于求解具有复杂几何外形或非均匀组成的粒子与电磁波的相互作用，是一种有效的计算方法。在这个方法中，包含着散射粒子的空间被网格离散了，在格点上按照电容率、磁导率和电导率指定适当的电磁常数来表征粒子的存在，如图 3.10 所示。该方法是麦克斯韦旋度方程组的一种直观形式，目的是求解电磁波在包含着散射体的有限空间内的时间变化。三维的散射体必须离散成一系列合理选择的方形单元，称作网格，在网格中光学性质是确定的。对于麦克斯韦旋度方程组，离散化都是相继利用时间和空间的有限差分近似来完成的。时域中受激光波的传播和散射可以利用时间步长迭代方法根据离散方程组计算出来。

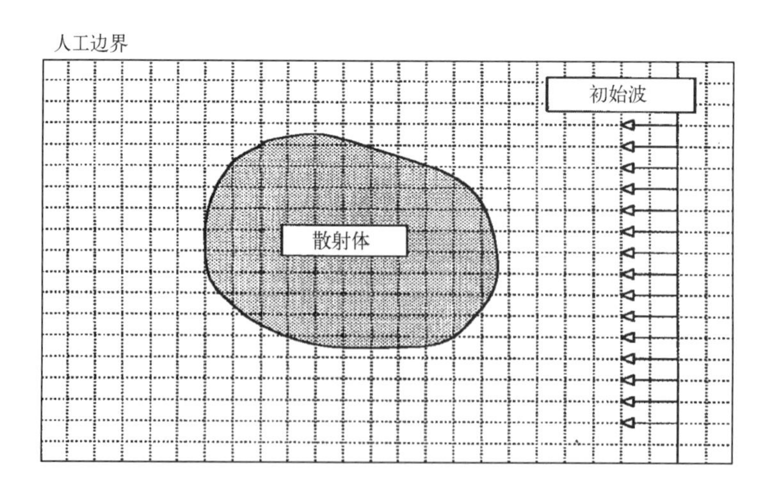

图 3.10 FDTD 方法，对被平面波照射的非球形粒子的散射进行近场计算的概念图解

（Yang *et al.*，2000）

在数值计算中，粒子对电磁波的散射必须限制在有限的空间内。因此，在应用 FDTD 方法时，有必要强加上假想的人造边界，以便使截断区域内的模拟场与无边界情形下的场相同。有效的吸收边界条件对抑制假性反射的应用是 FDTD 方法（它与数值稳定性、计算时间和内存要求有关）的重要方面之一。FDTD 方法的精确度可以用对无穷大圆和球面的精确解来检验。通常，当网格单元的尺度约为入射光波长的 1/20 时，它的解与相应的解析对等量非常一

致。降低网格尺度与入射光波长的比值可以提高精确度，但是以增加所需要的计算量为代价。Yang 和 Liou 把该数值算法运用到求解大气非球形粒子的散射和偏振性质上。在全面数值实验的基础上，FDTD 方法对于尺度参数小于约 15～20 的非球形气溶胶可以取得可靠的结果（Yang *et al.*，2000）。

（3）***T*** 矩阵方法

对于计算由单个、均一的非球形粒子造成的电磁波散射而言，用于光散射计算的 ***T*** 矩阵方法是基于把入射场和散射场展开成矢量球面波函数，并利用振幅矩阵把这些展开项联系起来。粒子的消光、散射截面以及散射相矩阵都可以用振幅矩阵计算出来，因此，求解粒子光学性质的关键是求解这个振幅矩阵，而振幅矩阵是一个与入射、散射光方向及粒子的大小、形态、成分和粒子取向有关的复杂计算量。为求解振幅矩阵，P. C. Waterman 和 L. Tsang 等推导出了振幅矩阵的表达式，并从该表达式中抽取出一个只与粒子自身参数（包括形状、大小、复折射指数以及粒子在空间取向）有关的 ***T*** 矩阵，***T*** 矩阵与入射和出射光方向无关。该方法对于旋转对称的非球形粒子，例如旋转对称的椭球体、圆柱体、双球束状体，以及切比雪夫粒子（Chebyshev particles）的散射计算是一种准确高效的计算方法。这种方法已经广泛应用于分析非球形粒子的光散射，特别是用于那些非球形与球形在粒子光学性质计算的偏差分析方面。

目前，最有效的 ***T*** 矩阵数值计算程序是 Mishchenko 和 Travis 建立的适用于随机取向且具有对称轴粒子的算法，该算法巧妙运用粒子在空间随机取向这个条件，建立非球形粒子群在空间各个方向平均后的光学特性与某一特定取向下的粒子 ***T*** 矩阵之间的关系，而特定取向下粒子的 ***T*** 矩阵只跟粒子大小、形状以及成分相关，因此省去了分别计算空间所有取向下粒子的光学性质这一复杂计算，在计算速度得到提升的同时保证了计算精度，其不足之处在于目前只能用于具有旋转对称轴的非球形粒子，而且对于纵横比超过 2～2.4 的椭球粒子，只能用于计算尺度参数小于 40～60 的粒子。Mishchenko 建立的上述 ***T*** 矩阵数值算法适用于随机取向具有对称轴粒子的非球形，其计算时间和计算精度相比 DDA 和 FDTD 方法都有很大优势。

（4）几何光学方法

几何光学原理是基本电磁学理论的渐近近似，对于包括一个其尺度远大于入射波长的目标的光散射计算是有效的，几何光学方法是当前解决较大非球形粒子光散射的唯一实用的方法。当平面电磁波入射到尺度比入射光波长大很多的粒子上时，可以用几何光学定律来计算散射光的角分布。这种方法的前提是假定光线是沿直线路径传播的一系列分离的定域射线所组成；这是一种渐进方法，其精确度随尺度参数增大而增大。涉及几何光学的过程包括粒子向外反射的光线和进入粒子的折射光线；后者可能被粒子内部吸收，也可能经过几次内反射之后再射出，因此粒子散射和吸收的总能量与入射光照射在粒子截面上的能量相等。另外，对于比入射光波长大得多的粒子还通过衍射使光线散射，衍射从通过粒子的光波中移去能量。衍射集中在前向狭窄的波瓣内，与几何反射和折射一样，衍射包含的能量值等于入射到粒子截面上的能量。在远场，散射光的衍射分量可以用夫琅禾费衍射理论进行近似处理。

关于几何光学的数值算法，主要经历了 Cai 等（1982）等发展的传统几何光学算法（CGOM）和 Yang 等（1996）发展的改进几何光学算法（IGOM）。CGOM 通过应用 Snell 法则和 Fresnel 公式可以直接计算散射能量的角分布和散射场的极化结构，该算法计算效率高，但是存在一些内在缺陷，比如在计算棱柱形粒子光散射时，即使对于一个小或者中等的粒子尺度参数，也会在前向散射产生一个人为的峰值，并且假设粒子的消光效率为 2，而没有考虑粒子的大小。为了克服这些缺陷，Yang 和 Liou 发展了一种改进的几何光学算法（IGOM）。该算法基于电磁等价定理，即如果知道包围散射粒子表面的近场，就可以计算远场。IGOM 在计算消光效率时考虑了伴随不同射线路径的相位延迟、外部反射、有或无内部反射时的折射，并且考虑了粒子表面粗糙程度和边界效应。IGOM 可以用来准确计算具有较大尺度参数粒子的光学特性。

综上所述，每一种光散射计算的方法都有其固有的局限性，一种具体的数值算法要令人满意地解决，包括所有尺度参数和形状的非球形粒子的复杂的散射问题几乎是不可能的。然而，通过把上述几种方法结合起来，发挥各种计算方法的优势，就可以对通常发生在大气中的包括所有尺度和形状的气溶胶粒子的光学特性进行足够精确的计算。

本书将 **T** 矩阵方法与几何光学方法相结合，建立一种可以计算从太阳短波到红外谱段具有各种谱分布的非球形沙尘气溶胶光学特性的数值算法，这种数值算法可以满足不同辐射方案中不同波长和不同谱分布下非球形沙尘气溶胶光学特性的计算需求。在建立算法前下面首先对二者的理论推导做简要介绍。

（1）**T** 矩阵理论

P. C. Waterman 等提出的 **T** 矩阵方法是建立入射电磁波和散射电磁波的矩阵关系，并用 **T** 矩阵解出散射矩阵，具体如下：

坐标系选取球坐标系，圆点固定在粒子几何中心，入射光方向为 n_{inc}，散射光方向为 n_{sca}，则入射散射电磁波分别表示为：

$$E^{inc}(R) = E^{inc}\mathrm{e}^{ikn_{inc}R} = (E_{\vartheta}^{inc}\vartheta_{inc} + E_{\varphi}^{inc}\varphi_{inc})\mathrm{e}^{ikn_{inc}R} \tag{3.42}$$

$$E^{sca}(R) = E^{sca}\mathrm{e}^{ikn_{sca}R} = (E_{\vartheta}^{sca}\vartheta_{sca} + E_{\varphi}^{sca}\varphi_{sca})\mathrm{e}^{ikn_{sca}R} \tag{3.43}$$

因而，入射、散射电磁波的关系为：

$$\begin{bmatrix} E_{\vartheta}^{sca} \\ E_{\varphi}^{sca} \end{bmatrix} = \frac{\mathrm{e}^{ik\boldsymbol{R}}}{\boldsymbol{R}}\boldsymbol{S}(\boldsymbol{n}_{sca}, \boldsymbol{n}_{inc})\begin{bmatrix} E_{\vartheta}^{inc} \\ E_{\varphi}^{inc} \end{bmatrix} \tag{3.44}$$

粒子的消光、散射截面及相矩阵都可以用振幅矩阵 **S** 计算出来，因此求解粒子光学性质的关键是求解振幅矩阵 **S**。**S** 与入射、散射光方向及粒子的大小、形态、成分和粒子取向有关。

Waterman(1971)和 Tsang 等(1984)给出了振幅矩阵 **S** 的表达式：

$$\begin{aligned} \boldsymbol{S}(\boldsymbol{n}_{sca}, \boldsymbol{n}_{inc}) = & \frac{4\pi}{k}\sum_{mnn'm'} i^{n'-n-1}(-1)^{m+m'}d_n d_{n'}\mathrm{e}^{i(m\varphi_{sca}-m'\varphi_{inc})} \\ & \times\{[T_{mnm'n'}^{11}C_{mn}(\vartheta_{sca}) + T_{mnm'n'}^{21}i\boldsymbol{B}_{mn}(\vartheta_{sca})]\boldsymbol{C}_{m'n'}^{*}(\vartheta_{inc}) \\ & + [T_{mnm'n'}^{12}C_{mn}(\vartheta_{sca}) + T_{mnm'n'}^{22}i\boldsymbol{B}_{mn}(\vartheta_{sca})]\boldsymbol{B}_{m'n'}^{*}(\vartheta_{inc})/i\} \end{aligned} \tag{3.45}$$

式中 **T** 矩阵只与粒子形状、大小、复折射指数及粒子在空间取向有关，与入射和出射光方向无关。

Mishchenko 在 Waterman 等人的基础上推导出了随机取向粒子（即粒子在三维空间中取各个方向的几率相同且均为 1/8π）的 **T** 矩阵表达式：

$$\langle T_{mnm'n'}^{ij}\rangle = \frac{1}{2n+1}\delta_{mm'}\delta_{m'}\sum_{m_1=-n}^{n}{}^{1}T_{m_1nm_1n}^{ij} \quad (i,j=1,2) \tag{3.46}$$

等式左侧为各个取向平均后的 $\boldsymbol{T}$ 矩阵，右侧为某一取向下的 $\boldsymbol{T}$ 矩阵。将上式代入振幅矩阵 $\boldsymbol{S}$，求得随机取向下具有对称轴粒子的消光、散射截面：

$$\begin{aligned}\langle C_{ext}\rangle &= \frac{2\pi}{k}\mathrm{Im}[\langle S_{\vartheta\vartheta}(\boldsymbol{n},\boldsymbol{n})\rangle + \langle S_{\varphi\varphi}(\boldsymbol{n},\boldsymbol{n})\rangle] \\ &= -\frac{2\pi}{k^2}\mathrm{Re}\sum_{n=1}^{\infty}\sum_{m=-n}^{m=n}[{}^1T_{mnmn}^{11} + {}^1T_{mnmn}^{22}]\end{aligned} \tag{3.47}$$

$$\langle C_{sca}\rangle = \frac{2\pi}{k^2}\sum_{n=1}^{\infty}\sum_{n'=1}^{\infty}\sum_{m=-n}^{n}\sum_{m'=-n'}^{n'}\sum_{i=1}^{2}\sum_{j=1}^{2}|{}^1T_{mnm'n'}^{ij}|^2 \tag{3.48}$$

I. Kuščer 等(1959)及 H. Domke(1974)给出非球形粒子的相矩阵为：

$$\boldsymbol{F}(\Theta) = \begin{bmatrix} a_1(\Theta) & b_1(\Theta) & 0 & 0 \\ b_1(\Theta) & a_2(\Theta) & 0 & 0 \\ 0 & 0 & a_3(\Theta) & b_2(\Theta) \\ 0 & 0 & b_2(\Theta) & a_4(\Theta) \end{bmatrix} \tag{3.49}$$

与球形所不同，非球形粒子的相矩阵由 6 个非零元素组成，这 6 个非零元素展开如下：

$$\begin{aligned} a_1(\Theta) &= \sum_{s=0}^{s_{\max}} a_1^s P_{00}^s(\cos\Theta) = \sum_{s=0}^{s_{\max}} a_1^s P_s(\cos\Theta) \\ a_2(\Theta) + a_3(\Theta) &= \sum_{s=2}^{s_{\max}} (a_2^s + a_3^s) P_{22}^s(\cos\Theta) \\ a_2(\Theta) - a_3(\Theta) &= \sum_{s=2}^{s_{\max}} (a_2^s - a_3^s) P_{2,-2}^s(\cos\Theta) \\ a_4(\Theta) &= \sum_{s=0}^{s_{\max}} a_4^s P_{00}(\cos\Theta) \\ b_1(\cos\Theta) &= \sum_{s=2}^{s_{\max}} \beta_1^s P_{02}^s(\cos\Theta) \\ b_2(\cos\Theta) &= \sum_{s=2}^{s_{\max}} \beta_2^s P_{02}^s(\cos\Theta) \end{aligned} \tag{3.50}$$

上述 6 个非零元素可以由振幅矩阵 $\boldsymbol{S}$ 计算出各个角度的相函数，但是这样的计算量很大，Mishchenko 根据类似于米散射相函数展开方法，建立相函数展开式系数与 $\boldsymbol{T}$ 矩阵的关系，从而避免了直接用振幅矩阵 $\boldsymbol{S}$ 计算相矩阵这一复杂的计算过程，使得各个方向相函数的计算简单化，在确保计算精度的同时提高了计算速度。

上述 $\boldsymbol{T}$ 矩阵方法适用于随机取向具有对称轴粒子的非球形，可以用来计算粒子的消光、散射截面、不对称因子、相函数及其展开式系数，计算时间和计算精度相比偶极子方法、有限差分时域方法都有很大优势。

(2)几何光学理论

几何光学理论适用于粒子尺度远大于入射光波长的粒子的光散射，这样光线就可以进行定位。除了定位原理的要求外，常规几何光学追迹方法(CGOM)假定散射体削弱的能量可以分解为衍射光线和菲涅尔光线的相等消光。另外，用于几何光学追迹的夫琅禾费衍射(Fraunhole diffraction)公式不能解释电磁场的矢量性质。最后，由光线追迹进行的远场的直接计算将产生散射能量的不连续分布，例如 Takano 等(1898)提到的 δ 透射。

为了避免 CGOM 的一系列缺点，Yang 等(1995, 1996a)已经研究发展了一种改进的几何光学方法(IGOM)。概念很简单，在粒子平面上几何光学追迹确定的能量被收集起来，并按照精确的固有几何光线追迹映射到远场。这一点与常规方法不同，常规方法是通过一指定的立体角在远场直接把几何反射和折射产生的能量收集起来，对于球形、椭球粒子，IGOM 还考虑了边缘效应，即光线与粒子表面相切的情况(Yang *et al.*, 2007)。具体原理如图 3.11 所示。

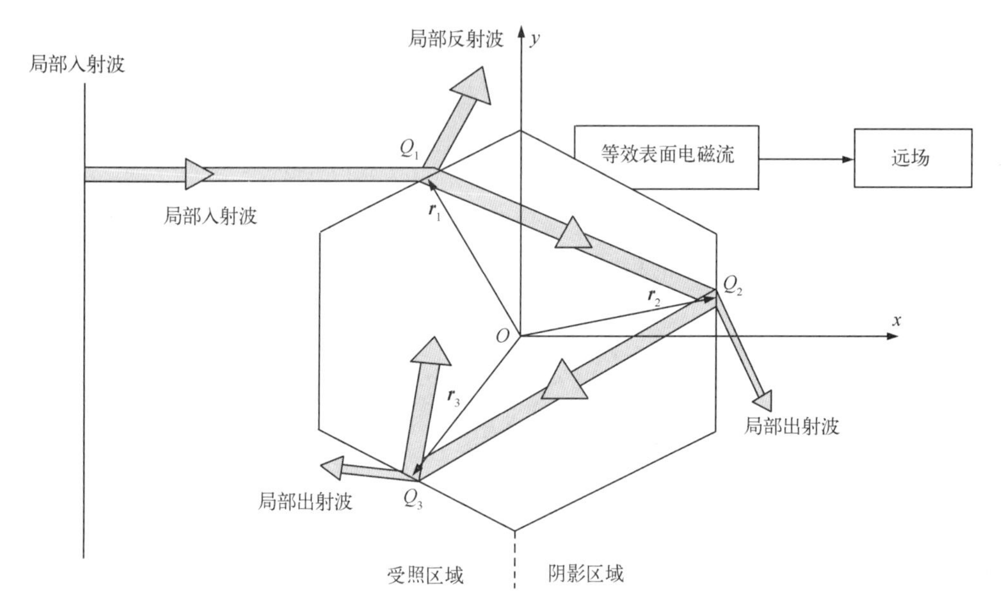

图 3.11 几何光学法的原理示意图(Yang *et al.*, 1995)

粒子表面被分成任意多个小的截面，入射光打到这些截面上，在截面以及粒子内部发生反射、透射和衍射，根据菲涅尔反射定律以及夫琅禾费衍射定律，将所有截面的电磁场能量计算出来，再通过电磁等价定理，映射到远场，进而求出散射电磁场和入射电磁场的关系，粒子的消光截面 σ_e 和吸收截面 σ_a 最终的表达式为：

$$\sigma_e = \mathrm{lm}\left\{\frac{k}{|E_i|^2}\iiint_V(\varepsilon-1)\boldsymbol{E}(\boldsymbol{r}')\cdot\boldsymbol{E}_i^*(\boldsymbol{r}')\mathrm{d}^3\boldsymbol{r}'\right\} \tag{3.51}$$

$$\sigma_a = \frac{k}{|\boldsymbol{E}_i|^2}\iiint_V\varepsilon_i\boldsymbol{E}(\boldsymbol{r}')\cdot\boldsymbol{E}^*(\boldsymbol{r}')\mathrm{d}^3\boldsymbol{r}' \tag{3.52}$$

式中，星号表示复共轭；V 是粒子体积；$\boldsymbol{r}$ 是参考位置矢量；$\boldsymbol{r}'$ 是点源的位置矢量；$k=2\pi/\lambda$ 是波数；$\boldsymbol{E}_i$ 是入射电磁场的电场强度，$\boldsymbol{E}$ 是散射体的外围平面上的电场强度。

上述 ***T*** 矩阵理论在粒子尺度参数较大时，对计算机的计算精度要求高并且计算非常耗时，而几何光学理论可以很好地解决粒子尺度远大于入射光波长的粒子的光散射问题，将二者进行结合，在解决非球形粒子的光散射问题时，对于粒子尺度参数小于 50 的粒子采用 ***T*** 矩阵理论计算，大于 50 的时候采用几何光学理论计算，可以有效地计算非球形粒子的光学性质。

3.2.2　基本光学特性的分析与研究

在 3.1.2 节中提到，Van de hulst 指出，一个小体积元对单色光的单次散射可以用三个基本的光学参量描述，其他的光学特征参量都可用这三个参量表示。Van de hulst 给出的三个基本参量是平均消光截面 σ_{ext}、平均散射截面 σ_{sca} 和散射相函数 P；与之等价的三个光学参量依次是平均消光截面、单次散射比和相函数（或不对称因子 g），对于非球形粒子而言，在给定的谱分布情况下，描述粒子对辐射传输影响的基本光学参数也是上述三个参数。

实验室以及观测数据表明：沙尘粒子的形状在很大程度上都是不规则的，目前国内外有许多研究用不同方法从不同角度，证实了非球形沙尘粒子的散射与球形沙尘粒子的散射具有很大差别，因此本节以沙尘气溶胶为例，采用 3.2.1 节中所述 ***T*** 矩阵理论和几何光学相结合的方法计算非球形沙尘气溶胶的光学性质，并在此基础上对非球形和球形沙尘气溶胶的光学特性进行对比分析，讨论二者的差异。

首先，详细描述实际情况中，沙尘粒子的形状和数值计算中对沙尘粒子形状所采取的近似处理，是本书用椭球近似非球形沙尘的理论基础。其次，对 ***T*** 矩阵理论和几何光学相结合的算法进行简要介绍，并在此基础上详细介绍描述非球形沙尘气溶胶光学性质的基本物理量。最后，详细讨论非球形沙尘气溶胶的光学特性。

3.2.2.1　沙尘粒子形状分析

大量的实验室及观测数据表明，实际沙尘粒子的形状极不规则，没有严格的几何形状，而且卫星反演结果表明，球形假设计算的沙尘散射特性与实际沙尘粒子的散射特性存在较大差别，因此，有大量的研究工作讨论过非球形对沙尘气溶胶反演的影响，但是到目前为止没有一种得以广泛使用的反演沙尘气溶胶散射特性的模型，这是因为建立这样一种模型在观测数据和理论研究上都存在很大程度的困难。首先，实验室观测在沙尘粒子的取样、分离及物理和光学特性的反演上都存在着难以解决的问题。其次，虽然计算非球形粒子光学特性的方法有很多种，但是由于受到电磁波散射理论本身复杂性的限制，可用于实际情况中的模型仍比较缺乏，而且在可用的数值算法中能够计算的粒子形状又很有限。其中，离散偶极子近似法和有限差分元方法虽然在理论上可以解决任意形状的粒子散射问题，但是在实际应用中由于计算速度缓慢不能得以广泛使用。

到目前为止的各种非球形数值算法，在粒子尺度参数、粒子形状及粒子组成上的适用范围各不相同，因此，评价不同非球形算法对实际沙尘粒子光学特性模拟的好坏存在很大困难。Mishchenko 等（1997）指出对一组具有不同纵横比的椭球沙尘粒子的散射相函数进行平均后，其散射相函数在后向散射的值随角度的变化趋势平缓，没有明显的波动，球形沙尘的相函数在后向散射的值随角度变化起伏明显，而实际观测到的非球形沙尘粒子相函数在后向散射的值随角度变化趋势平缓，可见，用这一模型可以较好地模拟非球形沙尘的主要特征。因此，椭球形状在沙尘卫星遥感中得以广泛使用。另外，由于从物理和观测上来讲，沙尘粒子的形状都不可能是严格的椭球形，而且实际情况中沙尘粒子存在各种不同的形状，因此，有很多研究用更为复杂、更为接近实际的形状去模拟沙尘气溶胶，但是，这些数值计算需要的计算时间较长而且无法计算所有尺度参数的沙尘。

用椭球近似非球形沙尘的形状，具有以下优点：

(1)椭球是一种最简单的非球形形状，在椭球率为1的时候，椭球又变成了球形。椭球仅决定于两个参数即纵横比和等体积半径，因此，在传统球形模型的基础上假定纵横比即可确定非球形沙尘的形状。

(2)椭球粒子对电磁波的散射可以得到精确解。***T***矩阵方法可以精确计算各种大小、各种纵横比的椭球粒子的光学性质，而且这种方法的数值程序在计算速度和计算范围上比其他非球形算法都具有优势。

(3)实际沙尘粒子以多粒径分散系的形式存在，其光学特性是考虑各种形状权重后的光学特性，而这种平均后的光学特性与不同纵横比的椭球粒子平均后的光学特性差别比较接近。因此，沙尘粒子最终的散射特征仍可以用一群具有不同纵横比的椭球粒子平均后的散射特征，来很好地描述。

综上所述，用椭球近似实际沙尘粒子的形状具有实际意义，并且数值算法也已完善。

3.2.2.2 算法和物理量

关于球形和非球形粒子光学特性的计算理论，前文已经给出了详细介绍，本书在计算非球形沙尘光学特性时，将***T***矩阵和几何光学理论结合起来，粒子尺度参数小于50时采用***T***矩阵方法，大于50时采用改进的几何光学方法(IGOM)；计算球形沙尘粒子光学特性时，利用已经得到广泛使用的Wiscombe的数值算法和计算程序。这里将本书采取的数值计算程序给予简单说明。

目前，最有效的***T***矩阵数值计算程序是Mishchenko等(1994)建立的适用于随机取向且具有对称轴粒子的算法，该数值算法已在各种椭球粒子光学性质的计算中得到广泛应用，其FORTRAN程序代码已经在http://www.giss.nasa.gov/staff/mmishchenko/t_matrix.html网站公开，并附有详细的使用说明。Yang等(2007)发展了适用于椭球粒子的几何光学方法，可以用来计算尺度参数介于30～50的椭球沙尘的光学特性。

到目前为止，由于没有一个单一的数值算法可以计算从瑞利到几何光学粒子尺度范围内的非球形粒子的单次散射光学特性，本书将T-matrix方法与IGOM方法相结合，分别用于计算粒子尺度参数小于50和大于50时的非球形沙尘的单次散射特性。

根据前文所述，采用旋转对称的椭球来近似实际沙尘的形状。旋转对称的椭球形是由椭圆的横轴b绕纵轴a旋转而成(图3.12)，纵横比(a/b)小于1时旋转椭球体为扁椭球体，形状类似于圆盘形，纵横比(a/b)大于1时旋转椭球体为长椭球体，形状类似于针形。此处将沙尘形状划分为a/b的值为1.2，1.4，1.6，1.8，2.0，2.2，2.4的长椭球和b/a的值为1.2，1.4，1.6，1.8，2.0，2.2，2.4的扁椭球共14种，并且每种形状沙尘占的比例相等。

旋转对称椭球体的体积V计算公式如下：

$$V = 4/3\pi ab^2 \tag{3.53}$$

椭球体的表面积计算公式为：

$$S = \begin{cases} 2\pi b^2 + \pi \dfrac{a^2}{\varepsilon}\ln\dfrac{1+\varepsilon}{1-\varepsilon} & (a/b < 1) \\ 2\pi b^2 + 2\pi\dfrac{ab}{\varepsilon}\sin^{-1}\varepsilon & (a/b > 1) \end{cases} \tag{3.54}$$

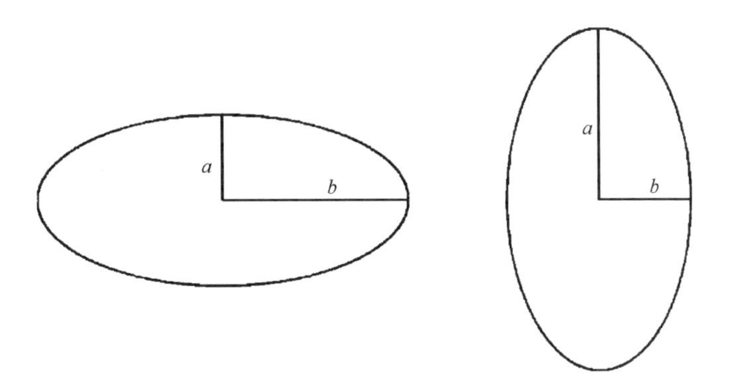

图 3.12　长椭球与扁椭球的形状示意图

其中 $\varepsilon=\sqrt{a^2-b^2}/a$ 为偏心率。对于随机取向分布的粒子，投影截面 P 为 $S/4$。为了比较球形与椭球沙尘粒子的单次散射特性差别，通常是采用与椭球体积或者投影截面相等的球形来进行计算。对于等体积的球体，其半径为 $r_v=(3V/4\pi)^{1/3}$。

国际上，在沙尘气溶胶辐射效应相关研究中所用的复折射指数大多是，根据源于撒哈拉地区的沙尘气溶胶反演而来，而包括中国在内的相当一部分地区的沙尘气溶胶复折射指数资料还非常缺乏。

目前为止，常用的沙尘气溶胶复折射指数数据库主要有四种。最早是由 Shettle 和 Fenn 于 1979 年在观测资料的基础上假定了几种气溶胶的复折射指数模型，其中就包括了沙尘的复折射指数，称为 AFGL(Air Force Geophysics Laboratory)模型。WMO 于 1983 年给出了 0.2 μm 到 40 μm 之间共 31 个波长间隔的沙尘复折射指数，这一模型在后来的沙尘辐射效应研究中被广泛采用。Hess 等在对云和气溶胶复折射指数进行测算的基础上，将 0.2～40 μm 的光谱范围分成 154 个波段，给出了一种更为详细的沙尘气溶胶复折射指数模型 OPAC (Optical Properties of Aerosols and Clouds)。中日亚洲沙尘暴合作项目 ADEC(Aeolian Dust Experimenton Climate Impact)于 2001 年 4 月 12—14 日在塔克拉玛干沙漠进行气溶胶采样，获得 0.2～3 μm 范围内代表东亚沙尘气溶胶的复折射指数模型(ADEC)。王宏等比较上述四种模型后指出，ADEC 与 OPAC 模型总体比较相似，因此，大于 3 μm 的东亚沙尘复折射指数可以用 OPAC 中的数据来近似。本书在计算中采用王宏等总结的 0.2～40 μm 光谱范围内东亚沙尘的复折射指数。

由于实际气溶胶粒子并不是大小均一的，而大小不同的气溶胶粒子其光学特性也不同，因此，必须考虑用一种粒径大小分布函数(即气溶胶谱分布)来代表气溶胶粒子的实际分布，从而通过积分得到整体气溶胶的光学特性。由于沙尘气溶胶粒子中尺度较小的粒子相对集中，因此采用对数正态分布描述沙尘粒子分布，该分布函数曾为世界气象组织推荐，形式如下：

$$n(r_v)=\frac{\mathrm{d}N(r_v)}{\mathrm{d}r_v}=\frac{1}{r_v}\frac{N}{\sqrt{2\pi}\ln\sigma}\mathrm{e}^{-\frac{1}{2}\left(\frac{\ln r_v-\ln r_m}{\ln\sigma}\right)} \tag{3.55}$$

其中 r_v 是椭球沙尘的等体积半径，r_m 是粒子群的模态半径，σ 是标准偏差，N 是气溶胶粒子的数浓度(个/cm^3)。分布参数采用与东亚沙尘气溶胶最接近的 OPAC 模型，该模型将沙尘气溶胶分为表 3.1 所示四种类型。

表 3.1　OPAC 模型沙尘气溶胶种类

气溶胶模态	模态半径 r_m(μm)	标准偏差 σ	密度 ρ(g/cm³)	质量浓度(μg·m⁻³)/(part·cm⁻³)
核模态(MINM)	0.07	1.95	2.60	2.78E−2
积聚模态(MIAM)	0.39	2.00	2.60	5.53E0
粗模态(MICM)	1.90	2.15	2.60	3.24E2
传输模态(MITR)	0.50	2.20	2.60	1.59E1

对于给定的谱分布，描述粒子对辐射传输影响的光学参数为消光效率因子 Q_e，单次散射比 ω 及相函数 P_{11}，分别表示为：

$$Q_e = \frac{\int_{r_{v,\min}}^{r_{v,\max}} Q_e'(r_v)P(r_v)n(r_v)\mathrm{d}r_v}{\int_{r_{v,\min}}^{r_{v,\max}} P(r_v)n(r_v)\mathrm{d}r_v} \tag{3.56}$$

$$\omega = \frac{\int_{r_{v,\min}}^{r_{v,\max}} Q_s'(r_v)P(r_v)n(r_v)\mathrm{d}r_v}{\int_{r_{v,\min}}^{r_{v,\max}} Q_e'(r_v)P(r_v)n(r_v)\mathrm{d}r_v} \tag{3.57}$$

$$P_{11} = \frac{\int_{r_{v,\min}}^{r_{v,\max}} P_{11}'(r_v)Q_e'(r_v)P(r_v)n(r_v)\mathrm{d}r_v}{\int_{r_{v,\min}}^{r_{v,\max}} Q_s'(r_v)P(r_v)n(r_v)\mathrm{d}r_v} \tag{3.58}$$

其中，Q_e'，Q_s'，P_{11}' 分别是单个粒子的消光和散射效率因子及相函数，$P(r_v)$ 为单个沙尘粒子的投影截面，椭球粒子的计算公式见(3.54)式。单个球形粒子的上述参数由 Mie 理论计算得到，非球形参数则由 **T** 矩阵和几何光学联合算法得到。不对称因子是辐射传输中的一个重要参数，反映的是粒子前后向散射的相对强度，其表达式为：

$$g = \frac{1}{2}\int_{-1}^{1} P_{11}(\cos\Theta)\cos\Theta \mathrm{d}\cos\Theta \tag{3.59}$$

此外，本书还分析了雷达反演气溶胶中的常用参数消光后向散射比 R_{eb}，其定义为：

$$R_{eb} = \frac{C_{ext}}{C_{sca}P_{11}(180°)} \tag{3.60}$$

其中，C_{ext} 和 C_{sca} 分别是给定谱分布下沙尘气溶胶的消光系数和散射系数。

3.2.2.3　非球形沙尘粒子的光学特性

在分析具有一定形状分布和谱分布的椭球沙尘粒子的光学特性之前，首先通过单分散椭球沙尘粒子的光学特性来详细说明本文所采取的计算过程。

图 3.13 给出了 T-Matrix 方法与 IGOM 计算的单分散系椭球沙尘粒子在波长 0.55 μm 纵横比为 1.7 时光学特性随尺度参数的变化，根据 3.2.1 所述两种方法的特点，T-Matrix 方法和 IGOM 分别用来计算尺度参数在 0.5～50 和 20～800 的粒子。对比两种方法在尺度参数 20～50 的结果发现，该区域属于 T-Matrix 方法到 IGOM 的过渡区，在该区域 T-Matrix 方法与 IGOM 计算的 Q_e，ω 和 g 的差别较小，由于前者的计算精度较高，因此，用 IGOM 计算较大尺度参数沙尘粒子的光学特性是可行的。椭球沙尘粒子在其他波长和纵横比的情况下用两

种方法的计算结果与上述结果一致，因此，本书在计算从太阳短波到红外谱段椭球沙尘粒子的光学特性时，分别用 T-Matrix 方法和 IGOM 计算尺度参数小于（或等于）50 和尺度参数大于 50 的椭球沙尘光学特性。

另外，由于在尺度参数介于 20～50 时，T-Matrix 方法与 IGOM 计算的 Q_e，ω 和 g 的差别可以忽略，因此，在将两种方法结合起来计算椭球沙尘的光学特性时，可以确保计算过程中 Q_e，ω 和 g 的连续性。

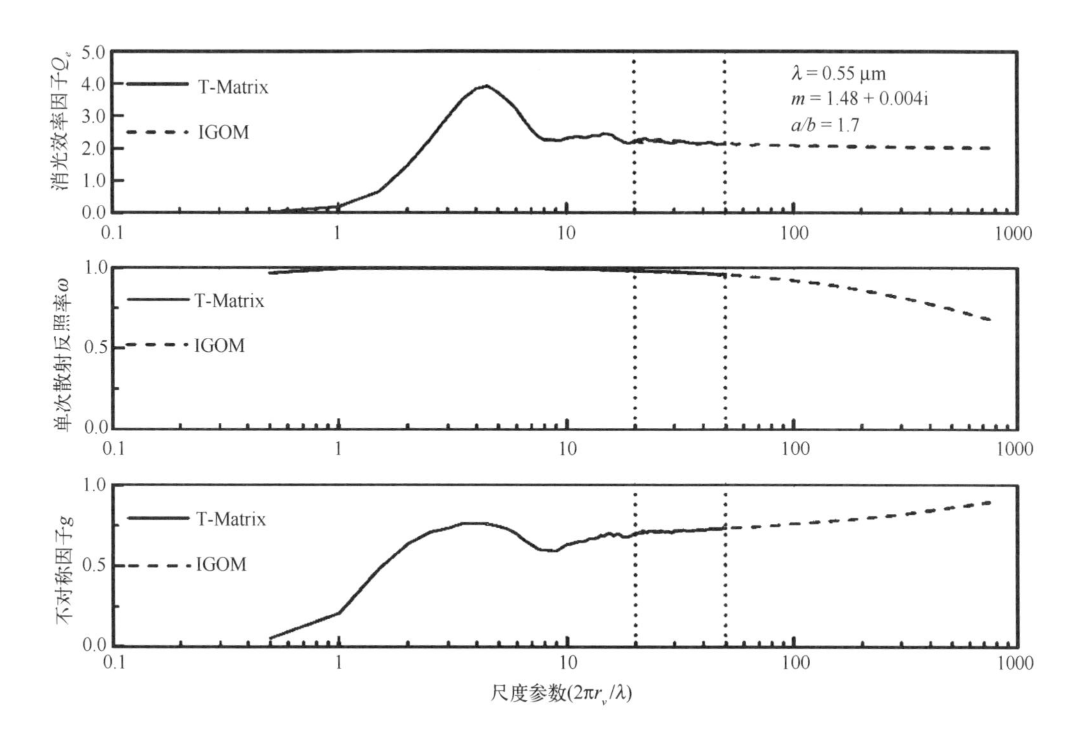

图 3.13 T-Matrix 方法与 IGOM 计算的椭球沙尘粒子在波长为 0.55 μm 纵横比为 1.7 时光学性质的对比，x 轴是用椭球沙尘等体积半径表示的尺度参数，x 值在 0.5～50 为 T-Matrix 方法计算结果，x 值在 20～800 为 IGOM 计算结果

Q_e是粒子从入射能中移除的总能量与粒子几何面积的比，反映了气溶胶对辐射传输的衰减作用强弱。ω 体现了气溶胶散射占辐射传输衰减的比例。沙尘气溶胶的相函数在 0°散射角普遍有尖峰，所以，沙尘的 g 表示了前向散射的相对强度。上述三个参量是影响沙尘气溶胶辐射传输过程的重要参量，下面详细给出非球形和球形沙尘气溶胶在这三个参量方面的对比分析。

图 3.14 是四种模态球形沙尘粒子的 Q_e，ω 和 g 从短波到红外谱段的变化。如图 3.14a 所示，四种模态沙尘气溶胶在可见光区的消光作用差别较小，长波区差异明显。在长波区粗模态消光作用最强，尤其是在 10 μm 附近消光存在一个极大值，比核模态的 Q_e大 1～2 个数量级；传输态次之，并且与积聚态的消光作用差别最小；核模态的消光作用最弱，在 4～40 μm 的消光接近 0。上述差别是由于所采用的表 3.1 中的谱分布差别所致。

由图 3.14b 可见，四种模态气溶胶在短波区的 ω 均大于 0.5，并且在可见光区 ω 达到最大，核模态、积聚模态、粗模态及传输模态的最大值依次为 0.98，0.95，0.88 和 0.93；在长波区四种模态气溶胶的 ω 显著减小，而且不同模态差异明显增大，其中粗模态与核模态相差 1～2 个数量级。另外，由图 3.14b 可见，在短波区，核模态沙尘比其他三种模态沙尘的 ω 大，说明小粒子沙尘的散射性最强，而在长波区则相反。

由图 3.14c 可见，g 随着波长的增大而减小，这是由于随着波长的增大尺度参数在减小，而随着尺度参数的减小，散射更趋近于各向同性的瑞利散射，g 也趋近于 0。另外，由图 3.14c 可见，从太阳短波到红外谱段范围内核模态沙尘粒子比其他三种模态的 g 小，在短波区核模态沙尘粒子与其他三种模态沙尘粒子的 g 差别较小，在长波区差异显著增大。

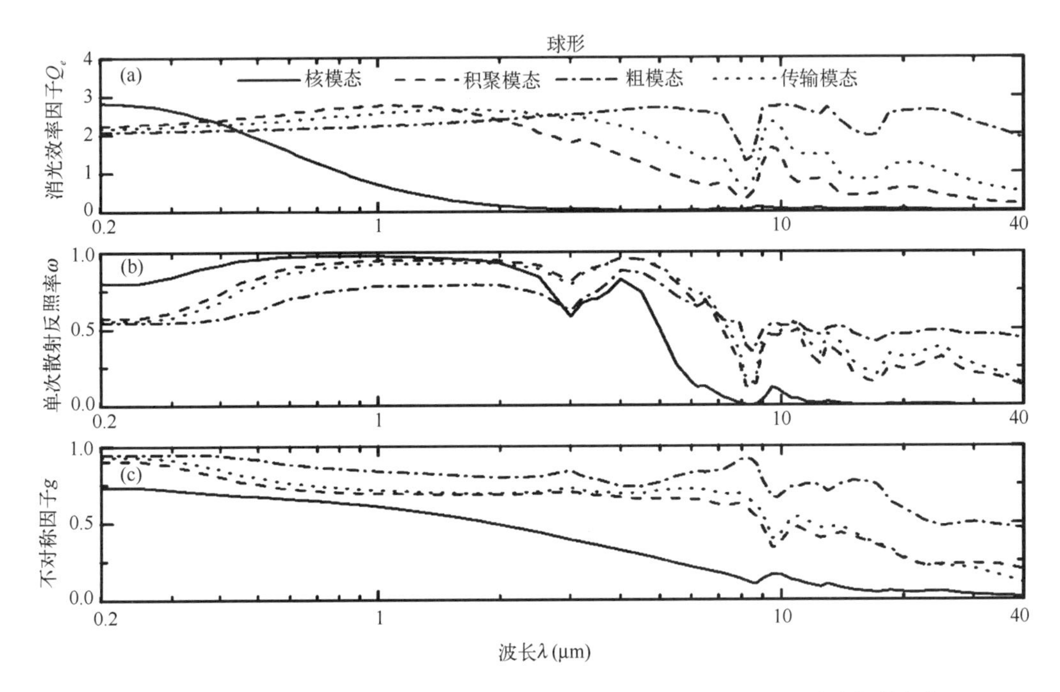

图 3.14　短波到红外谱段，四种模态沙尘气溶胶 Q_e(a)，ω(b)和 g(c)随波长的变化

图 3.15 是分别用椭球体与等体积球体计算的沙尘粒子 Q_e，ω 及 g 的比值随波长的变化。由图 3.15 可见，与不同模态沙尘气溶胶光学特性的差异相比，椭球形与球形沙尘之间的光学特性差异不大。

由上述分析可知，粗模态沙尘是决定沙尘气溶胶消光强弱的主要成分，而由图 3.15a 可见四种沙尘模态中，粗模态沙尘在椭球和球形两种情况下的消光差别最小，且相对误差在 ±5%以内。对于积聚态和传输态沙尘，用椭球形与等体积球形计算的 Q_e 相对误差在 ±10%以内。核模态沙尘在两种形状下长波消光差别波动较大，但是，由上述分析可知核模态在长波的消光接近 0，因此，由粒子形状造成的这种消光差异可以忽略。

如图 3.15b 所示，在整个波段范围内，椭球形与等体积球形计算的四种模态沙尘 ω 相对误差在 ±5%以内，在散射起主要作用的短波区二者差别最小，其相对误差在 ±2%之内，这种差别也小于沙尘粒径大小不同所导致的 ω 差别。

如图 3.15c 所示，在整个波段范围内椭球形与等体积球形计算的沙尘 g 相对误差在 ±8%

以内，这个结果与 Mishchenko 对不同尺度参数的椭球形与球形沙尘在指数谱分布下的对比结果一致。

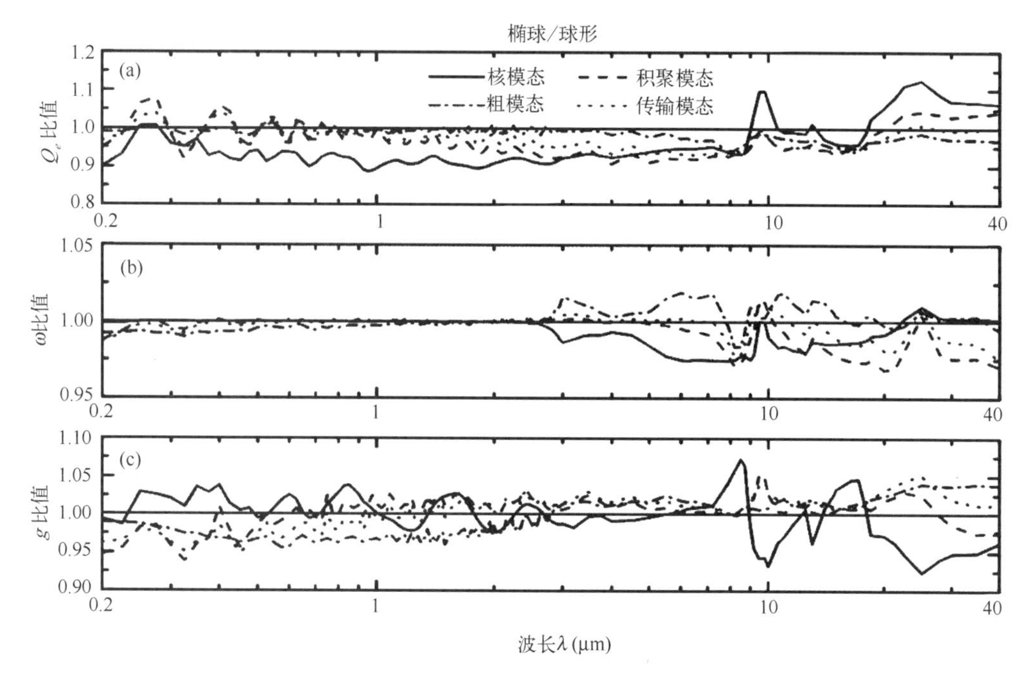

图 3.15　短波到红外谱段，椭球与球形沙尘气溶胶 Q_e(a)，ω(b)及 g(c)的比值

P_{11}是散射角的函数，它代表散射能的角分布。在卫星探测反演气溶胶光学厚度时，气溶胶的光学厚度与双向反射比、单次散射比以及散射相函数有直接关系，除双向反射比由实测获得外，单次散射比以及散射相函数则由气溶胶的尺度分布计算得到，因此，P_{11}在卫星探测反演气溶胶光学厚度中起着至关重要的作用。

图 3.16 到 3.19 给出不同模态沙尘气溶胶，从短波到红外谱段椭球沙尘与球形沙尘 P_{11}的比值。综合图 3.16 和 3.17 可以看出，从核模态到粗模态，随着粒子几何平均半径的增大，椭球形与球形 P_{11}的差异也变大，而且对于四种模态的沙尘，P_{11}的差异都是在短波区大于长波区，尤其是在可见光区这种差异达到最大。

除消光作用最弱的核模态沙尘以外，由图 3.17 至 3.19 可以看出，在 P_{11}差异最明显的短波区，尤其是可见光区，这种差别可以根据散射角分为三个区域：0°到 90°，90°到 150°，以及 150°到 180°，其中前向散射(散射角位于 0°到 90°之间)差异较小，后向散射(散射角位于 90°到 180°之间)差异较大。短波区散射角位于 90°到 150°之间时，椭球沙尘比球形沙尘的 P_{11}偏大。在可见光区散射角位于 90°到 150°之间时，对于消光作用最强的粗模态沙尘，椭球沙尘的 P_{11}是球形沙尘 P_{11}的 10 倍左右，对于消光作用较强的积聚态和传输态沙尘，椭球沙尘的 P_{11}是球形沙尘 P_{11}的 3～5 倍。短波区散射角位于 150°到 180°之间时，椭球沙尘比球形沙尘的 P_{11}偏小。在可见光区散射角位于 150°到 180°之间时，对于消光作用最强的粗模态沙尘，椭球沙尘的 P_{11}是球形沙尘相函数的 10%～30%，对于消光作用较强的积聚态和传输态沙尘，椭球沙尘的 P_{11}是球形沙尘 P_{11}的 20%～40%。另外，虽然核模态沙尘 P_{11}的差异整体偏小，但是，在可见光区散射角位于150°到180°之间时，椭球沙尘比球形沙尘的 P_{11} 明显偏小。

对于四种模态沙尘，在长波区椭球形与球形 P_{11} 的比值均介于0.9到1.1之间，因此，这种差异相比于短波区而言可以忽略，而且长波区的 P_{11} 差异没有显著的规律。

由于沙尘气溶胶在可见光区的散射消光最强，卫星探测沙尘气溶胶时通常采用可见光通道，而由上述分析可知椭球形与球形沙尘在可见光区的后向散射差异最为明显，而卫星探测气溶胶时主要采用后向散射信号，因此，在卫星探测沙尘气溶胶时应该考虑非球形对沙尘相函数的影响。

由于可见光区椭球与球形相函数差别最大，并且该区域对气溶胶遥感非常重要，图3.20比较了粗模态椭球与球形沙尘在0.532 μm的 P_{11} 随散射角的变化。与上述分析一致，前向散射差异较小，后向散射差异较大。另外，由图3.20可见在散射角位于90°到150°之间时，球形沙尘 P_{11} 起伏较大，而椭球沙尘的 P_{11} 更加平滑，Nakajima等(1989)对沙尘 P_{11} 的观测结果均表明，自然界沙尘粒子的 P_{11} 在散射角位于90°到150°之间时的变化趋势是平缓的，没有明显的起伏，因此，用具有一定形状分布的椭球沙尘可以更好地描述实际沙尘的相函数分布。

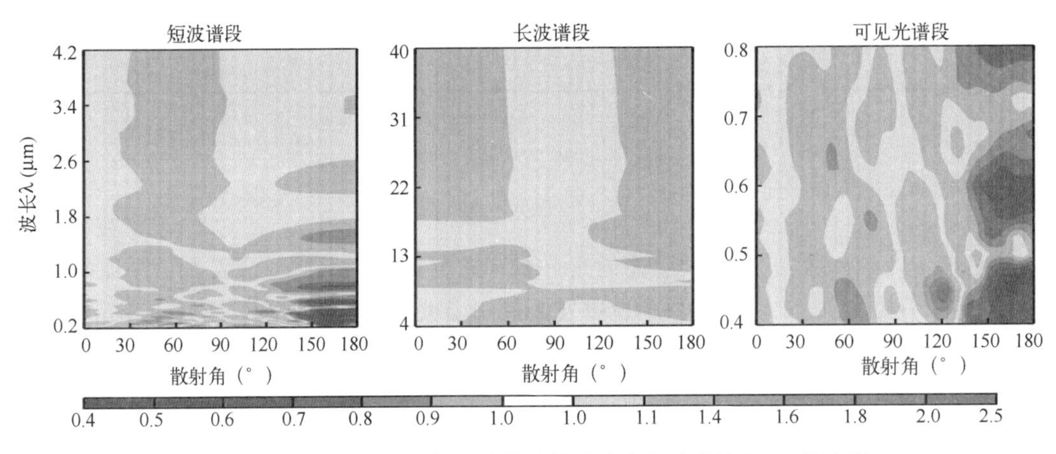

图3.16　短波到红外谱段，核模态椭球沙尘与球形沙尘 P_{11} 的比值

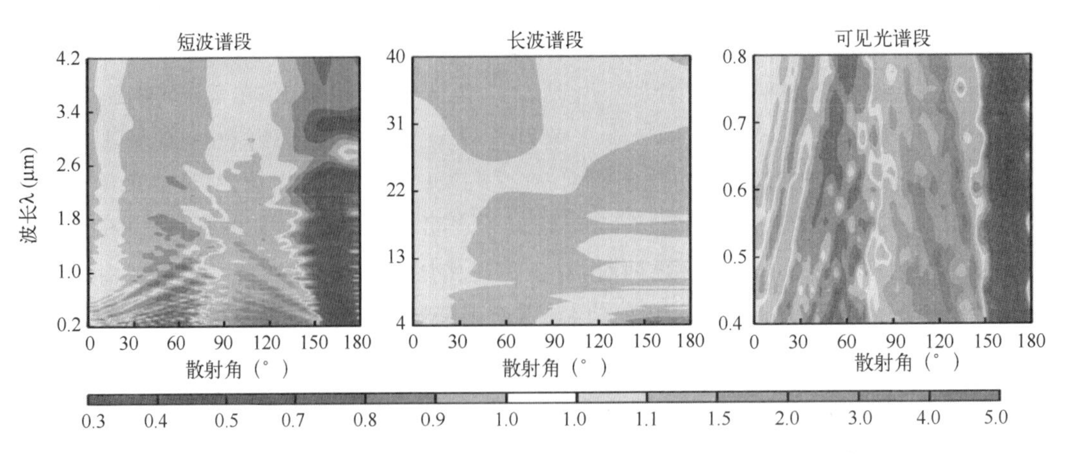

图3.17　短波到红外谱段，积聚态椭球沙尘与球形沙尘 P_{11} 的比值

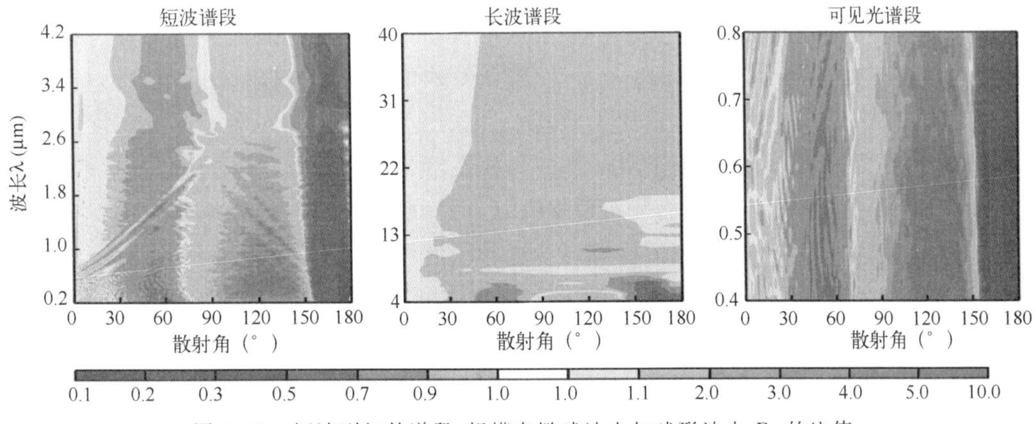

图 3.18　短波到红外谱段，粗模态椭球沙尘与球形沙尘 P_{11} 的比值

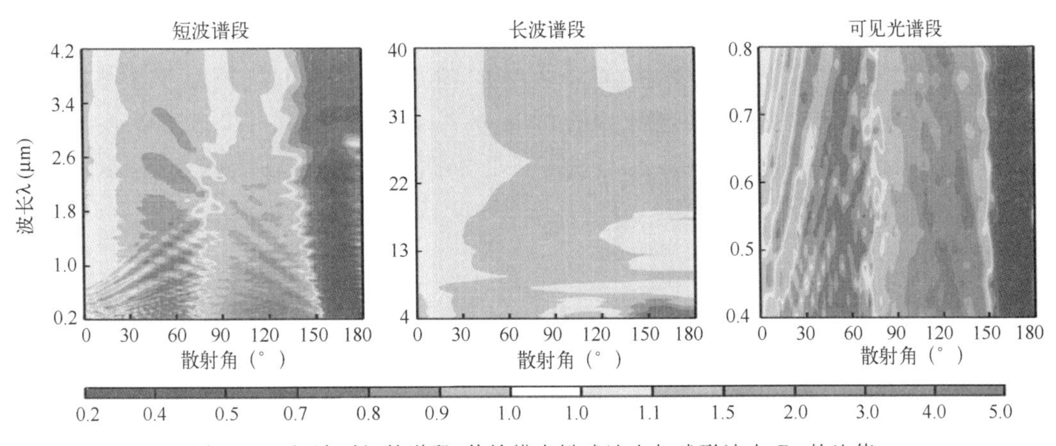

图 3.19　短波到红外谱段，传输模态椭球沙尘与球形沙尘 P_{11} 的比值

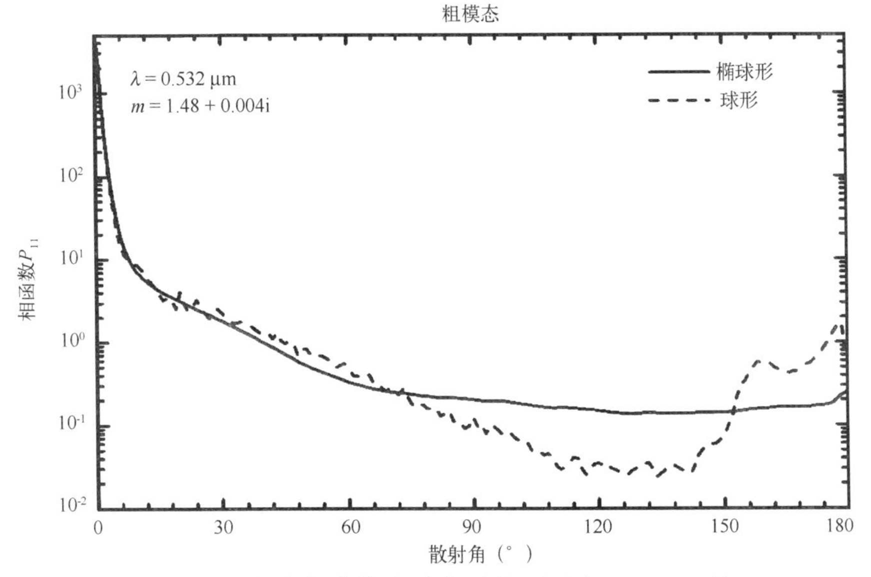

图 3.20　粗模态椭球（实线）与球形（虚线）沙尘在 0.532 μm 的 P_{11}

R_{eb}在雷达方程中决定后向散射系数与消光系数的参数化关系，它是激光雷达反演气溶胶光学厚度中的一个重要参数。对于洛伦茨-米球形粒子，根据R_{eb}的表达式可知其与粒子的复折射指数和谱分布有关。由3.2.2.3节可知，形状对沙尘相函数的影响较大，因此，根据R_{eb}的表达式可推知沙尘气溶胶的R_{eb}与沙尘形状有关。如图3.21所示，在短波区椭球沙尘与球形沙尘的R_{eb}有较大差别，其中消光作用最强的粗模态沙尘在两种形状下的R_{eb}差异最明显，因此，沙尘气溶胶的R_{eb}除了与粒子的复折射指数以及谱分布有关外，还要考虑沙尘粒子形状的影响。另外，由图3.21可见，在长波区椭球沙尘与球形沙尘的R_{eb}没有明显的差异，由前文分析可知，这是因为长波区二者的相函数差别较小。

由于激光雷达探测气溶胶通常采用小于1 μm的短波波段，如图3.21所示，这个区域椭球沙尘与球形沙尘的R_{eb}差异最为显著，因此，在用激光雷达反演沙尘气溶胶光学厚度时考虑非球形效应是非常必要的。

由于在短波波段椭球与球形R_{eb}差异明显，并且激光雷达探测气溶胶通常采用小于1 μm的短波波段，图3.22给出了短波波段四种模态椭球沙尘的R_{eb}随波长的变化。由图3.22可见，在0.2～0.5 μm范围内不同模态椭球沙尘的R_{eb}随波长的变化起伏较大，其中核模态与粗模态的起伏最明显；在激光雷达探测常用的0.5～0.7 μm范围内，四种模态椭球沙尘的R_{eb}随波长的变化起伏较小，核模态、积聚态、传输态和粗模态的R_{eb}数值分别维持在5，2，2和4附近。另外，由图3.22可见，除核模态以外，其他三种模态椭球沙尘的R_{eb}在波长3 μm附近存在明显的峰值。

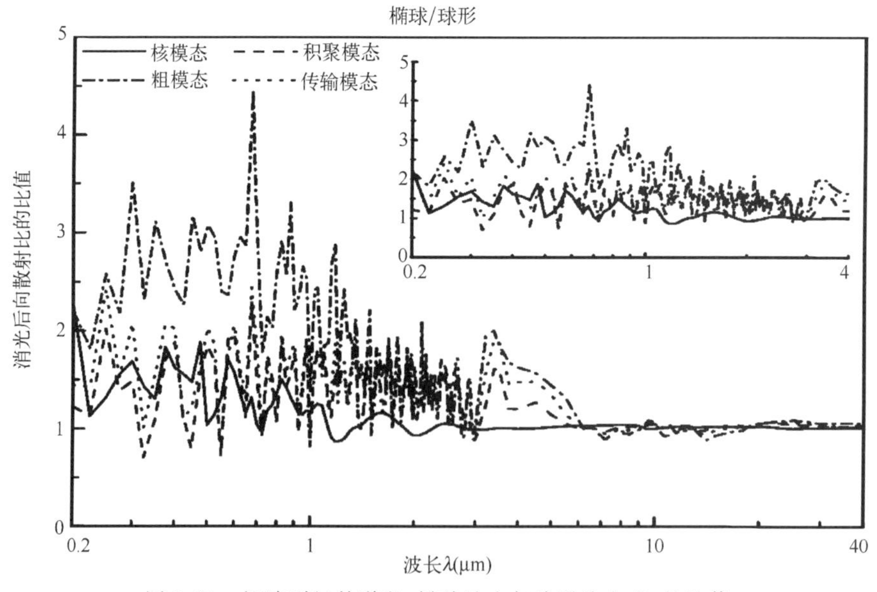

图3.21 短波到红外谱段，椭球沙尘与球形沙尘R_{eb}的比值

综上，本书将**T**矩阵算法与几何光学方法相结合来计算椭球沙尘粒子的光学特性，以此来模拟实际沙尘粒子的散射特性，并在此基础上讨论了形状对沙尘光学特性的影响。研究表明，与沙尘尺度分布对沙尘气溶胶消光效率因子、单次散射比以及不对称因子的影响相比，沙尘形状对上述参数的影响明显偏小，沙尘形状对沙尘散射特性的影响主要表现在相函数上。

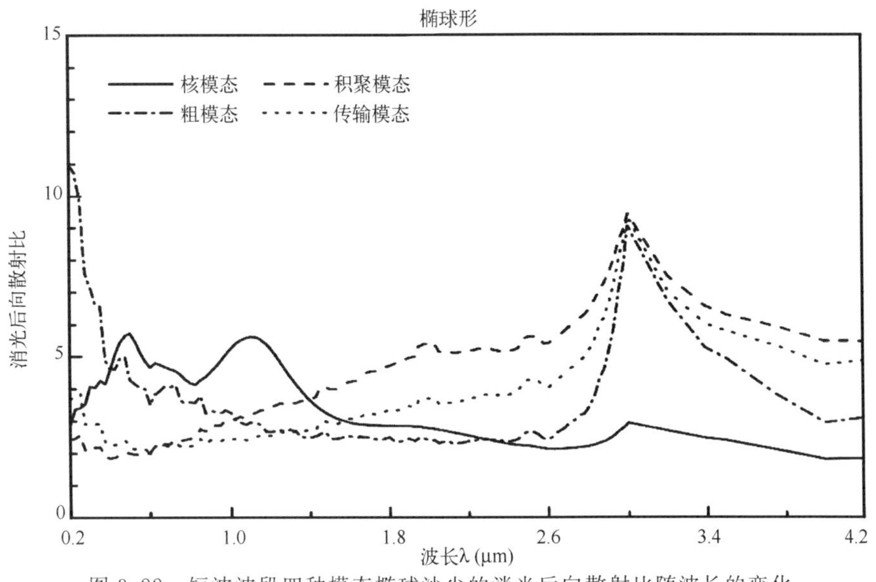

图 3.22 短波波段四种模态椭球沙尘的消光后向散射比随波长的变化

椭球与球形沙尘相函数的区别在卫星探测常用的可见光区达到最大。在可见光区散射角位于0°到90°之间时椭球与球形相函数的差异较小；在散射角位于90°到150°之间时，椭球比球形沙尘的相函数偏大，在这个区域粗模态椭球沙尘是球形沙尘相函数的10倍左右；当散射角位于150°到180°之间时，椭球比球形沙尘的相函数偏小，在这个区域粗模态椭球沙尘是球形沙尘相函数的10%～30%。因此，在卫星反演气溶胶光学厚度过程中必须考虑非球形对沙尘相函数的影响。另外，用一群具有不同纵横比的椭球粒子计算的沙尘相函数在散射角位于90°到150°之间时变化趋势平缓，球形粒子计算结果起伏较大，而前者与实际观测的沙尘相函数特征比较接近。

最后，对消光后向散射比的研究表明，在短波区沙尘气溶胶的消光后向散射比除了与粒子的复折射指数以及谱分布有关外，还与沙尘粒子的形状有紧密关系，因此，在用激光雷达反演沙尘气溶胶光学厚度时，激光雷达参数消光后向散射比的设定应该考虑沙尘的非球形效应。

3.2.3 BCC_RAD 辐射传输方案的非球形沙尘气溶胶参数表

在3.1.3节中，已经详细叙述了BCC_RAD辐射传输方案的气溶胶参数表，但是上述参数表中没有考虑非球形对气溶胶光学性质的影响，而从前文的分析得知，沙尘气溶胶的形状对其光学特性及辐射传输存在一定影响，因此我们在建立BCC_RAD辐射方案的新参数表时，分别采用非球形和球形两种计算方案来建立沙尘气溶胶的光学性质参数表。

在为BCC_RAD辐射传输方案建立非球形沙尘气溶胶的参数表时，采用的复折射指数、气溶胶谱分布及谱带划分方法与3.1.3节中所述完全相同，计算流程也与3.1.3节中球形气溶胶的计算流程相同，单个沙尘粒子的光学性质采用前文所述的 ***T*** 矩阵与几何光学相结合的方法计算，另外，还需要假设椭球沙尘的纵横比，本参数表中假设椭球沙尘的纵横比为 1.7(Fu *et al.*，2009)。

附表 3 为非球形沙尘气溶胶的光学参数表，表中第一行为 12 个粒径分档信息(6.2.1 节中给出)，接下来每一行分别给出了 1～17 个谱带下的 6 个光学参数，分别为质量消光系数 k_{ext}(m^2/kg)、质量吸收系数 k_{abs}(m^2/kg)、不对称因子 GFactor(—)、相函数展开式的第二项 PMOM2(—)、第三项 PMOM3(—)和第四项 PMOM4(—)，除消光和吸收系数以外的量均为无量纲量。

该参数表与气溶胶化学传输模式 CUACE_Aero 输出的气溶胶浓度结合起来，可以为 BCC_RAD 辐射模式提供非球形沙尘气溶胶的光学厚度(Wang *et al.*，2013)，因此，该参数表是将 BCC_RAD 辐射方案与气溶胶学模式结合的重要参数表。

3.3 混合气溶胶

3.3.1 内混合气溶胶的概念

内混合气溶胶是指多种成分相互接触形成的结构复杂的非均质的气溶胶粒子。许多观测研究表明，大气中大部分气溶胶粒子是以内混合形式存在的(Pósfai *et al.*，1999)。内混合粒子的形态各异，不同的混合形态对粒子的光学性质的影响均不相同。由于人们对内混合的形成机制尚不明确及内混合模型自身的局限性，所以，目前计算气溶胶辐射强迫通常只考虑易于实现的外混合模型或均匀混合模型。目前，已经有一些学者着手开展内混合形成的大气条件和成因的研究。Riemer 等(2010)研究了一天中黑碳气溶胶的老化过程，结果显示新近排放的黑碳气溶胶随着老化过程的加剧，更加倾向于和其他气溶胶成分形成内混合粒子；Ma 等(2012)对比了华北地区混合粒子中碳类气溶胶的质量比的日际变化后发现，碳类气溶胶的混合方式受混合层的日际变化的影响明显，其在白天偏向于外部混合，而在夜间则偏向于内部混合。

大量观测资料显示，黑碳气溶胶在内混合气溶胶形成过程中扮演至关重要的角色，其往往作为核心部分与硫酸盐、水溶性有机碳等形成内混合气溶胶。此时包裹在黑碳周围的水溶性成分可以充当透镜(Pósfai *et al.*，2003)，从而极大地改变其本身的光学性质，增大黑碳气溶胶的正辐射强迫(Chung *et al.*，2002；Sato *et al.*，2003；宿兴涛 等，2010)。Lesins 等(2002)指出在内外混合方式下气溶胶粒子光学性质的差异可能达到 25%以上，而湿状态下更可能达到 50%，而在硫酸盐-黑碳质量比为 9∶1 的情况下，使用内混合模型替换外混合模型后，几乎所有原先估计的冷却效应都会消失。Jacobson(2000)通过比较不同混合情况下黑碳对大气的加热效率后指出：气溶胶内混合能大幅加强黑碳的正辐射强迫，而加强的幅度又与气溶胶成分的潮解过程有很大关系，这一影响使得黑碳可能成为仅次于 CO_2 的全球变暖影响因子。

本节中将针对三种不同的内混合模型(Core-Shell 模型、Maxwell-Garnett 模型和 Bruggeman 模型)及典型外混合模型(external 模型)，以黑碳-硫酸盐混合粒子为例，讨论其在不同体积混合比(即某一成分的体积相对于粒子整体的比例，以下也简称体积比)和不同相对湿度下的光学特性。

3.3.2　原理和方法

3.3.2.1　气溶胶的复折射指数

复折射指数是计算气溶胶光学性质的重要参数，由实部、虚部两部分构成，实部的绝对值表征了气溶胶成分的散射能力，虚部的绝对值则表征了气溶胶成分的吸收能力。图3.23给出了HITRAN 2005数据库中黑碳、硫酸盐和水在不同波长下复折射指数的实部(左)和虚部(右)。

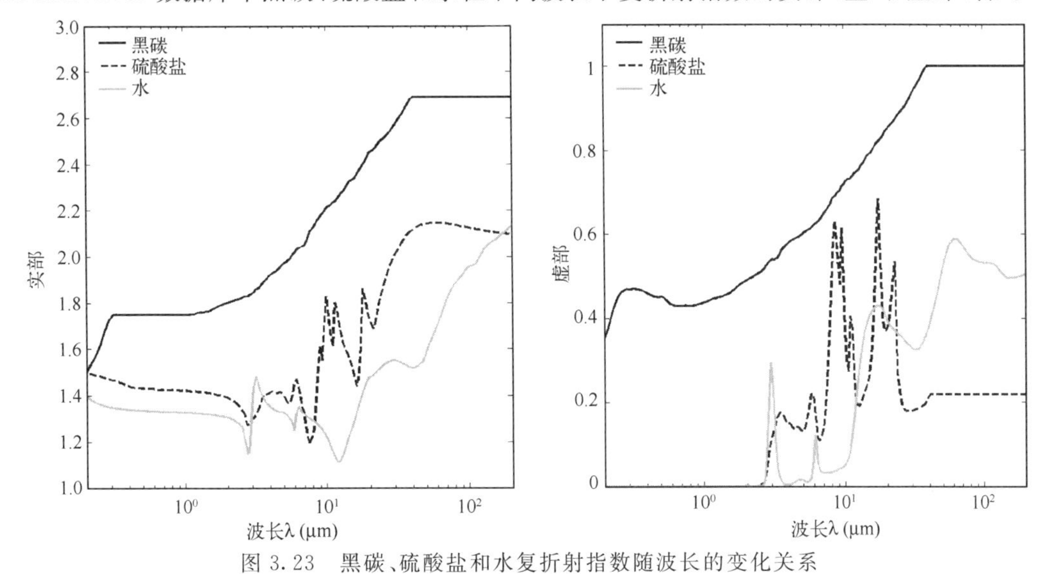

图3.23　黑碳、硫酸盐和水复折射指数随波长的变化关系

由于吸湿性气溶胶在潮解过程中与水汽混合，其介电常数会发生变化，因此，其复折射指数随相对湿度也发生变化。不同相对湿度下气溶胶的复折射指数需要根据非吸收性成分体积变化分数求得，参见公式(3.34)。因为黑碳的吸水性很弱，本节中没有考虑黑碳的吸湿增长。

图3.24为硫酸盐和有机碳在550 nm波长的复折射指数的实部(左)和虚部(右)随相对湿度的变化。硫酸盐和有机碳的复折射指数与相对湿度密切相关，两种物质的潮解点比较接近，当相对湿度达到35%左右时，两者复折射指数实部和虚部都会随即出现明显的降低；此后，随着相对湿度的增加，复折射指数进一步下降，并逐渐接近于水的复折射指数。

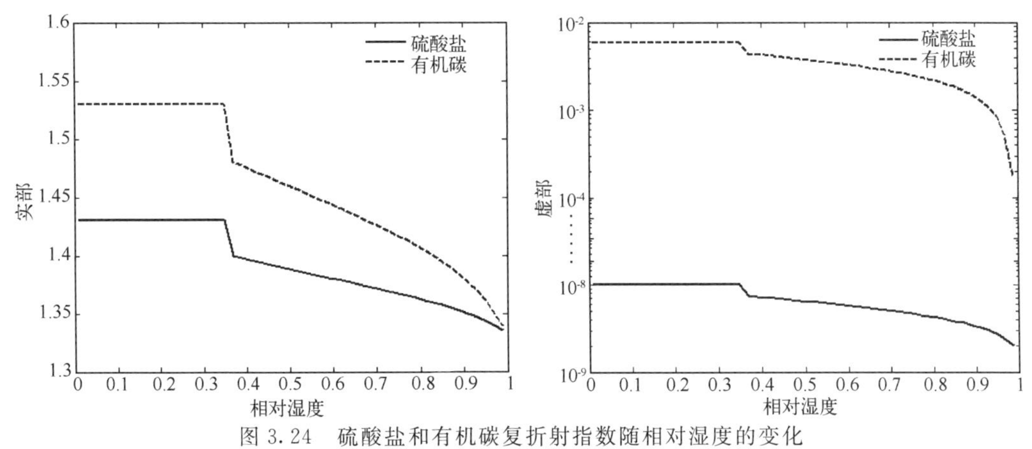

图3.24　硫酸盐和有机碳复折射指数随相对湿度的变化

3.3.2.2　气溶胶粒子的混合模型

外混合模型相对简单，假设不同的气溶胶粒子间并不相互发生理化作用，而是以球型粒子独立存在于大气中，粒子间发生独立散射，即电磁波经一个粒子散射后不再被另一个粒子散射，因此，外混合粒子的整体光学性质为各部分性质的体积加权求和。

内混合模型中不同气溶胶成分之间存在复杂的相互关系。实际情况下内混合粒子的几何结构随机性很强，视气溶胶成分不同可能出现粘连、包裹、团簇等多种情况，由此可以形成同心球、随机核分布、均匀球、多核心、非对称和不完全包裹等多种混合状态。图 3.25 大致描绘了气溶胶粒子的几种混合方式。其中图 3.25a 表示典型外混合模型，粒子各部分以球型独立存在且不发生二次散射；图 3.25b 为内混合中的 Core-Shell 模型，由吸湿性成分包裹非吸湿性成分形成同心球结构；图 3.25c 为 Maxwell-Garnett 模型，核心粒子的位置随机，通常由吸湿性成分包裹非吸湿性成分形成；图 3.25d 为 Bruggeman 模型，当粒子各部分以相邻的拓扑关系存在时，Bruggeman 模型将其简化为相邻的球体进行处理。

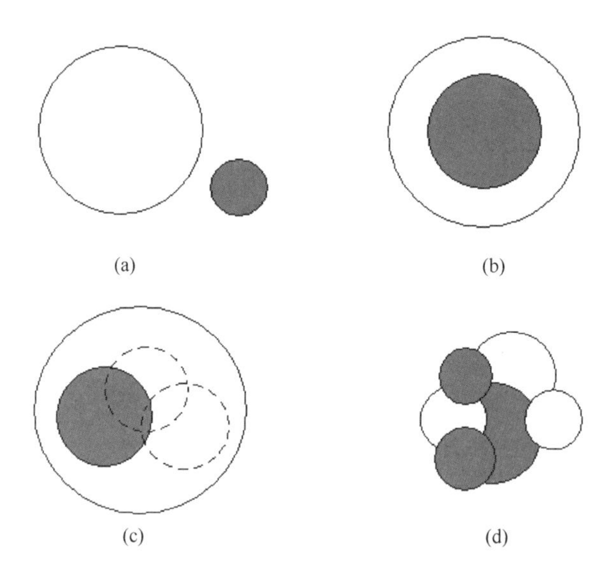

图 3.25　四种不同的气溶胶混合模型

3.3.2.3　光学性质的计算方法

本节中主要计算了质量消光、散射和吸收系数[Q_e,Q_s,Q_a($m^2 \cdot g^{-1}$)]，以及单次散射反照率(ω)和不对称因子(ASY)。除 Core-Shell 模型外，其余模型的光学性质都是基于经典 Mie 散射原理来计算的。

外混合模型实际上就是粒子间的独立散射，混合气溶胶的光学性质就是各成分的粒子光学性质的体积加权。假设混合气溶胶中含有 i 种成分，α_i 为该种气溶胶成分的某一光学性质，β 为混合气溶胶的该种光学性质，f_i 为该气溶胶成分的体积分数，则计算方法如下：

$$\beta = \sum_i f_i \cdot \alpha_i \tag{3.61}$$

由于 Mie 散射是针对单个均匀球形粒子的理论，并不适用于非均质的内混合模型，

Maxwell-Garnett 理论和 Bruggeman 理论可以计算出与其对应的混合粒子的等效复折射指数，进而使用 Mie 散射原理计算光学性质。

Maxwell-Garnett 理论的简化模型是由液态成分包裹的位置随机的球形固态核心构成的球形混合粒子。Maxwell-Garnett 理论是在混合粒子的样本空间是无限的假设下，通过统计学方法，将同一种混合比下的混合粒子等效复折射指数求出。假设外壳物质的复折射指数为 m_a，核心物质的复折射指数为 m_b，核心所占的体积比为 f_b，混合粒子的等效复折射指数 m 则可通过以下公式求得：

$$m = \sqrt{m_a^2 \frac{m_b^2 + 2m_a^2 + 2f_b(m_b^2 - m_a^2)}{m_b^2 + 2m_a^2 - f_b(m_b^2 - m_a^2)}} \tag{3.62}$$

Bruggeman 理论的简化模型是由两种单质粒子组成的聚合型粒子团簇。该理论也是利用混合粒子各部分的复折射指数和体积混合比求得混合粒子的等效复折射指数。计算方法如下（m_a 和 m_b 分别代表两种组成物质的复折射指数，f_a 和 f_b 则代表该种物质的体积分数）：

$$f_a \frac{m_a^2 - m^2}{m_a^2 + 2m^2} + f_b \frac{m_b^2 - m^2}{m_b^2 + 2m^2} = 0 \tag{3.63}$$

内混合中的 Core-Shell 模型则考虑了粒子内部发生的多次散射过程，因此，不适用经典 Mie 散射理论。Core-Shell 模型的计算方法来自 Bohren 等（1998）提出的分层球 Mie 散射方法，粒子内的多次散射过程需要依据壳物质复折射指数和核物质复折射指数，以及内核体积混合比 $f=a^3/b^3$（a 为内核半径，b 为外壳半径）和相应的尺度参数 $2\pi a/\lambda$ 和 $2\pi b/\lambda$ 来计算。此外，Core-shell 模型另一个特性是散射性的外壳能充当透镜并把辐射能量向几何中心汇聚，增加了核心表面的辐射通量，进而放大核心物质对混合粒子整体光学性质的影响。

3.3.3 结果分析

3.3.3.1 光学性质随粒子半径的变化

粒子半径是 Mie 散射计算中重要的输入量，由于粒子的等效半径会随着体积混合比和相对湿度发生变化，为了研究不同混合方式下等效半径对光学性质的影响，因此，引入单分散体系气溶胶光学性质的比较。图 3.26 为 550 nm 波长处单分散体系硫酸盐-黑碳混合气溶胶粒子的质量散射系数（Q_s）、质量吸收系数（Q_a）及质量消光系数（Q_e）随粒子等效半径的变化曲线。其中，混合粒子中黑碳体积比为 25%。对于不同的混合方式，等效半径的概念略有不同：内混合粒子的等效半径是从球心到外壳之距离；外混合粒子的等效半径则是与粒子各部分体积总和相等的球体之半径。

一般来说，Mie 散射效率最大值出现在粒子直径约等于半波长时，因此，过小和过大的粒子的 Mie 散射效率都较低，中间部分的粒子 Mie 散射效率最高。从图 3.26 所可知，粒子等效半径对于粒子的散射、吸收乃至消光性质的影响趋势相似。混合气溶胶粒子的三种光学性质都随着等效半径的增长出现一个显著的上升和下降过程，除了 Maxwell-Garnett 模型和 Bruggeman 模型之间差异较小外，其他混合模型间的粒子光学性质差异明显。

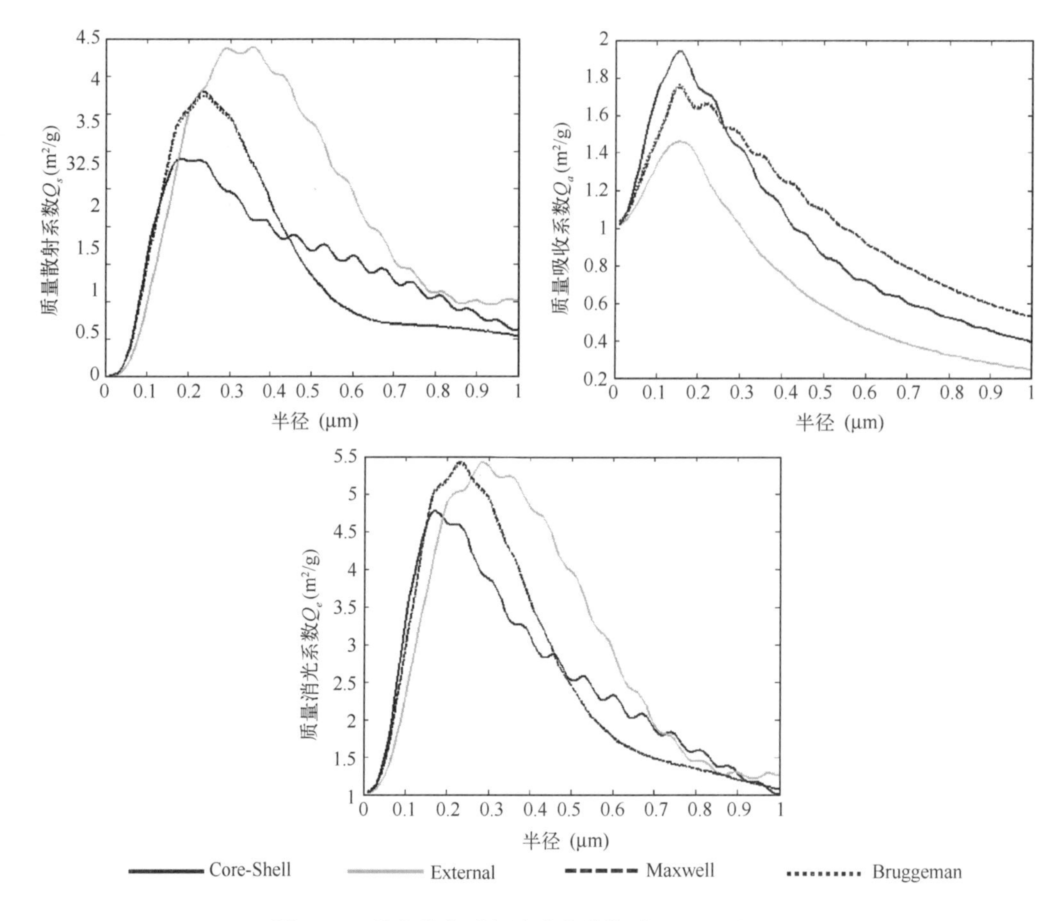

图 3.26　单分散体系气溶胶光学性质(Q_s，Q_a 和 Q_e)

质量吸收系数表示的是吸收截面与粒子的质量之比，表示了单位质量该种混合粒子对于辐射的吸收作用。在质量吸收系数的图线中可以发现，在半径小于 0.3 μm 时 Core-Shell 模型粒子的质量吸收系数高于 Maxwell-Garnett 模型和 Bruggeman 模型粒子，在此之后情况则恰好相反；在所有半径范围内外混合粒子的质量吸收系数都小于内混合粒子(造成这一差异的原因参见后文部分)。Core-shell 模型粒子和外混合粒子的质量吸收系数峰值出现的位置是一致的，原因在于混合粒子的吸收作用绝大多数由黑碳造成，而这两种混合粒子的黑碳部分的半径相等；Maxwell-Garnett 模型粒子和 Bruggeman 模型粒子的理论峰值半径应略大于 Core-Shell 模型粒子，但是，由于涟漪结构(由粒子衍射光和透射光相互干涉形成的光学性质曲线上有规律的起伏波动)的存在，使其实际峰值半径减小至和其他两种模型粒子大致相同。值得一提的是，随着等效半径的趋近于 0，粒子的质量吸收系数无限趋近于某一数值，这一数值与构成混合粒子的物质类别与波长均有关。

质量散射系数的定义与质量吸收系数相似，表示了单位质量粒子对于辐射的散射作用。Core-Shell 模型粒子的质量散射系数在半径小于 0.45 μm 的区间中小于 Maxwell-Garnett 模型和 Bruggeman 模型约 20%，而在大于 0.45 μm 的区间中则大于这两者约 30%；外混合粒子的质量散射系数在半径小于 0.2 μm 的区间内与内混合粒子差异不大，但是在此后的区间中则明显高于内混合粒子。除此之外，不同粒子质量散射系数的峰值所对应的半径也不相同，其中 Core-Shell 模型混合粒子的峰值半径最小，约为 0.18 μm；Maxwell-Garnett 模型和 Bruggeman 模型粒子的峰值半径居中，约为 0.24 μm；而外混合粒子的峰值半径最大，约为 0.32 μm。造成峰值半径差异的原因主要在于不同模型中散射性成分的尺度差异：在 Core-Shell 模型中，由于粒子的黑碳核心增大了硫酸盐外壳的外径，散射性成分的半径也因此扩大，所以，导致散射系数峰值对应的半径比较小，但是，由于多次散射过程中黑碳吸收了很大一部分辐射，因此，Core-Shell 模型散射系数峰值最小；Maxwell-Garnett 模型和 Bruggeman 模型将两种混合成分换算为另一种复折射指数介于黑碳和硫酸盐之间的等效介质，粒子的尺度仍然和 Core-Shell 模型粒子保持一致，但是散射性能有所降低，最大散射系数对应的半径有所提高，又由于不存在透镜效应，所以散射系数的峰值明显高于 Core-Shell 模型粒子；外混合粒子中由于黑碳和硫酸盐分别组成独立的球体，因此，等效半径相同的粒子中散射性成分的尺度显著小于内混合粒子，散射系数峰值出现的位置也最靠后，但是外混合粒子各部分发生独立散射，遂使得其散射系数峰值也最高。

质量消光系数是质量吸收系数和质量散射系数之和，表示了单位质量的气溶胶粒子的消光能力。由图中可以看出在等效半径小于 0.15 μm 时，内混合模型粒子之间的质量消光系数差异很小，而在 0.15～0.45 μm 区间内，Maxwell-Garnett 模型粒子和 Bruggeman 模型粒子的质量消光系数则比 Core-Shell 模型粒子高约 15%，在之后的区间内，Core-Shell 模型粒子则比另外两者高约 30%；外混合粒子的消光作用多数是由散射作用提供的，因此在等效半径大于 0.3 μm 的范围内，外混合粒子的消光系数明显地大于内混合粒子。

图 3.27 分别为不同混合方式下单分散体系的黑碳-硫酸盐混合粒子的单次散射反照率 ω 和不对称因子 g 随等效半径的变化规律。

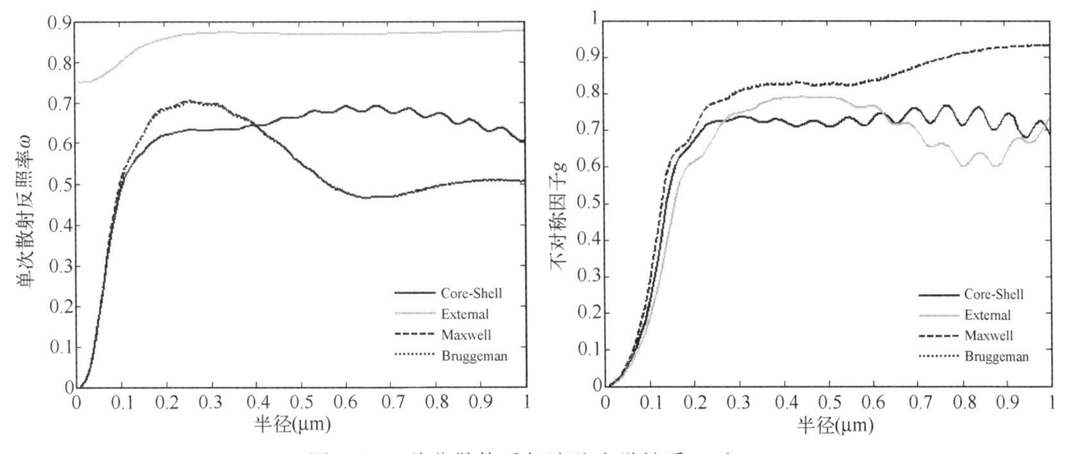

图 3.27 单分散体系气溶胶光学性质（ω 和 g）

单次散射反照率是表征粒子散射消光占总消光中比例的一个参数，是散射截面与消光截面的一个比值。由图 3.26 中可以发现外混合粒子的单次散射反照率显著地高于内混合粒子，其仅在 0～0.2 μm 的区间内随着等效半径的增长发生了约 10%的增大，此后基本不出现波动；内混合粒子的单次散射反照率在 0～0.2 μm 的区间内快速上升，其中 Core-Shell 模型粒子在 0.2 μm 以上的区间内单次散射反照率大致保持不变，仅有细小的涟漪状波动，而 Maxwell-

Garnett 模型粒子和 Bruggeman 模型粒子的单次散射反照率则会再经历一个显著的下降过程，最小值出现在 0.63 μm 处，相比最高值降低约 31%。

不对称因子是表征粒子前向和后向散射不对称性的参数，定义为散射角余弦的加权平均值，值域[−1,1]。不同混合模型粒子的不对称因子则差异较小；等效半径 0～0.25 μm 是混合粒子不对称因子的快速上升区间；在 0.25～0.6 μm 的区间中不同模型混合粒子的不对称因子变化不大，且各自差异不超过 15%；在 0.6～1 μm 的范围内，Core-Shell 模型粒子的不对称因子在 0.7 附近振荡式变化，外混合粒子则经历一个振荡式下降并回升过程，Maxwell-Garnett 模型粒子和 Bruggeman 模型粒子的不对称因子则随着等效半径增长略微升高约 13%。

总的来说，相对于 0.55 μm 波长，等效半径在 0～1 μm 范围内的变化会显著影响混合粒子光学性质：对于质量散射、吸收和消光系数的影响主要体现在 0～0.6 μm 内，均呈现出显著的先增大后减小规律；对于混合粒子的单次散射反照率与不对称因子，等效半径的影响则主要体现为 0～0.2 μm 内的快速增长过程。需要注意的是，等效半径对混合粒子光学性质的影响视物质构成和体积分数会存在明显的差异。此外，观测结果拟合的数浓度谱显示，黑碳粒子主要集中于 0～0.4 μm 的半径区间，依照本节实验中 0.25 的黑碳体积混合比换算成等效粒子半径约为 0～0.64 μm，此后的区间内由于粒子个数稀少，等效半径对光学性质的影响并不具有显著的参考价值。

3.3.3.2　混合气溶胶光学特性随非吸收性物质体积分数的变化

图 3.28 表示了不同混合方式下气溶胶粒子群的质量吸收系数、质量散射系数和质量消光系数在 550 nm 波长处随硫酸盐和有机碳体积分数的变化。其中相对湿度被设置为 0，混合粒子数浓度谱则根据对数正态分布拟合，其中众数半径为 0.13 μm，相对偏差为 1.8。从图 3.28a 可见，由于硫酸盐和有机碳在可见光波段主要起散射作用，因此，随着非吸收性物质体积分数的增长，内外混合粒子群的质量吸收系数都有明显减弱。外混合粒子群的质量吸收系数明显地小于内混合模型，尤其是在非吸收性成分体积分数超过 60%的情况下，外混合粒子的吸收比内混合平均低了 82%，且外混合模型对于混合比的敏感性强于内混合模型。这一差异主要是因为内混合模型中透镜作用放大了黑碳对粒子光学性质的影响，因此，内混合模型受非吸收性成分体积分数影响弱于外混合模型，尤其当黑碳体积分数较小时，透镜作用的影响非常明显。通过不同内混合模型结果之间的比较发现，Maxwell-Garnett 模型和 Bruggeman 模型得到的气溶胶吸收系数之间的差异在 1%以内，当外壳体积比达到 60%以上时 Core-Shell 模型得到的气溶胶的吸收系数相比另外两者偏小 15%。

如图 3.28b 所示，外混合粒子群的质量散射系数明显地高于其他模型，且不同模型间的变化呈现很大差异。从大趋势上看，内外混合粒子群的散射作用都随着硫酸盐和有机碳体积分数的增长呈现明显的下降趋势，造成降低的主要原因是等效复折射指数实部下降和粒子尺度增长。其中 Maxwell-Garnett 模型和 Bruggeman 模型粒子的质量散射系数下降较平稳，只是当体积分数大于 80%时下降幅度明显增大；而 Core-Shell 模型和外混合模型粒子群质量散射系数都经历一个下降－增长－下降的过程，前者的表现更为明显，其两个极值点在 55%和 80%附近。造成这一差异的主要原因在于，Maxwell-Garnett 模型和 Bruggeman 模型是综合考虑了黑碳粒子处于不同位置得到的平均等效复折射指数，混合粒子趋向于均

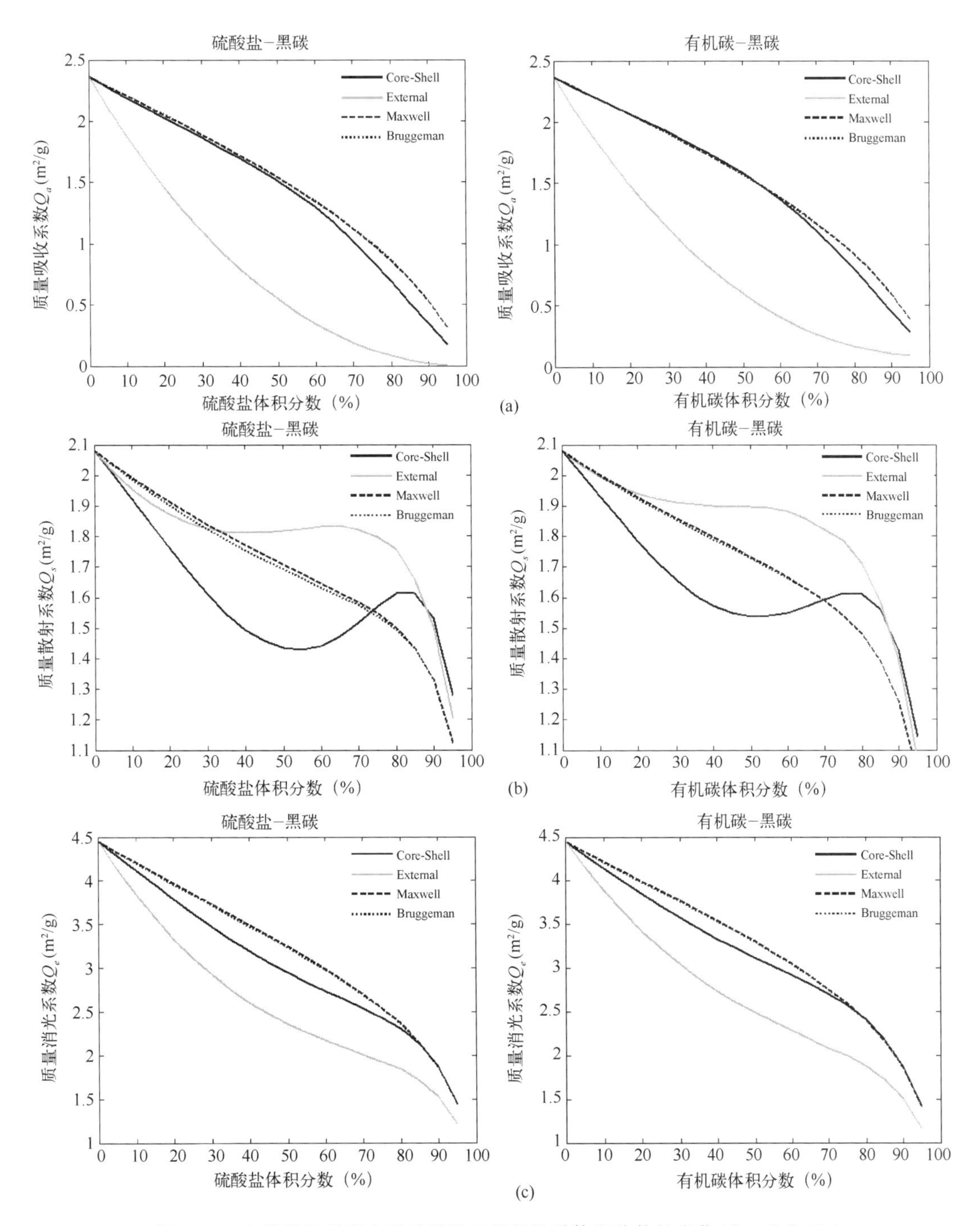

图 3.28　气溶胶粒子群光学性质随吸湿性物质体积分数的变化(Q_a，Q_s和Q_e)

质化，粒子的光学性质不会出现明显的波动；而 Core-Shell 模型几何结构特殊，其中核心与外壳之间发生的多次散射过程，会随着粒子各部分体积分数的变化发生改变并体现在粒子的散射系数上，造成明显的波动；随着粒子群的众数直径逐渐接近入射波长的一半，Mie 散射效率增大，造成了粒子质量散射系数在非吸收性成分体积分数 70%～80%区间内的上升；最后的下降趋势则主要是质量和半径的增长共同影响的结果。Maxwell-Garnett 模型和

Bruggeman 模型粒子群之间质量散射系数的差异仍然很小，最大不超过 2%；Core-Shell 模型在非吸收性成分体积比小于 70%时小于另外两者 9.6%，而在非吸收性成分体积比大于 70%时则比其他两者高约 7%。

由图 3.28c 所示，Maxwell-Garnett 模型和 Bruggeman 模型得到的混合气溶胶粒子群的消光作用最强，但是这两者间的差异很小，可以忽略；Core-Shell 模型的结果略小于前两者，差异平均为 4.9%；外混合粒子群的消光作用明显小于内混合粒子群，与 Core-Shell 模型的差异最大达到 14.9%。从大趋势来看，混合粒子群质量消光系数的减弱与非吸收性成分体积分数的增长大致呈正相关性，各个模型消光系数差异的最大值出现在黑碳体积分数为 50%～60%。

图 3.29 表示了不同混合方式下，气溶胶单次散射反照率和不对称因子随外壳体积分数的变化曲线。根据图 3.29a 可知，外混合模型得出的粒子群单次散射反照率明显地高于内混合模型；Maxwell-Garnett 模型和 Bruggeman 模型之间的差异依然很小，与 Core-Shell 模型的平均差异为 5.6%。不同模型粒子群间单次散射反照率的差异主要出现在曲线右端，说明细小的黑碳核心对于混合粒子整体的单次散射反照率影响很大，而且黑碳不处于核心位置时对于粒子单次散射反照率的影响更明显。由于硫酸盐和有机碳在 550 nm 波长的单次散射反照率接近于 1，因此，在非吸收性成分占绝大多数时，外混合粒子群的单次散射反照率约等于 1。

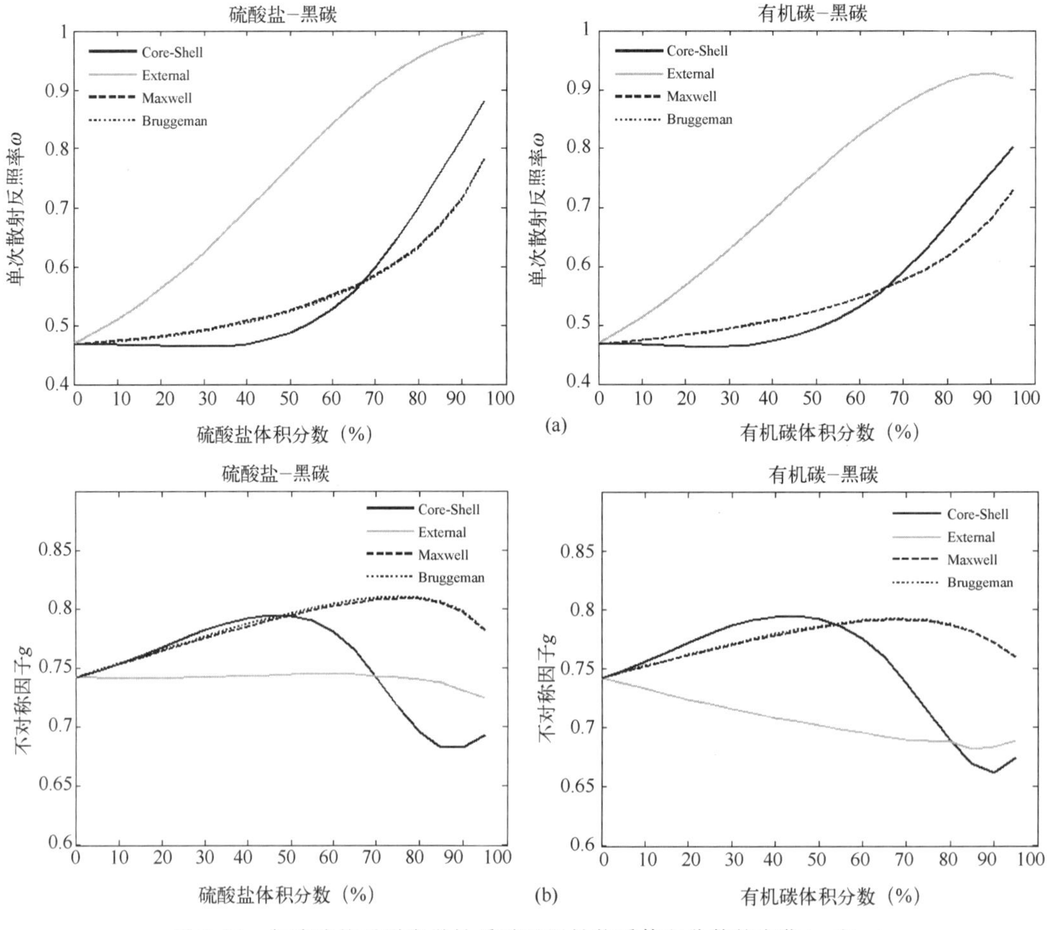

图 3.29　气溶胶粒子群光学性质随吸湿性物质体积分数的变化（ω 和 g）

如图3.29b所示，随着非吸收性成分的体积分数的增长，外混合粒子群的不对称因子略微减小，Maxwell-Garnett模型和Bruggeman模型曲线先增大后减小，而Core-Shell模型则呈现出正弦函数波动趋势，但是，各模型的变化幅度都不明显。不同模型间差异主要体现在黑碳体积分数较小时，但差异最大不超过0.12。

3.3.3.3 混合气溶胶的光学特性随相对湿度的变化

根据观测资料，东亚地区含有黑碳的混合气溶胶粒子半径与其中黑碳粒子的半径之比约为1.6。为了研究混合气溶胶粒子中，非吸收性成分潮解作用对于混合气溶胶光学性质的影响，本组对比计算中将黑碳体积分数定为25%（半径比约为1.6），计算了550 nm波长不同相对湿度下的混合气溶胶光学性质，混合粒子的数浓度谱同3.3.3.2节。图3.30表示了不同混合方式下黑碳-硫酸盐和黑碳-有机碳混合气溶胶的质量吸收系数、质量散射系数和质量消光系数随相对湿度的变化。

从图3.30a可知，除Maxwell-Garnett模型与Bruggeman模型粒子群间的质量吸收系数差异很小之外，其余模型间均存在明显的差异。外混合粒子群的质量吸收系数远小于内混合模型，因为外混合模型的整体性质是根据体积权重分配的，硫酸盐和有机碳在550 nm波长下的吸收系数接近于0，而潮解过程会显著增大非吸收性成分的体积并在一定程度上减小其吸收能力；内混合模型中非吸收性成分能够作为透镜对辐射能量起汇聚作用，提高了黑碳表面的辐射通量，因此，吸收系数明显大于外混合模型；Maxwell-Garnett模型和Bruggeman模型的质量吸收作用比Core-Shell模型高约25.8%，说明在黑碳体积比很小的情况下，随机分布的黑碳核对于混合粒子的光学性质影响明显高于处于球心位置的黑碳核。在达到吸湿性物质的潮解点之前，相对湿度对于气溶胶粒子群的光学性质没有影响，而达到潮解点之后对粒子群的质量吸收系数有越发明显的减弱趋势，主要原因是非吸收性成分与水汽混合后质量大幅上升，特别是相对湿度到达90%以上，粒子的质量呈指数形式上升，使单位质量的混合粒子的吸收截面显著减小。

由图3.30b分析得，相对湿度在潮解点到0.9的区间内，随着非吸收性成分的体积增长各个模型粒子群质量散射系数随相对湿度呈现较为平稳的增长。外混合模型的变化幅度是四种模型中最小的，最大值出现在相对湿度65% ～70%。在未发生潮解前，不同内混合模型之间的质量散射系数差异很小，外混合模型则比内混合模型高15.3%；发生潮解后，Core-Shell模型粒子群的质量散射系数增长最明显，比Maxwell-Garnett模型和Bruggeman模型高了9.6%，在相对湿度70%时超过外混合模型，并且在85% ～90%达到最大值。当相对湿度达到90%以后，各个模型的质量散射系数都呈指数形式下降。图3.30c的曲线比较平稳，可见，大多数情况下粒子的质量消光系数和相对湿度的相关性不大。由于外混合粒子群的吸收作用大约只有内混合粒子的20%，因此，根据外混合模型求得的质量消光系数明显低于内混合模型；不同内混合模型间的差异不大，特别是有机碳-黑碳的组合，差异仅在2%以内。当相对湿度小于90%时，由于吸收和散射作用的变化趋势相互抵消，各个模型的质量消光系数没有明显的波动；而相对湿度达到90%以后，混合气溶胶的质量消光系数大幅下降，最后粒子群的消光作用绝大多数都体现为散射。

图3.31给出不同混合方式下，单次散射反照率和不对称因子与相对湿度的关系。由图

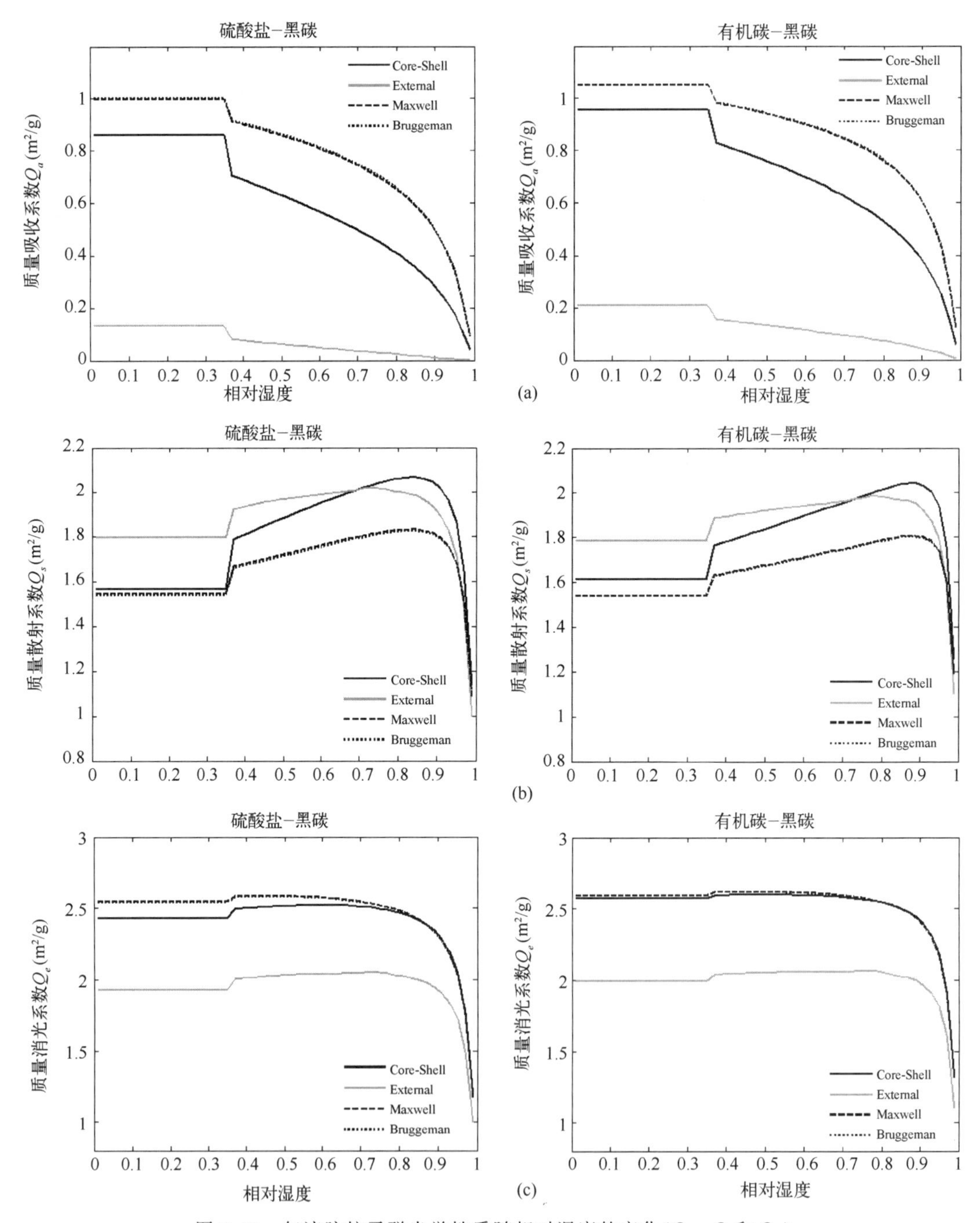

图 3.30 气溶胶粒子群光学性质随相对湿度的变化(Q_a，Q_s和Q_e)

3.31a 可知，单次散射反照率随着相对湿度的增长有明显的增大。干燥的内混合粒子群的初始值很接近；当相对湿度达到潮解点后，Core-Shell 模型粒子群的单次散射反照率比 Maxwell-Garnett 模型和 Bruggeman 模型大了 11.9%。由于硫酸盐和有机碳的单次散射反照率接近于 1，因此，外混合粒子群的单次散射反照率明显大于内混合粒子群且随相对湿度变化不明显，只有当黑碳占有较大的混合比时，外混合粒子的单次散射反照率才会对相对湿度表现敏感。

不对称因子对相对湿度的变化不敏感，Maxwell-Garnett 模型和 Bruggeman 模型最高，外混合模型则比 Core-Shell 模型略高，且各种模型粒子群的不对称因子随相对湿度的变化十分平缓，最大差异不超过 10%。

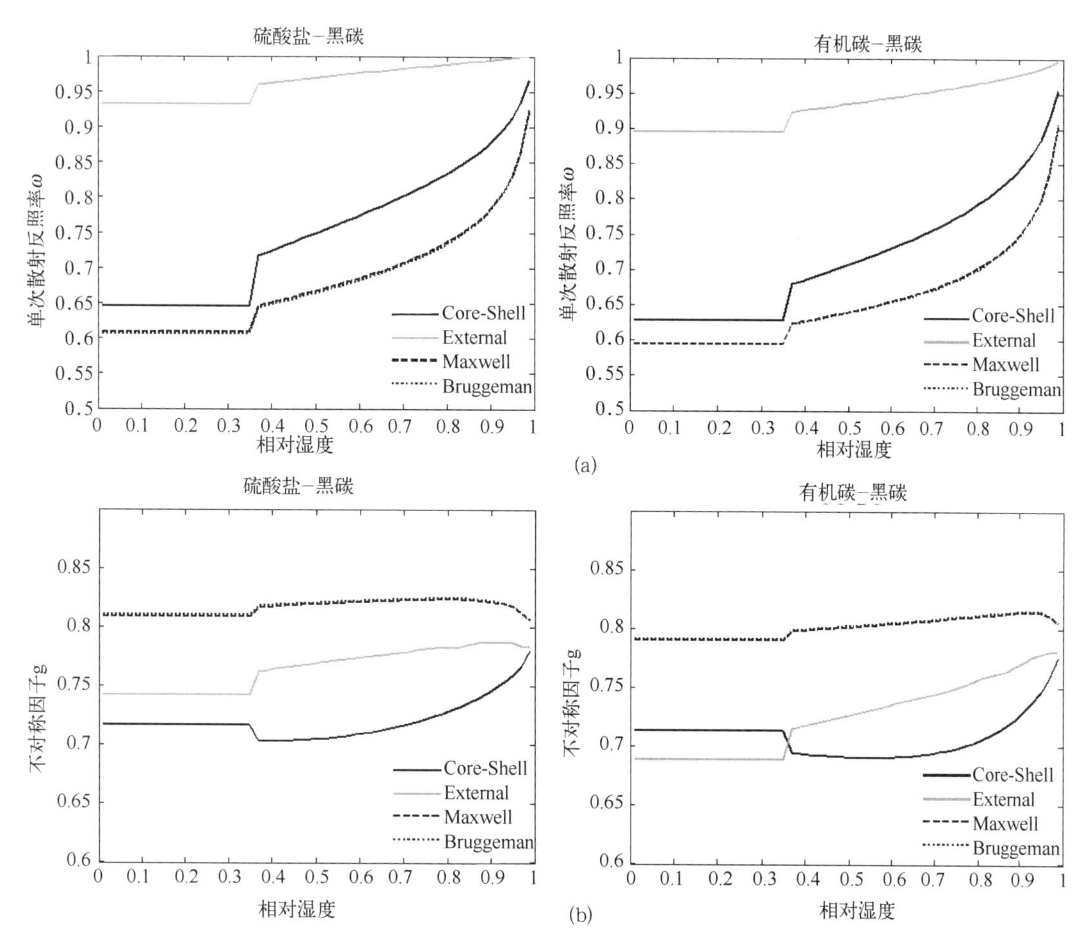

图 3.31　气溶胶粒子群光学性质随相对湿度的变化（ω 和 g）

综上，在本节讨论的四种混合模型中，外混合模型能够处理多种气溶胶并存的情况，但是缺点也很明显：仅考虑了各部分的体积比重关系，忽略了非吸收性成分的透镜作用及粒子间各部分发生多次散射的情况，因此，当非吸收性成分体积占主要时，外混合模型的误差很大，会明显地低估粒子群的质量吸收系数并高估单次散射反照率。内混合模型能够处理粒子间的多次散射情况，并且考虑了粒子几何特征的影响，显著地增强了混合粒子的吸收系数，但是，内混合模型对于气溶胶的成分有一定要求且形成机制复杂，因此，目前估计内混合在实际混合中出现的概率主要靠观测实现。不同的内混合模型计算出的光学性质也有一定的差异。Core-Shell 模型考虑了粒子中心存在一个球形核心的情况，特别是在核心体积较小的情况下，外壳的透镜效应放大了核心物质对于粒子光学性质的影响，增强了内混合粒子的吸收系数。这种模型的缺点主要在于处理外壳和内核之间的多次散射时，只能模拟同心球这一种特殊几何结构，因此，计算出的粒子光学性质不能代表普遍情况。Maxwell-Garnett 模型和 Bruggeman 模型考虑了各部分物质在混合粒子中位置的随机分布情况，对于Core-Shell模型中粒子几何结构过于理想化的问题有一定改善，但是，这两种混合模型的计算将混合粒子转化成了等效均质球体，因此，与实际情况相比还有一定差异。结果显示，这两种模型计算出的等效复折射指数差异往往非常小，以致粒子群的光学性质的差异也不超过2%，因此，在混合气溶胶光学性质计算中只需要选取其中一种。此外，内混合模型之间的差异主要体现在核心所占的体积分数很小时，因此，在计算气溶胶粒子光学性质时，当黑碳体积比较小或相对湿度达到吸湿性物质潮解点后，再考虑多种内混合模型，能使计算更加高效。

所有混合模型计算出的粒子光学性质，都与体积混合比和相对湿度有显著的相关性。体积混合比主要通过改变粒子的等效复折射指数进而影响其光学性质。各种模型计算出的粒子的质量吸收系数、质量散射系数和质量消光系数与非吸收性成分体积比呈负相关性，单次散射反照率则与其呈正相关性，其中外混合模型对体积混合比的敏感性强于其他模型。相对湿度的增长对混合粒子群光学性质的影响相对复杂，主要体现在两方面：①显著增加粒子的半径和质量；②在一定程度上减弱了非吸收性成分的散射能力。随着相对湿度的增长，所有模型计算出的混合粒子群质量吸收系数明显减弱，而粒子群的质量散射系数和单次散射反照率则明显增强，但是，质量消光系数由于前两者的抵消因此变化不大，Core-Shell模型对相对湿度的敏感性强于其他模型；此外，相对湿度大于90%是一个特殊的区间，在这个区间内粒子群的质量散射系数和质量消光系数会出现指数形式的降低，原因是非吸收性成分的潮解过程导致的粒子质量快速上升。

根据本节所述方法，给出了对应BCC-RAD辐射传输模式的混合气溶胶光学性质查找表(附表4和5)，结合混合气溶胶的垂直浓度廓线即可进行混合气溶胶的辐射计算。此浓度廓线可由外部输入，也可通过如CUACE_Aero一类的化学模块在线得到。

参考文献

宫纯文，魏合理，李学彬，等. 2009. 取向比对圆柱状冰晶粒子光散射特性的影响[J]. 光学学报，(005)：1155-1159.

类成新，吴振森，冯东太. 2012. 随机分布黑碳-硅酸盐混合凝聚粒子的消光特性研究[J]. 光学学报，**32**(4)：0429001-1～0429001-6.

廖国男. 2004. 大气辐射导论[M]. 北京：气象出版社.

卢鹏. 2009. 大气辐射传输模式的比较及其应用[D]. 中国气象科学研究院硕士学位论文.

邵士勇，黄印博，魏合理，等. 2009. 单分散长椭球形气溶胶粒子的散射相函数研究[J]. 光学学报，**29**(1)：108-113.

石广玉. 2007. 大气辐射学[M]. 北京：科学出版社.

宿兴涛，王汉杰，周林. 2010. 中国有机碳气溶胶时空分布与辐射强迫的模拟研究[J]. 热带气象学报，**26**(6)：765-772.

孙贤明，王海华，申晋. 2011. 含核椭球粒子后向散射特性研究[J]. 光学学报，**31**(8)：0829001-1～0829001-5.

王宏. 2004. 东亚—北太平洋地区沙尘气溶胶的辐射强迫及其对大气热力结构的影响[D]. 中国科学院研究生院博士论文.

卫晓东，张华. 2011. 非球形沙尘气溶胶光学特性的分析[J]. 光学学报，**31**(5)：0501002-1～0501002-8.

尹宏. 1993. 大气辐射学基础[M]. 北京：气象出版社.

张立盛,石广玉. 2001. 硫酸盐和烟尘气溶胶辐射特性及辐射强迫的模拟估算[J]. 大气科学,**25**(002)：231-242.

张立盛,石广玉. 2002. 相对湿度对气溶胶辐射特性和辐射强迫的影响[J]. 气象学报,**60**(2):230-237.

张鹏. 1998. 卫星测量反射太阳光反演气溶胶物理和光学特性的算法研究[D]. 中国科学院大气物理研究所博士研究生学位论文.

张小林,黄印博,饶瑞中. 2012. 一种内混合气溶胶粒子模型光散射的等效性[J]. 光学学报,**32**(6):0629001-1～0629001-7.

Bi L, Yang P, Kattawar G W, *et al*. 2009. Single-scattering properties of triaxial ellipsoidal particles for a size parameter range from the Rayleigh to geometric-optics regimes[J]. *Applied optics*, **48**(1): 114-126.

Bohren C F, Huffman D R. 1998. *Absorption and scattering of light by small particles* [M]. Wiley-Interscience Publication, 181-185.

Bohren C F, Singham S B. 1991. Backscattering by nonspherical particles: a review of methods and suggested new approaches [J]. *Journal of Geophysical Research*: Atmospheres (1984 — 2012), **96** (D3): 5269-5277.

Bond T C, Bussemer M, Wehner B, *et al*. 1999. Light absorption by primary particle emissions from a lignite burning plant[J]. *Environmental science & technology*, **33**(21): 3887-3891.

Briegleb B P. 1992. Delta-Eddington approximation for solar radiation in the NCAR Community Climate Model[J]. *Journal of Geophysical Research*, **97**(D7): 7603-7612.

Cai Q, Liou K N. 1982. Polarized light scattering by hexagonal ice crystals: theory[J]. *Applied Optics*, **21**(19): 3569-3580.

Chung C E, Lee K, Müller D. 2011. Effect of internal mixture on black carbon radiative forcing[J]. *Tellus B*, **63**(D10925):1-13.

Chung S H, Seinfeld J H. 2002. Global distribution and climate forcing of carbonaceous aerosols [J]. *J. Geophys. Res.*, **107**(D19,4407):1-14.

Clough S A, Kneizys F X, Anderson G P. 2000. The updated LBLRTM_ver5. 21[J]. http://www. rtweb. aer. com/.

Dave J V. 1968. Subroutines for computing the parameters of the electromagnetic radiation scattered by a sphere[M]. IBM Scientific Center.

Dentener F, Kinne S, Bond T, *et al*. 2006. Emissions of primary aerosol and precursor gases in the years 2000 and 1750 prescribed data-sets for AeroCom[J]. *Atmospheric Chemistry and Physics*, **6**(12): 4321-4344.

Draine B T, Flatau P J. 1994. Discrete-dipole approximation for scattering calculations[J]. *Journal of the Optical Society of America A*: *Optics and Image Science*, **11**(4): 1491-1499.

Dubovik O, Holben B, Eck T F, *et al*. 2002. Variability of absorption and optical properties of key aerosol types observed in worldwide locations[J]. *Journal of the Atmospheric Sciences*, **59**(3): 590-608.

Dubovik O, Sinyuk A, Lapyonok T, *et al*. 2006. Application of spheroid models to account for aerosol particle nonsphericity in remote sensing of desert dust[J]. *Journal of Geophysical Research*: Atmospheres (1984—2012), **111**(D11): D11208. 1-D11208. 34.

Fu Q, Thorsen T J, Su J, *et al*. 2009. Test of Mie-based single-scattering properties of non-spherical dust aerosols in radiative flux calculations[J]. *Journal of Quantitative Spectroscopy and Radiative Transfer*, **110**(14): 1640-1653.

Gong S L, Barrie L A, Blanchet J P. 1997. Modeling sea-salt aerosols in the atmosphere 1. Model development[J]. *J. Geophys. Res.*, **102**(D3): 3805-3818.

Gong S L, Barrie L A, Lazare M. 2002. Canadian Aerosol Module (CAM): A size-segregated simulation of atmospheric aerosol processes for climate and air quality models 2. Global sea-salt aerosol and its budgets [J]. *Journal of Geophysical Research*: Atmospheres (1984—2012), **107**(D24): AAC 13-1-AAC 13-14.

Grenfell T C, Neshyba S P, Warren S G. 2005. Representation of a nonspherical ice particle by a collection of independent spheres for scattering and absorption of radiation: 3. Hollow columns and plates[J]. *Journal of Geophysical Research*: Atmospheres (1984—2012), **110**(D17): D17203.

Hack J J, Boville B A, Briegleb B P, *et al*. 1993. Description of the NCAR community climate model (CCM2) [R]. Technical Report NCAR/TN-382+STR, National Center for Atmospheric Research, 1993: 120.

Hansen J E, Travis L D. 1974. Light scattering in planetary atmospheres[J]. *Space Science Reviews*, **16**(4): 527-610.

Haywood J, Francis P, Osborne S, *et al*. 2003. Radiative properties and direct radiative effect of Saharan dust measured by the C-130 aircraft during SHADE: 1. Solar spectrum[J]. *Journal of Geophysical Research*: Atmospheres (1984—2012), **108**(D18): 8577.

Heintzenberg J. 1978. Particle size distribution from scattering measurements of nonspherical particles via Mie-theory[J]. *Contributions to Atmospheric Physics/Beitraegezur Physik Atmosphere*, **51**: 91-99.

Herman M, Deuzé J L, Marchand A, *et al*. 2005. Aerosol remote sensing from POLDER/ADEOS over the ocean: Improved retrieval using a nonspherical particle model[J]. *Journal of Geophysical Research*: Atmospheres (1984—2012), **110**(D10): D10S02.

Hess M, Koepke P, Schult I. 1998. Optical properties of aerosols and clouds: The software package OPAC[J]. *Bulletin of the American Meteorological Society*, **79**(5): 831-844.

Houghton J T, Ding Y, Griggs D J, *et al*. 2001. *Climate Change* 2001: *The Scientific Basis*[M]. Eds. Cambridge, United Kingdom and New York, NY, USA: Cambridge University Press, 2001: 881.

Jacobson M Z. 2000. A physically-based treatment of elemental carbon optics: Implications for global direct forcing of aerosols[J]. *Geophysical Research Letters*, **27**(2): 217-220.

Kahn R, West R, McDonald D, *et al*. 1997. Sensitivity of multiangle remote sensing observations to aerosol sphericity[J]. *J. Geophys. Res.*, **102**(16): 16861-16870.

Kalashnikova O V, Kahn R, Sokolik I N, *et al*. 2005. Ability of multiangle remote sensing observations to identify and distinguish mineral dust types: Optical models and retrievals of optically thick plumes[J]. *Journal of Geophysical Research*: Atmospheres (1984—2012), **110**(D18).

Kalashnikova O V, Sokolik I N. 2002. Importance of shapes and compositions of wind-blown dust particles for remote sensing at solar wavelengths[J]. *Geophysical Research Letters*, **29**(10): 38-1-38-4.

Kalashnikova O V, Sokolik I N. 2004. Modeling the radiative properties of nonspherical soil-derived mineral aerosols[J]. *Journal of Quantitative Spectroscopy and Radiative Transfer*, **87**(2): 137-166.

Kiehl J T, Hack J J, Bonan G B, *et al*. 1998. The national center for atmospheric research community climate model: CCM3 * [J]. *Journal of Climate*, **11**(6): 1131-1149.

Koepke P, Hess M. 1988. Scattering functions of tropospheric aerosols: the effects of nonspherical particles [J]. *Applied Optics*, **27**(12): 2422-2430.

Krotkov N A, Flittner D E, Krueger A J, *et al*. 1999. Effect of particle non-sphericity on satellite monitoring of drifting volcanic ash clouds[J]. *Journal of Quantitative Spectroscopy and Radiative Transfer*, **63**(2): 613-630.

Lentz W J. 1976. Generating Bessel functions in Mie scattering calculations using continued fractions[J]. *Applied Optics*, **15**(3): 668-671.

Lesins G, Chylek P, Lohmann U. 2002. A study of internal and external mixing scenarios and its effect on aerosol optical properties and direct radiative forcing[J]. *Journal of Geophysical Research*: Atmospheres (1984—2012), **107**(D10): AAC 5—1—AAC 5-12.

Liu Y, Arnott W P, Hallett J. 1999. Particle size distribution retrieval from multispectral optical depth: Influences of particle nonsphericity and refractive index[J]. *Journal of Geophysical Research*: Atmospheres (1984—2012), **104**(D24): 31753-31762.

Lumme K, Rahola J. 1994. Light scattering by porous dust particles in the discrete-dipole approximation[J]. *The Astrophysical Journal*, **425**(2): 653-667.

Ma N, Zhao C S, Müller T, *et al*. 2012. A new method to determine the mixing state of light absorbing carbonaceous using the measured aerosol optical properties and number size distributions[J]. *Atmospheric Chemistry and Physics*, **12**(5): 2381-2397.

Macke A. 1993. Scattering of light by polyhedral ice crystals[J]. *Applied Optics*, **32**(15): 2780-2788.

Mishchenko M I. 1991. Light scattering by randomly oriented axially symmetric particles[J]. *J. Opt. Soc. Am. A.*, **8**(6): 871-882.

Mishchenko M I, Geogdzhayev I V, Liu L, *et al*. 2003. Aerosol retrievals from AVHRR radiances: effects of particle nonsphericity and absorption and an updated long-term global climatology of aerosol properties [J]. *Journal of Quantitative Spectroscopy and Radiative Transfer*, **79**: 953-972.

Mishchenko M I, Hovenier J W, Travis L D. 2000. *Light scattering by nonspherical particles: theory, measurements and applications*[M]. Academic Press.

Mishchenko M I, Travis L D. 1994. T-matrix computations of light scattering by large spheroidal particles[J]. *Optics communications*, **109**(1): 16-21.

Mishchenko M I, Travis L D, Kahn R A, *et al*. 1997. Modeling phase functions for dustlike tropospheric aerosols using a shape mixture of randomly oriented polydisperse spheroids[J]. *Journal of Geophysical Research*: Atmospheres (1984—2012), **102**(D14): 16831-16847.

Mishchenko M I, Travis L D, Lacis A A. 2002. *Scattering, absorption, and emission of light by small particles*[M]. Cambridge University Press.

Mishchenko M I, Travis L D, Mackowski D W. 1996. T-matrix computations of light scattering by nonspherical particles: a review[J]. *Journal of Quantitative Spectroscopy and Radiative Transfer*, **55**(5): 535-575.

Nakajima T, Tanaka M, Yamano M, *et al*. 1989. Aerosol optical characteristics in the yellow sand events observed in May, 1982 in Nagasaki: Part 2 models[J]. *J. Meteorol. Soc. Jpn.*, **67**: 279-291.

Nakajima T, Tsukamoto M, Tsushima Y, *et al*. 2000. Modeling of the radiative process in an atmospheric general circulation model[J]. *Applied Optics*, **39**(27): 4869-4878.

Okada K, Heintzenberg J, Kai K, *et al*. 2001. Shape of atmospheric mineral particles collected in three Chinese arid-regions[J]. *Geophysical research letters*, **28**(16): 3123-3126.

Pham M, Boucher O, Hauglustaine D. 2005. Changes in atmospheric sulfur burdens and concentrations and resulting radiative forcings under IPCC SRES emission scenarios for 1990—2100[J]. *Journal of Geo-*

physical Research: Atmospheres (1984—2012), 2005, **110**(D6): D06112.

Pósfai M, Anderson J R, Buseck P R, *et al*. 1999. Soot and sulfate aerosol particles in the remote marine troposphere[J]. *Journal of Geophysical Research*, **104**(D17): 21685-21693.

Pósfai M, Simonics R, Li J, *et al*. 2003. Individual aerosol particles from biomass burning in southern Africa: 1. Compositions and size distributions of carbonaceous particles[J]. *Journal of Geophysical Research*: Atmospheres (1984—2012), **108**(D13,8483):1-19.

Purcell E M, Pennypacker C R. 1973. Scattering and absorption of light by nonspherical dielectric grains[J]. *The Astrophysical Journal*, **186**: 705-714.

Quinn P K, Bates T S. 2005. Regional aerosol properties: Comparisons of boundary layer measurements from ACE 1, ACE 2, Aerosols99, INDOEX, ACE Asia, TARFOX, and NEAQS[J]. *Journal of Geophysical Research*: Atmospheres (1984—2012), **110**: D14202.

Rasch PJ, Kristjánsson J E. 1998. A comparison of the CCM3 model climate using diagnosed and predicted condensate parameterizations[J]. *J. Climate*, **11**(7): 1587-1614.

Riemer N, West M, Zaveri R, *et al*. 2010. Estimating black carbon aging time-scales with a particle-resolved aerosol model[J]. *Journal of Aerosol Science*, **41**(1): 143-158.

Rothman L S, Jacquemart D, Barbe A, *et al*. 2005. The HITRAN 2004 molecular spectroscopic database[J]. *Journal of Quantitative Spectroscopy and Radiative Transfer*, **96**(2): 139-204.

Sasano Y, Browell E V. 1989. Light scattering characteristics of various aerosol types derived from multiple wavelength lidar observations[J]. *Applied optics*, **28**(9): 1670-1679.

Sato M, Hansen J, Koch D, *et al*. 2003. Global atmospheric black carbon inferred from AERONET[J]. *Proceedings of the National Academy of Sciences*, **100**(11): 6319-6324.

Sinyuk A, Torres O, Dubovik O. 2003. Combined use of satellite and surface observations to infer the imaginary part of refractive index of Saharan dust[J]. *Geophysical Research Letters*, **30**(2): 1081.

Slingo A. 1989. A GCM Parameterization for the Shortwave Radiative Properties of Water Clouds[J]. *J. Atmos. Sci.*, **46**(10): 1419-1427.

Sokolik I N, Toon O B, Bergstrom R W. 1998. Modeling the radiative characteristics of airborne mineral aerosols at infrared wavelengths[J]. *Journal of Geophysical Research*: Atmospheres (1984—2012), **103**(D8): 8813-8826.

Solomon S, Qin D, ManningM, *et al*. 2007. *Climate change* 2007: *the physical science basis*[M]. Eds. Cambridge, United Kingdom and New York, NY, USA: Cambridge University Press: 131-217.

Stamnes K, Tsay S C, Wiscombe W, *et al*. 1988. Numerically stable algorithm for discrete-ordinate-method radiative transfer in multiple scattering and emitting layered media[J]. *Applied Optics*, **27**(12): 2502-2509.

Stephens G L. 1994. *Remote sensing of the lower atmosphere*: *an introduction*[M]. Oxford Univ. Press, New York.

Tsang L, Ishimaru A. 1984. Backscattering enhancement of random discrete scatterer[J]. *JOSA A*, **1**(8): 836-839.

Van de Hulst H C. 1957. *Light scattering by small particles*[M]. Dover Publications, New York: 470.

Van Dorland R, Dentener F J, Lelieveld J. 1997. Radiative forcing due to tropospheric ozone and sulfate aerosols[J]. *Journal of Geophysical Research*: Atmospheres (1984—2012), **102**(D23): 28079-28100.

Volten H, Munoz O, Rol E, *et al*. 2001. Scattering matrices of mineral aerosol particles at 441.6 nm and

632.8 nm[J]. *Journal of Geophysical Research*: Atmospheres (1984—2012), **106**(D15): 17375-17401.

Wang J, Liu X, Christopher S A, *et al*. 2003. The effects of non-sphericity on geostationary satellite retrievals of dust aerosols[J]. *Geophysical Research Letters*, **30**(24):2293.

Wang T, Li S, Shen Y, *et al*. 2010. Investigations on direct and indirect effect of nitrate on temperature and precipitation in China using a regional climate chemistry modeling system[J]. *Journal of Geophysical Research*: Atmospheres (1984—2012), **115**: D00K26.

Wang Z, Zhang H, Jing X, *et al*. 2013. Effect of non—spherical dust aerosol on its direct radiative forcing [J]. *Atmospheric Research*, **120**: 112—126.

Waterman PC. 1971. Symmetry, unitarity, and geometry in electromagnetic scattering[J]. *Physical Review D*, **3**(4): 825-839.

Wiscombe W J. 1980. Improved Mie scattering algorithms[J]. *Appl. Opt.*, **19**(9): 1505-1509.

Wolf S. 2004. Mie Scattering by Ensembles of Particles with Very Large Size Parameters[J]. *Computer Physics Communications*, **162**(2): 113-123.

Yang P, Feng Q, Hong G, *et al*. 2007. Modeling of the scattering and radiative properties of nonspherical dust—like aerosols[J]. *Journal of Aerosol Science*, **38**(10): 995-1014.

Yang P, Liou K N. 1996. Finite—difference time domain method for light scattering by small ice crystals in three-dimensional space[J]. *Journal of the Optical Society of America A: Optics, Image Science, and Vision*, **13**(10): 2072-2085.

Yang P, Liou K N. 2000. *Finite difference time domain method for light scattering by nonspherical and inhomogeneous particles*[M]. *Light Scattering by Nonspherical Particles: Theory, Measurements, and Applications*, Academic Press: 173-221.

Yang P, Liou K N. 1996. Geometric-optics-integral-equation method for light scattering by nonspherical ice crystals[J]. *Applied Optics*, **35**(33): 6568-6584.

Yang P, Liou K N. 1995. Light scattering by hexagonal ice crystals: comparison of finite-difference time domain and geometric optics models[J]. *J. Opt. Soc. Am. A.*, **12**(1): 162-176.

Yang P, Liou K N. 1997. Light scattering by hexagonal ice crystals: solutions by a ray-by-ray integration algorithm[J]. *J. Opt. Soc. Am. A.*, **14**(9): 2278-2289.

Yang P, Liou K N, Mishchenko M I, *et al*. 2000. Efficient finite-difference time-domain scheme for light scattering by dielectric particles: application to aerosols[J]. *Applied Optics*, **39**(21): 3727-3737.

Yang P, Wei H, Huang H L, *et al*. 2005. Scattering and absorption property database for nonspherical ice particles in the near-through far-infrared spectral region[J]. *Applied Optics*, **44**(26): 5512-5523.

Zhang H, Nakajima T, Shi G Y, *et al*. 2003. An optimal approach to overlapping bands with correlated *k*-distribution method and its application to radiative calculations[J]. *Journal of Geophysical Research*: Atmospheres (1984—2012), **108**(D20): ACL 10-1.

Zhang H, Shi G, Nakajima T, *et al*. 2006a. The effects of the choice of the k-interval number on radiative calculations[J]. *Journal of Quantitative Spectroscopy and Radiative Transfer*, **98**(1): 31-43.

Zhang H, Suzuki T, Nakajima T, *et al*. 2006b. Effects of band division on radiative calculations[J]. *Optical Engineering*, **45**(1): 016002-016002-10.

Zhang M, Gao L, Ge C, *et al*. 2007. Simulation of nitrate aerosol concentrations over East Asia with the model system RAMS-CMAQ[J]. *Tellus B*, **59**(3): 372-380.

第4章　云的光学

摘要：BCC_RAD辐射传输模式中的云模块分为水云模块和冰云模块，模块给出了17个带的云光学性质。水云光学性质采用了*ck*-D重排算法(Lu *et al.*，2011)。在*ck*-D模式中，气体吸收系数变化幅度极大，在同一个谱带内可以变化十多个量级，因此，需要在每个*k*-分布间隔计算气体吸收系数才能很好地表示气体吸收系数的变化，但是，水云的光学性质却在同一个谱带内被取为平均数。从物理意义上来说，气体吸收和水云吸收的相互关系将直接影响到水云的辐射加热率。例如在短波区间，如果在某个光谱区间的气体吸收非常强，则无论水云的吸收强还是弱，造成的水云加热率都很小；反之，如果在某个光谱区间的气体吸收非常弱，而大气顶该区间的太阳辐射能又比较强，此时水云加热率的大小主要是由水云的吸收系数决定。而在现有的*ck*-D模式中，由于水云光学性质的计算采用谱带平均的方法，因此忽略了谱带内气体吸收和云光学性质之间的关系。而*ck*-D重排算法有效解决了该问题，提高了有云大气辐射计算的精度。

冰云的粒子构成复杂，冰晶粒子可以简单分为球形和非球形两种，其中非球形冰晶形状多种多样，主要有针状、树枝状、星状、子弹束状(主要包括四棱子弹束和六棱子弹束)、平板状、柱状和聚集体等，这些非球形冰晶的光学性质计算均比球形冰晶更加复杂。多形状非球形算法在表征冰云物理特性方面更加优异，其精度也更高。在BCC_RAD中，冰云的光学性质使用了更加贴近实际大气的多形状非球形算法(Zhang *et al.*，2015)。

4.1　BCC_RAD水云光学性质

4.1.1　谱带平均水云光学性质

辐射传输方程求解需要的水云光学性质一般有消光系数、单次散射比(单次散射反照率)和相函数。这些参数都是依赖于波数的函数。球形水云粒子在波数ν处的消光系数可以按照Dobbie等(1999)的公式计算

$$\psi_\nu = \frac{3\int_0^\infty r^2 Q_{ext}(\nu, r) n(r) \mathrm{d}r}{4\int_0^\infty r^3 \rho\, n(r) \mathrm{d}r} \tag{4.1}$$

其中ψ_ν表示消光系数，r为粒子半径，ρ是水的密度，$n(r)$是云滴粒子分布函数，Q_{ext}是粒子的消光效率因子。

对于云滴粒子分布函数，我们采用伽马分布，具体表达式如下：

$$n(r) = Ar^{\alpha}e^{-\beta r} \tag{4.2}$$

其中 A 与云水含量有关，$\alpha=\frac{1}{\nu_e}-3$，$\beta=\frac{1}{\nu_e r_e}$(Chylek *et al.*，1992)。观测结果表明，有效变率 ν_e 的变化很小，所观测到的变化对计算水云的光学性质影响很小(Chylek *et al.*，1982)，在米散射计算中可以将 ν_e 设为常数($\nu_e=0.171$)(Dobbie *et al.*，1999)。因此，水云的光学性质仅依赖于有效半径和云水含量。假设云滴粒子半径的取值范围为 0.05～45 μm，云滴粒子半径的计算间隔为 0.05 μm。计算时所需要的水的复折射指数来源于 Segelstein(1981)。

BCC_RAD 辐射模式中，原水云光学性质参数化方案采用对数正态分布的云滴粒子谱分布，而目前云滴粒子谱分布普遍采用伽马分布(Dobbie *et al.*，1999；石广玉，2007)，因此，为了排除由于云滴粒子谱差异对计算结果的影响，统一利用伽马分布计算谱带平均的水云光学性质和 k-分布结构的水云光学性质。在计算中，两个方案中伽马分布所需要的参数都采用 Dobbie 等(1999)给出的值进行计算。

在太阳辐射区间，Dobbie 等(1999)计算谱带平均水云光学性质时采用 700 hPa 处的向下太阳辐射通量作为加权权重。考虑到水云有可能存在于 5 km 以上区域，因此，选择 500 hPa 处的向下太阳辐射通量作为加权权重。500 hPa 处的向下太阳辐射通量利用 LBLRTM 逐线积分模式(Clough *et al.*，2005)计算而得。谱带平均水云光学性质计算公式如下：

$$\psi = \int_{\Delta\nu}\psi_\nu F_{s,\nu}\mathrm{d}\nu \Big/ \int_{\Delta\nu}F_{s,\nu}\mathrm{d}\nu \tag{4.3}$$

$$\bar{\omega} = \int_{\Delta\nu}\bar{\omega}_\nu\psi_\nu F_{s,\nu}\mathrm{d}\nu \Big/ \int_{\Delta\nu}\psi_\nu F_{s,\nu}\mathrm{d}\nu \tag{4.4}$$

$$g = \int_{\Delta\nu}g_\nu\bar{\omega}_\nu\psi_\nu F_{s,\nu}\mathrm{d}\nu \Big/ \int_{\Delta\nu}\bar{\omega}_\nu\psi_\nu F_{s,\nu}\mathrm{d}\nu \tag{4.5}$$

其中 ψ，$\bar{\omega}$，g 分别代表单位水云的消光系数、单次散射比和非对称因子。$\Delta\nu$ 是谱带积分区间，$F_{s,\nu}$ 是 500 hPa 处的向下太阳辐射通量，太阳天顶角取 53°代表日平均值。光谱分辨率取 0.1 cm^{-1}。

对于热红外辐射而言，云顶的向下辐射通量取决于云顶以上各层的发射和吸收；云底的向上辐射通量取决于云底以下各层的发射和吸收。但是总体而言，与云相邻层对云顶向下辐射通量和云底向上辐射通量的影响最大。因为云从邻近层接受发射能量，中途被吸收的能量较少，而邻近层的发射主要由普朗克函数决定。因此在长波区间选取 270 K 时的普朗克函数作为权重函数，普朗克函数的光谱分辨率为 0.01 cm^{-1}。

在计算单个云滴粒子光学性质时，水的复折射指数(Segelstein，1981)的分辨率不够，故将水的复折射指数在短波区间线性插值到 0.1 cm^{-1}，长波区间线性插值到 0.01 cm^{-1}。图 4.1 给出了有效半径 5.89 μm，有效变率为 0.172 时，用米散射计算的水云光学性质(实线)和用谱带平均方法得到的水云光学性质(点线)。从中可以发现，长波区间水云光学性质变化比较剧烈，相对而言短波区间的变化比较平缓，特别是在可见光和紫外区间变化很小。同时，可以发现长波区间10～250 cm^{-1}，短波区间 2680～5200 cm^{-1} 水云光学性质的变化比较剧烈，采用谱带平均的方法不能很好地描述这种变化。

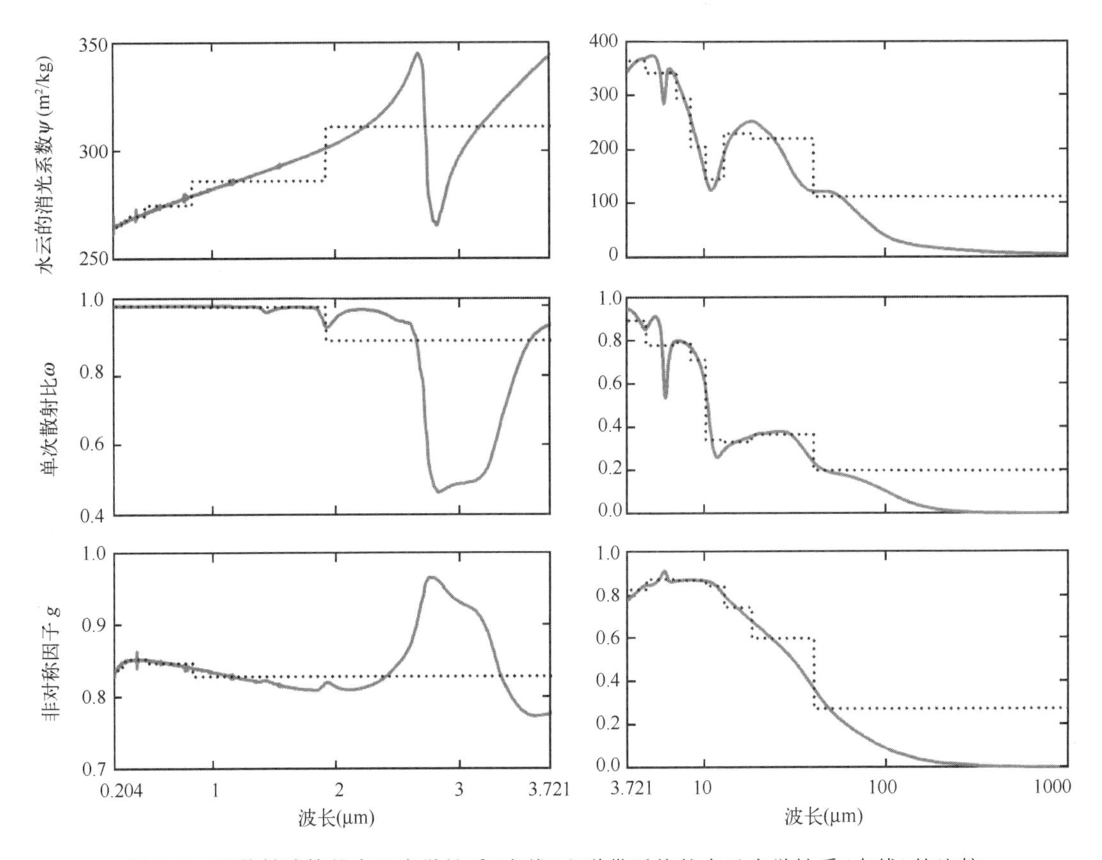

图 4.1　米散射计算的水云光学性质(实线)和谱带平均的水云光学性质(点线)的比较

4.1.2　*k*-分布水云光学性质

由于谱带平均的水云光学性质不能与 BCC_RAD 中的相关 *k*-分布方法相匹配，因此需要一套与相关 *k*-分布模式相匹配的 *k*-分布水云光学性质参数化方案。

为了让对应波长上的气体吸收和水云光学性质相匹配，在每个谱带区间内，让气体吸收系数从小到大排列，同时让水云光学性质随着气体吸收系数重排。这样就保证了相同波长条件下，气体吸收和水云光学性质的一一对应。其中气体吸收系数采用 HITRAN2008 分子光谱数据库计算所得。

对于短波区间每个 *k*-分布间隔的水云光学性质，采用以下公式求取：

$$\psi_i = \int_{H_{i-1}}^{H_i} \psi(h)\ F_s(h)\mathrm{d}h \Big/ \int_{H_{i-1}}^{H_i} F_s(h)\mathrm{d}h \tag{4.6}$$

$$\omega_i = \int_{H_{i-1}}^{H_i} \bar{\omega}(h)\psi(h)\ F_s(h)\mathrm{d}h \Big/ \int_{H_{i-1}}^{H_i} \psi(h)\ F_s(h)\mathrm{d}h \tag{4.7}$$

$$g_i = \int_{H_{i-1}}^{H_i} g(h)\bar{\omega}(h)\psi(h)\ F_s(h)\mathrm{d}h \Big/ \int_{H_{i-1}}^{H_i} \bar{\omega}(h)\psi(h)\ F_s(h)\mathrm{d}h \tag{4.8}$$

其中 $\psi,\bar{\omega},g$ 分别代表单位水云的消光系数、单次散射比和非对称因子，$F_s(h)$ 是重排后 500 hPa 向下太阳辐射通量。上述公式在求取 *k*-分布间隔点上的水云光学性质时，包括了太阳辐射与水云光学性质之间相互关系的信息，因此与简单的求取平均值方法相比，采用

500 hPa 处向下太阳辐射通量作为权重，物理意义更为明确。

对于长波区间，每个 k-分布间隔点的水云光学性质采用以下公式求取：

$$\psi_i = \int_{H_{i-1}}^{H_i} \psi(h)B(h)\mathrm{d}h \Big/ \int_{H_{i-1}}^{H_i} B(h)\mathrm{d}h \tag{4.9}$$

$$\omega_i = \int_{H_{i-1}}^{H_i} \tilde{\omega}(h)\psi(h)B(h)\mathrm{d}h \Big/ \int_{H_{i-1}}^{H_i} \psi(h)B(h)\mathrm{d}h \tag{4.10}$$

$$g_i = \int_{H_{i-1}}^{H_i} g(h)\tilde{\omega}(h)\psi(h)B(h)\mathrm{d}h \Big/ \int_{H_{i-1}}^{H_i} \tilde{\omega}(h)\psi(h)B(h)\mathrm{d}h \tag{4.11}$$

其中 $\psi,\tilde{\omega},g$ 分别代表单位水云的消光系数、单次散射比和非对称因子，$B(h)$是重排后 270 K 的普朗克函数。

图 4.2 给出了 BCC_RAD 短波区间第 9～11 带(第 9 带：2680～5200 $\mathrm{cm^{-1}}$；第 10 带：5200～12000 $\mathrm{cm^{-1}}$；第 11 带：改为：12000～22000 $\mathrm{cm^{-1}}$)水云光学性质随气体吸收系数重排的结果。如图 4.2 所示，左列给出了重排后的气体吸收系数，气体吸收系数是在 500 hPa 和 270 K 条件下计算得到的。从中可以看出气体的吸收系数的变化范围非常巨大，可以跨越 6～7 个量级。图 4.2 的第 2 到 5 列分别给出了跟随气体吸收系数重排后的水云光学性质，从左到右依次是单位消光系数、单次散射比、非对称因子和单位吸收系数。对于短波而言，在近红外区间(对应 BCC_RAD 辐射模式的第 9 到第 11 个带)水汽起主导作用，为了简化计算，在第 9 到第 11 带直接让水云的光学性质按照水汽的吸收系数重排。在图 4.2 中虚线给出了利用谱带平均方法求取的水云光学性质；实线给出了利用 k-分布方法计算的水云光学性质，灰线表示利用逐线积

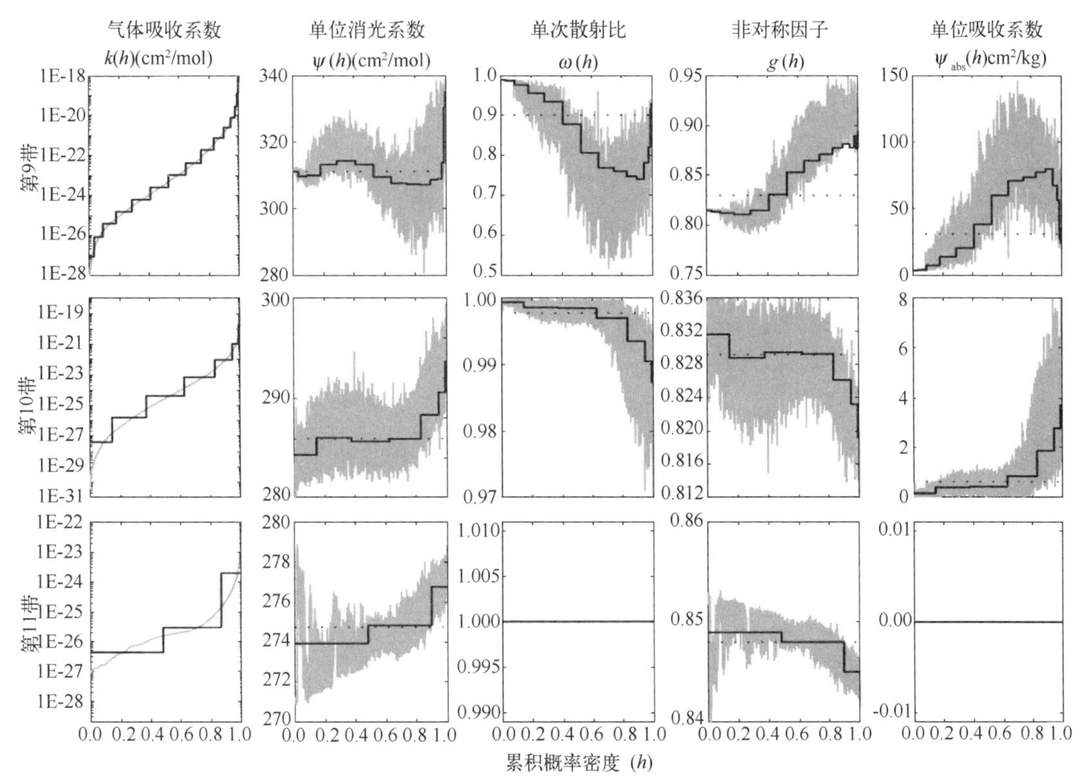

图 4.2　短波第 9～11 带水云光学性质随气体吸收系数重排图

分方法计算的水云光学性质。

图 4.3 给出了 BCC_RAD 辐射传输模式中长波区间第 3～5 带(第 3 带:550～780 cm^{-1};第 4 带:780～990 cm^{-1};第 5 带:990～1200 cm^{-1})水云光学性质随气体吸收系数重排的结果。由于水云在长波区间的散射很弱,因此在长波区间,没有给出非对称因子重排的结果,而是给出了普朗克函数随气体吸收系数重排的结果。在长波区间,水汽是主要的吸收气体之一,但是在某些谱带,其他气体也起着十分重要的作用,特别是在 BCC_RAD 辐射模式中的第 3、5 和 6 带。相关 k-分布结构下,气体重叠吸收是一个十分重要的问题。对于第 5、第 6 带而言,低层大气的主要吸收气体为水汽,臭氧、甲烷、氧化亚氮对高层大气的吸收影响比较大,因此将第 5、6 带的主要吸收气体选为水汽。

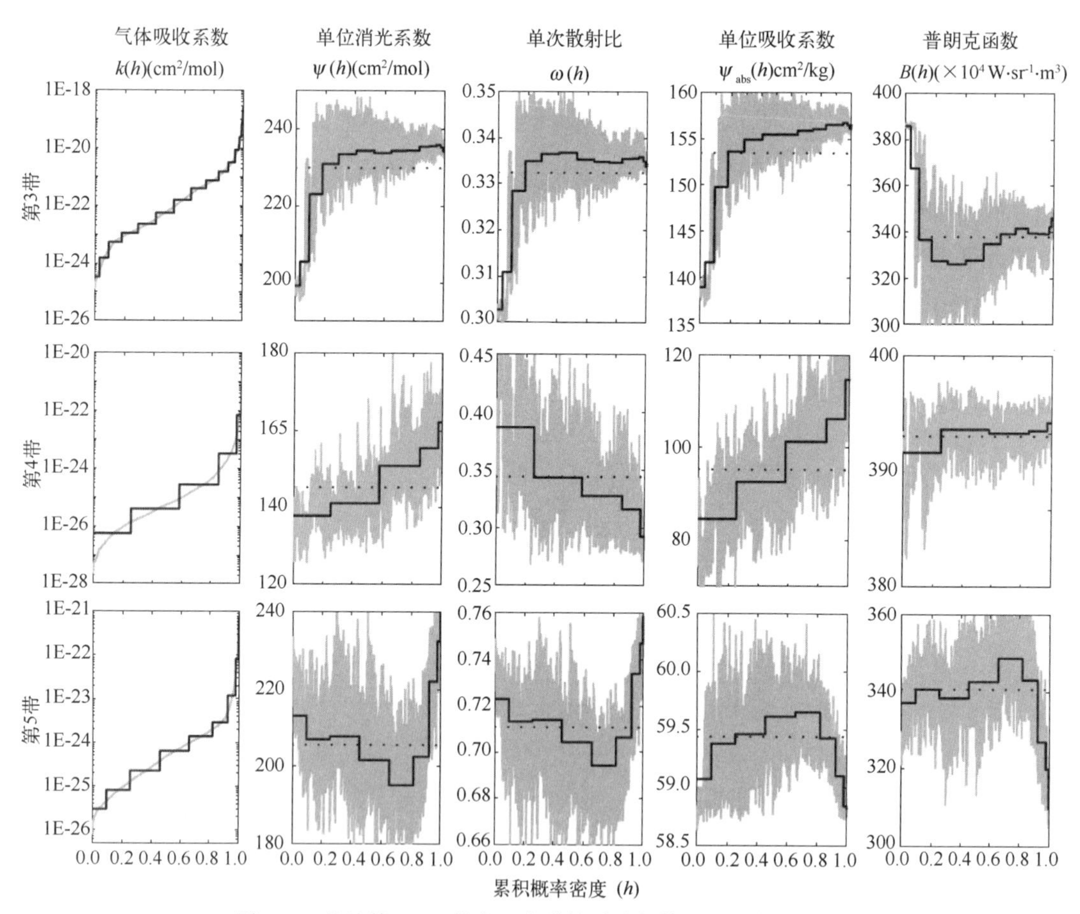

图 4.3 长波第 3～5 带水云光学性质随气体吸收系数重排图

下面我们重点讨论第 3 带。第 3 带的水汽和二氧化碳在低层大气都有比较强的吸收,因此在这个区域两者的相互影响,不能忽略。

水汽和二氧化碳的光学厚度可以按照以下公式计算

$$\tau_{H_2O}(\nu) = \int_{\Delta z} k_{H_2O}(\nu) q_{H_2O} dz \tag{4.12}$$

$$\tau_{CO_2}(\nu) = \int_{\Delta z} k_{CO_2}(\nu) q_{CO_2} dz \tag{4.13}$$

$$\tau_{H_2O}(\nu)+\tau_{CO_2}(\nu)=\int_{\Delta z}k(\nu)q_{CO_2}\mathrm{d}z \tag{4.14}$$

其中 $k_{H_2O}(\nu)$和 $k_{CO_2}(\nu)$分别是水汽和二氧化碳的气体吸收系数，q_{H_2O}和 q_{CO_2} 分别是水汽和二氧化碳的质量浓度，Δz 表示按照高度垂直积分。$k(\nu)=k_{CO_2}(\nu)+\eta k_{H_2O}(\nu)$，$\eta=\frac{q_{H_2O}}{q_{CO_2}}$。因此，$k(\nu)$可以看作等效的总吸收系数。但是，由于 η 随着大气廓线和高度的变化而变化，因此，不能采用统一的 η 进行计算。在相关 k-分布模式中，通常采用预先计算若干参考 η 下的气体吸收系数，然后对于在两个邻近参考 η 值之间的 η 值，通过线性插值的办法计算。但是我们从下文的计算发现，跟随不同 η 值计算的等效吸收系数重排的水云光学性质的差异不大，也就是说 k-分布水云光学性质的计算对 η 的选取并不敏感。表 4.1 给出了不同 η 值条件下计算的水云光学性质。二氧化碳的浓度设置为常数 385.2 ppmv。针对不同位置的云，选取中纬度夏季大气廓线条件下 1 km、3 km 和 5 km 的水汽浓度计算 η 值，进行敏感性实验。1 km、3 km 和 5 km 对应的 η 值分别是 17.3、8.3 和 3.2。从表 4.1 中我们可以发现，不同 η 值条件下计算的水云光学性质造成的差异很小，因此我们选取 3 km 对应的 η 值的计算结果作为第 3 带 k-分布水云光学性质。

表 4.1　不同 η 条件下计算的水云光学性质

k-分布间隔	消光系数			单次散射比			非对称因子		
	$\eta=17.3$	$\eta=8.3$	$\eta=3.2$	$\eta=17.3$	$\eta=8.3$	$\eta=3.2$	$\eta=17.3$	$\eta=8.3$	$\eta=3.2$
1	235.24	235.24	235.24	0.33	0.33	0.33	0.74	0.74	0.74
2	235.20	235.20	235.20	0.33	0.33	0.33	0.74	0.74	0.74
3	235.23	234.48	234.29	0.33	0.33	0.33	0.74	0.74	0.74
4	236.80	235.56	234.84	0.34	0.34	0.33	0.74	0.74	0.74
5	237.35	236.42	235.45	0.34	0.34	0.34	0.74	0.74	0.74
6	236.52	236.02	235.29	0.34	0.34	0.34	0.74	0.74	0.74
7	235.81	235.99	235.67	0.34	0.34	0.34	0.74	0.74	0.74
8	235.42	235.04	234.86	0.34	0.34	0.34	0.74	0.74	0.74
9	235.25	235.10	235.08	0.34	0.34	0.34	0.74	0.74	0.74
10	235.85	235.11	234.46	0.34	0.34	0.34	0.73	0.74	0.74
11	236.87	236.12	234.45	0.34	0.34	0.34	0.73	0.73	0.74
12	236.26	235.57	234.67	0.34	0.34	0.34	0.73	0.73	0.73
13	235.35	233.43	231.90	0.34	0.34	0.34	0.73	0.73	0.74
14	221.76	226.03	231.22	0.33	0.33	0.34	0.75	0.74	0.73
15	203.87	207.17	211.98	0.31	0.31	0.32	0.78	0.78	0.77
16	199.90	199.25	198.17	0.30	0.30	0.30	0.79	0.79	0.79

将 k-分布水云光学性质参数化方案和谱带平均的水云光学性质参数化方案分别加入 BCC_RAD 辐射方案中进行比较。大气廓线采用中纬度夏季大气，共 280 层，每层的高度为 0.25 km。短波区间的第 9 和第 10 谱带的地表反照率取为 0.0967 和 0.265，其他短波带的地表反照率取为 0.3(Nakajima *et al.*，2000)。考虑低云和中云两种情况，低云位于 1～2 km 处，云水含量为 0.22 g·m^{-3}，云滴有效半径为 5.89 μm；中云位于 4～5 km 处，云水含量为 0.28 g·m^{-3}，有效半径为 6.2 μm。

图 4.4 给出了中纬度夏季大气廓线条件下，低云和中云情况下短波加热率的比较结果。参与比较的方法一共有四种：第一种是将米散射计算的水云光学参数直接用于逐线积分模式计算的结果，作为参考标准；第二种是按照 4.1.1 小节中所述方法计算的谱带平均水云光学参数放入 BCC_RAD 辐射模式计算的结果；第三种是按照本节中所述方法计算的 k-分布水云光学参数放入 BCC_RAD 辐射模式计算的结果；第四种是在 k-分布水云光学参数的基础上，将第一种方法作为标准，对水云光学参数利用尺度收放方法，进一步提高辐射计算精度的调整后的 k-分布水云光学参数放入 BCC_RAD 辐射模式计算的结果，具体方法见 Li 等(2005)。图 4.4 的左列给出了逐线积分方法计算的太阳天顶角为 0°和 60°角的结果。中间一列和右边一列分别给出了太阳天顶角为 60°和太阳天顶角为 0°时，后三种方法计算的加热率和第一种参考标准的差别。从中可以看出，不论是 k-分布水云光学性质参数化方案还是谱带平均的水云光学性质参数化方案，都高估了云顶的加热率。谱带平均的水云光学性质计算的云顶加热率

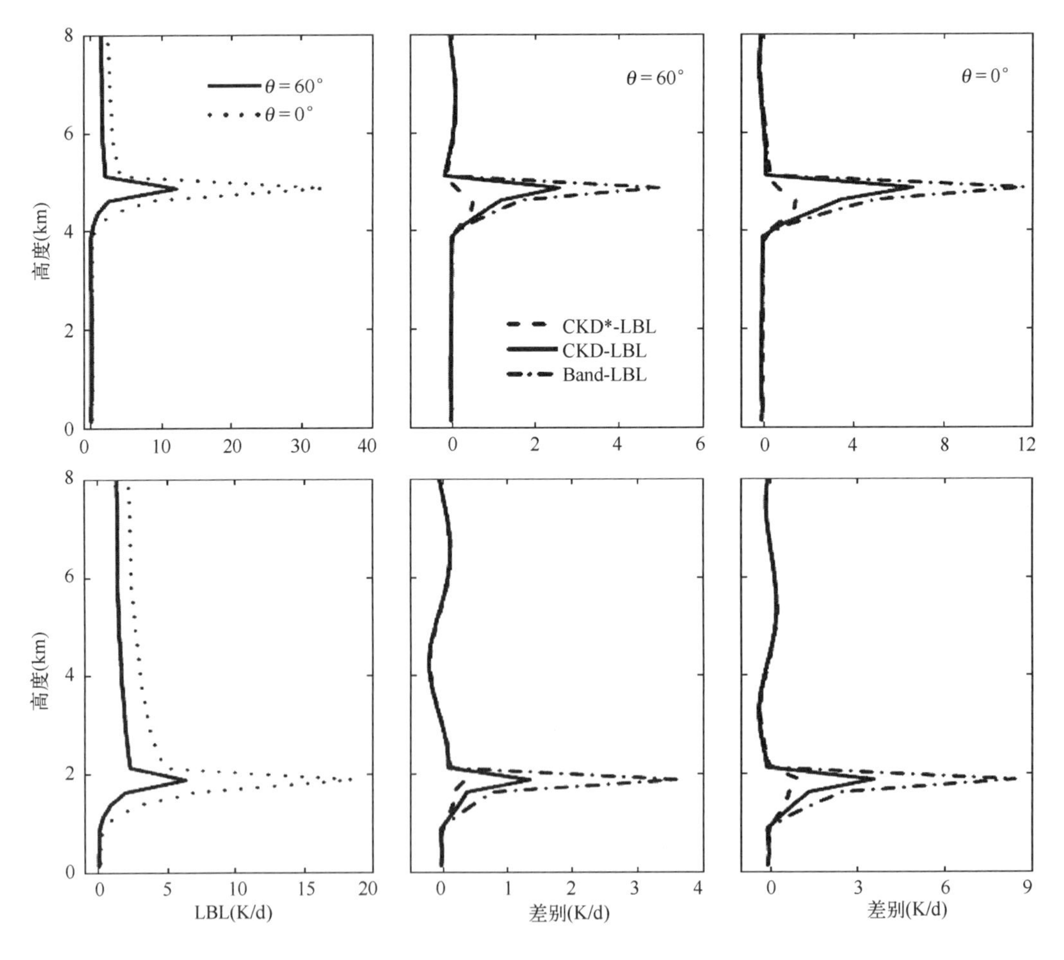

图 4.4　短波加热率的比较。上图为中云情况，下图为低云情况。其中，左列给出了逐线积分计算的加热率廓线，其中点线为太阳天顶角 0°的结果，实线为太阳天顶角 60°的结果。中间和右边一列分别给出了太阳天顶角 60°和 0°时三种方法与逐线积分的差值，点划线、实线、虚线分别表示谱带平均、k-分布方案及调整的 k-分布方案与逐线积分的差

与逐线积分模式相比，在中云情况下，在太阳天顶角为0°时，高估了30%，在太阳天顶角为60°时，高估了40%；在低云情况下，在太阳天顶角为0°时，高估了40%，在太阳天顶角为60°时，高估了60%。而*k*-分布水云光学性质参数化方案与逐线积分模式相比，不论是中云还是低云，不论太阳天顶角为0°还是60°，都高估了20%左右。因此，*k*-分布水云光学性质方案能够减少由于谱带平均水云光学性质造成的云顶加热率的高估。

表4.2给出了低云情况下大气顶向上辐射通量和地表向下的辐射通量的计算结果。从中可以看出，与逐线积分模式相比，采用谱带平均水云光学性质参数化方案计算的结果，低估了大气顶向上的辐射通量和地表向下的辐射通量。主要原因是由于谱带平均云光学性质参数化方案高估了水云的加热率，也就是高估了云层的吸收，从而造成反射回大气和到达地表的辐射通量减少。在太阳天顶角为0°时，对于大气顶短波向上辐射通量而言，谱带平均水云光学性质参数化低估了20.7 W·m^{-2}；而*k*-分布水云光学性质参数化方案仅低估了5.09 W·m^{-2}。

表4.2 短波辐射通量结果的比较

	中纬度夏季大气廓线(太阳天顶角60°)				中纬度夏季大气廓线(太阳天顶角0°)			
	9～17带	第9带	第10带	第11带	9～17带	第9带	第10带	第11带
大气顶短波向上辐射通量(W·m^{-2})								
LBL	459.58	9.01	127.85	241.76	880.98	14.85	245.23	466.67
Band－LBL	－7.79	－4.78	－5.81	2.8	－20.7	－9.43	－16.8	5.46
k－LBL	－1.02	－1.79	－1.74	2.51	－5.09	－3.93	－5.97	4.81
K*－LBL	1.96	－1.01	0.46	2.51	2.35	－2.37	－0.09	4.81
地表短波向下辐射通量(W·m^{-2})								
LBL	64.48	0.02	12.71	38.62	192.68	0.07	38.11	115.53
Band－LBL	－4.48	－0.02	－4.76	0.3	－13.6	－0.07	－14.1	0.57
k－LBL	－1.61	－0.01	2.28	0.68	－5.29	－0.05	－6.91	1.67
K*－LBL	－0.37	－0.01	－1.94	0.68	－1.63	－0.04	－3.26	1.67

注：LBL表示逐线积分的结果，k表示*k*-分布水云方法，K*表示采用尺度缩放方法调整的*k*-分布水云方法。

通过计算发现，太阳辐射造成的云顶加热率误差主要出现在近红外区域，主要原因是在该区域水云的吸收比较强。图4.5给出了短波第9到11带在中纬度夏季大气廓线下低云和中云情况下加热率计算结果的比较。对于第9、10带而言，采用谱带平均水云光学性质参数化方案计算的结果与逐线积分的计算结果相比，在太阳天顶角为60°的时候，低云云顶的相对误差超过60%，而与之相对应的采用*k*-分布水云光学性质参数化方案计算的结果，与逐线积分计算结果的相对误差不超过30%。在太阳垂直入射时，采用谱带平均水云光学性质参数化方案计算的加热率，在低云云顶的相对误差在50%左右，而与之相对应的采用*k*-分布水云光学性质参数化方案计算的加热率的相对误差不超过20%。中云的结果与低云类似，只是相对误差略小于低云，主要是中云的云水含量略高，云顶加热率略大于低云。对于第11带而言，采用谱带平均水云光学性质参数化方案和*k*-分布水云光学性质参数化方案计算的结果与逐线积分的结果都比较接近，相对误差都小于10%。

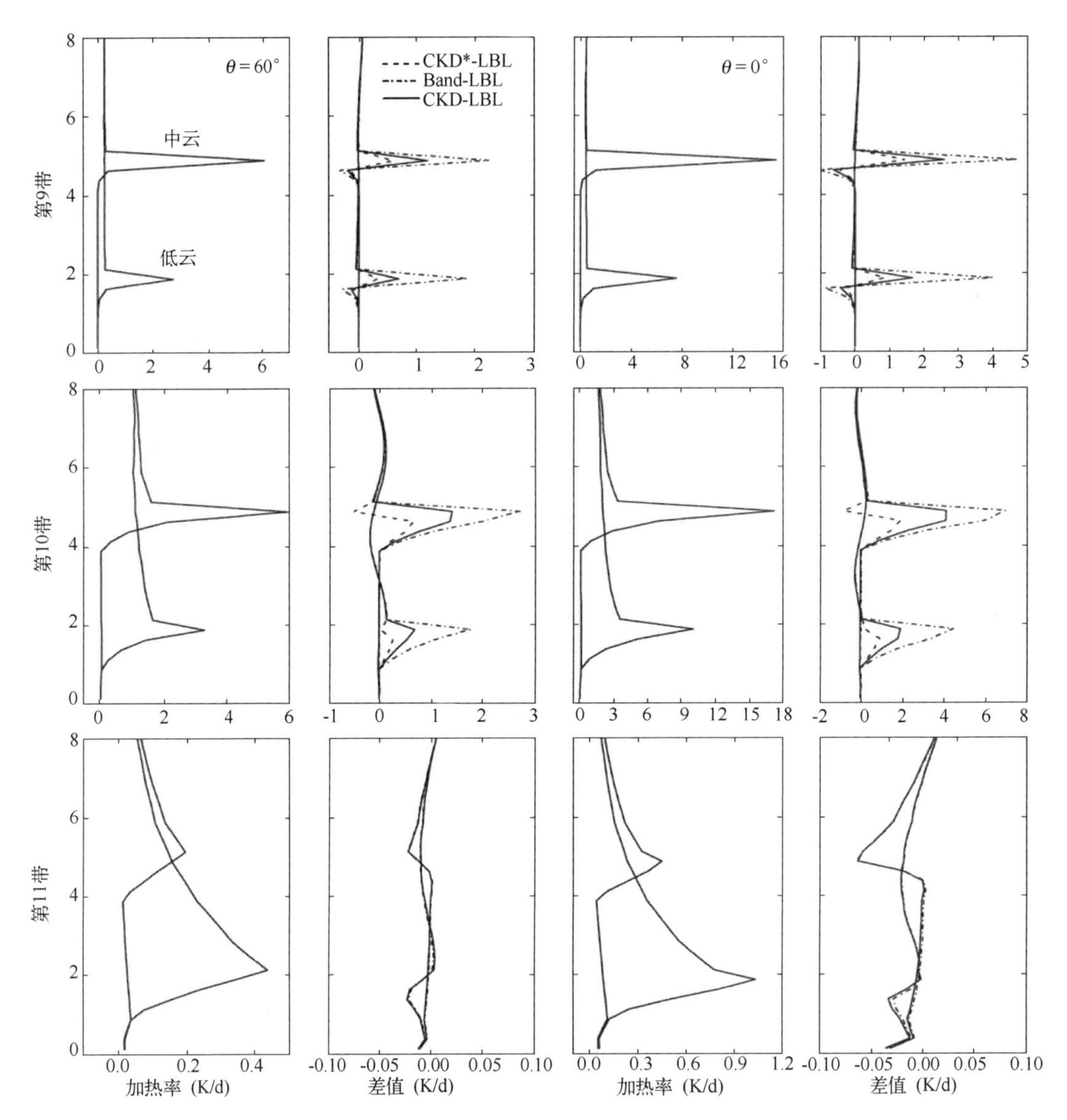

图 4.5　第 9～11 带加热率结果的比较。左起第 1 列和第 3 列给出的是逐线积分的结果，其中第 1 列是太阳天顶角 60°的结果；第 3 列是太阳天顶角 0°的结果。左起第 2 列和第 4 列是三种算法与逐线积分的差别，其中实线表示 k-分布水云方法与逐线积分的差别，虚线表示调整后 k-分布水云方法与逐线积分的差别，点划线表示谱带平均水云方法与逐线积分的差别

为了进一步检验上述结果的可靠性，在逐线积分模式的框架下，分别采用米散射计算的云光学性质和谱带平均计算的水云光学性质计算加热率，并加以比较。从图 4.6 可以发现，短波第 9、第 10 带两种方法的相对误差也比较大，特别是在太阳天顶角为 60°时，两者在低云情况下的相对误差在 50%左右，其他结果也与图 4.5 相类似，只是相对误差要略小于图 4.5 的结果。因此，图 4.6 再一次证实了即使是在逐线积分的框架下，谱带平均水云光学性质也会造成近红外云顶加热率的高估。Espinoza(1996)的研究表明，在带模式框架下也发现了类似问题。之所以图 4.6 的相对误差要略小于图 4.5，主要是即使在晴空条件下，相关 k-分布模式和逐线

积分模式之间也会存在一定的误差，而正是这种误差造成了图 4.5 的相对误差要略大于图 4.6。

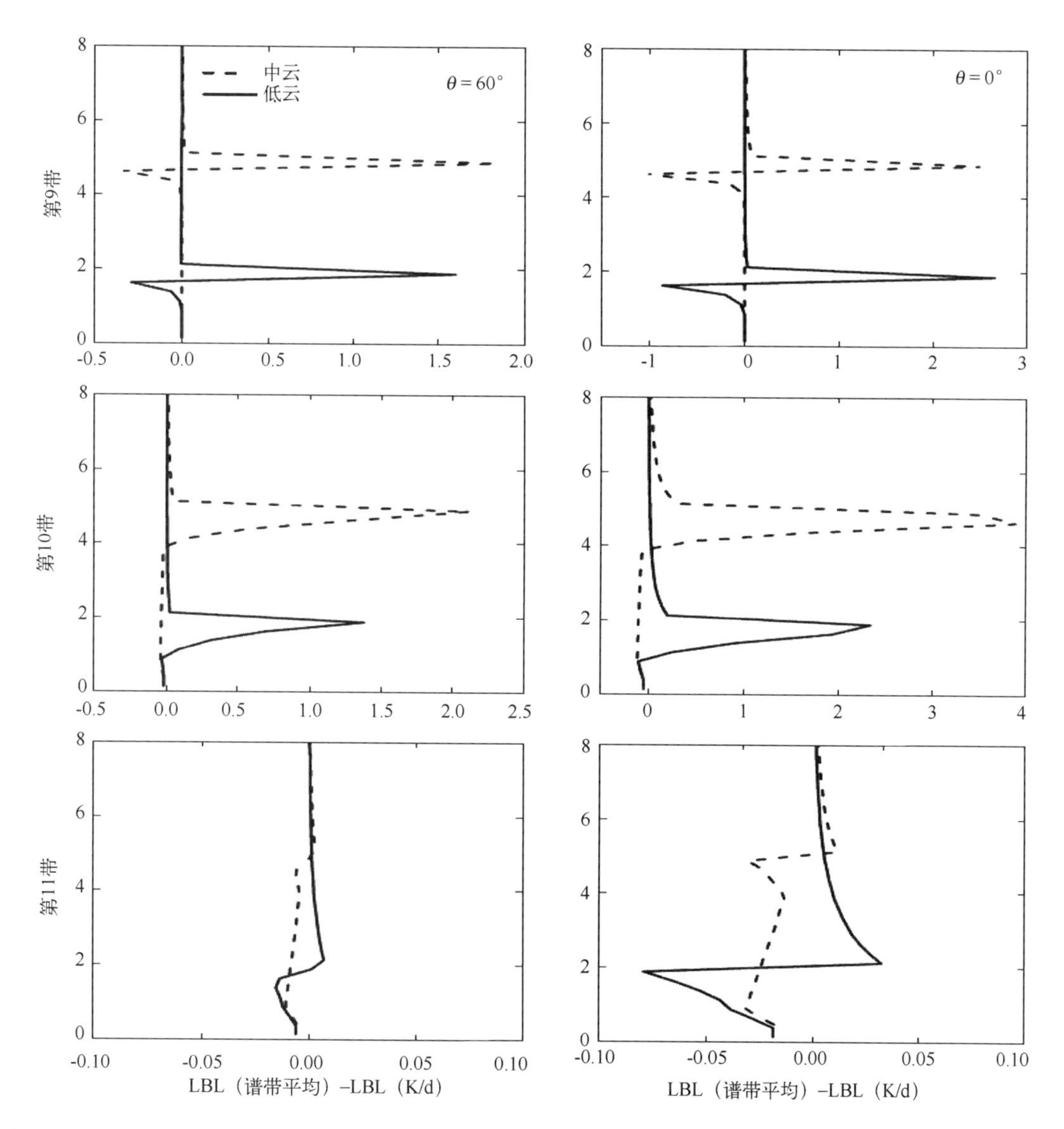

图 4.6　逐线积分框架下米散射水云光学性质和谱带平均水云光学性质的加热率比较。左列给出的是太阳天顶角为 60°的结果；右列给出的是太阳天顶角为 0°的结果。实线表示低云情况的结果，虚线表示中云情况的结果

下文利用辐射传输公式从数学角度解释 k-分布水云光学性质参数化方案计算的云顶加热率比谱带平均水云光学性质参数化方案计算的云顶加热率小的原因。

首先考虑太阳直接辐射对云顶吸收的作用，因为相对于多次散射而言，太阳直接辐射的影响更大。假设大气边界分为 1 到 n，边界 1 对应于大气顶，云位于边界 m 到边界 $m+1$ 之间。对于一个谱带而言，云顶的向下直接辐射可以表示为：

$$F_{\text{向下直接}}^{\text{云顶}} = \sum_{i=1}^{N} F_{0i}\, e^{-\langle k_i q \rangle D/\mu_0} \tag{4.15}$$

其中 $i=1,2,\cdots,N$，表示谱带内的 k-分布间隔，D 表示从大气顶到云顶的距离。$\langle k_i q\rangle=\sum_{j=1}^{m-1}k_i^j q^j d^j/D$，其中$k_i^j$，$q^j$，$d^j$ 分别表示第 j 层的气体吸收系数、质量浓度和层高。F_{0i} 表示第 i 个 k-分布间隔的大气顶的入射太阳辐射。云顶向下的太阳直接辐射主要由 k-分布间隔上的气体吸收系数决定。

图 4.7 给出了利用逐线积分模式计算的 500 hPa 和 750 hPa 处向下太阳辐射随着气体吸收系数重排的结果。与图 4.3 对照可以发现，气体吸收系数的增加正好对应了 500 hPa 和 750 hPa 向下太阳辐射的减少，也进一步证实了云顶向下太阳直接辐射主要是由 k-分布间隔上的气体吸收系数决定的。

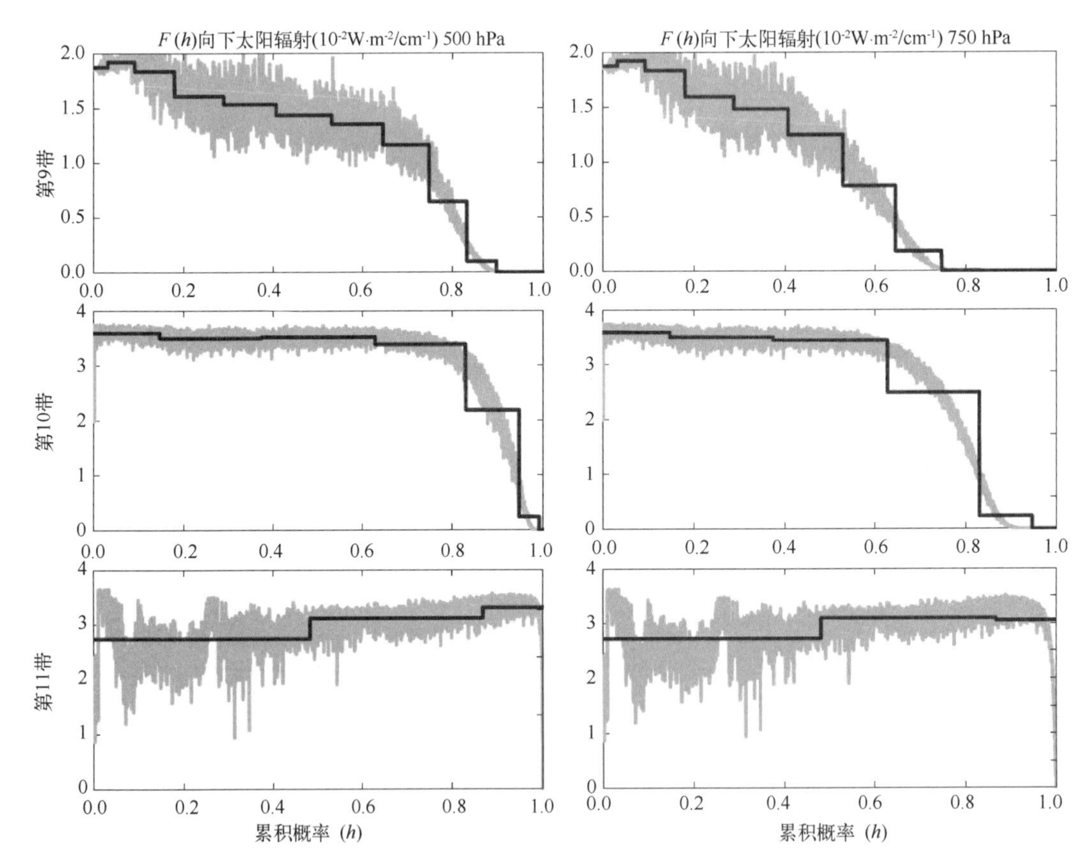

图 4.7　太阳光谱随气体吸收系数重排的结果。左列给出的是 500 hPa 的太阳向下辐射，右列给出的是 750 hPa 的太阳向下辐射

$$Q\sim\sum_{i=1}^{N}F_{0i}\,\mathrm{e}^{-\langle k_i q\rangle\frac{D}{\mu_0}}(1-\mathrm{e}^{-\psi_{absi}LWCd^m})\tag{4.16}$$

其中 Q 是加热率，ψ_{absi} 表示第 i 个 k-分布间隔中的吸收，d^m 表示第 m 层的层高。从图 4.2 可以看出，对于第 9 和 10 带，ψ_{absi} 随着 i 的增加而增加，因此 $1-\mathrm{e}^{-\psi_{absi}LWCd^m}$ 也随着 i 的增加而增加；而从图 4.7 可以看出，到达云顶的太阳辐射$F_{0i}\mathrm{e}^{-\langle k_i q\rangle\frac{D}{\mu_0}}$ 随着 i 的增加而减少。

根据切比雪夫不等式：

若$a_1 \geqslant a_2 \geqslant \cdots \geqslant a_n$，$b_1 \geqslant b_2 \geqslant \cdots \geqslant b_n$，则

$$\frac{1}{n}\sum_{k=1}^{n} a_k b_k \geqslant (\frac{1}{n}\sum_{k=0}^{n} a_k)(\frac{1}{n}\sum_{k=0}^{n} b_k) \geqslant \frac{1}{n}\sum_{k=1}^{n} a_k b_{n+1-k}。$$

可以得到以下不等式：

$$\sum_{i=0}^{N} F_{0i}\, e^{-\langle k_i q\rangle \frac{D}{\mu_0}}(1-e^{-\psi_{absi} LWCd^m}) < (\sum_{i=0}^{N} F_{0i}\, e^{-\langle k_i q\rangle \frac{D}{\mu_0}})\frac{1}{N}\sum_{i=0}^{N}(1-e^{-\psi_{absi} LWCd^m}) \quad (4.17)$$

根据均值不等式$(a_1+a_2+\cdots+a_n)/n \geqslant (a_1 a_2 \cdots a_n)^{1/n}$，可得以下不等式：

$$\frac{1}{N}\sum_{i=0}^{N}(e^{-\psi_{absi} LWCd^m}) \geqslant e^{-1/N(\sum_{i=0}^{N}\psi_{absi} LWCd^m)} \quad (4.18)$$

$$(\sum_{i=0}^{N} F_{0i}\, e^{-\langle k_i q\rangle \frac{D}{\mu_0}})\frac{1}{N}\sum_{i=0}^{N}(1-e^{-\psi_{absi} LWCd^m}) < (\sum_{i=0}^{N} F_{0i}\, e^{-\langle k_i q\rangle \frac{D}{\mu_0}})(1-e^{-1/N(\sum_{i=0}^{N}\psi_{absi} LWCd^m)})$$

$$= (\sum_{i=0}^{N} F_{0i}\, e^{-\langle k_i q\rangle \frac{D}{\mu_0}})(1-e^{-\overline{\psi_{absi}} LWCd^m}) \quad (4.19)$$

其中 $\bar{\psi}_{abs} = (1/N)\sum_{i=1}^{N}\psi_{absi}$ 表示带平均的水云吸收系数。

最终可得：

$$\sum_{i=0}^{N} F_{0i}\, e^{-\langle k_i q\rangle \frac{D}{\mu_0}}(1-e^{-\psi_{absi} LWCd^m}) < (\sum_{i=0}^{N} F_{0i}\, e^{-\langle k_i q\rangle \frac{D}{\mu_0}})(1-e^{-\overline{\psi_{absi}} LWCd^m}) \quad (4.20)$$

从式(4.20)可以看出，当气体吸收系数和水云吸收系数成正相关的时候，采用谱带平均水云光学性质计算的加热率会高于采用k-分布水云光学性质计算的加热率。

从物理机制上来分析，在第9和第10带中，气体吸收系数和水云吸收系数成正相关时，对于气体吸收系数大的k-分布间隔而言，气体吸收比较强，到达云顶的太阳辐射较小，从而限制了云的吸收；同样对于气体吸收系数比较小的k-分布间隔而言，云的吸收系数较小，从而也限制了云的吸收，因此，实际情况下云的吸收较弱，进一步云的加热率也比较小。从图4.2可以看出，对于第11带而言，云的吸收系数几乎为0，因此，第11带对水云光学性质参数化方案的选取并不敏感。图4.5的结果也表明，利用谱带平均水云光学性质计算的加热率的误差与逐线积分结果相比，在第11带的相对误差小于1%。同样对于第12到第17带而言，单次散射比接近于1，因此，水云的吸收非常弱，不论采用何种水云光学性质参数化方案对加热率的影响都很小。

对于k-分布水云光学性质而言，气体吸收系数和水云吸收系数的关系在k-分布间隔的层面上进行了考虑，但是并没有精确到逐线计算，在近红外波段，采用了三个波段总共26个k-分布间隔来进行辐射计算，并不能完全和逐线积分计算的加热率相一致，为了能让k-分布水云光学性质计算的结果更加接近于逐线积分的结果，对k-分布水云光学性质进行了微调。Li等(2005)给出了k-分布气体吸收系数的尺度收放法。$k(g)$表示转化到[0,1]区间的k-分布函数，利用均值不等式，对于每个区间有

$$\int_{G_{i-1}}^{G_i} e^{-wk(g)}\,dg \geqslant e^{[-w\frac{1}{g_i}\int_{G_{i-1}}^{G_i} k(g)dg]g_i} \quad (4.21)$$

其中G_{i-1}和G_i表示第i个k-分布间隔，w表示物质浓度。上式表明k-分布间隔上的吸收系数可以表示为

$$\langle k(g_i)\rangle = \frac{a_i}{g_i}\int_{G_{i-1}}^{G_i} k(g)\mathrm{d}g \tag{4.22}$$

其中 $a_i \leqslant 1$，利用逐线积分的计算的加热率结果，通过调整 a_i 来使 k-分布间隔的吸收系数计算的加热率与逐线积分的结果更接近。这里，仿照 Li 等(2005)中的方法对水云的光学性质也进行微调。图 4.4、图 4.5 和表 4.2 也给出了利用尺度缩放法微调后的水云光学性质，从中可以看出，利用微调后的水云光学性质计算的加热率和辐射通量结果，都可以比 k-分布水云光学性质有了进一步的改进。

图 4.8 计算了低云条件下，太阳天顶角为 60°时，不同云滴有效半径和不同云水含量情况下，采用 k-分布和谱带平均水云光学性质计算的辐射通量与米散射水云光学性质结合逐线积分方法计算的辐射通量的差别。左列第一行给出了逐线积分方法计算的短波辐射通量随水云有效半径变化的结果。左列余下各行分别给出了谱带平均、k-分布、利用尺度收放法调整的 k-分布与逐线积分的差别。从中可以看到，对于谱带平均方法而言，大气顶向上辐射通量的误差最大可以达到 8 W·m^{-2}；地表向下辐射通量的误差最大可以达到 5 W·m^{-2}。而 k-分布方法和调整后 k-分布方法的误差与谱带平均方法的误差相比有了系统性的减少，调整后的 k-分布方法略微优于 k-分布方法。图 4.8 的右列第一行给出了逐线积分计算的短波辐射通量随云水

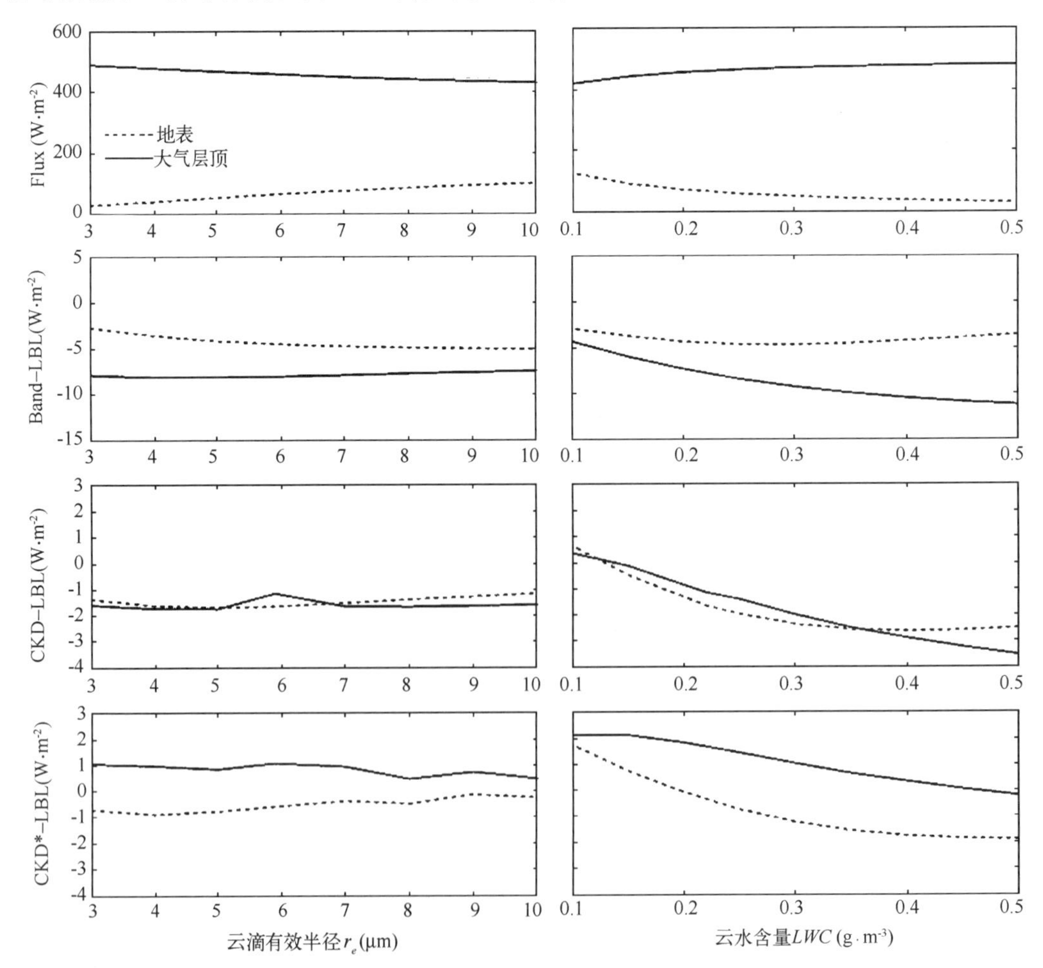

图 4.8　辐射通量及差值随云滴有效半径和云水含量的变化

含量变化的结果。左列下面几行分布给出了谱带平均、k-分布、调整后 k-分布方法与逐线积分方法的差值。与谱带平均方法相比，k-分布和调整后的 k-分布方法能够系统性的减小谱带平均方法计算的误差。

图 4.9 左列给出了低云和中云情况下采用 k-分布水云光学性质计算的冷却率。右列给出了谱带平均与 k-分布水云光学性质计算的冷却率差别，从中可以看出水云 k-分布方法和谱带平均方法计算的结果在长波区间的差别很小。下文试图从红外辐射公式找出差别小的原因。

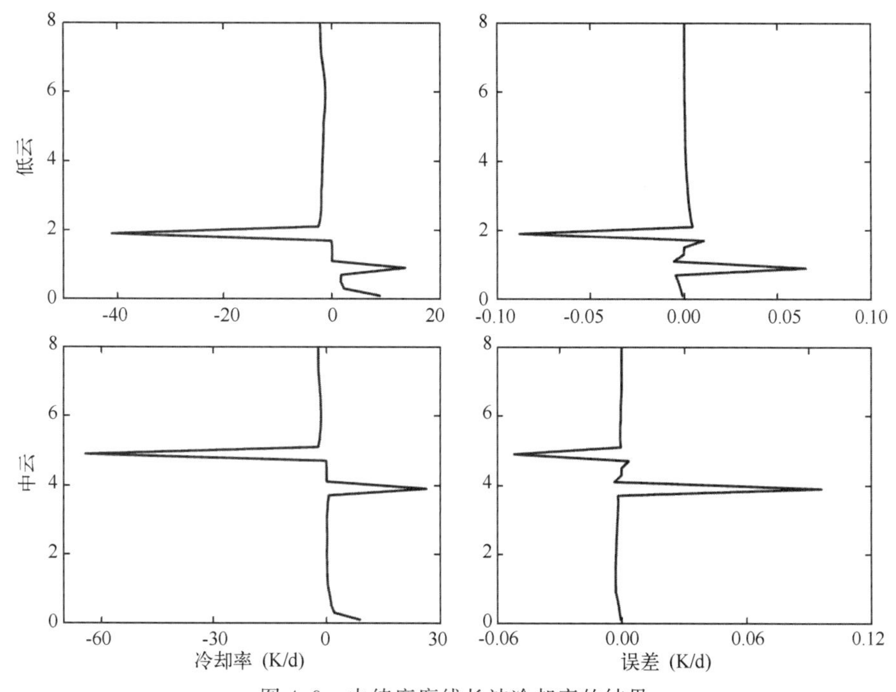

图 4.9 中纬度廓线长波冷却率的结果

对于第 i 个 k-分布间隔，第 j 边界层的大气的向上辐射通量可以表示为

$$F_i^{\uparrow j} = F_i^{\uparrow j+1} e^{-k_i^j d^j/\mu_1} + (1 - e^{-k_i^j d^j/\mu_1}) B_i^j \tag{4.23}$$

其中 i 表示 k-分布间隔，B_i^j 表示第 j 层的普朗克函数，d^j 表示第 j 层的几何厚度，$\mu_1 = 1/1.64872$表示漫射因子，$k_i^j = k_{igas}^j q^j + \psi_{absi}^j \cdot LWC$ 表示第 j 层的总吸收系数，q^j 表示第 j 层的气体质量浓度。

同理，第 $j+1$ 边界层的大气向下辐射通量可以表示为

$$F_i^{\downarrow j} = F_i^{\downarrow j} e^{-k_i^j d^j/\mu_1} + (1 - e^{-k_i^j d^j/\mu_1}) B_i^j \tag{4.24}$$

因此，对于第 m 层的冷却率有以下关系

$$Q \sim \sum_{i=1}^{N} (F_i^{\uparrow m+1} + F_i^{\downarrow m} - 2 B_i^m)(1 - e^{-k_i^m d^m/\mu_1}) \tag{4.25}$$

式中，$F_i^{\uparrow m+1} + F_i^{\downarrow m} - 2 B_i^m$ 表示第 m 层吸收的能量，$1 - e^{-k_i^m d^m/\mu_1}$ 表示发射率。

对于长波而言，第 j 边界层的向上辐射通量由第 $j+1$ 层的向上辐射通量和第 j 层的发

射率共同决定，因此，是由第 j 层的吸收和第 j 层的普朗克函数共同决定的。而 $e^{-k_i^j d^j/\mu_1}$ 和 $1-e^{-k_i^j d^j/\mu_1}$ 分别与 k_i^j 呈现负相关和正相关，因此，第 j 边界层的向上辐射通量与总吸收系数并没有很好的相关性；同理，第 $j+1$ 边界层的向下辐射通量也与总吸收系数没有很好的相关性。

由于第 9、10 带 k-分布水云参数化对模式的改进最大，表 4.3 列出 BCC_RAD 中 17L1 版本第 9 带、第 10 带的结果，第 9、10 带各有 5 个 k-分布间隔。

表 4.3　BCC_RAD 水云参数表（第 9、第 10 带）

第 9 带消光系数	k-分布间隔点				
有效半径 1.5 μm	1110.11	1074.71	1057.70	997.16	755.80
有效半径 3.0 μm	730.93	719.92	677.29	657.20	638.92
有效半径 5.0 μm	379.21	382.43	372.47	372.24	383.06
有效半径 10 μm	190.88	191.91	190.55	190.49	191.56
有效半径 20 μm	147.06	147.45	147.00	147.05	147.29
有效半径 40 μm	135.78	135.86	135.69	135.89	136.17
第 9 带散射系数					
有效半径 1.5 μm	1101.89	1005.97	845.95	745.31	620.39
有效半径 3.0 μm	722.94	672.11	549.55	516.80	554.34
有效半径 5.0 μm	371.78	348.00	291.50	283.06	325.84
有效半径 10 μm	184.35	168.76	143.83	139.03	154.84
有效半径 20 μm	140.94	127.72	109.58	105.87	116.39
有效半径 40 μm	129.79	117.08	100.75	97.44	106.86
第 10 带消光系数					
有效半径 1.5 μm	1446.12	1445.15	1433.24	1423.86	1415.79
有效半径 3.0 μm	641.43	624.59	607.61	608.74	603.25
有效半径 5.0 μm	348.71	344.50	340.23	340.34	338.95
有效半径 10 μm	184.40	183.18	181.93	181.94	181.49
有效半径 20 μm	143.14	142.31	141.51	141.54	141.19
有效半径 40 μm	132.39	131.61	130.89	130.94	130.59
第 10 带散射系数					
有效半径 1.5 μm	1442.98	1443.07	1432.43	1423.44	1415.55
有效半径 3.0 μm	638.20	622.46	606.78	608.30	603.00
有效半径 5.0 μm	345.53	342.40	339.41	339.90	338.71
有效半径 10 μm	181.44	181.23	181.16	181.53	181.25
有效半径 20 μm	140.30	140.43	140.77	141.14	140.96
有效半径 40 μm	129.59	129.75	130.16	130.55	130.36

4.1.3　污染云的光学性质

在云区，大气中的吸收性气溶胶（如黑碳）能够进入云滴内部，就会减小云滴的单次散射反射比，增强云滴对太阳辐射的吸收。本节将简单介绍黑碳污染云的光学性质计算。

当黑碳和云滴混合时,假定黑碳颗粒嵌入到云滴中的任意位置,混合后的云滴复折射指数能通过 Maxwell-Garnett 法则计算得到(Chylek *et al.*, 1988, 1996)(参见 3.3 节):

$$m^2 = m_w^2 \frac{m_{BC}^2 + 2m_w^2 + 2\eta(m_{BC}^2 - m_w^2)}{m_{BC}^2 + 2m_w^2 - \eta(m_{BC}^2 - m_w^2)} \tag{4.26}$$

其中,$m=n+ik$ 是混合颗粒的复折射指数,m_w 和 m_{BC} 分别是水滴和黑碳的复折射指数,η 是云滴内黑碳的体积分数。这种方法计算的混合云滴的复折射指数与实际观测值更为接近。然后,根据 Mie 理论,结合混合云滴的复折射指数和云滴粒径谱,能够获取污染云的光学性质,包括消光系数、吸收系数、单次散射反射比和非对称因子。

黑碳与云滴混合主要是影响云滴复折射指数的虚部,而对其实部几乎没有影响。图 4.10 给出了在不同 η 值下云滴复折射指数虚部随波长的变化。从图中可以看出,云滴虚部的变化主要集中在太阳光波段,特别是波长小于 1 μm 的波段。随着 η 值增大,云滴的虚部明显增大,这说明黑碳与云滴混合能明显地增强云滴对太阳光的吸收。

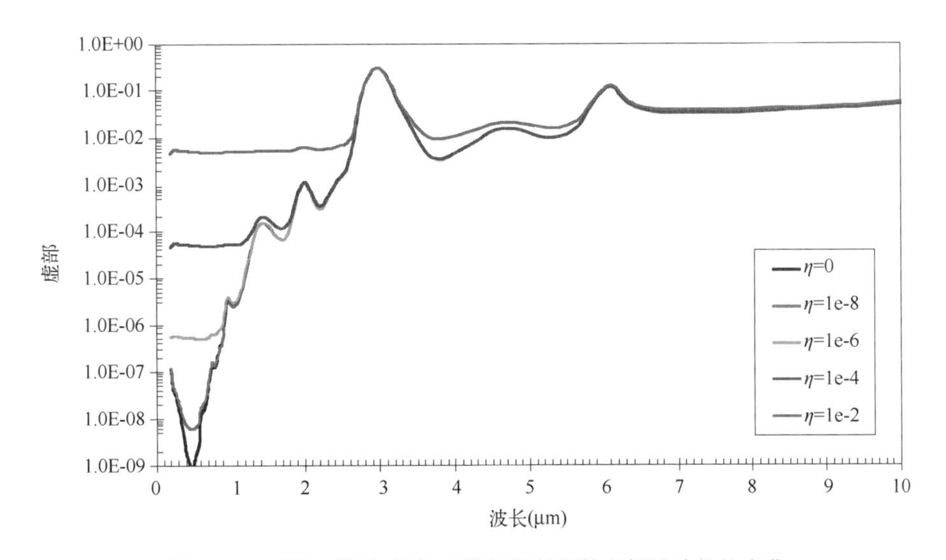

图 4.10　不同 η 值下,污染云滴复折射指数虚部随波长的变化

Reddy 等(2004)指出 $\eta = 10^{-7}$ 是大气中比较常见的黑碳与云滴的体积比。图 4.11 给出了当 $\eta = 10^{-7}$ 时黑碳与云滴混合对云滴光学性质的影响。从图中可以看出,由于黑碳具有强吸收性,当它与云滴混合后明显增大了云滴的吸收系数,减小了云滴的单次散射反射比,同时云滴的非对称因子也有所增大。随着云滴有效半径的增大,黑碳对云滴吸收系数的影响减弱,但对云滴单次散射反射比和非对称因子的影响明显增强。黑碳与云滴混合对云滴消光系数的影响较小。

图 4.12 给出了黑碳与云滴内部混合对 BCC_RAD 每个波段平均的云滴光学性质的影响。黑碳对云滴光学性质的影响基本集中在第 10～17 波段(短波波段),它们的变化规律与图 4.11 中的结论一致。黑碳与云滴混合增大了云滴在短波波段平均的吸收系数和非对称因子,但明显减小了云滴的单次散射反射比。黑碳与云滴混合对云滴吸收系数和非对称因子的影响随云滴有效半径的增大而减小,但是对云滴单次散射反射比的影响则相反。

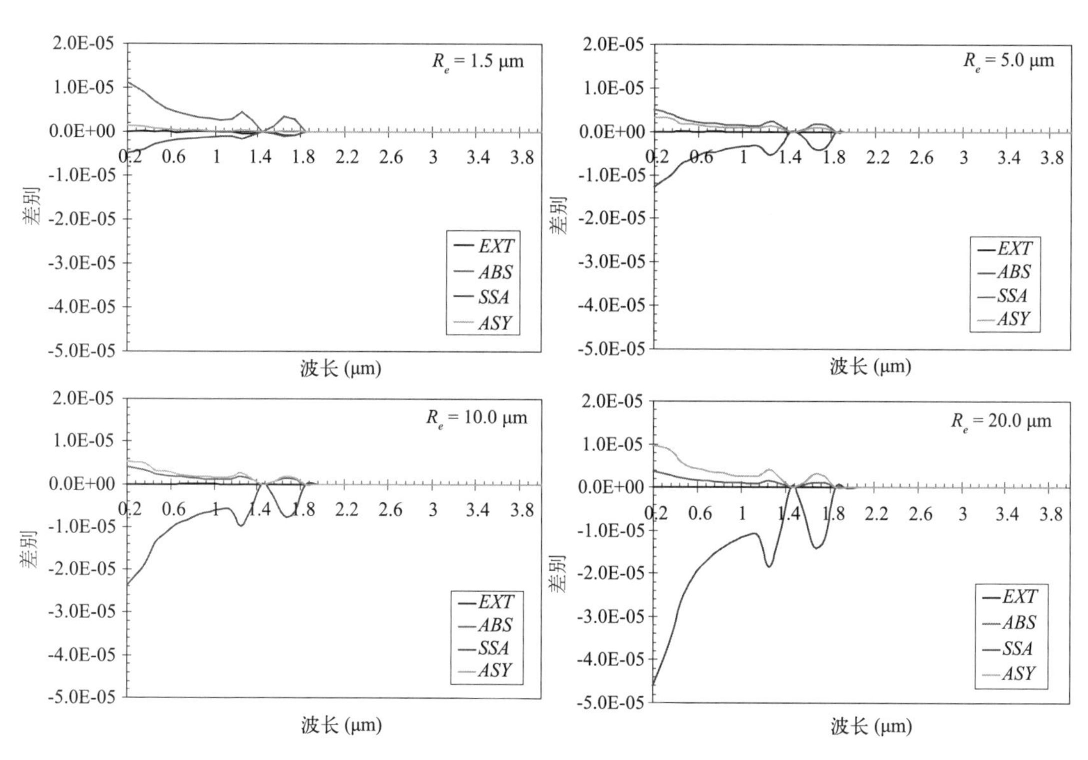

图 4.11　当 $\eta = 10^{-7}$时黑碳与云滴混合对云滴光学性质的影响。R_e 代表云滴有效半径，*EXT*、*ABS*、*SSA* 和 *ASY* 分别代表云滴的消光系数(单位：m^2/g)、吸收系数(单位：m^2/g)、单次散射反射比和非对称因子的变化

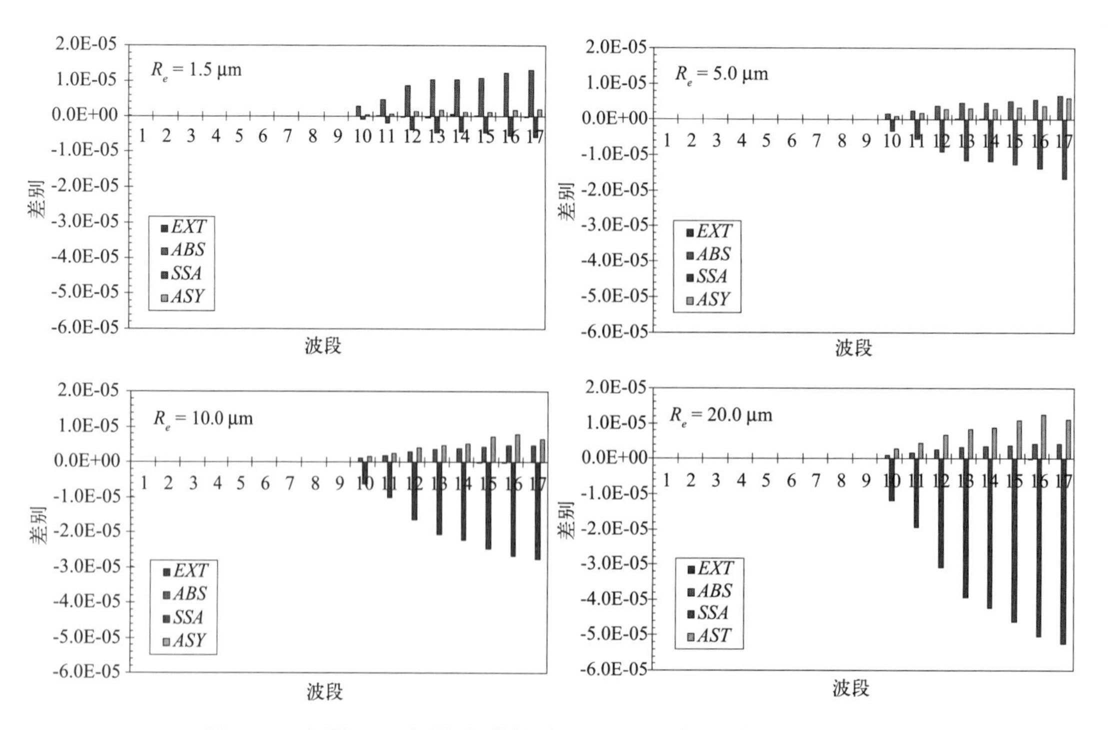

图 4.12　与图 4.11 相同，但是是对 BCC_RAD 中 17 波段平均的影响

4.2 冰云光学

4.2.1 引言

冰云广泛分布于极地、中纬度、赤道地区，在 60 N°到 60 S°区域的覆盖率达到 30%以上(Clodman, 1957; Wylie *et al.*, 1994; Yang *et al.*, 2013)，并对气候系统辐射收支有重要影响(Liou, 1986)。与水云相比，冰云的短波光学厚度通常小于水云，但冰云对长波辐射的吸收能力相对强于其对短波辐射的反射能力，这使得冰云对气候系统的影响与水云差异较大。例如，具有较低光学厚度的冰云长时间地覆盖在大部分的热带地区，由于这些冰云的温度很低，对太阳短波辐射基本透明，同时却强烈吸收长波辐射，这使得向外空发射的长波辐射大大减少，甚至能够引起比近地表的低云更大的温室效应(McFarquhar *et al.*, 2002)。各种模拟结果显示：云层温度较冷的冰云对大气温度呈现正反馈；云层温度较暖的冰云对大气温度呈现负反馈(Liou *et al.*, 1982; Ramanathan *et al.*, 1983; Ou *et al.*, 1984; Roeckner *et al.*, 1987)。冰云对辐射收支和气候变化的影响主要源于其消光作用，这部分的计算见下面各节的描述。

虽然冰云在气候研究领域地位重要，但是，由于其难于观测的特性，人们只能通过飞机观测来获取关于冰云的一些数据。这种情况近些年来得到改善，雷达观测和卫星观测性能的提高，使得人们进一步认识冰云成为可能。此外，冰云的粒子构成复杂，冰晶粒子可以简单分为球形和非球形两种，其中非球形冰晶形状多种多样，主要有针状、树枝状、星状、子弹束状(主要包括四棱子弹束和六棱子弹束)、平板状、柱状和聚集体等，这些非球形冰晶的光学性质计算均比球形冰晶更加复杂。不同形状的冰晶，其光学性质的计算方法也不同。各种形状所占比例人们了解得较少，并且该比例随云层温度，云层高度和冰水含量的改变而改变。总而言之，冰云光学性质的描述仍是辐射模式中的最大不确定性因素之一[Stephens *et al.*, 1990; ICCP (International Conference of Clouds and Precipitation) Workshop, 2013]。

4.2.2 基础物理量介绍

消光截面(extinction cross section)：粒子能从初始光束中移除的能量的大小。

体积消光系数(bulk extinction coefficient)：单位体积中各粒子消光截面之和为体积消光系数。

光学厚度(optical depth)：沿辐射传输路径，单位截面上所有吸收和散射物质产生的总削弱。

单次散射比(single scatter albedo)：单次散射过程中，散射系数与消光系数之比，是辐射传输过程中的重要参数，通常以 ω 表示。

不对称因子(asymmetry factor)：相函数展开式第一项系数，其物理意思是前向散射与后向散射之差。常用于各类大气辐射传输方程近似解中，通常以 g 表示。

冰水含量(ice water content)：冰水含量 $IWC = \int V\rho_i n(L)\mathrm{d}L$，其中 ρ 是冰的密度，$n(L)$是

冰晶的尺度分布，V 是冰晶的体积。

冰水路径(ice water path)：冰水含量与云厚度的乘积。

平均有效冰晶尺度(mean effective ice crystal size)：平均有效冰晶尺度 $D_e = \int_{L_{min}}^{L_{max}} Vn(L)\mathrm{d}L / \int_{L_{min}}^{L_{max}} An(L)\mathrm{d}L$，其中，$n(L)$是冰晶的尺度分布，$V$ 是冰晶的体积，L 是冰晶最大尺度，A 是投影面积。又称冰云有效尺度。

平均有效冰晶半径(mean effective ice crystal size)：平均有效冰晶半径$R_e = 0.5D_e$，又称冰云有效半径。

前向峰因子(forward peak factor)：前向散射峰在总散射中的比例，通常以 f 表示。

δ-函数前向峰因子(δ-function forward peak factor)：平行平面中散射角为 0°时以 δ-函数表示的前向散射峰在总散射中的比例，是冰晶的前向峰因子的一部分。

4.2.3 平均体积光学性质计算

冰云光学性质计算的基础工作是单个冰晶光学性质计算，本书按照 Yang 等(2000)和 Hong 等(2009)给出的六类形状冰晶粒子(滴晶、聚集体、子弹束、实心柱、空心柱和平板)，在不同波长和不同最大尺度的几何性质和光学性质数据集进行 BCC_RAD 冰云光学性质的计算。几何性质包括 38 个尺度区间(L)上的等效截面积[$S_i(L)$]和等效体积[$V_i(L)$]，其中 L 是冰晶的长度，下标 i 代表不同形状的冰晶。光学性质包括 38 个尺度区间(L)和 65 个波长(λ)的消光效率[$Q_{ex}^i(L,\lambda)$]，单次散射比[$\omega_i(L,\lambda)$]，不对称因子[$g_i(L,\lambda)$]和 δ一函数前向峰因子[$f_\delta^i(L,\lambda)$]。

冰云中各类形状冰晶的权重随冰晶长度的变化而不同，采用 Baum 等(2005)给出的权重分布：$L<60\ \mu m$ 时，权重分布为 100% 滴晶；$60<L<1000\ \mu m$ 时，权重分布为 50% 空心柱，35% 平板和 15% 子弹束；$1000<L<2000\ \mu m$ 时，权重分布为 45% 实心柱，45% 空心柱和 10% 聚集体；$L>2000\ \mu m$ 时，权重分布为 97% 子弹束和 3% 聚集体。

冰晶的尺度谱分布选取了 Fu(1996)中提供的 30 种分布。由此，对 65 种波长和 30 种尺度谱分布的光学性质和几何性质计算公式如下：

$$k_{ex}(\lambda) = \frac{\int_{L_{min}}^{L_{max}} \left[\sum_{i=1}^{6} p_i(L)\, Q_{ex}^i(L,\lambda)\, S_i(L)\right] n(L)\mathrm{d}L}{\int_{L_{min}}^{L_{max}} \left[\sum_{i=1}^{6} p_i(L)\, V_i(L)\right] n(L)\mathrm{d}L} \tag{4.27}$$

$$k_{ab}(\lambda) = \frac{\int_{L_{min}}^{L_{max}} \left[\sum_{i=1}^{6} p_i(L)\, Q_{ex}^i(L,\lambda)[1-\omega_i(L,\lambda)]\, S_i(L)\right] n(L)\mathrm{d}L}{\int_{L_{min}}^{L_{max}} \left[\sum_{i=1}^{6} p_i(L)\, V_i(L)\right] n(L)\mathrm{d}L} \tag{4.28}$$

$$\omega(\lambda) = 1 - \frac{k_{ab}(\lambda)}{k_{ex}(\lambda)} \tag{4.29}$$

$$g(\lambda) = \frac{\int_{L_{min}}^{L_{max}} \left[\sum_{i=1}^{6} p_i(L)\, Q_{ex}^i(L,\lambda)[1-\omega_i(L,\lambda)]\, g_i(L,\lambda)\, S_i(L)\right] n(L)\mathrm{d}L}{\int_{L_{min}}^{L_{max}} \left[\sum_{i=1}^{6} Q_{ex}^i(L,\lambda)[1-\omega_i(L,\lambda)]\, p_i(L)\, S_i(L)\right] n(L)\mathrm{d}L} \tag{4.30}$$

$$f_\delta(\lambda)=\frac{\int_{L_{\min}}^{L_{\max}}\left[\sum_{i=1}^{6} p_i(L)\,Q_{ex}^i(L,\lambda)\left[1-\omega_i(L,\lambda)\right]\,f_\delta^i(L,\lambda)\,S_i(L)\right]n(L)\,\mathrm{d}L}{\int_{L_{\min}}^{L_{\max}}\left[\sum_{i=1}^{6} Q_{ex}^i(L,\lambda)\left[1-\omega_i(L,\lambda)\right]\,p_i(L)\,S_i(L)\right]n(L)\,\mathrm{d}L} \tag{4.31}$$

$$R_e=\frac{3}{4}\frac{\int_{L_{\min}}^{L_{\max}}\left[\sum_{i=1}^{6} p_i(L)\,V_i(L)\right]n(L)\,\mathrm{d}L}{\int_{L_{\min}}^{L_{\max}}\left[\sum_{i=1}^{6} p_i(L)\,S_i(L)\right]n(L)\,\mathrm{d}L} \tag{4.32}$$

其中，$k_{ex}(\lambda)$和$k_{ab}(\lambda)$（单位：cm^{-1}）是不同冰晶尺度谱分布的平均体积消光系数和平均体积吸收系数(Fu，1996)；$\omega(\lambda)$是平均单次反射比；$g(\lambda)$是平均不对称因子；$f_\delta(\lambda)$是平均δ-函数前向峰因子。R_e（单位：μm）是冰云（冰晶尺度谱分布）的平均有效半径。$n(L)$是各个尺度区间($\mathrm{d}L$)的数浓度；$L_{\max}$和$L_{\min}$是各个尺度分布的最大尺度（冰晶长度）和最小尺度；$p_i(L)$是各形状冰晶的权重因子(Baum *et al.*，2005)，$\sum_{i=1}^{6} p_i(L)=1$。$Q_{ex}^i(L)$，$\omega_i(L,\lambda)$，$g_i(L,\lambda)$，$f_\delta^i(L,\lambda)$，$V_i(L)$和$S_i(L)$为不同形状单个冰晶的消光效率、单次散射比、不对称因子、δ-函数前向峰因子、等效体积和等效截面。

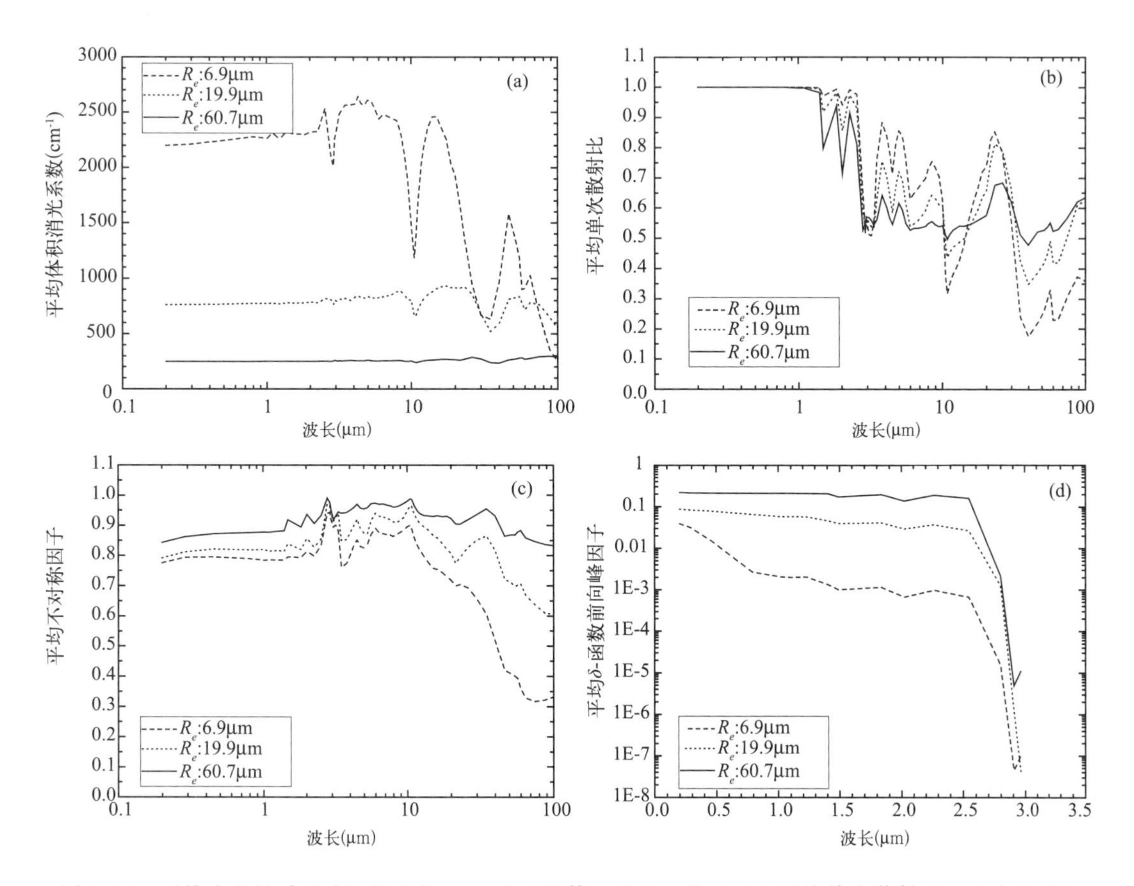

图4.13 平均光学性质随波长的变化。(a)为平均体积消光系数；(b)为平均单次散射比；(c)为平均不对称因子；(d)为平均δ-函数前向峰因子

图 4.13 给出了 3 种冰晶尺度分布下，4 种平均光学性质[平均体积消光系数$k_{ex}(\lambda)$、平均单次散射比 $\omega(\lambda)$、平均不对称因子 $g(\lambda)$和平均 δ-函数前向峰因子$f_\delta(\lambda)$]随波长(共 65 个)的变化。3 种冰晶尺度谱分布的平均有效半径为 6.9 μm、19.9 μm 和 60.7 μm。尽管 3 种冰晶尺度谱分布的平均光学性质差异较大，但是其随着波长的变化趋势却基本一致，这说明对各波长平均光学性质进行关于平均有效半径的拟合有一定意义。

4.2.4 带平均光学性质计算

在 BCC_RAD 中，全波段被划分为 17 个波段。使用公式(4.33)—(4.38)可以计算得到 17 个带的带平均光学性质。

$$\overline{k_{ex}} = \frac{\int_{\lambda_{min}}^{\lambda_{max}} [Sun(\lambda) + \pi B(T,\lambda)]\, k_{ex}(\lambda)\mathrm{d}\lambda}{\int_{\lambda_{min}}^{\lambda_{max}} [Sun(\lambda) + \pi B(T,\lambda)]\mathrm{d}\lambda} \tag{4.33}$$

$$\overline{k_{ab}} = \frac{\int_{\lambda_{min}}^{\lambda_{max}} [Sun(\lambda) + \pi B(T,\lambda)]\, k_{ab}(\lambda)\mathrm{d}\lambda}{\int_{\lambda_{min}}^{\lambda_{max}} [Sun(\lambda) + \pi B(T,\lambda)]\mathrm{d}\lambda} \tag{4.34}$$

$$\overline{\omega} = 1 - \frac{\overline{k_{ab}}}{\overline{k_{ex}}} \tag{4.35}$$

$$\overline{g} = \frac{\int_{\lambda_{min}}^{\lambda_{max}} [Sun(\lambda) + \pi B(T,\lambda)]g(\lambda)\mathrm{d}\lambda}{\int_{\lambda_{min}}^{\lambda_{max}} [Sun(\lambda) + \pi B(T,\lambda)]\mathrm{d}\lambda} \tag{4.36}$$

$$\overline{f_\delta} = \frac{\int_{\lambda_{min}}^{\lambda_{max}} [Sun(\lambda) + \pi B(T,\lambda)]\, f_\delta(\lambda)\mathrm{d}\lambda}{\int_{\lambda_{min}}^{\lambda_{max}} [Sun(\lambda) + \pi B(T,\lambda)]\mathrm{d}\lambda} \tag{4.37}$$

$$\overline{f} = \overline{f_\delta} + \frac{1}{2\,\overline{\omega}} \tag{4.38}$$

其中，$\overline{k_{ex}}$和$\overline{k_{ab}}$(单位：cm^{-1})是带平均体积消光系数和带平均体积消光系数；$\overline{\omega}$是带平均单次散射比；$\overline{g}$是带平均不对称因子；$\overline{f_\delta}$是带平均 δ-函数前向峰因子。$\overline{f}$是带平均前向峰因子，由两部分组成：第一部分即带平均 δ-函数前向峰因子，第二部分表示衍射引起的前向散射峰$\frac{1}{2\,\overline{\omega}}$(Fu,1996)(公式适用范围为短波，即波带 9～17)。λ_{max}和λ_{min}是各波段的波长上界和波长下界。$Sun(\lambda)$是太阳辐射通量密度；$B(T,\lambda)$是普朗克函数，其中 T 被假定为 270.0 K。

图 4.14 给出了按照上述公式计算得到的四种谱带平均光学性质(平均体积消光系数、平均单次散射比、平均不对称因子和平均 δ-函数前向峰因子)随平均有效半径的变化。第 9 带的波数范围为 2680～5200 cm^{-1}；第 10 带的波数范围为 5200～12000 cm^{-1}；第 11 带的波数范围为 12000～22000 cm^{-1}(Zhang *et al.*，2006 a；b)。当平均有效半径小于20 μm 时，带平均体积消光系数随有效半径增加而迅速减少；平均有效半径大于 20 μm 时，带平均体积消光系数随平均有效半径增加缓慢减少。这种分布与平均体积消光系数拟合公式中的倒数关系十分吻

合。带平均单次散射比随平均有效半径增加而稍稍减小，其中第 10 带和第 11 带的单次散射比接近于 1，原因是冰云对短波辐射的吸收很弱(Fu *et al.*，1993)。带平均不对称因子随平均有效半径增加而增加，同时三个波段的不对称因子取值均大于 0.75。这是因为冰云中大量非球形冰晶具有较强的前向散射，并随平均有效半径增加而增强造成的。带平均前向峰因子随平均有效半径增加而略微增加，原因是其衍射项$\frac{1}{2\bar{\omega}}$与带平均单次散射比呈反比关系。

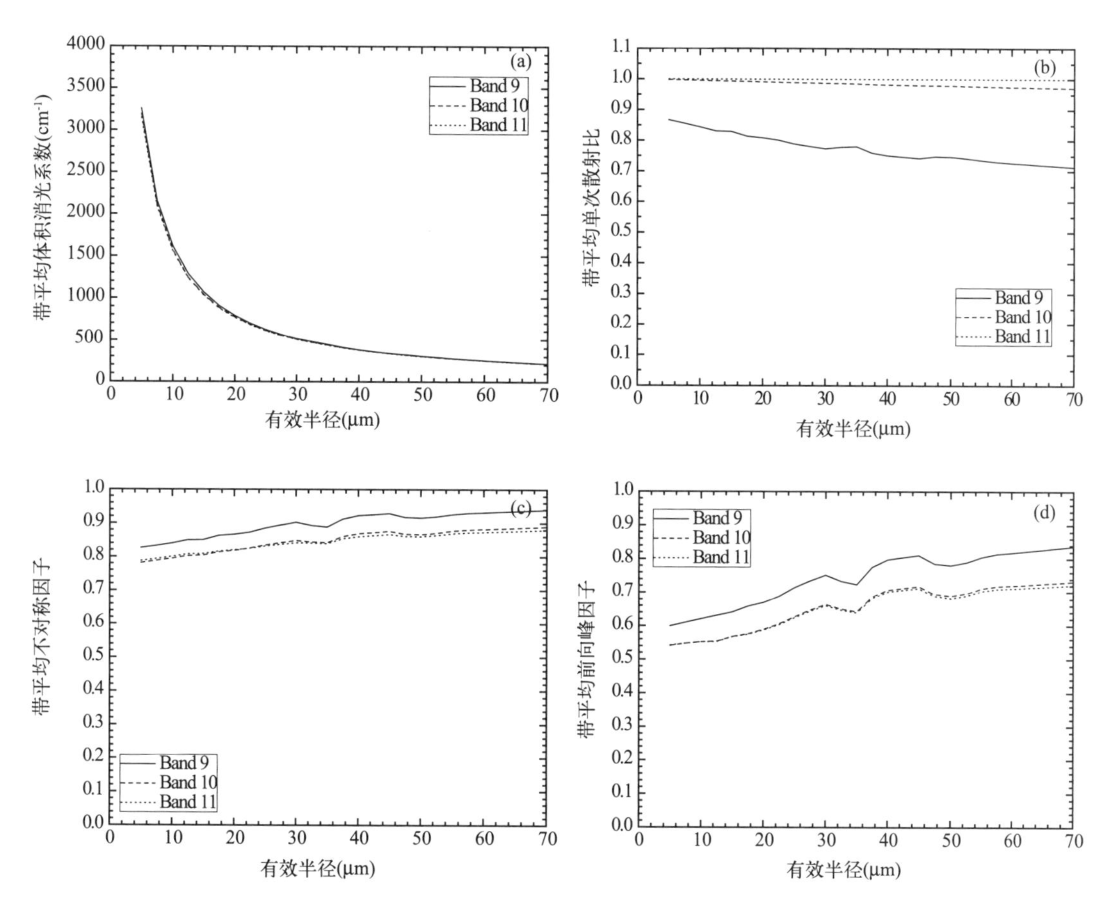

图 4.14　带平均光学性质随平均有效半径的变化。(a)为带平均体积消光系数；(b)为带平均单次散射比；(c)为带平均不对称因子；(d)为带平均前向峰因子

4.2.5　BCC_RAD 辐射传输模式冰云光学性质参数表

带平均光学性质与平均有效半径之间存在近似的线性关系(Ebert *et al.*，1992；Fu，1996)(其中体积吸收系数与平均有效半径的倒数存在近似的线性关系)。在 30 种冰晶尺度谱分布的带平均光学性质基础之上，依据线性内插计算了 6 个平均有效半径档位的带平均光学性质，并将其中 4 种光学性质(带平均体积消光系数$\overline{k_{ex}}$、带平均体积吸收系数$\overline{k_{ab}}$、带平均不对称因子$\overline{g}$和带平均前向峰因子$\overline{f}$)作为 BCC_RAD 大气辐射传输模式冰云模块的光学性质参数表[为了计算方便，$\overline{g}$和$\overline{f}$均乘以带平均体积散射系数$\overline{k_{sc}}$($\overline{k_{ex}}-\overline{k_{ab}}$)，使得 4 种光学性质的单位均为 cm^{-1}]。参数表见附表 6～9。

参考文献

石广玉. 2007. 大气辐射学[M]. 北京：科学出版社.

Baum B A, Yang P, Heymsfield A J, *et al*. 2005. Bulk scattering properties for the remote sensing of ice clouds. Part Ⅱ: Narrowband models[J]. *Journal of Applied Meteorology*, **44**(12): 1896-1911.

Chylek P, Damiano P, Shettle E P. 1992. Infrared emittance of water clouds[J]. *Journal of the Atmospheric Sciences*, **49**(16): 1459-1472.

Chylek P, Lesins G B, Videen G, *et al*. 1996. Black carbon and absorption of solar radiation by clouds[J]. *Journal of Geophysical Research*: Atmospheres (1984—2012), **101** (D18): 23365-23371, doi: 10.1029/96JD01901.

Chylek P, Ramaswamy V. 1982. Simple approximation for infrared emissivity of water clouds[J]. *Journal of the Atmospheric Sciences*, **39**(1): 171-177.

Chylek P, Srivastava V, Pinnick R G, *et al*. 1988. Scattering of electromagnetic waves by composite spherical particles: Experiment and effective medium approximations[J]. *Applied Optics*, **27**(12): 2396-2404, doi:10.1364/AO.27.002396.

Clodman J. 1957. Some statistical aspects of cirrus cloud[J]. *Monthly Weather Review*, **85**(2):37-40.

Clough S A, Shephard M W, Mlawer E J, *et al*. 2005. Atmospheric radiative transfer modeling: a summary of the AER codes[J]. *Journal of Quantitative Spectroscopy and Radiative Transfer*, **91**(2): 233-244.

Dobbie J S, Li J, Chylek P. 1999. Two-and four-stream optical properties for water clouds and solar wavelengths[J]. *Journal of Geophysical Research*: Atmospheres (1984—2012), **104**(D2): 2067-2079.

Ebert E E, Curry J A. 1992. A parameterization of ice cloud optical properties for climate models[J]. *Journal of Geophysical Research*: Atmospheres (1984—2012),**97**(D4): 3831-3836.

Espinoza Jr R C. 1996. Parameterization of solar near-infrared radiative properties of cloudy layers[J]. *Journal of the Atmospheric Sciences*, **53**(11): 1559-1568.

Fu Q. 1996. An accurate parameterization of the solar radiative properties of cirrus clouds for climate models [J]. *Journal of Climate*, **9**(9): 2058-2082.

Fu Q, Liou K N. 1993. Parameterization of the radiative properties of cirrus clouds[J]. *Journal of the Atmospheric Sciences*, **50**(13): 2008-2025.

Hong G ,Yang P. 2009. Scattering database in the millimeter and submillimeter wave range of 100～1000 GHz for nonspherical ice particles[J]. *J. Geophys. Res.* , **114**: D06201.

Hong G, Yang P, Baum B A, *et al*. 2009. Parameterization of shortwave and longwave radiative properties of ice clouds for use in climate models[J]. *Journal of Climate*, **22**(23): 6287-6312.

IPCC. 2013. *Climate Change* 2013: *The Physical Science Basis*[R]. Contribution of working group I to the fifth assessment report of the intergovernmental panel on climate change.

Li J, Barker H W. 2005. A radiation algorithm with correlated－k distribution. Part I: Local thermal equilibrium[J]. *Journal of the atmospheric sciences*, **62**(2): 286－309.

Li J, Barker H W. 2005. A radiation algorithm with correlated-k distribution. Part I: Local thermal equilibrium[J]. *Journal of the Atmospheric Sciences*, **62**(2): 286-309.

Liou K N. 1986. Influence of cirrus clouds on weather and climate processes: A global perspective[J]. *Mon. Weather Rev.* , **114**: 1167-1199.

Liou K N, Gebhardt K L. 1982. Numerical experiments on the thermal equilibrium temperature in cirrus cloudy atmospheres[J]. *J. Meteorol. Soc. Jpn.*, **60**: 570-582.

Lu P, Zhang H, Li J. 2011. Correlated k-distribution treatment of cloud optical properties and related radiative impact[J]. *Journal of the Atmospheric Sciences*, **68**(11): 2671-2688.

McFarquhar G M, Heymsfield A J. 1996. Microphysical characteristics of three anvils sampled during the Central Equatorial Pacific Experiment[J]. *Journal of the atmospheric sciences*, **53**(17): 2401—2423.

McFarquhar G M, Heymsfield A J. 1996. Microphysical characteristics of three anvils sampled during the Genaral Equatorial Pacific Experiment(GEPEX)[J]. *J. Atmos. Sci.*, **53**: 2401-2423.

Nakajima T, Tsukamoto M, Tsushima Y, *et al.* 2000. Modeling of the radiative process in an atmospheric general circulation model[J]. *Applied Optics*, **39**(27): 4869-4878.

Ou S C S, Liou K N. 1984. A two-dimensional radiation turbulence climate model, I, Sensitivity to cirrus radiative properties[J]. *J. Atmos. Sci.*, **41**: 2289-2309.

Ramanathan V, Pitcher E J, Malone R C, *et al.* 1983. The response of a general circulation model to refinements in radiative properties[J]. *J. Atmos. Sci.*, **40**: 605-630.

Reddy M S, Boucher O. 2004. A study of the global cycle of carbonaceous aerosols in the LMDZT general circulation model[J]. *Journal of Geophysical Research*: Atmospheres (1984—2012), **109**: D14202, doi: 10.1029/2003JD004048.

Roeckner E, Schlese V, Biercamp J, *et al.* 1987. Cloud optical depth feedbacks and climate modeling[J]. *Nature*, **329**: 138-140.

Segelstein D J. 1981. The complex refractive index of water[D]. M. S. thesis, Dept. of Physics, University of Missouri at Kansas City: 167.

Stephens G L, Tsay S C, Stackhouse Jr P W, *et al.* 1990. The relevance of the microphysical and radiative properties of cirrus clouds to climate and climate feedback[J]. *J. Atmos. Sci.*, **47**: 1742-1753.

Wylie D P, Menzel W P, Woolf H M, *et al.* 1994. Four years of global cirrus cloud statistics using HIRS[J]. *J. Clim.*, **7**: 1972-1986.

Yang P, Bi L, Baum B A, *et al.* 2013. Spectrally consistent scattering, absorption, and polarization properties of atmospheric ice crystals at wavelengths from 0.2 to 100 μm[J]. *J. Atmos. Sci.*, **70**: 330-347.

Yang P, Liou K N, Wyser K, *et al.* 2000. Parameterization of the scattering and absorption properties of individual ice crystals[J]. *Journal of geophysical research*, **105**(D4): 4699-4718.

Yang P, Wei H, Huang H I, *et al.* 2005. Scattering and absorption property database for nonspherical ice particles in the near- through far-infrared spectral region[J]. *Appl. Opt.*, **44**: 5512-5523.

Zhang H, Chen Q, Xie B. 2015. A new parameterization for ice cloud optical properties used in BCC-RAD and its radiative impact[J]. *Journal of Quantitative Spectroscopy and Radiative Transfer*, **150**: 76-86. http://dx.doi.org/10.1016/j.jqsrt.2014.08.024.

Zhang H, Shi G Y, Nakajima T, *et al.* 2006a. The effects of the choice of the k—interval number on radiative calculations[J]. *Journal of Quantitative Spectroscopy and Radiative Transfer*, **98**(1): 31—43.

Zhang H, Suzuki T, Nakajima T, *et al.* 2006b. Effects of band division on radiative calculations[J]. *Optical Engineering*, **45**(1): 016002—016002—10. doi:10.1117/1.2160521.

第5章 辐射传输方法

摘要:大气辐射传输的基本原理是将气体、气溶胶和云等大气介质的辐射特性参数化后求解辐射传输方程。辐射传输的物理过程由微分-积分方程来描述,在一定的条件下可以获得解析解。本章主要介绍近些年来我们发展的辐射传输算法。5.1节主要概述常用的辐射传输算法。5.2节集中介绍二流辐射传输算法。二流辐射传输算法主要包括矩阵算子算法和Eddington近似。5.3节从辐射传输的四个不变性原理出发,建立四流累加辐射传输理论,并形成了四流离散纵坐标累加辐射传输算法和四流球谐函数展开累加辐射传输算法。5.4节介绍最新发展的二流四流混合算法。

5.1 总的方法介绍

辐射传输方程的求解是大气辐射学的重要组成部分。有些方法直接对辐射传输方程进行离散化处理(离散纵坐标法和球谐函数展开法),有些基于直观的物理过程进行考虑(倍加-累加法、逐次散射法和蒙特卡洛求解法)(石广玉,2007)。

离散纵坐标法是Chandrasekhar(1950)为了应用于行星大气辐射传输而提出的一种独具匠心的方法。Liou(1973)证明了离散纵坐标可以有效地用于大气辐射计算。Stamnes等(1988)利用离散纵坐标方法开发了DISORT程序包,目前DISORT高流方案计算的结果一般可以作为辐射传输计算的参考标准,用来衡量其他辐射传输算法的精度。目前在气候模式中广泛采用的是二流离散纵坐标法。

球谐函数方法与离散纵坐标法类似,也是将辐射传输方程离散化,不同点在于该方法将辐射强度展开成球谐函数。球谐函数的二流形式即为Eddington近似。Li等(1996)利用DISORT 48流辐射传输算法作为标准,比较了均匀大气不同光学厚度和太阳天顶角情况下,四流离散纵坐标法与四流球谐函数算法计算的透过率、反射率和吸收率的精度,结果表明四流球谐函数要略优于四流离散纵坐标法。Zhang等(2013a)和Zhang等(2013b)分别建立了四流离散坐标累加算法和四流球函数展开累加算法,以上两种算法能非常灵活地处理实际大气的辐射传输过程。

倍加-累加法的基本思路是当两个介质层的反射和透射性质已知,则两层总的反射和透射性质可以通过两层之间的连续反射过程得到(Stamnes, 1986)。对于一个厚的均匀层,可以将其划分为2^n个完全相同的薄层,通过倍加法可以迅速地获得整层的反射和透射性质。

逐次散射法是通过迭代的方式求解辐射传输问题。理论上,逐次散射法不仅可以用于平行大气，而且也可用于各种不均匀结构。但在实际计算时，在光学厚度比较大或单次散射比比较大的时候，该方法在数值上收敛速度很慢，需要大量的计算时间（石广玉，2007）。

矩阵算子法（Grant *et al.*，1969；Plass *et al.*，1973；Nakajima *et al.*，1986）是在倍加-累加法的基础上发展而来，倍加-累加法对于不同天顶角需要依次计算，而矩阵算子法对于不同天顶角的反射和透射可以一次求出。

蒙特卡洛方法将光子的散射看成一个随机过程。相函数是散射到指定角度上的概率密度函数，在记录了足够多的光子之后，便可以精确地确定辐射场。该方法原理简单，可以比较方便地处理复杂情况下的辐射问题，但缺点是计算结果具有统计起伏，误差随着处理的光子数的平方根减少，通常情况下，需要大量的计算时间才能得到准确结果（石广玉，2007）。

目前大多数气候模式仍然采用二流辐射传输方法，该方法的优点是计算速度快。随着高性能计算机的发展，四流辐射方案逐渐被应用于气候模式之中。Shibata 等（1992）以 32 流辐射传输方案作为标准，评估了有云和气溶胶情况下四流矩阵算子法计算的加热率。结果表明，当太阳天顶角小于 72°时，四流矩阵算子法加热率的相对误差小于 5%；当太阳天顶角大于 72°时，加热率的相对误差小于 10%。Chou（1992）采用单层四流离散纵坐标法结合累加法的办法来进行多层大气的辐射传输计算。Ayash 等（2008）利用 CCC GCM 3（the third-Generation Canadian Climate Center Atmosphere GCM）评估了四流离散纵坐标法（Liou *et al.*，1988）与二流近似辐射传输算法对辐射通量的影响。Liu 等（2009）将 Fu-Liou 的四流离散纵坐标法加入美国海军 COAMPS（Coupled Ocean-Atmosphere Mesoscale Prediction System ），发现对三天短期天气预报的温度场有很大的改进。

Chandrasekhar（1950）研究表明，如果忽略偏振因素，在进行行星大气的散射强度计算时会造成大约 10%的误差。Lacis 等（1998）指出，在洁净大气条件下，利用标量辐射传输模式计算的辐射强度的误差为 5%～10%，不能胜任高精度的辐射传输计算。目前发展比较完善的矢量辐射传输方案有 Evans 等（1991）开发的基于倍加累加法的 PolRadtran/RT3（polarized radiative transfer）；Schulz 等（1999）在 Stamnes 等（1988）的标量离散纵坐标法 DISORT 基础上开发的矢量模式 VDISORT（vector discrete ordinate radiative transfer）；基于逐次散射法的全矢量大气辐射传输模式 SOSVRT（vector radiative transfer based on successive order of scattering）（Min *et al.*，2004；Duan *et al.*，2010）。

5.2 二流算法

5.2.1 矩阵算子算法

Nakajima 等（1986）和 Nakajima 等（2000）采用矩阵算子方法进行辐射传输计算。

大气辐射传输方程可以写为：

$$\mu \frac{du(\tau,\mu,\varphi)}{d\tau} = -u(\tau,\mu,\varphi) + \tilde{\omega}\int_{-1}^{1} d\mu' \int_{0}^{2\pi} d\varphi' P(\mu,\mu',\varphi,-\varphi') u(\tau,\mu',\varphi') + \tilde{\omega} P(\mu,\mu_0,\varphi) e^{-\tau/\mu_0} F_0 + (1-\tilde{\omega}) B(\tau) \tag{5.1}$$

其中τ为光学厚度，μ为天顶角，φ为方位角，μ_0为太阳天顶角，$\tilde{\omega}$为单次散射比，$P(\mu,\mu',\varphi,-\varphi')$表示从$(\mu',\varphi')$方向到$(\mu,\varphi)$方向的相函数，$F_0$表示大气顶太阳辐亮度，$B(\tau)$表示普朗克函数。

将(5.1)式转化为矩阵形式的傅立叶展开式，可得：

$$\pm \boldsymbol{M}\frac{\mathrm{d}\,\boldsymbol{u}^{\pm}(\tau)}{\mathrm{d}\tau}=-\boldsymbol{u}^{\pm}(\tau)+\boldsymbol{P}^{\pm}\boldsymbol{W}\boldsymbol{u}^{+}(\tau)+\mathbf{P}^{\mp}\boldsymbol{W}\boldsymbol{u}^{-}(\tau)+\boldsymbol{S}_s{}^{\pm}\mathrm{e}^{-\tau/\mu_0}+\boldsymbol{S}_B(\tau) \quad (5.2)$$

$$\boldsymbol{u}^{\pm}=\int_0^{2\pi}u(\tau,\pm\mu_i,\mu_0,\varphi)\cos m\varphi\mathrm{d}\varphi \qquad (i=1,N) \quad (5.3)$$

$$\boldsymbol{P}^{\pm}=\tilde{\omega}\int_0^{2\pi}P(\pm\mu_i,\mu_j,\varphi)\cos m\varphi\mathrm{d}\varphi \qquad (i,j=1,N) \quad (5.4)$$

$$\boldsymbol{S}_s{}^{\pm}=\tilde{\omega}\int_0^{2\pi}P(\pm\mu_i,\mu_0,\varphi)\cos m\varphi\mathrm{d}F_0 \qquad (i=1,N) \quad (5.5)$$

$$\boldsymbol{S}_B{}^{\pm}=2\pi\delta_{0m}(1-\omega)B(\tau) \quad (5.6)$$

$$\boldsymbol{M}=\mu_i\delta_{ij} \qquad (i=1,N); \qquad \boldsymbol{W}=\tilde{\omega}_i\delta_{ij} \qquad (i=1,N) \quad (5.7)$$

m为傅立叶展开式的阶数，$\{\mu_i,w_i\}$表示取样点和权重，+代表方向向下，−代表方向向上。

辐射传输的形式解可以写成：

$$\boldsymbol{u}^{\pm}(\tau^{\pm})=\boldsymbol{R}^{\mp}\,\boldsymbol{u}^{\mp}(\tau^{\pm})+\boldsymbol{T}^{\pm}\,\boldsymbol{u}^{\pm}(\tau^{\mp})+\varepsilon^{\pm} \quad (5.8)$$

其中$\boldsymbol{R}$表示反射率矩阵，$\boldsymbol{T}$表示透过率矩阵，ε表示源向量，τ^-和τ^+分别代表层顶和层底的光学厚度。

BCC_RAD模式中矩阵算子辐射传输方案采用二流近似。因此，矩阵算子方法的各项退化为标量。矩阵算子二流近似方案在计算光学厚度较小或者涉及强吸收的时候，计算结果不太精确，最根本的原因是由于大气粒子的前向散射较强，相函数展开式仅展开到第2项，不足以精确描述强前向散射。因此，需要进行delta函数调整：

$$\tau\leftarrow(1-\tilde{\omega}f)\tau, \qquad \tilde{\omega}\leftarrow\frac{1-f}{1-\tilde{\omega}f}, \qquad g\leftarrow\frac{g-f}{1-f} \quad (5.9)$$

其中g表示非对称因子为相函数的展开式的第二项，f表示前向截断因子，表示相函数展开式的第3项及其后各项的和。

反射率R和透过率T可以表示为：

$$R=\frac{1}{2}\left[\frac{X(1+E)-\lambda(1-E)}{X(1+E)+\lambda(1-E)}+\frac{X(1-E)-\lambda(1+E)}{X(1-E)+\lambda(1+E)}\right] \quad (5.10)$$

$$T=\frac{1}{2}\left[\frac{X(1+E)-\lambda(1-E)}{X(1+E)+\lambda(1-E)}-\frac{X(1-E)/\lambda-(1+E)}{X(1-E)/\lambda+(1+E)}\right] \quad (5.11)$$

其中$X^{\pm}=\frac{1}{\mu}\{1-[P^0(\mu,\mu)\pm P^0(-\mu,\mu)]w\}$，$X=X^-$，$Y=X^+$，$G=XY$，$\lambda=\sqrt{G}$，$E=\mathrm{e}^{-\lambda\Delta\tau}$，$\Delta\tau$表示该层的光学厚度。

相函数可以表示为：

$$P^0(\pm\mu,\mu')=\int_0^{2\pi}P(\pm\mu,\mu',\varphi)\mathrm{d}\varphi=1/2(1\pm 3g\mu\mu') \quad (5.12)$$

源函数可以表示为：

$$\varepsilon^-=V_0^- - R\,V_0^+ - T\,V_1^- \quad (5.13)$$

$$\varepsilon^{+} = V_1^{+} - T V_0^{+} - R V_1^{-} \tag{5.14}$$

其中$V_0^{\pm}$，$V_1^{\pm}$可以通过下面过程计算：

$$W^{-} = \sqrt{w/\mu} \tag{5.15}$$

$$\sigma_S^{\pm} = W^{-}\tilde{\omega}[P^0(\mu,\mu_0) \pm P^0(-\mu,\mu_0)] \tag{5.16}$$

$$V_S^{\pm} = \frac{1}{2}[(1 \pm \frac{1}{X\mu_0})\frac{\sigma_S^{+} X\mu_0 + \sigma_S^{-}}{G\mu_0 - 1/\mu_0} \pm \frac{\sigma_S^{-}}{X}] \tag{5.17}$$

将普朗克函数展开：

$$B(\tau) = \sum_{n=0}^{N_b} b_n (\tau - \tau^{-})^n \tag{5.18}$$

对b_n进行 delta 调整：

$$b_n \leftarrow \frac{b_n}{(1-\tilde{\omega}f)^n} \tag{5.19}$$

$$c_n = 2\pi(1-\omega) W^{-} b_n \tag{5.20}$$

$$D_0^{\pm} = (2c_2/G + c_0)/Y \mp c_1/G \tag{5.21}$$

$$D_1^{\pm} = c_1/Y \mp 2c_2/G, \qquad D_2^{\pm} = \frac{c_2}{Y} \tag{5.22}$$

$$V_0^{\pm} = V_S^{\pm} e^{-\tau^{-}/\mu_0} F_0 + D_0^{\pm} \tag{5.23}$$

$$V_1^{\pm} = V_S^{\pm} e^{-\tau^{+}/\mu_0} F_0 + D_0^{\pm} + D_1^{\pm}\Delta\tau + D_2^{\pm}\Delta\tau^2 \tag{5.24}$$

源函数还可以被分为太阳辐射和热红外项：

$$\varepsilon^{\pm} = \varepsilon_S^{\pm} e^{-\tau^{-}/\mu_0} F_0 + \varepsilon_B^{\pm} \tag{5.25}$$

右边第一项表示太阳辐射，右边第二项表示热红外辐射。

由此，可以求得单层大气的短波辐射强度。

对于多层大气而言，利用累加法可以得到二层大气的反射率、透射率和源函数项：

$$R_{1,2}^{+} = R_1^{+} + T_1^{-}(I - R_2^{+} R_1^{-}) R_2^{+} T_1^{+} \tag{5.26}$$

$$T_{1,2}^{-} = T_1^{-}(I - R_2^{+} R_1^{-})^{-1} T_2^{-} \tag{5.27}$$

$$\varepsilon_{1,2}^{-} = \varepsilon_1^{-} + T_1^{-}(I - R_2^{+} R_1^{-})^{-1}(R_2^{+}\varepsilon_1^{+} + \varepsilon_2^{-}) \tag{5.28}$$

$$\varepsilon_{1,2}^{+} = \varepsilon_2^{+} + T_2^{+}[\varepsilon_1^{+} + R_1^{-}(I - R_2^{+} R_1^{-})^{-1} X(R_2^{+}\varepsilon_1^{+} + \varepsilon_2^{-})] \tag{5.29}$$

从而进一步得到二层大气的辐射强度：

$$u^{+} = (I - R_1^{-} R_2^{+})^{-1}(R_1^{-}\varepsilon_2^{-} + \varepsilon_1^{+}) \tag{5.30}$$

$$u^{-} = R_2^{+} u^{+} + \varepsilon_2^{-} \tag{5.31}$$

则短波和长波的辐射通量分别为：

$$F^{\pm} = \mu\omega u^{\pm} + \mu_0 e^{-\tau/\mu_0} F_0 \tag{5.32}$$

$$F^{\pm} = \pi u^{\pm} \tag{5.33}$$

$$u^{\pm} = u^{\pm}/\sqrt{\mu\omega} \tag{5.34}$$

矩阵算子辐射传输方法可以同时用来计算长短波辐射传输。

5.2.2 Eddington 近似

辐射传输的原始方程可以写作：

$$\mu \frac{\mathrm{d}I(\tau,\mu,\varphi)}{\mathrm{d}\tau} = I(\tau,\mu,\varphi) - \frac{\bar{\omega}}{4\pi}\int_{4\pi} I(\tau,\mu,\varphi)P(\mu,\varphi;\mu',\varphi')\mathrm{d}\mu'\mathrm{d}\varphi' - \frac{\bar{\omega}}{4\pi}F_0 P(\mu,\varphi;-\mu_0,\varphi_0)\mathrm{e}^{-\tau/\mu_0} + (1-\bar{\omega})B[T(\tau)] \tag{5.35}$$

式中，$I(\tau,\mu,\varphi)$为辐射强度，$\mu=\cos\theta$，θ 为局地天顶角，$\mu_0=\cos\theta_0$，θ_0 为太阳天顶角，$\bar{\omega}$ 为单散射反照率，F_0 为太阳通量，$P(\mu,\varphi;\mu',\varphi')$为相函数。

假设辐射强度与方位角无关，同时略去热红外发射项，则原始方程化简为：

$$\mu \frac{\mathrm{d}I(\tau,\mu)}{\mathrm{d}\tau} = I(\tau,\mu) - \frac{\bar{\omega}}{2}\int_{-1}^{1} I(\tau,\mu)P(\mu,\mu')\mathrm{d}\mu' - \frac{\bar{\omega}}{4\pi}F_0 P(\mu;-\mu_0)\mathrm{e}^{-\tau/\mu_0} \tag{5.36}$$

为了求解上式，将相函数展开：

$$P(\mu,\mu') = \sum_{l=0}^{N} \bar{\omega}_l P_l(\mu) P_l(\mu') \tag{5.37}$$

其中系数 $\bar{\omega}_0=1$，$\bar{\omega}_1=3g$，g 为不对称因子。

利用勒让德多项式的正交和递归性质，将辐射传输方程分解为 N 个调和函数：

$$\frac{l}{2l-1}\frac{\mathrm{d}I_{l-1}}{\mathrm{d}\tau} + \frac{l+1}{2l+3}\frac{\mathrm{d}I_{l+1}}{\mathrm{d}\tau} = I_l\left(1-\frac{\bar{\omega}\bar{\omega}_l}{2l+1}\right) - \frac{\bar{\omega}}{4\pi}\bar{\omega}_l P_l(-\mu_0)F_0\mathrm{e}^{-\tau/\mu_0}$$
$$(l=0,1,2,\cdots,N) \tag{5.38}$$

设

$$I(\tau,\mu) = I_0 + \mu I_1(\mu) \tag{5.39}$$

$$P(\mu,\mu') = 1 + 3g\mu\mu' \tag{5.40}$$

则可得：

$$\frac{\mathrm{d}I_1}{\mathrm{d}\tau} = 3(1-\bar{\omega})I_0 - \frac{3\bar{\omega}}{4\pi}F_0\mathrm{e}^{-\tau/\mu_0} \tag{5.41}$$

$$\frac{\mathrm{d}I_0}{\mathrm{d}\tau} = (1-\bar{\omega}g)I_1 + \frac{3\bar{\omega}}{4\pi}g\mu_0 F_0\mathrm{e}^{-\tau/\mu_0} \tag{5.42}$$

在不考虑太阳辐射时：

$$\frac{\mathrm{d}I_1}{\mathrm{d}\tau} = 3(1-\bar{\omega})I_0 \tag{5.43}$$

$$\frac{\mathrm{d}I_0}{\mathrm{d}\tau} = (1-\bar{\omega}g)I_1 \tag{5.44}$$

通解为

$$I_0(\tau) = C\mathrm{e}^{-k\tau} + D\mathrm{e}^{k\tau} \tag{5.45}$$

$$I_1(\tau) = PC\mathrm{e}^{-k\tau} - PD\mathrm{e}^{k\tau} \tag{5.46}$$

其中 $k=\sqrt{3(1-\bar{\omega})(1-\bar{\omega}g)}$，$P=k/(1-\bar{\omega}g)$。

考虑边界条件：

$$F^{+}(\tau_0) = 2\pi\int_0^{-1}[I_0(\tau_0) + \mu I_1(\tau_0)]\mu d\mu = 0 \tag{5.48}$$

则反射率和透过率为：

$$\bar{r} = F^{+}(0)/\pi = \frac{1}{N}(1 - \widetilde{P}^2)(e^{k\tau_0} - e^{-k\tau_0}) \tag{5.49}$$

$$\bar{t} = F^{-}(\tau_0)/\pi = \frac{4\widetilde{P}}{N} \tag{5.50}$$

其中 $N=(1+\widetilde{P})^2 e^{k\tau_0} - (1-\widetilde{P})^2 e^{-k\tau_0}$，$\widetilde{P} = \frac{2}{3}P$

考虑太阳辐射时：

$$I_0(\tau) = Ce^{-k\tau} + De^{k\tau} - \mu_0 e^{\tau/\mu_0} \tag{5.51}$$

$$I_1(\tau) = PCe^{-k\tau} - PD\alpha e^{k\tau} - \frac{3}{2}\mu_0\gamma e^{-\tau/\mu_0} \tag{5.52}$$

考虑边界条件：

$$F(0) = F(\tau_0) = 0 \tag{5.53}$$

向上和向下的通量为：

$$F^{\pm}(\tau) = 2\pi\mu_1 I^{\pm}(\tau) \tag{5.54}$$

则反射率和透过率为：

$$R(\tau_0,\mu_0) = \frac{F^{+}(0)}{\mu_0 F_0} = (\varepsilon - \gamma)(\bar{t}e^{-\tau_0/\mu_0} - 1) + (\varepsilon + \gamma)\bar{r} \tag{5.55}$$

$$T(\tau_0,\mu_0) = \frac{F^{-}(\tau_0)}{\mu_0 F_0} + e^{-t_0/\mu_0} = (\varepsilon + \gamma)(\bar{t} - e^{-\tau_0/\mu_0}) + (\varepsilon - \gamma)\bar{r}e^{-\tau_0/\mu_0} + e^{-\tau_0/\mu_0} \tag{5.56}$$

其中　$\varepsilon=\frac{3}{4}\tilde{\omega}\mu_0[1+g(1-\tilde{\omega})]/(1-\mu_0{}^2k^2)$，$\gamma=\frac{1}{2}\tilde{\omega}[1+3g(1-\tilde{\omega})\mu_0{}^2]/(1-\mu_0{}^2k^2)$

吸收率为：

$$A(\tau_0,\mu_0) = 1 - R(\tau_0,\mu_0) - T(\tau_0,\mu_0) \tag{5.57}$$

5.3　四流算法

5.3.1　四流离散纵坐标累加法

在无时间变化，弹性、独立散射的近似条件下，方位角平均的平面平行的辐射传输方程为(Liou *et al.*，1988)：

$$\mu\frac{dI(\tau,\mu)}{d\tau} = I(\tau,\mu) - \frac{\omega}{2}\int_{-1}^{1}I(\tau,\mu')P(\mu,\mu')d\mu' - \frac{\omega}{4\pi}F_0 e^{-\tau/\mu_0}P(\mu,-\mu_0) \tag{5.58}$$

$$I(0,\mu) = 0 \qquad (-1 \leqslant \mu \leqslant 0) \tag{5.59}$$

$$I(\tau_0,\mu) = 0 \qquad (0 \leqslant \mu \leqslant 1) \tag{5.60}$$

以上方程主要针对太阳的短波辐射，因此，长波发射项被忽略。这里 $I(\tau,\mu)$ 是指介质中光学厚度为 τ、天顶角的方向余弦为 μ 的辐射强度。(5.59)式和(5.60)式是辐射传输方程的边界条件，表示介质的上边界和下边界无漫射入射辐射。F_0 为大气顶垂直于太阳光方向的辐射通量。其中方位角平均的相函数为：

$$P(\mu,\mu') = \sum_{l=0}^{N} \omega_l P_l(\mu) P_l(\mu') \tag{5.61}$$

以下简单介绍其求解过程，详细推导过程见 Liou 等(1988)和 Zhang 等(2013)。利用四个高斯点对积分区间[−1,1]进行近似求和，并结合其边界条件(5.59)−(5.60)式，得：

$$\mu_i \frac{\mathrm{d}I_i}{\mathrm{d}\tau} = I_i - \frac{\omega}{2}\sum_{l=0}^{3}\omega_l P_l(\mu_i)\sum_{j=-2}^{2} a_j I_j P_l(\mu_j) - \frac{\omega}{4\pi}F_0 \sum_{l=0}^{3}\omega_l P_l(\mu_i) P_l(-\mu_0)\mathrm{e}^{-\tau/\mu_0}$$

$$(i = \pm 1, \pm 2) \tag{5.62}$$

$$I_{-1,-2}(\tau = 0) = 0 \tag{5.63}$$

$$I_{1,2}(\tau = \tau_0) = 0 \tag{5.64}$$

其中 $I_i \equiv I(\tau,\mu_i)$，$\mu_{-i} = -\mu_i$ 且 $a_{-i} = a_i$，$\sum_{i=-2}^{2} a_i = 2(i = \pm 1, \pm 2)$。利用双高斯积分点(Sykes, 1951; Li, 2000)，即 $\mu_1 = 0.2113248$，$\mu_2 = 0.7886752$，$a_1 = 0.5$ 和 $a_2 = 0.5$。方程(5.62)是四个一阶线性微分方程组，根据线性微分方程的基本理论，求的解为：

$$\begin{bmatrix} I_2(\tau = 0) \\ I_1(\tau = 0) \\ I_{-1}(\tau = \tau_0) \\ I_{-2}(\tau = \tau_0) \end{bmatrix} = \boldsymbol{A}_2 \boldsymbol{A}_1^{-1} \boldsymbol{H}_1 + \boldsymbol{H}_2 \tag{5.65}$$

其中矩阵 $\boldsymbol{A}_2$，$\boldsymbol{A}_1^{-1}$，$\boldsymbol{H}_1$ 和 $\boldsymbol{H}_2$ 定义见 Zhang 等(2013)。为了方便在下文的推导，定义了反射矩阵和透射矩阵(reflection and transmission matrix)。其中，直接入射辐射的反射率/透射矩阵(direct reflection/transmission matrix)定义如下：

$$\boldsymbol{R}(\mu_0) = \begin{bmatrix} R(\mu_1,\mu_0) \\ R(\mu_2,\mu_0) \end{bmatrix} \tag{5.66}$$

$$\boldsymbol{T}(\mu_0) = \begin{bmatrix} T(\mu_1,\mu_0) \\ T(\mu_2,\mu_0) \end{bmatrix} \tag{5.67}$$

其中 $R(\mu_i,\mu_0) = \dfrac{\pi I_i(\tau=0)}{\mu_0 F_0}$ 和 $T(\mu_i,\mu_0) = \dfrac{\pi I_{-i}(\tau=\tau_0)}{\mu_0 F_0}(i=1,2)$。$\boldsymbol{T}(\mu_0)$ 只包含了透射矩阵的漫射部分，而太阳光束的直射透射率为 $T^{dir}(\mu_0) = \mathrm{e}^{-\tau_0/\mu_0}$。直接入射辐射的反射率/总透射率 $[r(\mu_0)/t(\mu_0)]$ 为：

$$r(\mu_0) = \boldsymbol{\mu} \cdot \boldsymbol{R}(\mu_0) \tag{5.68}$$

$$t(\mu_0) = \boldsymbol{\mu} \cdot \boldsymbol{T}(\mu_0) + T^{dir}(\mu_0) \tag{5.69}$$

其中 $\boldsymbol{\mu} = [\mu_1 \quad \mu_2]$，即为 1×2 的矩阵。同样，定义漫射入射辐射的透射/反射矩阵(diffuse refection/transmission matrix)如下：

$$\overline{\boldsymbol{R}} = [\overline{\boldsymbol{R}}^1 \quad \overline{\boldsymbol{R}}^2] \tag{5.70}$$

$$\overline{\boldsymbol{T}} = [\overline{\boldsymbol{T}}^1 \quad \overline{\boldsymbol{T}}^2] \tag{5.71}$$

其中 $\overline{\boldsymbol{R}}^i = \boldsymbol{R}(\mu_i)\mu_i$，$\overline{\boldsymbol{T}}^i = \boldsymbol{T}(\mu_i)\mu_i + \begin{bmatrix} \delta_{i,1} T^{dir}(\mu_1) \\ \delta_{i,2} T^{dir}(\mu_2) \end{bmatrix}$，$\boldsymbol{R}(\mu_i) = \begin{bmatrix} R(\mu_1,\mu_i) \\ R(\mu_2,\mu_i) \end{bmatrix}$ 和 $\boldsymbol{T}(\mu_i) = \begin{bmatrix} T(\mu_1,\mu_i) \\ T(\mu_2,\mu_i) \end{bmatrix}$

$\left[\delta_{i,j} = \begin{cases} 1 & (i=j) \\ 0 & (i \neq j) \end{cases} \text{和 } i = 1,2\right]$。

第 1 层开始不断向下迭代，得到第 1 层到第 k 层联合的透射矩阵$\boldsymbol{T}_{1,k}(\mu_0)$和反射矩阵$\overline{\boldsymbol{R}}^*{}_{1,k}$：

$$\boldsymbol{T}_{1,k}(\mu_0)=\boldsymbol{T}_k(\mu_0)\mathrm{e}^{-\tau_{1,k-1}/\mu_0}+\overline{\boldsymbol{T}}_k\boldsymbol{T}_{1,k-1}(\mu_0)+$$

$$\overline{\boldsymbol{T}}_k\overline{\boldsymbol{R}}^*_{1,k-1}[\boldsymbol{E}-\overline{\boldsymbol{R}}_k\overline{\boldsymbol{R}}^*_{1,k-1}]^{-1}[\boldsymbol{R}_k(\mu_0)\mathrm{e}^{-\tau_{1,k-1}/\mu_0}+\overline{\boldsymbol{R}}_k\boldsymbol{T}_{1,k-1}(\mu_0)] \tag{5.72}$$

$$\overline{\boldsymbol{R}}^*_{1,k}=\overline{\boldsymbol{R}}^*_k+\overline{\boldsymbol{T}}_k[\boldsymbol{E}-\overline{\boldsymbol{R}}^*_{1,k-1}\overline{\boldsymbol{R}}_k]^{-1}\overline{\boldsymbol{R}}^*_{1,k-1}\overline{\boldsymbol{T}}^*_k \tag{5.73}$$

其中 $\tau_{1,k}=\sum_{j=1}^{k}\tau_j$ 。从地表(第 N 层)开始不断向上迭代，得到第 N 层到第 k 层联合的反射矩阵$\boldsymbol{R}_{k,N}(\mu_0)$和$\overline{\boldsymbol{R}}_{k,N}$：

$$\boldsymbol{R}_{k,N}(\mu_0)=\boldsymbol{R}_k(\mu_0)+\overline{\boldsymbol{T}}^*_k[\boldsymbol{E}-\overline{\boldsymbol{R}}_{k+1,N}\overline{\boldsymbol{R}}^*_k]^{-1}[\boldsymbol{R}_{k+1,N}(\mu_0)\mathrm{e}^{-\tau_k/\mu_0}+\overline{\boldsymbol{R}}_{k+1,N}\boldsymbol{T}_k(\mu_0)] \tag{5.74}$$

$$\overline{\boldsymbol{R}}_{k,N}=\overline{\boldsymbol{R}}_k+\overline{\boldsymbol{T}}^*_k[\boldsymbol{E}-\overline{\boldsymbol{R}}_{k+1,N}\overline{\boldsymbol{R}}^*_k]^{-1}\overline{\boldsymbol{R}}_{k+1,N}\overline{\boldsymbol{T}}_k \tag{5.75}$$

并且 $\boldsymbol{R}_N(\mu_0)=\begin{bmatrix}\pi f(\mu_1,\mu_0)\\ \pi f(\mu_2,\mu_0)\end{bmatrix}$和 $\overline{\boldsymbol{R}}_N=[\overline{\boldsymbol{R}}^1{}_N\quad\overline{\boldsymbol{R}}^2{}_N]=\begin{bmatrix}\pi f(\mu_1,\mu_1)\mu_1 & \pi f(\mu_1,\mu_2)\mu_2\\ \pi f(\mu_2,\mu_1)\mu_1 & \pi f(\mu_2,\mu_2)\mu_2\end{bmatrix}$，其中 $f(\mu,\mu')$为地表双向反射率分布函数(BRDF)，在 $k+1$ 层(第 k 层的下边界)处向上和向下的无量纲的辐射强度[$\boldsymbol{U}_{k+1}(\mu_0)$和$\boldsymbol{D}_{k+1}(\mu_0)$] 为：

$$\boldsymbol{U}_{k+1}(\mu_0)=[\boldsymbol{E}-\overline{\boldsymbol{R}}_{k+1,N}\overline{\boldsymbol{R}}^*_{1,k}]^{-1}[\boldsymbol{R}_{k+1,N}(\mu_0)\mathrm{e}^{-\tau_{1,k}/\mu_0}+\overline{\boldsymbol{R}}_{k+1,N}\boldsymbol{T}_{1,k}(\mu_0)] \tag{5.76}$$

$$\boldsymbol{D}_{k+1}(\mu_0)=\boldsymbol{T}_{1,k}(\mu_0)+\overline{\boldsymbol{R}}^*_{1,k}[\boldsymbol{E}-\overline{\boldsymbol{R}}_{k+1,N}\overline{\boldsymbol{R}}^*_{1,k}]^{-1}[\boldsymbol{R}_{k+1,N}(\mu_0)\mathrm{e}^{-\tau_{1,k}/\mu_0}+\overline{\boldsymbol{R}}_{k+1,N}\boldsymbol{T}_{1,k}(\mu_0)] \tag{5.77}$$

因此，在 $k+1$ 层(第 k 层的下边界)处向上和向下的辐射通量分别为：

$$F^{\uparrow}_{k+1}=\mu_0F_0\boldsymbol{\mu}\cdot\boldsymbol{U}_{k+1}(\mu_0) \tag{5.78}$$

$$F^{\downarrow}_{k+1}=\mu_0F_0\boldsymbol{\mu}\cdot\boldsymbol{D}_{k+1}(\mu_0)+\mu_0F_0\mathrm{e}^{-\tau_{1,k}/\mu_0} \tag{5.79}$$

大气层顶向上和向下的辐射通量为：

$$F^{\uparrow}_1=\mu_0F_0\boldsymbol{\mu}\cdot\boldsymbol{R}_{1,N}(\mu_0) \tag{5.80}$$

$$F^{\downarrow}_1=\mu_0F_0 \tag{5.81}$$

5.3.2 四流球谐函数展开累加法

球谐函数展开的目的就是将辐射强度对角度的依赖进行分离，因此，假定：

$$I(\tau,\mu)=\sum_{l=0}^{N}I_l(\tau)P_l(\mu) \tag{5.82}$$

取 $N=3$，将辐射强度在角度空间分布用四个自由度来表示，即为四流函数展开方法，根据辐射传输方程可得：

$$\begin{cases}\dfrac{\mathrm{d}I_1}{\mathrm{d}\tau}=a_0I_0-b_0\mathrm{e}^{-\tau/\mu_0}\\ 2\dfrac{\mathrm{d}I_2}{\mathrm{d}\tau}+\dfrac{\mathrm{d}I_0}{\mathrm{d}\tau}=a_1I_1-b_1\mathrm{e}^{-\tau/\mu_0}\\ 3\dfrac{\mathrm{d}I_3}{\mathrm{d}\tau}+2\dfrac{\mathrm{d}I_1}{\mathrm{d}\tau}=a_2I_2-b_2\mathrm{e}^{-\tau/\mu_0}\\ 3\dfrac{\mathrm{d}I_2}{\mathrm{d}\tau}=a_3I_3-b_3\mathrm{e}^{-\tau/\mu_0}\end{cases} \tag{5.83}$$

其中 $a_l=[(2l+1)-\omega\omega_l]$和 $b_l=\omega\omega_lP_l(-\mu_0)\dfrac{F_0}{4\pi}$ $(l=0,1,2,3)$。以上方程可以矩阵形式表达：

$$\frac{\mathrm{d}}{\mathrm{d}\tau}\begin{bmatrix} I_0(\tau) \\ I_1(\tau) \\ I_2(\tau) \\ I_3(\tau) \end{bmatrix} = \begin{bmatrix} 0 & a_1 & 0 & -\frac{2}{3}a_3 \\ a_0 & 0 & 0 & 0 \\ 0 & 0 & 0 & \frac{1}{3}a_3 \\ -\frac{2}{3}a_0 & 0 & \frac{1}{3}a_2 & 0 \end{bmatrix} \begin{bmatrix} I_0(\tau) \\ I_1(\tau) \\ I_2(\tau) \\ I_3(\tau) \end{bmatrix} + \begin{bmatrix} \frac{2}{3}b_3 - b_1 \\ -b_0 \\ -\frac{1}{3}b_3 \\ \frac{2}{3}b_0 - \frac{1}{3}b_2 \end{bmatrix} \mathrm{e}^{-\tau/\mu_0} \tag{5.84}$$

Li 等(1996)利用一阶线性微分方程组基本理论,求得以上方程的解为:

$$\begin{bmatrix} I_0(\tau) \\ I_1(\tau) \\ I_2(\tau) \\ I_3(\tau) \end{bmatrix} = \begin{bmatrix} e_1 & e_3 & e_2 & e_4 \\ R_1 e_1 & -R_1 e_3 & R_2 e_2 & -R_2 e_4 \\ \hat{P}_1 e_1 & \hat{P}_1 e_3 & \hat{P}_2 e_2 & \hat{P}_2 e_4 \\ Q_1 e_1 & -Q_1 e_3 & Q_2 e_2 & -Q_2 e_4 \end{bmatrix} G + \begin{bmatrix} \eta_0 \\ \eta_1 \\ \eta_2 \\ \eta_3 \end{bmatrix} \mathrm{e}^{-f_0 \tau} \tag{5.85}$$

其中 $f_0 = 1/\mu_0$,$\boldsymbol{G} = [C_1 \quad D_1 \quad C_2 \quad D_2]^{\mathrm{T}}$,$e_1 = \mathrm{e}^{-k_1\tau}$,$e_2 = \mathrm{e}^{-k_2\tau}$,$e_3 = \mathrm{e}^{-k_1(\tau_0-\tau)}$ 和 $e_4 = \mathrm{e}^{-k_2(\tau_0-\tau)}$。其他相关的参数 $Q_{1,2}$,$R_{1,2}$,$\hat{P}_{1,2}$,$k_{1,2}$ 和 $\eta_{0,1,2,3}$ 相关定义见 Zhang 等(2013)。从第 1 层开始不断向下迭代,得到第 1 层到第 k 层联合的透射矩阵$\boldsymbol{T}_{1,k}(\mu_0)$和反射矩阵$\overline{\boldsymbol{R}}_{1,k}^{*}$:

$$\begin{aligned} \boldsymbol{T}_{1,k}(\mu_0) = {} & \boldsymbol{T}_k(\mu_0)\mathrm{e}^{-\tau_{1,k-1}/\mu_0} + \\ & \overline{\boldsymbol{T}}_k \boldsymbol{T}_{1,k-1}(\mu_0) + \overline{\boldsymbol{T}}_k \overline{\boldsymbol{R}}_{1,k-1}^{*} [\boldsymbol{E} - \overline{\boldsymbol{R}}_k \overline{\boldsymbol{R}}_{1,k-1}^{*}]^{-1} [\boldsymbol{R}_k(\mu_0)\mathrm{e}^{-\tau_{1,k-1}/\mu_0} + \overline{\boldsymbol{R}}_k \boldsymbol{T}_{1,k-1}(\mu_0)] \end{aligned} \tag{5.86}$$

$$\overline{\boldsymbol{R}}_{1,k}^{*} = \overline{\boldsymbol{R}}_k^{*} + \overline{\boldsymbol{T}}_k \overline{\boldsymbol{R}}_{1,k-1}^{*} [\boldsymbol{E} - \overline{\boldsymbol{R}}_{1,k-1}^{*} \overline{\boldsymbol{R}}_k]^{-1} \overline{\boldsymbol{T}}_k^{*} \tag{5.87}$$

其中 $\tau_{1,k} = \sum_{j=1}^{k} \tau_j$。从地表(第 N 层)开始不断向上迭代,得到第 N 层到第 k 层联合的反射矩阵$\boldsymbol{R}_{k,N}(\mu_0)$和$\overline{\boldsymbol{R}}_{k,N}$:

$$\boldsymbol{R}_{k,N}(\mu_0) = \boldsymbol{R}_k(\mu_0) + \overline{\boldsymbol{T}}_k^{*} [\boldsymbol{E} - \overline{\boldsymbol{R}}_{k+1,N} \overline{\boldsymbol{R}}_k^{*}]^{-1} [\boldsymbol{R}_{k+1,N}(\mu_0)\mathrm{e}^{-\tau_k/\mu_0} + \overline{\boldsymbol{R}}_{k+1,N} \boldsymbol{T}_k(\mu_0)] \tag{5.88}$$

$$\overline{\boldsymbol{R}}_{k,N} = \overline{\boldsymbol{R}}_k + \overline{\boldsymbol{T}}^{*}{}_k \overline{\boldsymbol{R}}_{k+1,N} [\boldsymbol{E} - \overline{\boldsymbol{R}}_k^{*} \overline{\boldsymbol{R}}_{k+1,N}]^{-1} \overline{\boldsymbol{T}}_k \tag{5.89}$$

其中$\boldsymbol{R}_N(\mu_0) = \begin{bmatrix} r_s \\ \gamma_N(\mu_0) \end{bmatrix}$,$\overline{\boldsymbol{R}}_N(\mu_0) = \begin{bmatrix} r_s & 0 \\ \gamma_N^a & 0 \end{bmatrix}$和 $\gamma_N(\mu_0) = \gamma_N^a = 2\int_0^1 r_s P_3(\mu)\mathrm{d}\mu = -\frac{1}{4}r_s$,$r_s$ 为朗伯地表反照率。在 $k+1$ 层(第 k 层的下边界)处向上和向下的无量纲的辐射强度$\boldsymbol{U}_{k+1}(\mu_0) = \begin{bmatrix} u_{k+1}(\mu_0) \\ \nu_{k+1}(\mu_0) \end{bmatrix}$和$\boldsymbol{D}_{k+1}(\mu_0) = \begin{bmatrix} d_{k+1}(\mu_0) \\ \sigma_{k+1}(\mu_0) \end{bmatrix}$为:

$$\boldsymbol{U}_{k+1}(\mu_0) = [\boldsymbol{E} - \overline{\boldsymbol{R}}_{k+1,N} \overline{\boldsymbol{R}}_{1,k}^{*}]^{-1} [\boldsymbol{R}_{k+1,N}(\mu_0)\mathrm{e}^{-\tau_{1,k}/\mu_0} + \overline{\boldsymbol{R}}_{k+1,N} \boldsymbol{T}_{1,k}(\mu_0)] \tag{5.90}$$

$$\boldsymbol{D}_{k+1}(\mu_0) = \boldsymbol{T}_{1,k}(\mu_0) + \overline{\boldsymbol{R}}_{1,k}^{*} [\boldsymbol{E} - \overline{\boldsymbol{R}}_{k+1,N} \overline{\boldsymbol{R}}_{1,k}^{*}]^{-1} [\boldsymbol{R}_{k+1,N}(\mu_0)\mathrm{e}^{-\tau_{1,k}/\mu_0} + \overline{\boldsymbol{R}}_{k+1,N} \boldsymbol{T}_{1,k}(\mu_0)] \tag{5.91}$$

因此,在 $k+1$ 层(第 k 层的下边界)处向上和向下的辐射通量分别为:

$$F_{k+1}^{\uparrow} = \mu_0 F_0 u_{k+1}(\mu_0) \tag{5.92}$$

$$F_{k+1}^{\downarrow} = \mu_0 F_0 d_{k+1}(\mu_0) + \mu_0 F_0 \mathrm{e}^{-\tau_{1,k}/\mu_0} \tag{5.93}$$

大气层顶向上和向下的辐射通量为:

$$F_1^{\uparrow} = \mu_0 F_0 r_{1,N}(\mu_0) \tag{5.94}$$

$$F_1^{\downarrow} = \mu_0 F_0 \tag{5.95}$$

其中 u_{k+1}，d_{k+1} 和 $r_{1,N}$ 为矩阵 $\boldsymbol{U}_{k+1}(\mu_0)$，$\boldsymbol{D}_{k+1}(\mu_0)$ 和 $\boldsymbol{R}_{1,N}(\mu_0)$ 的第一个元素。

5.3.3　结果比较和讨论

实际大气中的辐射传输是一个非常复杂的过程，包含了气体的吸收，云和气溶胶粒子的散射和吸收等过程。因此，在实际大气条件下，评估各种近似方法的精确度非常重要。将 δ-2DDA，δ-2SDA，δ-4DDA，δ-4SDA 和 DISORT 的 128 流分别应用到 BCC_RAD 辐射模式中，并以 128 流为标准值评估 δ-2DDA，δ-2SDA，δ-4DDA 和 δ-4SDA 四种方案的计算精度。选用中纬度冬季大气廓线，且被垂直分成 280 层，每层的厚度为 0.25 km。CO_2，CH_4 和 NO_2 的含量分别设为 330，1.6 ppmv 和 0.28 ppmv，且垂直均匀分布。辐射模式中太阳常数 $F_0=1357.4\ \mathrm{W \cdot m^{-2}}$，地表反照率设为 0.2。对于水云，所需参数则为云水路径（LWC）和有效半径（r_e）。对于冰云，所需参数为冰水路径（IWC）和平均有效直径（D_e）（Fu *et al.*，1997）。给出以下三种条件：①晴空；②低云（$LWC=0.22\ \mathrm{g \cdot m^{-3}}$，$r_e=5.89\ \mu\mathrm{m}$），云的高度范围为 1.0～2.0 km；③中云（$LWC=0.28\ \mathrm{g \cdot m^{-3}}$，$r_e=6.2\ \mu\mathrm{m}$），云的高度范围为 3.0～4.0 km。在以下计算中，选择 $\mu_0=1$，$\mu_0=0.5$ 和 $\mu_0=0.25$ 这三种太阳天顶角。

如图 5.1 所示，第一行为不同太阳天顶角下 128 流方案计算的晴空加热率，并以此为标准。第二行为 δ-2DDA，δ-2SDA，δ-4DDA 和 δ-4SDA 四种方法和标准值的绝对误差。总体而言，δ-2DDA 和 δ-2SDA 两种方案在晴空条件下相对较为准确，但在近地面的误差较大，尤其是 δ-2DDA 方法在近地面的相对误差约为 2%。晴空条件下 δ-2SDA 方案优于 δ-2DDA 方案。δ-4DDA 和 δ-4SDA 这两种方案比 δ-2DDA 和 δ-2SDA 方案更为精确。

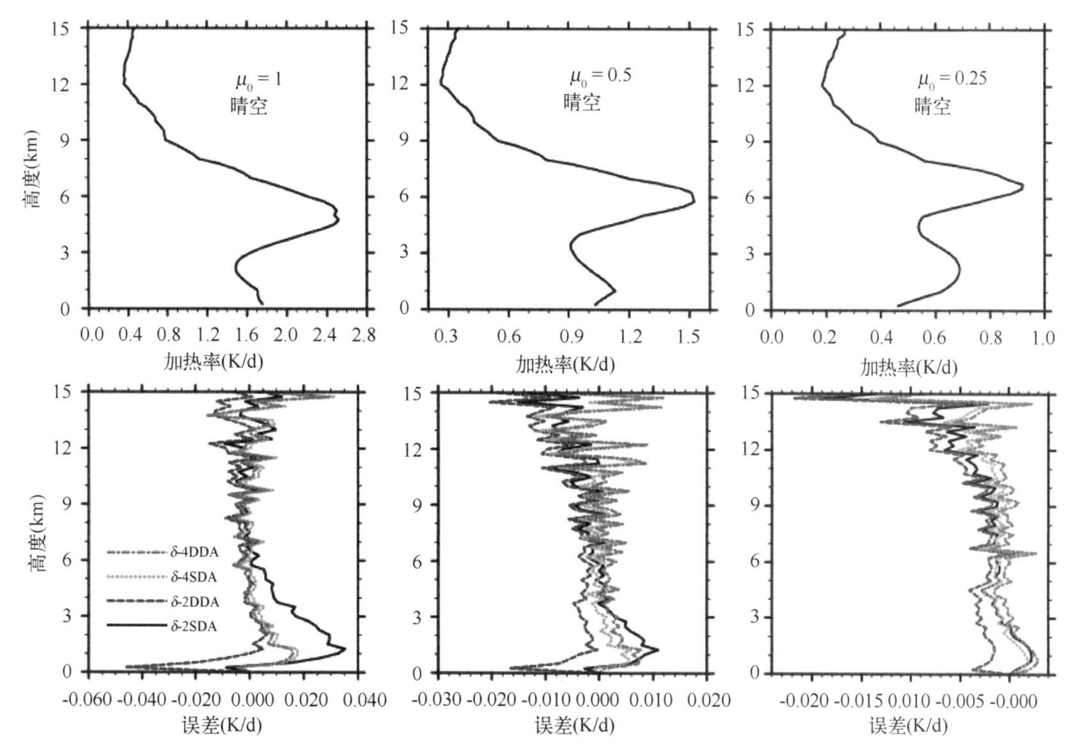

图 5.1　在晴空条件下，各个方案计算所得的加热率及误差。第一行为 δ-128S 方法得到的加热率，第二行为 δ-2DDA，δ-2SDA，δ-4DDA 和 δ-4SDA 方法所得加热率的误差（以 δ-128S 方法为标准值）

如图 5.2 所示，在低云和中云情况下，δ-2DDA 和 δ-2SDA 方案所得到加热率的绝对误差远远高于晴空条件下的绝对误差。当 $\mu_0=1$ 时，δ-2DDA 方案的绝对误差分别达到了

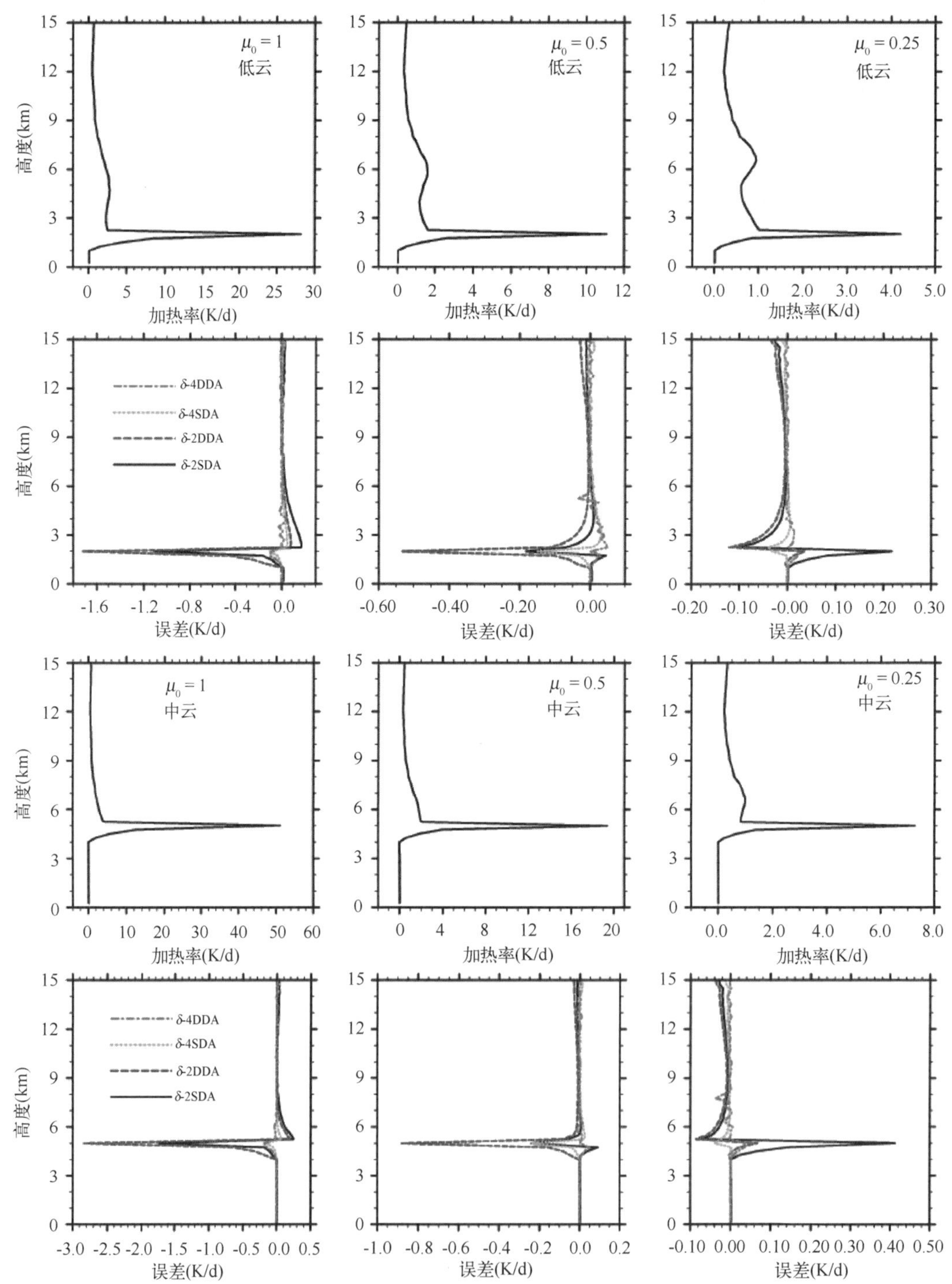

图 5.2　分别在低云和中云条件下，各个方案计算所得的加热率及误差。第一行和第三行是 δ-128S 方法得到的加热率，第二行和第四行为 δ-2DDA，δ-2SDA，δ-4DDA 和 δ-4SDA 方法所得加热率的误差（以 δ-128S 方法为标准值）

1.7 K/d(低云)和 2.9 K/d(中云)(相对误差大约为 6%)。δ-2SDA 方案的绝对误差则比 δ-2DDA 方案小。而当 $\mu_0=0.25$ 时,δ-2SDA 方案的绝对误差则大于 δ-2DDA 方案。而 δ-4DDA 和 δ-4SDA 这两种方案的误差很小,在这三种天顶角条件下,其相对误差都在 1%以下。这说明这两种方案能精确计算云顶加热率。

5.4　二流四流混合算法

在 BCC_RAD 辐射传输短波计算中,包括了二流四流混合算法(张华 等,2014)。

辐射传输方程可以写成:

$$\mu\frac{\mathrm{d}I}{\mathrm{d}\tau}=I-J-J_0 \tag{5.96}$$

其中 μ 为局地天顶角,I 是辐射强度,τ 是光学厚度,J 是多次散射项,J_0 是单次散射项。四流球谐函数辐射传输算法将辐射强度展开成球谐函数:

$$I=\sum_{l=0}\sum_{m=-l}^{l}(2l+1)^{1/2}I_l^m(\tau)Y_l^m(\mu) \tag{5.97}$$

$$J=\bar{\omega}\sum_{l=0}\sum_{m=-l}^{l}\frac{\bar{\omega}_l}{(2l+1)^{1/2}}I_l^m(\tau)Y_l^m(\mu) \tag{5.98}$$

$$J_0=\frac{\bar{\omega}}{4}\sum_{l=0}\sum_{m=-l}^{l}\frac{\bar{\omega}_l}{(2l+1)}Y_l^m(\mu)Y_l^{m*}(-\mu_0)F_0\mathrm{e}^{-\tau/\mu_0} \tag{5.99}$$

其中 I_l^m 是辐射强度的 l 阶展开式,$Y_l^m(\mu)$是球谐函数,$Y_l^{m*}(\mu)$是其复共轭,$\bar{\omega}_l$ 由其勒让德函数决定,F_0 是太阳辐射强度,$\mu_0=\cos\theta_0$,θ_0 是太阳天顶角。

将(5.97),(5.98),(5.99)式代入(5.96)式整理,并将 l 展开到第 4 项,可得常系数线性微分方程组。通过求解,可得辐射强度的各展开项的数值。利用公式(5.97)可得到辐射强度,同时也可以得到透过率和反射率。详细的计算过程可见 Li 等(1996)。

Coakley 等(1983)给出了计算两层大气总的反射率和透射率的公式:

$$r_{12}(\mu_0)=r_1(\mu_0)+\frac{\overline{t_1}\left[t_1(\mu_0)-\mathrm{e}^{-\tau_1/\mu_0}\,\overline{r_1}+\mathrm{e}^{-\tau_1/\mu_0}r_2(\mu_0)\right]}{1-\overline{r_1}\,\overline{r_2}} \tag{5.100}$$

$$t_{12}(\mu_0)=\mathrm{e}^{-\tau_1/\mu_0}t_2(\mu_0)+\frac{\overline{t_2}\left[t_1(\mu_0)-\mathrm{e}^{-\tau_1/\mu_0}+\mathrm{e}^{-\tau_1/\mu_0}r_2(\mu_0)\,\overline{r_1}\right]}{1-\overline{r_1}\,\overline{r_2}} \tag{5.101}$$

$$\overline{r_{12}}=\overline{r_1}+\frac{\overline{t_1}\,\overline{r_2}\,\overline{t_1}}{1-\overline{r_1}\,\overline{r_2}} \tag{5.102}$$

$$\overline{t_{12}}=\frac{\overline{t_1}\,\overline{t_2}}{1-\overline{r_1}\,\overline{r_2}} \tag{5.103}$$

其中$\bar{r}$,$\bar{t}$表示漫射反射率和透过率,可以通过假设太阳辐射为 0,求解常系数线性微分方程组得到。通过上述公式,可以得到任意两层的反射率和透过率,从而得到每层大气的向上通量和向下通量。

选取 48 流 DISORT 辐射传输算法作为参考标准。将 48 流 DISORT 辐射传输算法、Eddington 近似辐射传输方案、四流球谐函数辐射传输方案、四流离散纵坐标辐射传输方案加入 BCC_RAD 大气辐射模式。四种辐射传输方案的相函数展开式采用 Henyey 等(1941)年提

出的公式 $P(\cos\Theta)=\sum_{l=0}^{N}(2l+1)g^{l}P_{l}(\cos\Theta)$。48 流 DISORT 辐射传输算法相函数展开为 48 项，Eddington 近似辐射传输算法相函数展开成两项，四流球谐函数和四流离散纵坐标辐射传输方案相函数展开成四项。在进行辐射传输计算之前，对光学厚度、单次散射比和相函数采用 delta 函数调整(廖国男，2004)。

首先在晴空情况下，比较 Eddington 近似、四流球谐函数、四流离散纵坐标辐射传输方案和 48 流 DISORT 辐射传输算法计算的辐射通量及加热率的差别。大气廓线采用中纬度夏季大气廓线，模式的垂直分辨率为 1 km，模式顶选取在 50 km 处。地表反照率采用 Nakajima 等(2000)的方案，在短波第 9、第 10 波段分别取 0.1 和 0.26，在短波 11～17 波段取为 0.3(BCC_RAD 辐射模式共分为 17 个带，其中第 1～8 带为长波辐射，第 9～17 带为短波辐射)。

图 5.3 给出了晴空加热率的比较结果。从中可以看出，Eddington 近似、四流球谐函数、四流离散纵坐标三种辐射传输方案与 48 流 DISORT 辐射传输方案计算的加热率相比，太阳天顶角为 0°时，40 km 以下的绝对误差都小于 0.3 K/d；太阳天顶角为 60°时，40 km 以下的绝对误差都小于 0.15 K/d。同时我们可以发现在 20 km 以下，三种辐射传输方案计算的加热率与 48 流 DISORT 辐射传输方案计算的加热率的差别很小，不论是太阳天顶角为 60°还是太阳天顶角为 0°时，绝对误差都小于 0.03 K/d；而在 20 km 以上，三种辐射传输方案计算的加热率

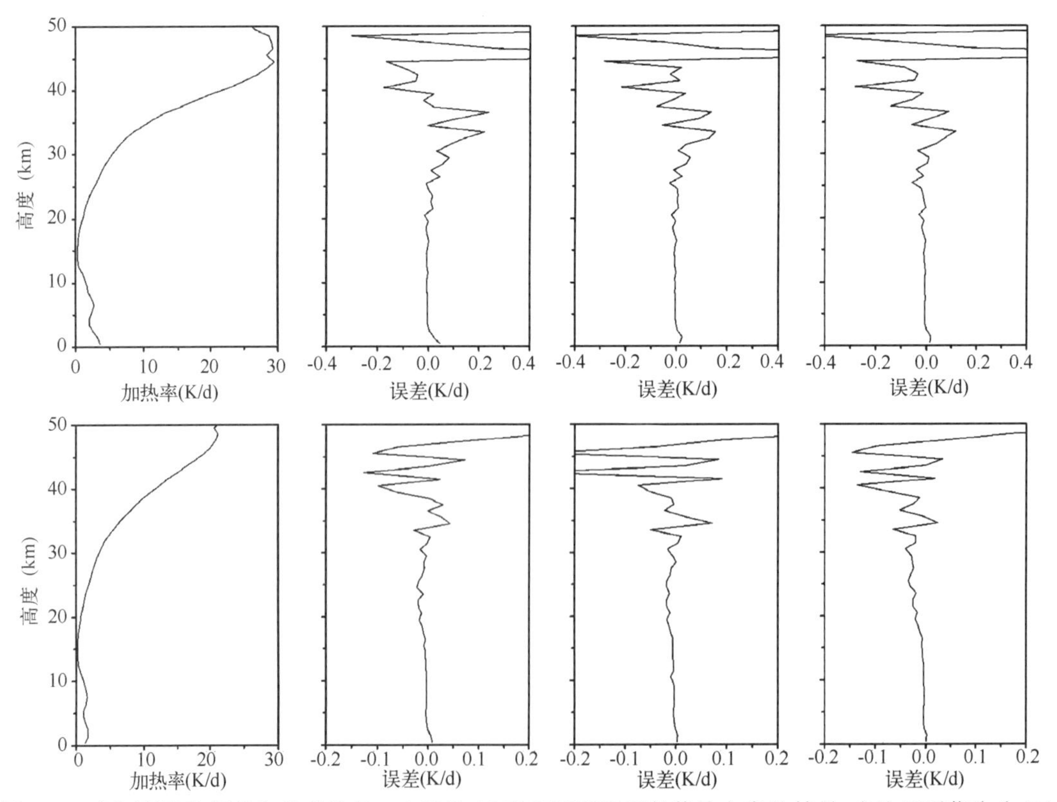

图 5.3 晴空情况下，短波加热率比较。左列为 48 流 DISORT 辐射传输方案的结果，右边三列依次为 Eddington 近似、四流球谐函数、四流离散纵坐标辐射传输方案与 48 流 DISORT 辐射传输方案的差值。第一排为太阳天顶角为 0°时的结果，第二排为太阳天顶角为 60°时的结果

误差虽然有所增加，但是，由于 20 km 以上，短波加热率也比较大，因此，三种辐射传输方案计算的加热率的相对误差并不大。在晴空大气条件下，四流球谐函数、四流离散纵坐标辐射传输方案两种四流辐射传输方案与 Eddington 近似二流辐射传输方案相比，差别不大，精度都能满足气候模式的需要。

图 5.4 给出了短波向下辐射通量的比较结果。从中可以看出，Eddington 近似、四流球谐函数、四流离散纵坐标三种辐射传输方案与 48 流 DISORT 辐射传输方案的结果相比，太阳天顶角为 0°时，Eddington 近似的最大误差为 $-6.3\ \mathrm{W\cdot m^{-2}}$；四流球谐函数法的最大误差为 $-1.5\ \mathrm{W\cdot m^{-2}}$；四流离散纵坐标法的最大误差为 $-2.8\ \mathrm{W\cdot m^{-2}}$。太阳天顶角为 60°时，Eddington 近似的最大误差为 $-1.44\ \mathrm{W\cdot m^{-2}}$；四流球谐函数法的最大误差为 $-1.1\ \mathrm{W\cdot m^{-2}}$；四流离散纵坐标法的最大误差为 $1.14\ \mathrm{W\cdot m^{-2}}$。从中可以看出，当太阳天顶角为 0°时，两种四流辐射传输算法的结果要优于 Eddington 近似。太阳天顶角为 60°时，三种辐射传输算法的误差相差不大，其中 Eddington 近似和四流球谐函数的误差曲线的形状相似，只是四流球谐函数的误差要略小，主要原因是：Eddington 近似就是球谐函数在二流的展开，因此与四流球谐函数的误差曲线的形状相似，而由于四流球谐函数的辐射强度展开式比 Eddington 近似的展开式多展开两项，因此误差要略小。总体来说，三种辐射传输的相对误差不超过 0.6%，同样符合气候模式的精度要求。

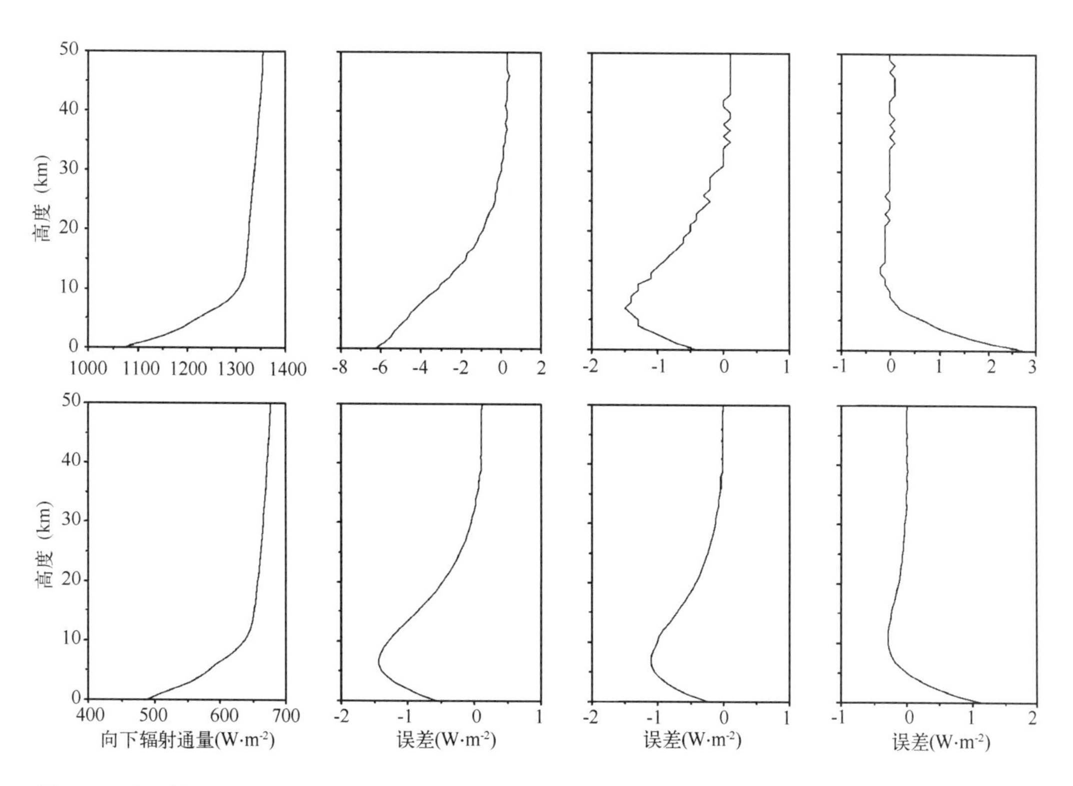

图 5.4 晴空情况下，短波向下辐射通量的比较。左列为 48 流 DISORT 辐射传输方案的结果，右边三列依次为 Eddington 近似、四流球谐函数、四流离散纵坐标辐射传输方案与 48 流 DISORT 辐射传输方案的差值。第一排为太阳天顶角为 0°时的结果，第二排为太阳天顶角为 60°时的结果。

图 5.5 给出了短波向上辐射通量的比较。从中可以看出，Eddington 近似、四流球谐函数、四流离散纵坐标三种辐射传输方案与 48 流 DISORT 辐射传输方案的结果相比，太阳天顶角为 0°时，Eddington 近似的最大误差为 $-1.92\ W \cdot m^{-2}$，四流球谐函数法的最大误差为 $-1.62\ W \cdot m^{-2}$，四流离散纵坐标法的最大误差为 $-2.17\ W \cdot m^{-2}$。太阳天顶角为 60°时，Eddington 近似的最大误差为 $-1.11\ W \cdot m^{-2}$，四流球谐函数法的最大误差为 $-0.92\ W \cdot m^{-2}$，四流离散纵坐标法的最大误差为 $-0.9\ W \cdot m^{-2}$。从中可以发现，对于晴空向上辐射通量而言，三种辐散传输算法的误差相差不大。相对误差都在 1% 以内，可以满足气候模式的需求。

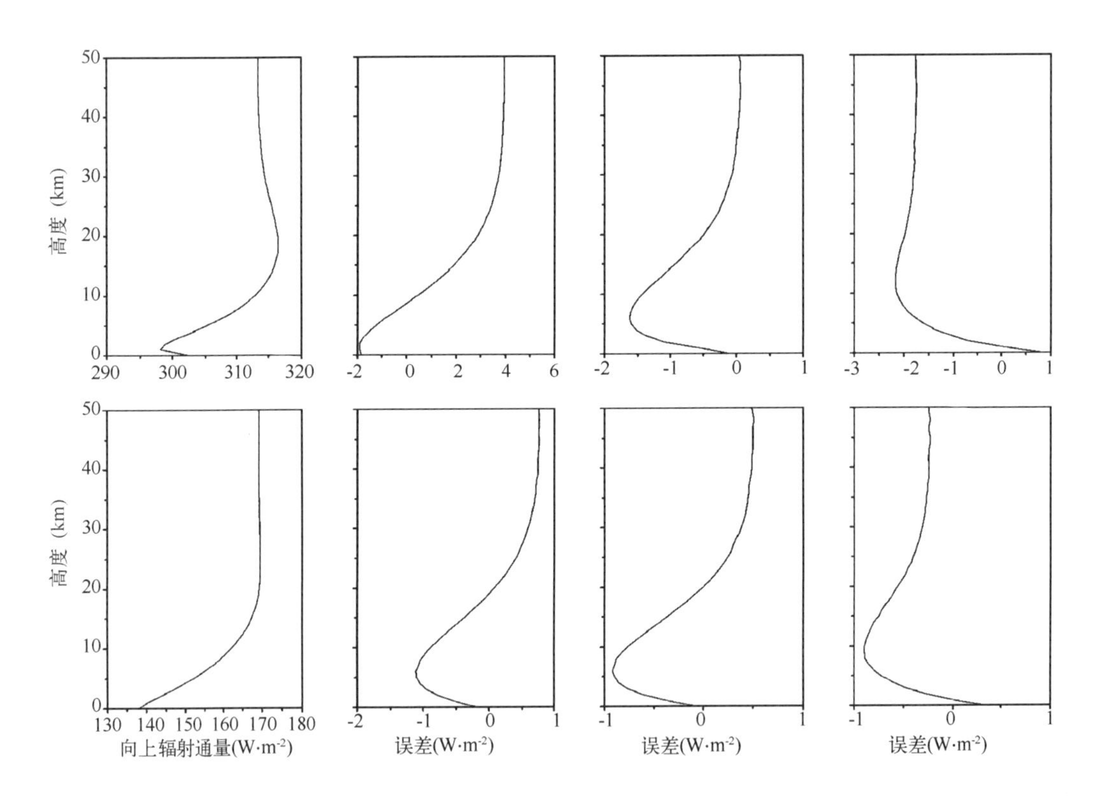

图 5.5　晴空情况下，短波向上辐射通量的比较。左列为 48 流 DISORT 辐射传输方案的结果，右边三列依次为 Eddington 近似、四流球谐函数、四流离散纵坐标辐射传输方案与 48 流 DISORT 辐射传输方案的差值。第一排为太阳天顶角为 0°时的结果，第二排为太阳天顶角为 60°时的结果

有云情况下的辐射计算时，仍然采用中纬度夏季大气廓线。低云位于 1～2 km，云水含量为 $0.22\ g \cdot m^{-3}$，云滴有效半径为 5.89 μm。中云位于 4～5 km，云水含量为 $0.28\ g \cdot m^{-3}$，云滴有效半径为 6.2 μm（Fu *et al.*，1997）。由于着重关注云辐射，因此，在计算有云情况时，将模式的垂直分辨率加密到 0.25 km，同时只显示 16 km 以下的计算结果。

图 5.6 给出了低云情况下短波加热率的比较。从中可以看出，Eddington 近似、四流球谐函数、四流离散纵坐标三种辐射传输方案与 48 流 DISORT 辐射传输方案结果相比，太阳天顶角 0°时，Eddington 近似在云顶加热率的最大误差为 -1.57 K/d，而四流球谐函数和四流离散纵坐标方法在云顶加热率的绝对误差都在 0.3 K/d 以内。太阳天顶角 60°时，Eddington

近似、四流球谐函数、四流离散纵坐标三种辐射传输方案计算的云顶加热率的绝对误差都在 0.2 K/d 以内。这表明对于太阳天顶角比较小的时候，Eddington 近似引起的云顶加热率的相对误差可以达到 5%，而同样情况下的四流球谐函数和四流离散纵坐标辐射传输方案的误差小于 1%。

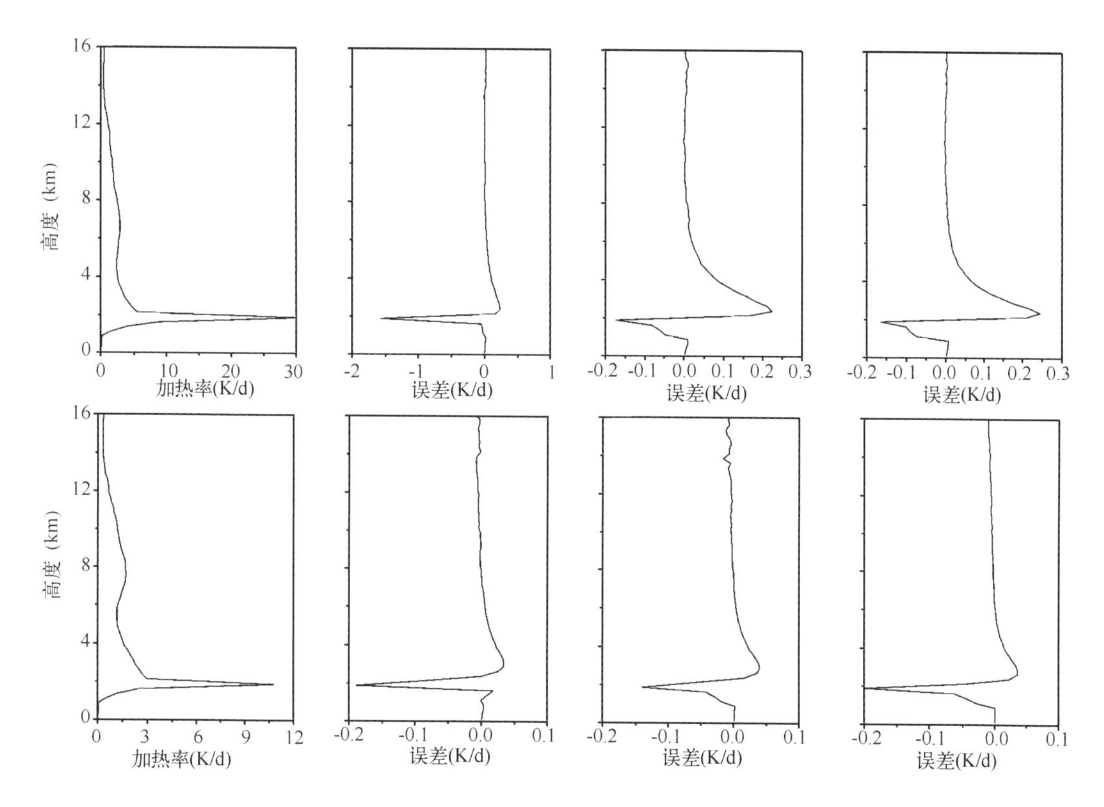

图 5.6 低云情况下，短波加热率的比较。左列为 48 流 DISORT 辐射传输方案的结果，右边三列依次为 Eddington 近似、四流球谐函数、四流离散纵坐标辐射传输方案与 48 流 DISORT 辐射传输方案的差值。第一排为太阳天顶角为 0°时的结果，第二排为太阳天顶角为 60°时的结果

从图 5.7 可以看出，对于短波向下辐射通量而言，Eddington 近似、四流球谐函数、四流离散纵坐标三种辐射传输方案与 48 流 DISORT 辐射传输方案结果相比，太阳天顶角为 0°时，Eddington 近似的最大误差为 $-13.6\ \mathrm{W \cdot m^{-2}}$，四流球谐函数法最大误差为 $5.13\ \mathrm{W \cdot m^{-2}}$，四流离散纵坐标法的最大误差为 $40.87\ \mathrm{W \cdot m^{-2}}$。太阳天顶角为 60°时，Eddington 近似的最大误差为 $-6.64\ \mathrm{W \cdot m^{-2}}$，四流球谐函数法的最大误差为 $-13.26\ \mathrm{W \cdot m^{-2}}$，四流离散纵坐标法的最大误差为 $9.82\ \mathrm{W \cdot m^{-2}}$。当太阳天顶角为 0°时，三种辐射传输方案计算的短波向下辐射通量的最大差别都出现在云顶的下一层大气，同时 Eddington 方案的最大差别为负值，而两种四流辐射传输算法的最大差别为正值。出现这种差别的原因可能与相函数的展开式有关。两种四流方案将相函数展开成四项，与 Eddington 二流方案相比多展开了两项，因此可能造成更多的前向散射，从而造成云顶下一层的辐射通量变大，而由于仍然采用与二流方案相匹配的累加法，因此，在计算总的辐射通量时，会由于单层四流方案与多层二流累加法的不匹配，造成比较大的辐射通量误差。而当太阳天顶角为 60°时，Eddington 近似和四

流球谐函数法计算的短波向下辐射通量的最大误差都出现在云顶所在层大气，最大误差为负值，而四流球谐函数辐射传输算法计算的向下辐射通量的最大误差出现云顶下一层大气，最大误差为正值。

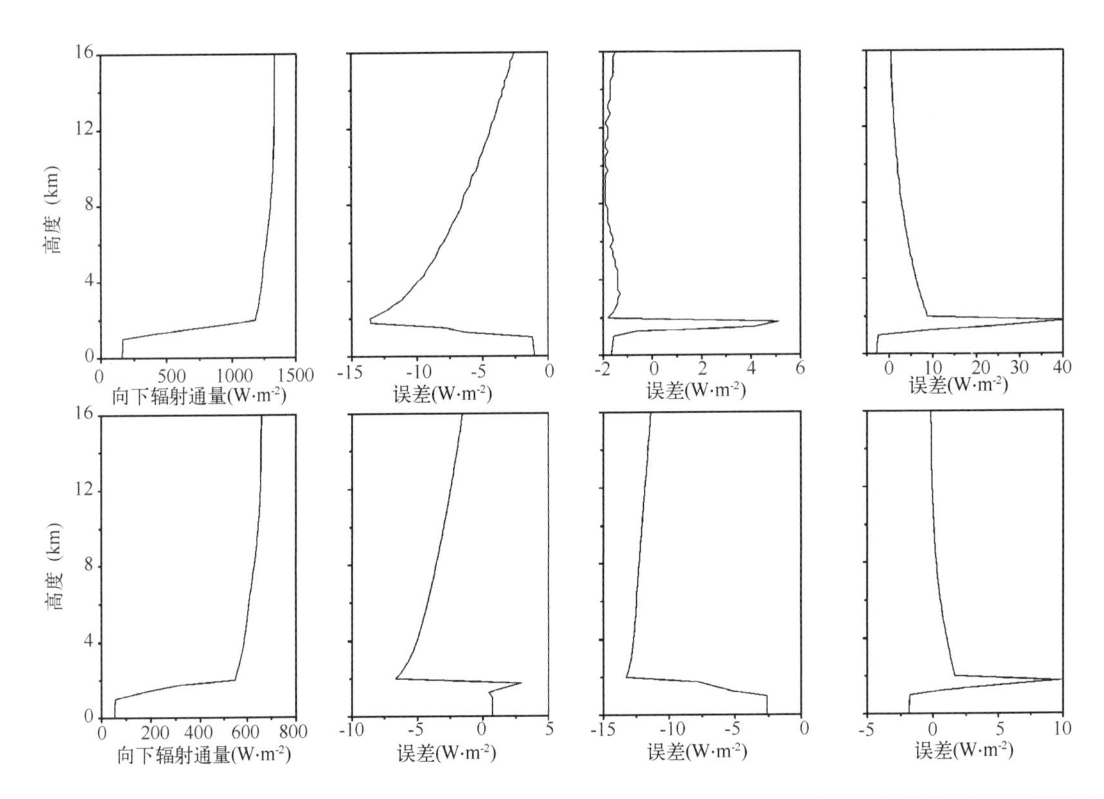

图5.7　低云情况下，短波向下辐射通量的比较。左列为48流DISORT辐射传输方案的结果，右边三列依次为Eddington近似、四流球谐函数、四流离散纵坐标辐射传输方案与48流DISORT辐射传输方案的差值。第一排为太阳天顶角为0°时的结果，第二排为太阳天顶角为60°时的结果

从图5.8可以看出，对于短波向上辐射通量而言，Eddington近似、四流球谐函数、四流离散纵坐标3种辐射传输方案与48流DISORT辐射传输方案结果相比，太阳天顶角为0°时，Eddington近似的最大误差为-12.63 W · m^{-2}，四流球谐函数法的最大误差为6.79 W · m^{-2}，四流离散纵坐标法的最大误差为43.57 W · m^{-2}；太阳天顶角为60°时，Eddington近似的最大误差为-6.71 W · m^{-2}，四流球谐函数法的最大误差为-10.76 W · m^{-2}，四流离散纵坐标方法的最大误差为11.53 W · m^{-2}。最大误差出现的位置与正负与短波向下辐射通量的情况一致。

从图5.7和图5.8可以看出，Eddington近似、四流球谐函数、四流离散纵坐标三种辐射传输方案与48流DISORT辐射传输方案结果比较，在云顶附近的辐射通量的误差较大，但是向上辐射通量和向下辐射通量的误差是一致的，而气候模式中辐射模块的输出量主要是大气顶和地表的辐射通量及加热率，而加热率是由相邻两层的净辐射通量决定的，因此，在图5.9中给出了48流DISORT辐射传输算法计算的短波净辐射通量及Eddington近似、四流球谐函数、四流离散纵坐标辐射传输算法计算的短波净辐射通量与48流DISORT辐射传输算法

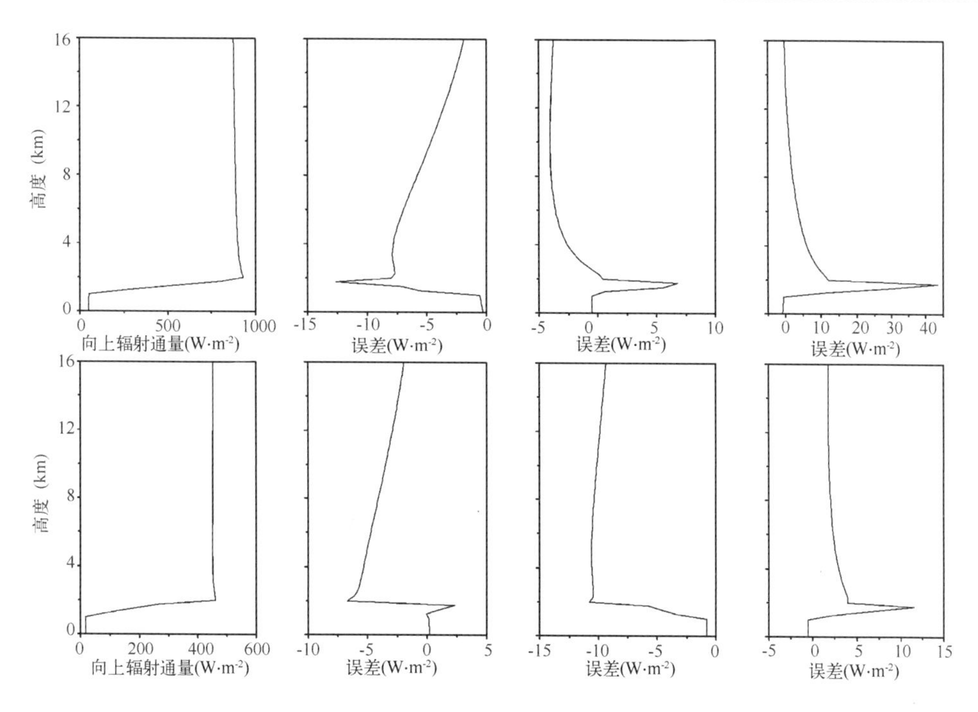

图 5.8　低云情况下,短波向上辐射通量的比较。左列为 48 流 DISORT 辐射传输方案的结果,右边三列依次为 Eddington 近似、四流球谐函数、四流离散纵坐标辐射传输方案与 48 流 DISORT 辐射传输方案的差值。第一排为太阳天顶角为 0°时的结果,第二排为太阳天顶角为 60°时的结果

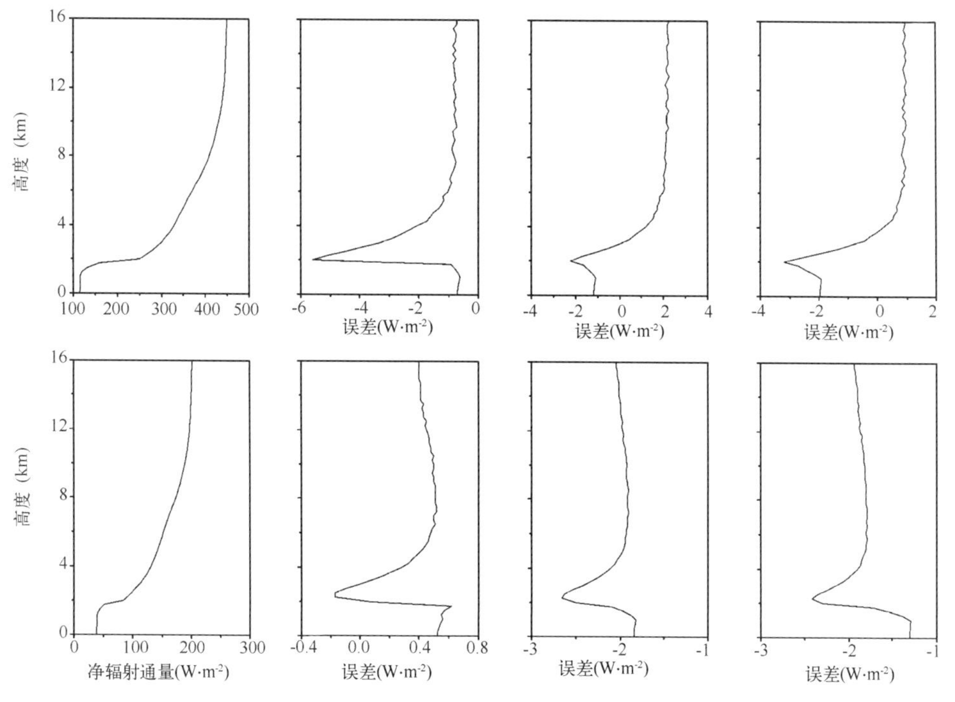

图 5.9　低云情况下,短波净辐射通量的比较。左列为 48 流 DISORT 辐射传输方案的结果,右边三列依次为 Eddington 近似、四流球谐函数、四流离散纵坐标辐射传输方案与 48 流 DISORT 辐射传输方案的差值。第一排为太阳天顶角为 0°时的结果,第二排为太阳天顶角为 60°时的结果

的差值。从中可以看出三种辐射传输方案与 48 流 DISORT 辐射传输方案的结果相比，太阳天顶角为 0°时，Eddington 近似的最大误差为 $-5.6\ W \cdot m^{-2}$，四流球谐函数法的最大误差为 $-2.22\ W \cdot m^{-2}$，四流离散纵坐标法的最大误差为 $-3.19\ W \cdot m^{-2}$；太阳天顶角为 60°时，Edington 近似的最大误差为 $0.62\ W \cdot m^{-2}$，四流球谐函数法的最大误差为 $-2.66\ W \cdot m^{-2}$，四流离散纵坐标法的最大误差为 $-2.42\ W \cdot m^{-2}$。从中可以看出，当太阳天顶角为 0°时，两种四流辐射传输方案计算的净辐射通量要优于 Eddington 近似；而在太阳天顶角为 60°的时候。Eddington 近似计算的净辐射通量结果要优于两种四流辐射传输方案。

从图 5.10 看出随着太阳天顶角的减小（对应太阳天顶角的余弦的增加），云顶的向下辐射能量增加，因此，云顶的加热率也随着增加。不论是低云还是中云情况，当太阳天顶角大于 60°的时候，Eddington 近似计算的云顶加热率略高于两种四流辐射传输方案；当天顶角小于 60°时，Eddington 近似计算的云顶加热率开始低于两种四流辐射传输方案。与 48 流辐射传输方案计算的云顶加热率相比，两种四流辐射传输方案计算的短波加热率的结果，在绝大多数太阳天顶角情况下优于 Eddington 近似的结果，特别是在太阳天顶角小于 60°的时候，两种四流辐射传输算法的结果要明显优于 Eddington 近似的结果。低云和中云的区别主要是中云的云水含量较高，因此，云顶加热率相应的比较大，从而误差也比低云有所增加。

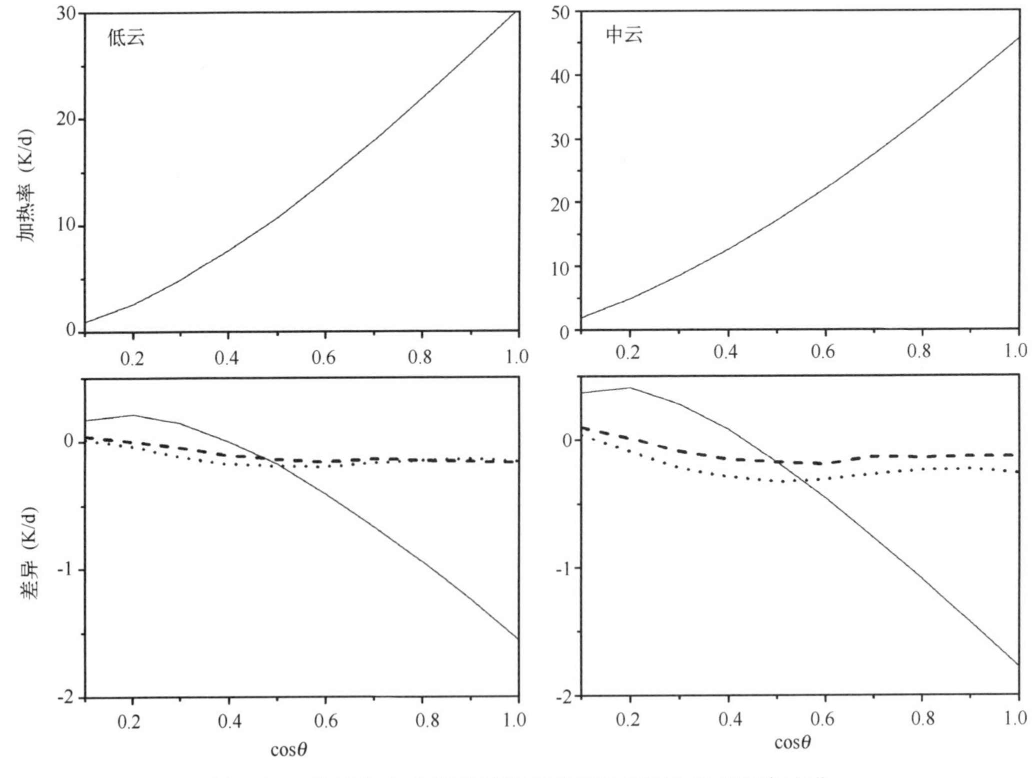

图 5.10　低云和中云情况下的云顶加热率随太阳天顶角变化

图 5.10 的第一行给出了 48 流 DISORT 计算的云顶加热率。第二行实线、虚线和点线分别表示 Eddington 近似、四流球谐函数法、四流离散纵坐标法与 48 流 DISORT 方法的

差异。

从图 5.11 中看出，随着云水含量的增加，水云的光学厚度随之增加，因此，云顶的加热率也随之增加。不论是低云还是中云情况，两种四流辐射传输方案短波云顶加热率的误差都要远远小于 Eddington 近似的误差。

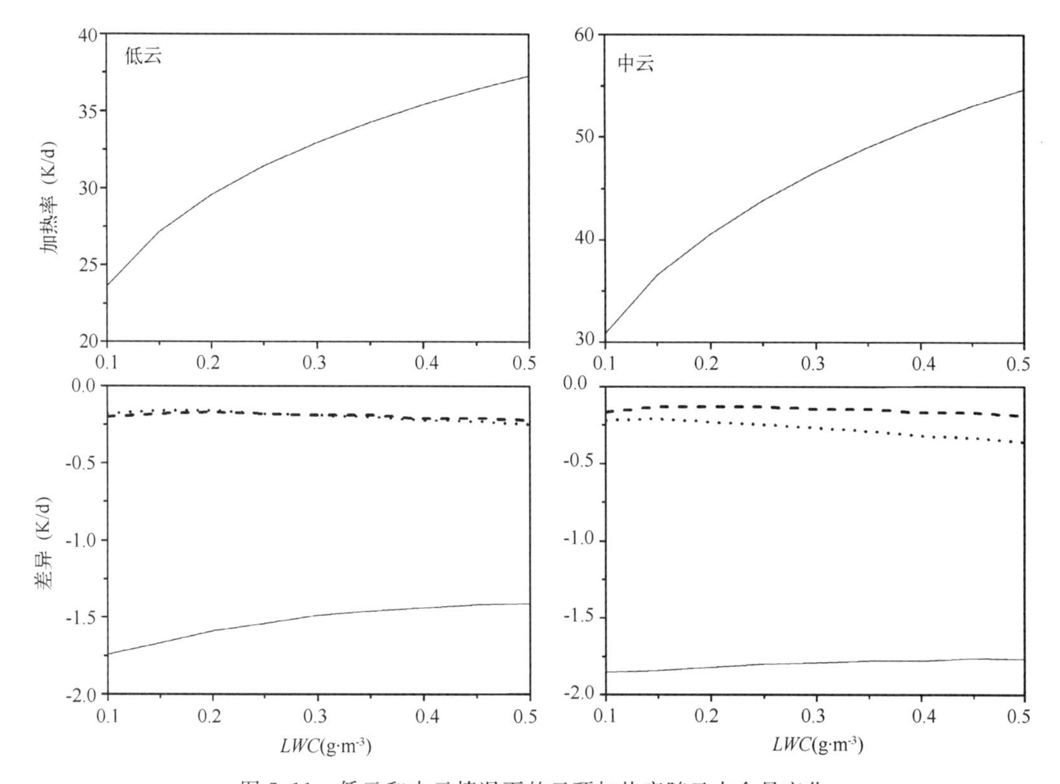

图 5.11　低云和中云情况下的云顶加热率随云水含量变化

图 5.11 的第一行给出了 48 流 DISORT 计算的加热率。第二行实线、虚线和点线分别表示 Eddington 近似、四流球谐函数法、四流离散纵坐标方法与 48 流 DISORT 的差异。

参考文献

廖国男. 2004. 大气辐射导论[M]. 北京：气象出版社.

石广玉. 2007. 大气辐射学[M]. 北京：科学出版社.

张华，卢鹏. 2014. 多层四流球谐函数算法的构建及在大气辐射传输模式中的应用[J]. 气象学报，**72**(6)：1257-1268.

Ayash T, Gong S, Jia C Q. 2008. Implementing the delta-four-stream approximation for solar radiation computations in an atmosphere general circulation model[J]. *Journal of the Atmospheric Sciences*, **65**(7): 2448-2457.

Chandrasekhar S. 1950. *Radiative Transfer*[M]. Oxford University Press.

Chou M D. 1992. A solar radiation model for use in climate studies[J]. *Journal of the Atmospheric Sciences*, **49**(9): 762-772.

Coakley Jr J A, Cess R D, Yurevich F B. 1983. The effect of tropospheric aerosols on the Earth's radiation budget: A parameterization for climate models[J]. *Journal of the Atmospheric Sciences*, **40**(1): 116-138.

Duan M Z, Min Q L, Lu D R. 2010. A polarized radiative transfer model based on successive order of scattering[J]. *Advances in Atmospheric Sciences*, **27**(4): 891-900.

Evans K F, Stephens G L. 1991. A new polarized atmospheric radiative transfer model[J]. *Journal of Quantitative Spectroscopy and Radiative Transfer*, **46**(5): 413-423.

Fu Q, Liou K N, Cribb M C, *et al*. 1997. Multiple scattering parameterization in thermal infrared radiative transfer[J]. *Journal of the Atmospheric Sciences*, **54**(24): 2799-2812.

Grant I P, Hunt G E. 1969. Discrete space theory of radiative transfer. I. Fundamentals[C]. Proceedings of the Royal Society of London A: Mathematical, Physical and Engineering Sciences. The Royal Society, **313**(1513): 183-197.

Henyey L G, Greenstein J L. 1941. Diffuse radiation in the galaxy[J]. *The Astrophysical Journal*, **93**: 70-83.

Lacis A A, Chowdhary J, Mishchenko M I, *et al*. 1998. Modeling errors in diffuse—sky radiation: Vector vs scalar treatment[J]. *Geophysical Research Letters*, **25**(2): 135-138.

Li J. 2000. Gaussian quadrature and its application to infrared radiation[J]. *Journal of the Atmospheric Sciences*, **57**(5): 753-765.

Li J, Ramaswamy V. 1996. Four-stream spherical harmonic expansion approximation for solar radiative transfer[J]. *Journal of the Atmospheric Sciences*, **53**(8): 1174-1186.

Liou K N. 1973. A numerical experiment on Chandrasekhar's discrete—ordinate method for radiative transfer: Applications to cloudy and hazy atmospheres[J]. *Journal of the Atmospheric Sciences*, **30**(7): 1303-1326.

Liou K N, Fu Q, Ackerman T P. 1988. A simple formulation of the delta-four-stream approximation for radiative transfer parameterizations[J]. *Journal of the Atmospheric Sciences*, **45**(13): 1940-1948.

Liu M, Nachamkin J E, Westphal D L. 2009. On the improvement of COAMPS weather forecasts using an advanced radiative transfer model[J]. *Weather and Forecasting*, **24**(1): 286-306.

Min Q, Duan M. 2004. A successive order of scattering model for solving vector radiative transfer in the atmosphere[J]. *Journal of Quantitative Spectroscopy and Radiative Transfer*, **87**(3): 243-259.

Nakajima T, Tanaka M. 1986. Matrix formulations for the transfer of solar radiation in a plane—parallel scattering atmosphere[J]. *Journal of Quantitative Spectroscopy and Radiative Transfer*, **35**(1): 13-21.

Nakajima T, Tsukamoto M, Tsushima Y, *et al*. 2000. Modeling of the radiative process in an atmospheric general circulation model[J]. *Applied Optics*, **39**(27): 4869-4878.

Plass G N, Kattawar G W, Catchings F E. 1973. Matrix operator theory of radiative transfer. 1: Rayleigh scattering[J]. *Applied Optics*, **12**(2): 314-329.

Schulz F M, Stamnes K, Weng F. 1999. VDISORT: an improved and generalized discrete ordinate method for polarized (vector) radiative transfer[J]. *Journal of Quantitative Spectroscopy and Radiative Transfer*, **61**(1): 105-122.

Shibata K, Uchiyama A. 1992. Accuracy of the delta-four-stream approximation in inhomogeneous scattering atmospheres[J]. *Journal of the Meteorological Society of Japan*, **70**(6): 1097-1110.

Stamnes K. 1986. The theory of multiple scattering of radiation in plane parallel atmospheres[J]. *Reviews of Geophysics*, **24**(2): 299-310.

Stamnes K, Tsay S C, Wiscombe W, *et al*. 1988. Numerically stable algorithm for discrete-ordinate-method radiative transfer in multiple scattering and emitting layered media[J]. *Applied Optics*, **27**(12): 2502-2509.

Stamnes K, Tsay S C, Wiscombe W, *et al*. 2000. DISORT, a general-purpose Fortran program for discrete-ordinate-method radiative transfer in scattering and emitting layered media: documentation of methodology [M]. Goddard Space flight center, NASA.

Sykes J B. 1951. Approximate integration of the equation of transfer[J]. *Monthly Notices of the Royal Astronomical Society*, **111**(4): 377-386.

Zhang F, Li J. 2013a. Doubling-adding method for delta-four-stream spherical harmonic expansion approximation in radiative transfer parameterization[J]. *Journal of the Atmospheric Sciences*, **70**(10): 3084-3101.

Zhang F, Shen Z, Li J, *et al*. 2013b. Analytical delta-four-stream doubling-adding method for radiative transfer parameterizations[J]. *Journal of the Atmospheric Sciences*, **70**(3): 794-808.

第 6 章 BCC_RAD 与不同辐射传输模式的比较

摘要：为了检验 BCC_RAD 辐射模式的计算精度，本章给出 BCC_RAD 辐射模式长波方案参加 CIRC 辐射模式比较计划，以及短波方案参加多模式比较的结果。CIRC 给出的 4 个大气廓线个例，BCC_RAD 与逐线积分的最大相对误差对于地表向下辐射为 3.5%，对于大气顶向上辐射通量为 3.2%。在多模式比较中，晴空大气、含气溶胶大气条件下的计算结果，以及辐射强迫的计算结果 BCC_RAD 都处于中上游水平。

6.1 BCC_RAD 辐射模式参与 CIRC 辐射模式比较计划的长波辐射结果

CIRC（Continual Intercomparison of Radiation Code）（Oreopoulos *et al.*，2010）是 ICRCCM（Intercomparison of Radiation Codes in Climate Models）（Elingson *et al.*，1991）的延续。CIRC 的最大特色是采用实际观测作为例子进行比较。与 ICRCCM 类似，CIRC 通过定期评估 GCM 中辐射模式结果，以期能对辐射模式的改进提供帮助。CIRC 是由美国能源局 ARM（Atmospheric Radiation Measurement）计划资助，并获 GRP（GEWEX Radiation Panel）和 IRC（International Radiation Commission）支持。

本节选取了 CIRC 晴空大气的 4 个例子进行比较。每个例子的输入量为地表温度、大气层数，每个边界处的气压、高度和温度，每层大气的气压、温度，每层大气水汽、二氧化碳、臭氧、氧化亚氮、一氧化碳、甲烷、四氯化碳（CCl_4）、三氯氟甲烷（CCl_3F）、二氯二氟甲烷（CCl_2F_2）的体积混合比，气溶胶的光学厚度（1000 nm 处）、alpha 指数、单次散射比、非对称因子。

个例 1 给出了 2000 年 9 月 25 日 SGP（Southern Great Plain）站点的观测数据。观测的太阳天顶角为 47.9°，低水汽含量、低气溶胶浓度。个例 2 给出了 2000 年 7 月 19 日 SGP 站点的观测数据。观测的太阳天顶角为 64.6°，高水汽含量、中偏高气溶胶浓度。个例 3 给出了 2000 年 5 月 4 日 SGP 站点的观测数据。观测的太阳天顶角为 40.6°，中等水汽含量、中偏高气溶胶浓度。个例 4 给出了 2004 年 5 月 3 日 NSA（North Slope of Alaska）站点的观测数据。观测的太阳天顶角为 55.1°，非常低的水汽含量、中等气溶胶浓度。

图 6.1 给出了 CIRC 4 个个例的温度廓线。由于个例 1～3 给出的是美国南部大平原站点的观测资料，因此，温度廓线的总体格局相似，所不同的主要是地表温度的差异；个例 4 给出了美国阿拉斯加北坡站点的观测资料，该站点由于处于寒带，所以地表温度较低，给出的地表温度的观测值为 266.55 K，同时与前 3 个个例最低温度出现在 100 hPa 处不同，个例 4 的最低温度出现在 200 hPa 附近。

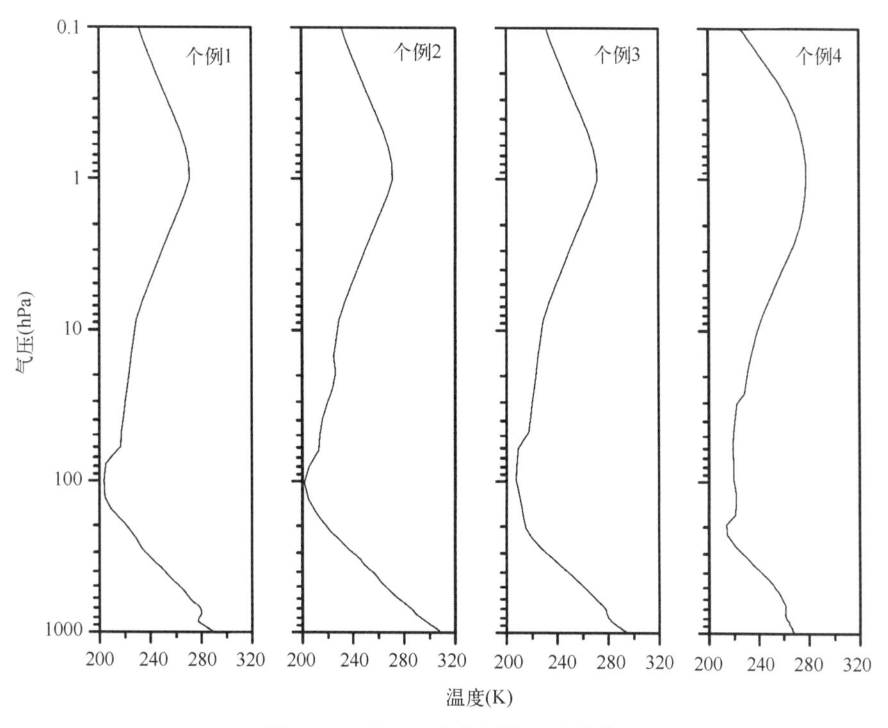

图 6.1 CIRC 4 个个例的温度廓线

图 6.2 给出了 CIRC 4 个个例的水汽廓线。个例 1～3 的水汽主要集中在 300 hPa 到地面区域,并随着高度的增加而递减。个例 4 中的水汽含量极低,因此,高层的水汽比重相应地提高,水汽主要集中在 200 hPa 到地面区域。

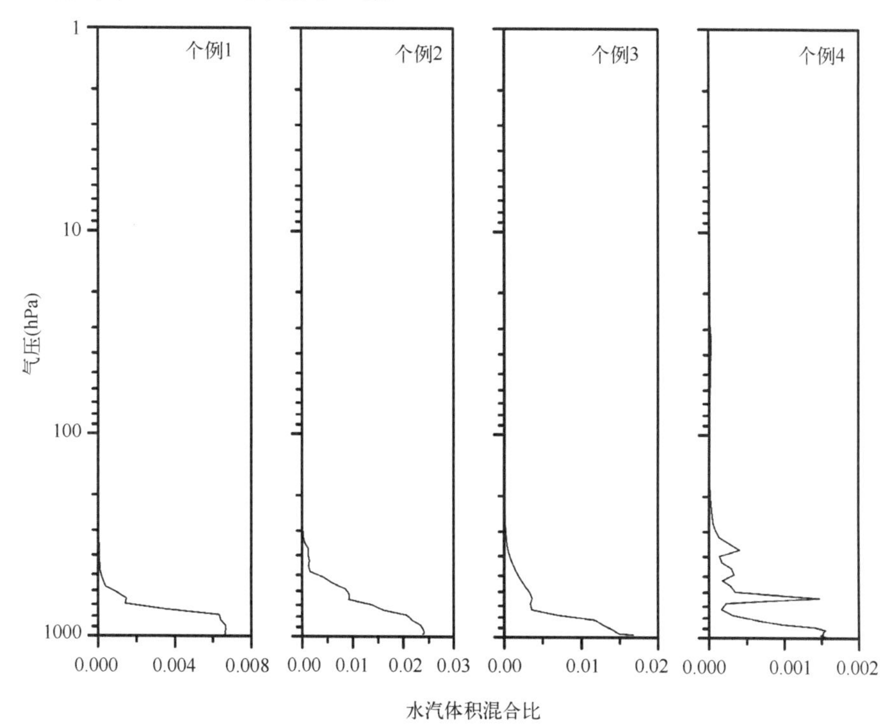

图 6.2 CIRC 4 个例子的水汽体积混合比廓线

图 6.3 给出了 CIRC 4 个个例的臭氧廓线。从中可以看出，臭氧最大峰值都出现在 10 hPa 处。其中 CIRC 的个例 4 由于观测数据站点位于北极地区，且观测时间为春季，因此，臭氧的浓度较低。

图 6.4 至图 6.7 给出了利用 BCC_RAD 辐射模式计算的 CIRC 4 个个例的结果，与 CIRC

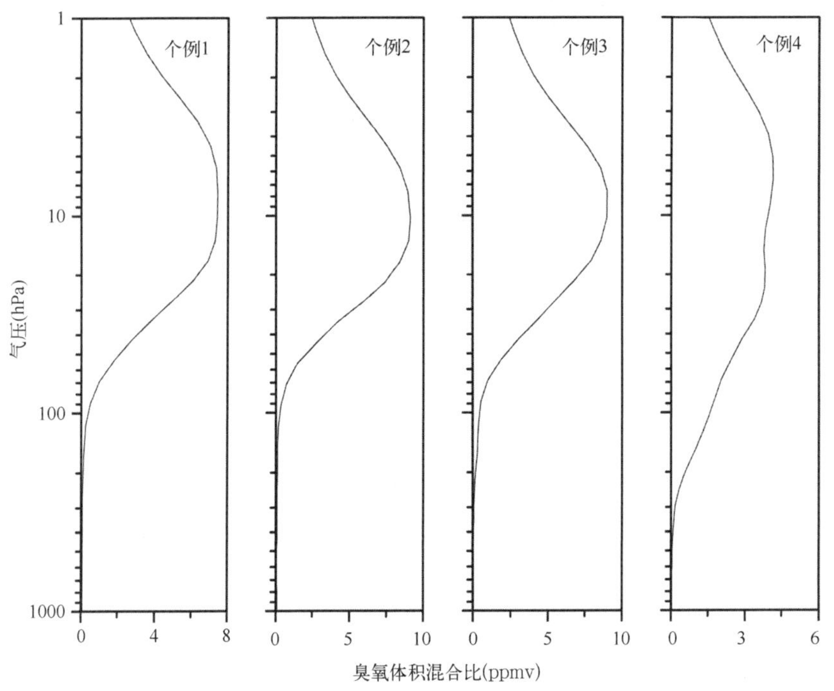

图 6.3　CIRC 4 个例子的臭氧体积混合比廓线

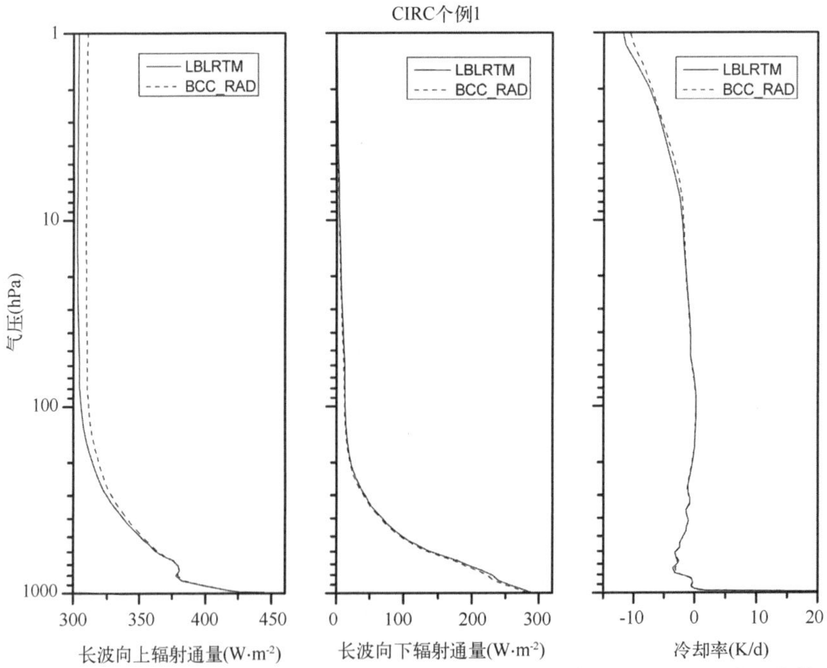

图 6.4　利用 BCC_RAD 辐射模式计算的 CIRC 个例 1 的结果与 CIRC 提供的 LBLRTM 逐线积分模式结果的比较

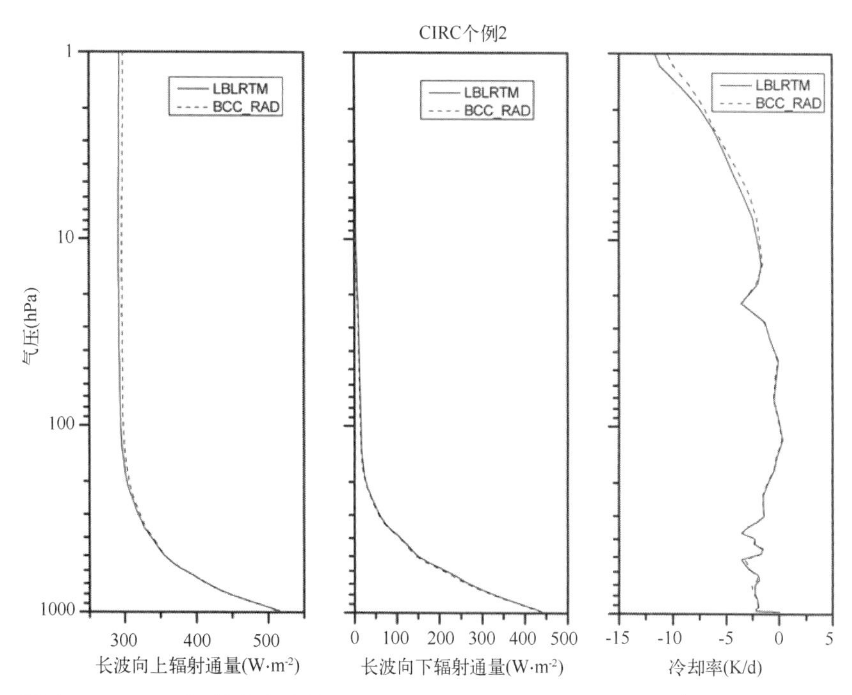

图 6.5　利用 BCC_RAD 辐射模式计算的 CIRC 辐射比较计划第 2 个例子的结果与 CIRC 提供的 LBLRTM 逐线积分模式结果的比较

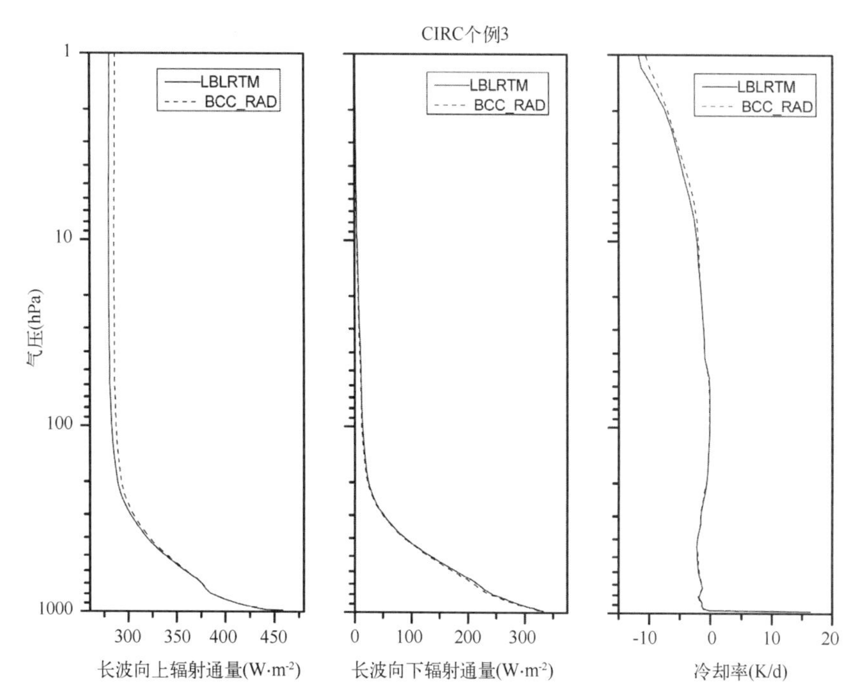

图 6.6　利用 BCC_RAD 辐射模计算的 CIRC 个例 3 的结果与 CIRC 提供的 LBLRTM 逐线积分模式结果的比较

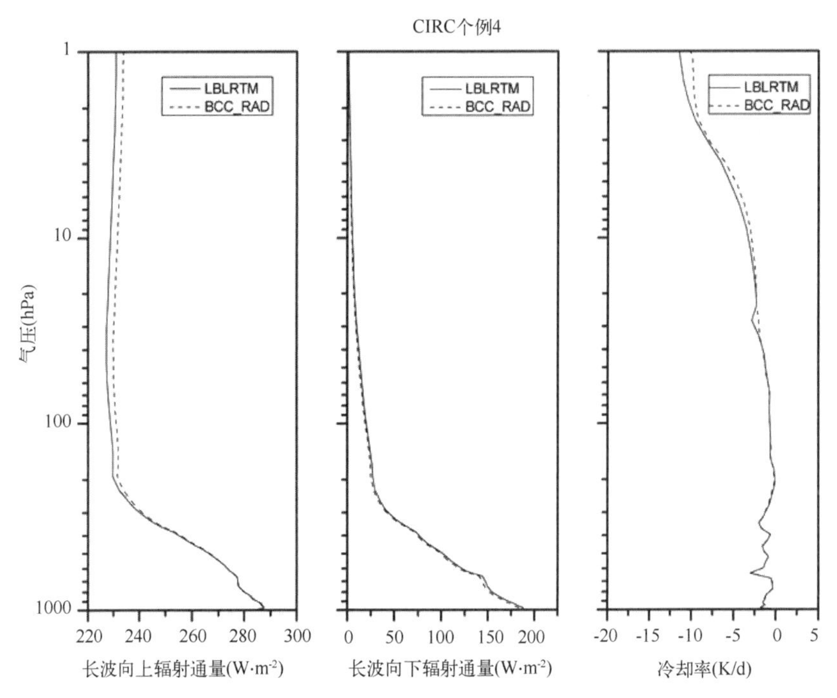

图 6.7　利用 BCC_RAD 辐射模计算的 CIRC 个例 4 的结果与 CIRC 提供的 LBLRTM 逐线积分模式结果的比较

提供的 LBLRTM 逐线积分模式结果的比较。BCC_RAD 辐射模式计算的长波向上辐射通量都比 LBLRTM 的结果要大，而 BCC_RAD 辐射模式计算的长波向下辐射通量结果与 LBLRTM 的结果十分接近，略微偏小。对于长波辐射而言，当光学厚度减少时，地表向下的辐亮度减少；大气顶向上的辐亮度增加。而长波区间的光学厚度主要是由气体的吸收决定的，因此在长波区间，BCC_RAD 辐射模式的吸收要比 LBLRTM 模式弱。冷却率的比较结果表明，在40 hPa 到 1 hPa 区间，BCC_RAD 辐射模式计算的冷却率要小于 LBLRTM 的结果。而在40 hPa 到 1 hPa 区间，水汽的含量很低，因此，主要是由于二氧化碳、臭氧、甲烷和氧化亚氮在 BCC_RAD 辐射模式和 LBLRTM 逐线积分模式的吸收差异，造成该区域冷却率的差别。

表 6.1 给出了观测值、逐线积分结果和 BCC_RAD 辐射模式的结果。从中可以看出，LBLRTM 逐线积分模式计算的结果与观测值相比，LBLRTM 计算的地表向下辐射通量都要小于观测值，同时 LBLRTM 计算的大气顶向上辐射通量都要比观测值大，这表明 LBLRTM 逐线积分模式在长波区域的气体吸收与观测比要略小。而 BCC_RAD 辐射模式的气体吸收与 LBLRTM 逐线积分模式相比还要弱，因此，BCC_RAD 辐射模式的结果与观测值的差别要大于 LBLRTM 逐线积分模式和观测值的差别。对于地表向下辐射通量而言，个例 4 中 BCC_RAD 的结果与观测值的相对误差最大，为 3.5%，主要是由于个例 4 的地表温度比较低，地表的普朗克函数比较小，同时水汽含量极少，大气气体吸收能力比较弱，因此，地表向下辐射通量较小，造成了相对误差较大；而个例中 1 中 BCC_RAD 的结果与观测值的绝对误差最大，为 7.19 $W \cdot m^{-2}$。对于大气顶向上辐射通量而言，个例 3 中 BCC_

RAD 的结果与观测值的相对误差最大，为 3.2%；而个例中 2 中 BCC_RAD 的结果与观测值的绝对误差最大，为 9.15 W·m^{-2}。从中可以看出，误差对水汽含量的变化并不敏感，而从前文分析可知，BCC_RAD 辐射模式在长波区间的吸收偏弱，因此，BCC_RAD 辐射模式的吸收偏弱有可能是低估二氧化碳、臭氧、甲烷、氧化亚氮在长波区间的吸收造成的。在 BCC_RAD 辐射方案中，出于计算时间上的考虑，并没有在长波的每个谱带都计算每种温室气体，而是选取每个带中的主要吸收气体进行计算。因此，可能会造成大气吸收的低估。此外，各种气体重叠吸收处理方案的不同，也有可能造成辐射通量和冷却率的误差。

表 6.1 长波区间 BCC_RAD 辐射模式、LBLRTM 逐线积分模式和观测值（W·m^{-2}）

个例	地表向下辐射通量			大气顶向上辐射通量		
	观测值	LBLRTM	BCC_RAD	观测值	LBLRTM	BCC_RAD
例 1	289.7	288.2	282.51	301.7	304.3	310.84
例 2	441.8	439.3	437.2	288.6	292.6	297.75
例 3	336.4	333.0	329.62	277.6	280.8	286.49
例 4	194.7	192.4	187.86	229.1	230.5	233.19

6.2 BCC_RAD 辐射模式与其他辐射模式的比较

BCC_RAD 辐射模式参加了 AeroCom 计划中的短波辐射模式比较（Randles *et al.*, 2013）。表 6.2 分别给出了晴空瑞利散射，晴空包含散射和吸收气溶胶情景下的气溶胶光学厚度、非对称因子、单次散射反照率，以及地表反射率、大气廓线和太阳天顶角的参数设定。

表 6.2 不同的试验方案

	情景 1	情景 2a	情景 2b
气溶胶	无	固定	固定
气溶胶光学厚度（0.55 μm）	0	0.2	0.2
其他波段 AOD	$AOD = e^{-1.0 X \ln(\lambda/0.55) + \ln(0.2)}$		
非对称因子	无	0.7	0.7
单次散射反照率	无	1.0	0.8
地表反射率	0.2	0.2	0.2
大气廓线	AFGL 标准大气中的 TROP 和 SAW		
云	无云		
太阳天顶角	30°，75°		

6.2.1 瑞利散射（不考虑气溶胶和云）

BCC_RAD 模式为图 6.8 中的 16 号模式。从图 6.8 中可以看出，与非逐线积分平均值相比，误差都小于 5W/m^2，在参加比较的模式中处于中上水平。

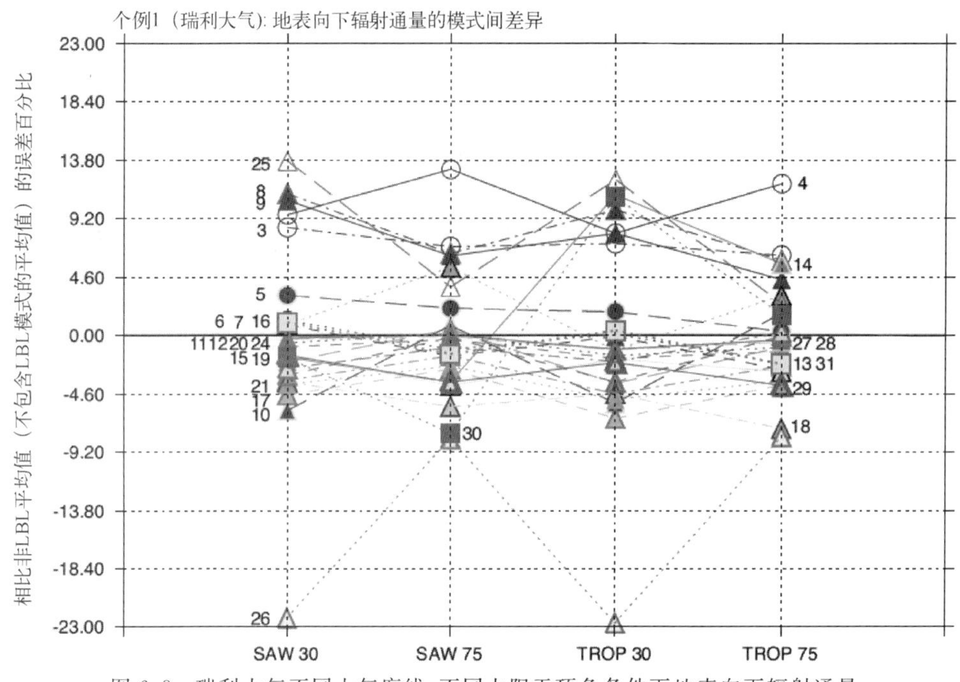

图 6.8　瑞利大气不同大气廓线，不同太阳天顶角条件下地表向下辐射通量

6.2.2　气溶胶大气

BCC_RAD 模式为图 6.9 中的 16 号模式，从图中可以看出，与非逐线积分平均值相比，误差都小于 25W/m^2，在参加比较的模式中处于中等水平。

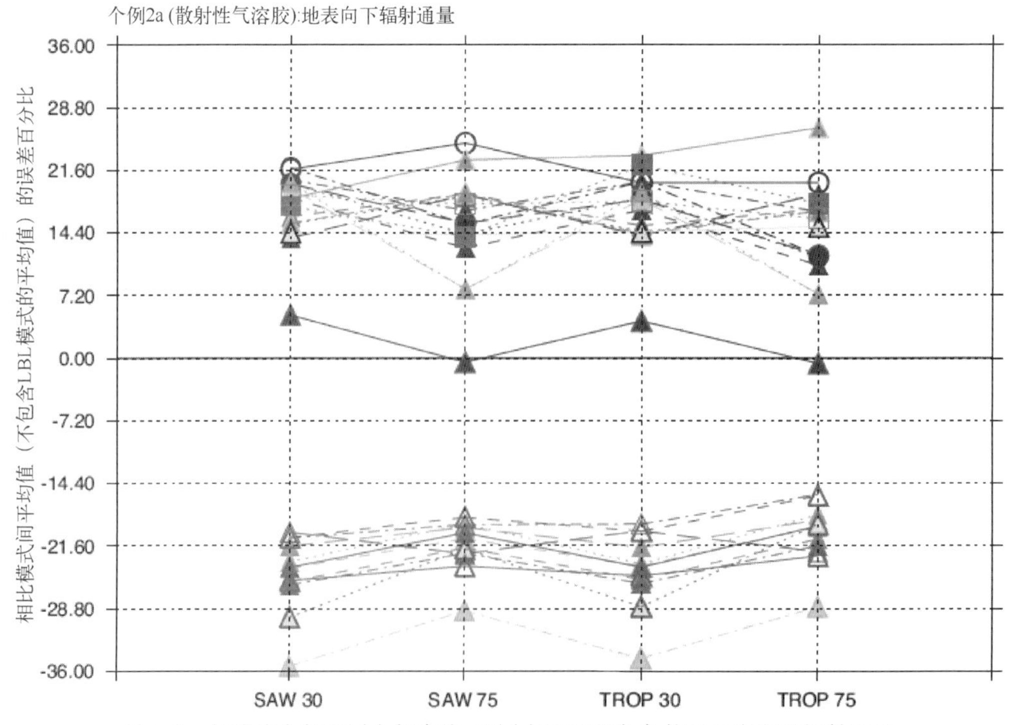

图 6.9　气溶胶大气不同大气廓线，不同太阳天顶角条件下地表向下辐射通量

6.2.3 大气辐射强迫

BCC_RAD 模式为图 6.10 中的 16 号模式。从图中可以看出与逐线积分值相比,在参加比较的模式中处于中等水平。

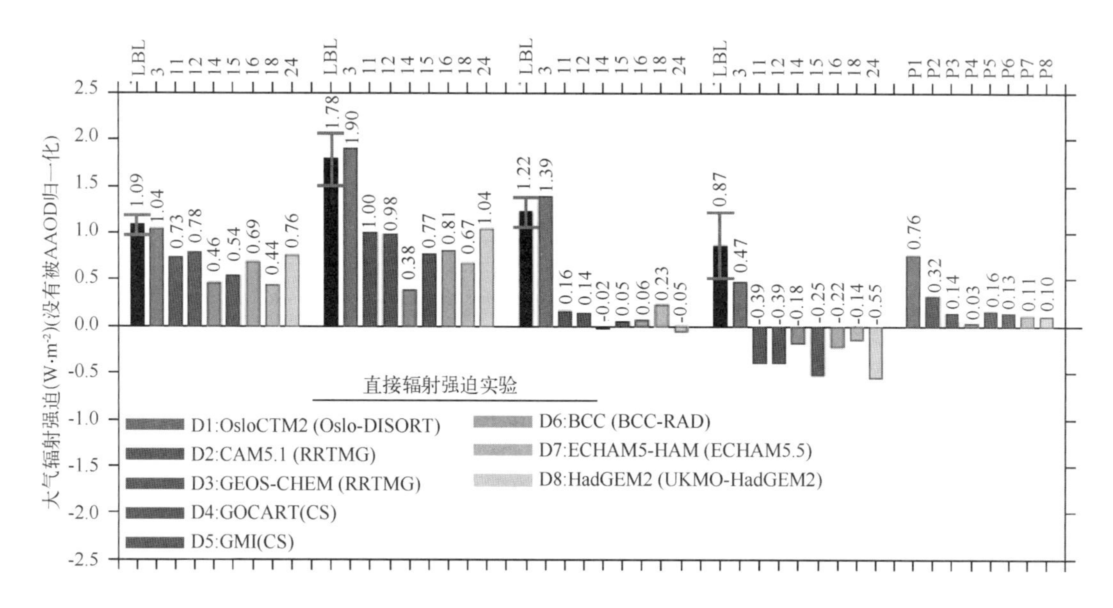

图 6.10 散射气溶胶条件下大气辐射强迫

BCC_RAD 模式为图 6.11 中的 16 号模式。从图中可以看出,与逐线积分值相比,在参加比较的模式中处于中上水平。

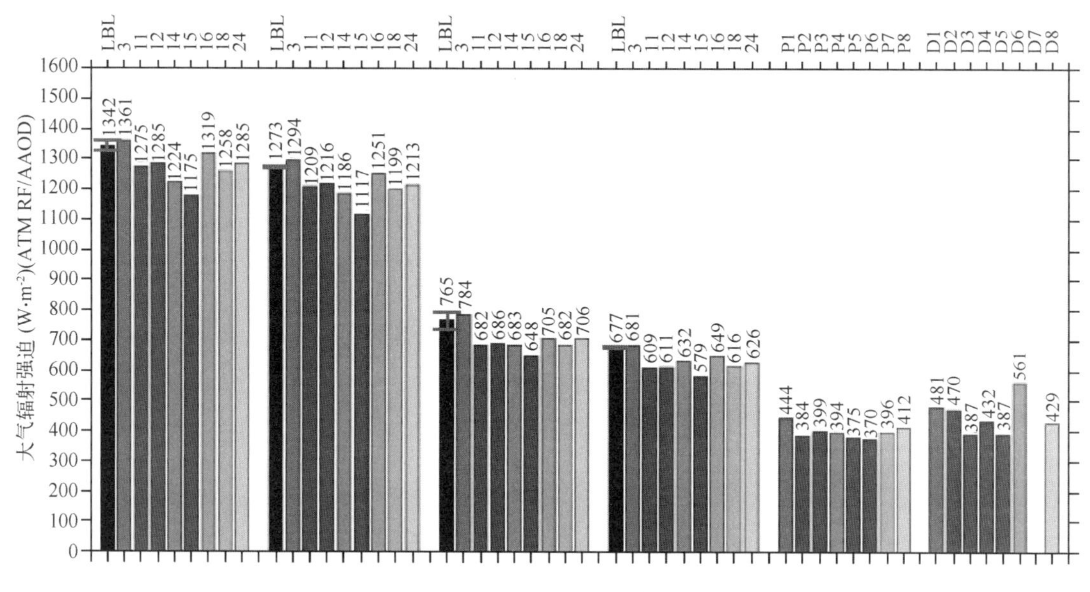

图 6.11 吸收气溶胶条件下大气辐射强迫(色标同图 6.10)

参考文献

卢鹏. 2012. 大气辐射模式的改进及其在气候模拟中的应用[D]. 中国气象科学研究院博士学位论文.

Cagnazzo C, Manzini E, Giorgetta M A, *et al*. 2007. Impact of an improved shortwave radiation scheme in the MAECHAM5 General Circulation Model[J]. *Atmospheric Chemistry and Physics*, **7**(10): 2503-2515.

Clough S A, Shephard M W, Mlawer E J, *et al*. 2005. Atmospheric radiative transfer modeling: a summary of the AER codes[J]. *Journal of Quantitative Spectroscopy and Radiative Transfer*, **91**(2): 233-244.

Collins W D. 1998. A global signature of enhanced shortwave absorption by clouds[J]. *Journal of Geophysical Research*: Atmospheres (1984—2012), **103**(D24): 31669-31679.

Ellingson R G, Fouquart Y. 1991. The intercomparison of radiation codes in climate models: An overview[J]. *Journal of Geophysical Research*: Atmospheres (1984—2012), **96**(D5): 8925-8927.

Freidenreich S M, Ramaswamy V. 1999. A new multiple-band solar radiative parameterization for general circulation models [J]. *Journal of Geophysical Research*: Atmospheres (1984—2012), **104** (D24): 31389-31409.

Fu Q, Liou K N. 1992. On the correlated k-distribution method for radiative transfer in nonhomogeneous atmospheres[J]. *Journal of the Atmospheric Sciences*, **49**(22): 2139-2156.

Fu Q, Liou K N. 1993. Parameterization of the radiative properties of cirrus clouds[J]. *Journal of the Atmospheric Sciences*, **50**(13): 2008-2025.

Hatzianastassiou N, Matsoukas C, Fotiadi A, *et al*. 2006. Modelling the direct effect of aerosols in the solar near-infrared on a planetary scale[J]. *Atmospheric Chemistry and Physics Discussions*, **6**(5): 9151-9185.

Iacono M J, Delamere J S, Mlawer E J, *et al*. 2008. Radiative forcing by long-lived greenhouse gases: Calculations with the AER radiative transfer models[J]. *Journal of Geophysical Research*: Atmospheres (1984—2012), **113**(D13).

Liou K N, Gu Y, Yue Q, *et al*. 2008. On the correlation between ice water content and ice crystal size and its application to radiative transfer and general circulation models[J]. *Geophysical Research Letters*, **35**(13).

Martin G M, Bellouin N, Collins W J, *et al*. 2001. The HadGEM2 family of met office unified model climate configurations[J]. *Geoscientific Model Development Discussions*, **4**: 765-841.

Mayer B, Kylling A. 2005. Technical note: The libRadtran software package for radiative transfer calculations-description and examples of use[J]. *Atmospheric Chemistry and Physics*, **5**(7): 1855-1877.

Myhre G, Jonson J E, Bartnicki J, *et al*. 2002. Role of spatial and temporal variations in the computation of radiative forcing due to sulphate aerosols: A regional study[J]. *Quarterly Journal of the Royal Meteorological Society*, **128**(581): 973-989.

Neubauer D, Vrtala A, Leitner J J, *et al*. 2011. Development of a model to compute the extension of life supporting zones for Earth-like exoplanets[J]. *Origins of Life and Evolution of Biosphere*, **41** (6): 545-552.

Oreopoulos L, Mlawer E. 2010. MODELING: The Continual Intercomparison of Radiation Codes (CIRC) assessing anew the quality of GCM radiation algorithms[J]. *Bulletin of the American Meteorological Society*, **91**(3): 305-310.

Randles C A, Kinne S, Myhre G, *et al*. 2013. Intercomparison of shortwave radiative transfer schemes in global aerosol modeling: results from the AeroCom Radiative Transfer Experiment[J]. *Atmospheric Chemistry and Physics*, **13**(5): 2347-2379.

Rathke C, Fischer J. 2000. Retrieval of cloud microphysical properties from thermal infrared observations by a fast iterative radiance fitting method[J]. *Journal of Atmospheric and Oceanic Technology*, **17**(11): 1509-1524.

Stamnes K, Tsay S C, Wiscombe W, *et al*. 1988. Numerically stable algorithm for discrete-ordinate-method radiative transfer in multiple scattering and emitting layered media[J]. *Applied Optics*, **27**(12): 2502-2509.

Sun Z, Rikus L. 1999. Improved application of exponential sum fitting transmissions to inhomogeneous atmosphere[J]. *Journal of Geophysical Research*: Atmospheres (1984—2012), **104**(D6): 6291-6303.

Tarasova T A, Fomin B A. 2000. Solar radiation absorption due to water vapor: Advanced broadband parameterizations[J]. *Journal of Applied Meteorology*, **39**(11): 1947-1951.

Wang H, Pinker R T. 2009. Shortwave radiative fluxes from MODIS: Model development and implementation [J]. *Journal of Geophysical Research*: Atmospheres (1984—2012), **114**(D20).

Zhang H, Nakajima T, Shi G Y, *et al*. 2003. An optimal approach to overlapping bands with correlated k distribution method and its application to radiative calculations[J]. *Journal of Geophysical Research*: Atmospheres (1984—2012), **108**: 4641, doi:10.1029/2002JD003358.

Zhang H, Shi G Y, Nakajima T, *et al*. 2006a. The effects of the choice of the k-interval number on radiative calculations[J]. *Journal of Quantitative Spectroscopy and Radiative Transfer*, **98**(1): 31-43.

Zhang H, Suzuki T, Nakajima T, *et al*. 2006b. Effects of band division on radiative calculations[J]. *Optical Engineering*, **45**(1): 016002-016002-10, doi: 10.1117/1.2160521.

第 7 章 利用 BCC_RAD 研究 HFCs 的辐射强迫与全球增温潜能

摘要：本章利用谱线吸收数据集 HITRAN2004 给出的 HFCs 吸收截面资料，详细分析了 HFCs 的吸收截面对不同气压和温度的依赖关系；在 BCC_RAD 中两种不同精度版本(998 带和 17 带)长波辐射方案的基础上，增加了 HFCs 的相关 *k*—分布计算方案；讨论了这两种不同辐射方案对 HFCs 辐射强迫计算的影响；指出，用于气候模式的粗分辨率的辐射模式(17 带)计算的辐射强迫会比高光谱分辨率的辐射模式(998 带)计算的辐射强迫结果偏低，最大偏小 71%。利用粗分辨率的 17 带辐射方案计算得到 HFCs 自工业革命前到 2005 年引起的总辐射强迫约为 0.0057 $W \cdot m^{-2}$，到 2100 年其引起的总辐射强迫将达到 0.16 $W \cdot m^{-2}$ 以上，对气候变化的长期影响显著增大。在此基础上，本章对 BCC_RAD 中的 17 带长波辐射计算方案，加入了平流层辐射平衡调整方案，计算了 HFCs 平流层调整的辐射效率；并利用大气寿命调整系数得到 HFCs 的全球平均的辐射效率，结果在 0.080～0.163 $W \cdot m^{-2} \cdot ppbv^{-1}$①。

本章在 BCC_RAD 计算的气体辐射强迫基础上，建立了全球增温潜能 GWP 和全球温变潜能 GTP 的计算模式，对它们的 GWP、脉冲排放的 GTP^P 和持续排放的 GTP^S 进行了研究。在更新的 HFCs 辐射效率的基础上，计算了它们 20 年、100 年和 500 年的 GWP，并计算了它们的 GTP，并用绝对全球温变潜能(AGTP)给出脉冲排放和持续排放 HFCs 两种情况下，在未来 500 年内引起的地表温度的变化。研究结果表明，HFCs 对未来气候变化的贡献是等量排放 CO_2 的上百倍乃至上千倍，对全球变暖有长期和深远的影响。最后，给出了 HFCs 对全球气候变化产生长期影响的最佳评价方法。

7.1 引言

1990 年以来，氢氟碳化物(HFCs)作为氯氟碳化物(CFCs)等臭氧消耗物质(ODSs)的替代品，在工业生产中广泛使用，排放量大大增加，近年来，它们在大气中的含量迅速增加，所引起的温室效应引起了各方关注，目前，作为控制排放的人造长寿命温室气体已经被列入《京都议定书》。HFCs 的比较长的大气寿命和位于“大气窗区”的吸收特性使得它们都是有效的温室气体。HFCs 的大气寿命为 1.4～270 年，一旦排放进入大气层，将停留较长的时

① ppbv：体积十亿分率(10^{-9}体积分数)，下同。

间,因此,它们在大气中能够长期累积,使得大气含量持续增加,对气候变化的影响增大。目前它们在大气中的累积含量全部都是人为排放的,主要源为制冷剂和清洁剂等使用过程中的排放。观测数据表明,HFCs的大气浓度由工业革命前的几乎为零迅速增加,尤其在20世纪90年代以后,增加速率较快。其中大气丰度较大的HFC-134a和HFC-152a的浓度分别由20世纪90年代的0.015 pptv[①]和0.09 pptv增加到2005年的35 pptv和3.9 pptv,其他HFCs的浓度也有明显的增加,HFC-32、HFC-125和HFC-143a的最新观测值分别为3 pptv(2005年)、3.7 pptv(2005年)和3.3 pptv(2003年)。HFCs在"大气窗区"附近对地面发射的长波辐射有强弱不等的吸收,因而,改变了这一光谱区域大气的吸收性质,对地气系统向外空的辐射冷却产生了很大的影响。"大气窗区"既是主要温室气体(CO_2,H_2O和O_3等)吸收较弱的相对透明区域,也是地球长波辐射的峰值区。由于HFCs气体分子吸收地球辐射能量的效率要比CO_2分子高出数千倍,所以,即使少量的这类气体就可以对气候系统的辐射强迫做出重大贡献,从而对地球辐射平衡和气候产生持续的影响,本章将就此给予定量研究。

随着人造长寿命温室气体对全球变暖贡献的加剧,国内外研究者对HFCs的辐射强迫进行了相关研究。采用的吸收截面数据有SWAGG(Spectroscopy and Warming Potentials of Atmospheric Greenhouse Gases),HITRAN和Ford Motor Company等,辐射模式有宽带模式和窄带模式等,大部分采用的是窄带模式。由于不同作者采用的吸收截面数据和辐射模式不同,给出的辐射强迫值存在很大的不确定性,对大气丰度最大的HFC-134a辐射强迫的研究,不同研究者给出的结果差别最大达到37%,HFC-152a,HFC-125,HFC-143a,HFC-32和HFC-134的最大差别分别达到47%,49%,49%,72%和17%,其中,对HFC-134a的研究较多,而对HFC-134的研究相对少一些。

目前,HFCs各种化合物的谱吸收资料都已经有了新的版本,对模式中的辐射传输方案也有了新的研究,因此,采用更新的光谱资料、精确的辐射传输模式和新的评估方法来研究HFCs对气候变化的贡献,显得非常必要。

本章采用HITRAN2004最新发布的6种HFCs的谱吸收资料,研究了它们的相关*k*-分布辐射计算方案;比较了BCC_RAD高精度辐射方案(998带)与用于气候模式的辐射方案(17带)对辐射强迫计算的影响;在此基础上,计算了它们造成的全球平均的瞬时辐射效率和平流层调整的辐射效率,并且利用大气寿命调整系数考虑了气体的大气寿命对其辐射效率的影响,本章中,辐射效率为气体浓度由零增加到1 ppbv引起的辐射强迫;计算了HFCs从工业革命以来引起的辐射强迫,以及在IPCC排放情景SRES下未来100年的辐射强迫变化。同时采用全球增温潜能(GWP)和全球温变潜能(GTP)两种方法,对比研究了HFCs排放对气候变化的长期影响,对比了气体不同排放条件引起的地表温度的变化。

本章7.2节简要介绍了所使用的谱吸收资料和辐射传输方案;7.3节首先利用美国标准大气(USS)比较了BCC_RAD中不同辐射传输方案(998带与17带)对瞬时辐射效率

① pptv:体积万亿分率(10^{-12}体积分数),下同。

计算结果的影响；然后，在 17 带方案的基础上，给出了 6 种模式大气下计算的 HFCs 的全球平均的辐射效率，计算了它们目前和未来 100 年的浓度变化引起的辐射强迫；7.4 节讨论了基于全球平均的辐射效率计算的 GWP 和 GTP，分析了气体脉冲排放和持续排放引起的地表温度的变化。

7.2　谱吸收资料和模式介绍

HITRAN 分子吸收资料集是国际科学界公认和被广泛应用于大气辐射传输计算的基础资料，经 HITRAN1986，HITRAN1992，HITRAN2000 发展到目前的 HITRAN2004，在以前版本的基础上逐步更新和完善。本章采用 HITRAN2004 中，在不同温度和压力下的 HFCs 的红外吸收截面资料，通过分析吸收系数对不同压力和温度的依赖关系，分别对已知温度和压力下的吸收系数进行线性插值，得到 22 个压力和 3 个温度下的吸收截面。22 个压力由 AGFL(U. S. Air Force Geophysics Laboratory)中纬度大气廓线内插得到，分别是 0.01，0.0158，0.0215，0.0251，0.0464，0.1，0.158，0.215，0.398，0.464，1.0，2.15，4.64，10.0，21.5，46.4，100.0，220.0，340.0，460.0，700.0 hPa 和 1013.25 hPa；3 个温度分别为 160 K、260 K 和 320 K，它们基本上覆盖了实际地球大气能出现的范围。以气压为例，在同一个温度下，对于待插气压的上下两个已知气压上的吸收系数进行线性插值，得到该温度和该气压下的吸收系数。与 HFCs 辐射强迫研究中普遍使用的选取一个温度和气压下的积分吸收截面相比，更准确地考虑了温度和压力的影响，并且随着资料的进一步丰富，如果已知更多温度和压力下的吸收截面数据，这样的处理方法就能更准确地得到任何温度和气压组合下的吸收截面。

为了比较不同的谱吸收资料数据，表 7.1 列出 HITRAN2004 中 HFCs 的积分吸收截面与 IPCC(2007)中采用的积分吸收截面，其中，本章取 296 K 温度下的吸收截面，波数区间分别为 HITRAN2004 给定的各种化合物的吸收区间，例如，HFC-32 的波数区间为 995～1475 cm^{-1}。IPCC（2007）采用的积分吸收截面中，HFC-32，HFC-134，HFC-134a 和 HFC-152a 采用了 Ford Motor Company 的 296 K 温度下的光谱资料，HFC-32 和 HFC-134a 的波数区间为 200～2000 cm^{-1}，HFC-134 的波数区间为 450～2000 cm^{-1}，HFC-152a 的波数区间为 700～2000 cm^{-1}；HFC-125 和 HFC-143a 采用了 SWAGG 的温度为 253 K 的光谱资料，波数区间为 0～3000 cm^{-1}。

表 7.1　本章与 IPCC(2007)的积分吸收截面的比较

气体	S，积分吸收截面 (10^{-17} cm^2 · $molecule^{-1}$ · cm^{-1})	S，IPCC 中采用的值 (10^{-17} cm^2 · $molecule^{-1}$ · cm^{-1})
HFC-32	5.24	5.77
HFC-125	16.12	16.73
HFC-134	11.37	10.57
HFC-134a	12.38	13.07
HFC-143a	14.0	12.01
HFC-152a	6.89	6.87

由表 7.1 可见，与 IPCC(2007)相比，HFC-32，HFC-125 和 HFC-134a 的积分吸收截面减小，HFC-134，HFC-143a 和 HFC-152a 的积分吸收截面增大，除了 HFC-143a 的积分吸收截面差别较大，其他气体的积分吸收截面差别均在 10%以内。以 HFC-134a 的积分吸收截面为例，本章比 Pinnock 等(1995)的结果小 2%，比 Highwood 等(2000)的结果小 9%，比 Gohar 等(2004)的结果小 5%。需要注意的是，近年来大气浓度增加较快的 HFC-143a 的积分吸收截面比 IPCC(2007)给出的结果有较大的增加，比 Pinnock 等(1995)的结果大 14%，比 Highwood 等(2000)的结果大 17%。

本章利用 Shi(1981)提出的吸收系数重排法，在 BCC_RAD 长波方案的基础上，计算 HFCs 在各个谱带上的有效吸收系数。Zhang 等(2006a)的 17 带辐射传输方案将光谱区间 10～49000 cm^{-1}(0.2～1000 μm)划分为 17 个带，其中长波区间 10～2680 cm^{-1}(3.7～1000 μm)分为 8 个带，每个带上的 *k*-间隔数量不等，考虑了 4 种 CFCs 化合物：CCL_4，CFC-11，CFC-12 和 CFC-13，并假设它们在大气中混合均匀。谱带划分、*k*-间隔数量及吸收气体分布如表 7.2 所示。同时，本章采用 BCC_RAD 给出的高精度的 998 带辐射传输方案，讨论了不同辐射方案对辐射强迫计算的影响。998 带方案将光谱区间 10～49000 cm^{-1}(0.2～1000 μm)划分为 998 个带，长波区间 10～2500 cm^{-1}(4～1000 μm)分为 498 个带，每个带的波段区间均为 5 cm^{-1}，*k*-间隔数量对于每个带都进行了优化，最小为 2，最大为 16。由表 7.2 可以看出，这些 HFCs 的吸收带主要分布在 550～2110 cm^{-1}，在大气窗区 800～1200 cm^{-1}均有强弱不等的吸收。

表 7.2　17 带的长波区间谱带划分

谱带	区间(cm^{-1})	*k*-间隔数量	气体
1	10～250	4	H_2O
2	250～550	4	H_2O
3	550～780	11	H_2O，CO_2，HFC-125，HFC-134，HFC-143a
4	780～990	5	H_2O，CCl_4，CFC-11，CFC-12，CFC-13，HFC-125，HFC-134，HFC-134a，HFC-143a，HFC-152a
5	990～1200	5	H_2O，O_3，CFC-11，CFC-12，CFC-13，HFC-32，HFC-125，HFC-134，HFC-134a，HFC-143a，HFC-152a
6	1200～1430	5	H_2O，N_2O，CH_4，CFC-13，HFC-32，HFC-125，HFC-134，HFC-134a，HFC-143a，HFC-152a
7	1430～2110	5	H_2O，HFC-32，HFC-125，HFC-134，HFC-134a，HFC-143a，HFC-152a
8	2110～2680	2	H_2O，CO_2，N_2O

在有 HFCs 吸收的谱带上，分别得到每种气体在 22 个压力、3 个温度下的吸收截面后，将吸收系数从大到小重排，并利用高斯积分，根据长波方案中给定的 *k*-间隔数量，得到每个高斯积分点上的有效吸收系数，作为模式的输入。对辐射通量和加热率的计算，采用 6 种模式大气：热带大气(TRO)、中纬度夏季大气(MLS)、中纬度冬季大气(MLW)、亚极夏季大气(SAS)、亚极冬季大气(SAW)和美国标准大气(USS)。整层大气分为 100 层，垂直分辨率为

1 km，地面高度设为 0 km，大气顶为 100 km。在此基础上，计算 HFCs 在晴空大气下的瞬时辐射效率和平流层调整的辐射效率，对 6 种模式大气取平均得到全球平均结果。与以往研究中使用的窄带模式有所不同的是，本章采用的模式是 BCC_RAD。本章对该辐射模式加入 HFCs 前后的美国标准大气(USS)长波总加热率进行了比较，图 7.1 给出 HFCs 加入后(最新观测值)与加入前(0 pptv)的长波总加热率之差，即，由于 HFCs 浓度增加引起的长波加热率。由图 7.1 可见，HFCs 的加热率从地面到约 200 hPa 的对流层大气为正值，这是因为 HFCs 在该部分对流层大气中，在“大气窗区”和其他光谱区间吸收的地面向上的长波辐射通量大于它们本身的发射，使该部分对流层大气变暖。

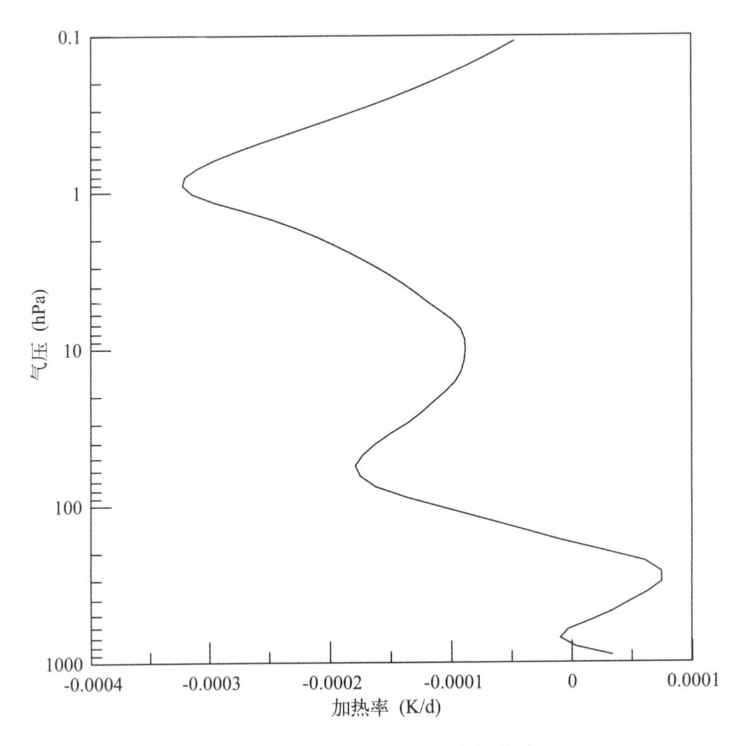

图 7.1　HFCs 引起的长波加热率

为了计算 HFCs 平流层调整的辐射强迫，本章利用迭代法对原有的 17 带辐射传输模式进行了改进，使得该模式具备了计算平流层温度调整的辐射强迫的能力，计算流程如图 7.2 所示。图中 ξ 为收敛值，满足收敛条件即可认为平流层经过调整达到新的辐射平衡。图中的 Δt 为迭代的时间步长，单位为 d，在本章的计算中 Δt 取为 1 d。0～0.1 ppbv 的扰动是为了保留 HFCs 的弱吸收特性，然后再通过线性比例计算得到 1 ppbv 扰动引起的全球平均的辐射强迫，即全球平均的辐射效率，同时用这种方法计算大气含量明显小于 1 ppbv 的痕量气体的辐射强迫，也更加合适。

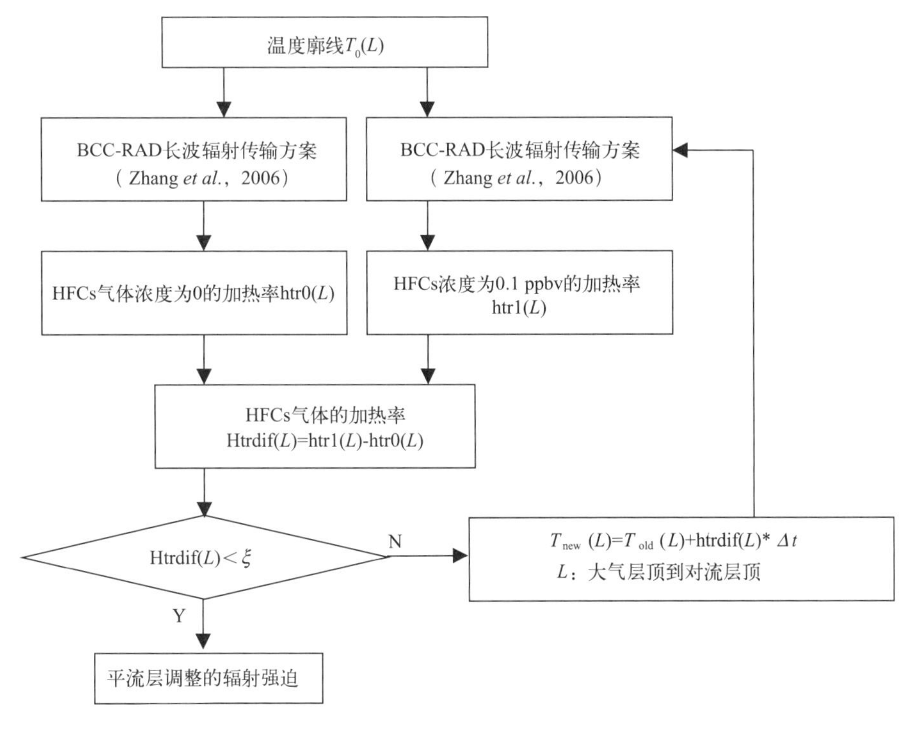

图 7.2　计算流程图

7.3　HFCs 的辐射强迫

根据温室气体辐射强迫的定义，正的辐射强迫将使全球变暖，引起地表平均温度升高；负的辐射强迫使全球变冷，引起地表平均温度降低。因此，HFCs 大气含量的变化对全球气候系统的影响可以通过计算它们的辐射强迫来估计。WMO(1986)把瞬时辐射强迫定义为：由于某种温室气体或其他因子的变化造成对流层顶净辐射通量的变化。IPCC(1995)把调整的辐射强迫定义为：在保持地表和对流层温度不变的情况下，通过调整平流层的温度结构，使平流层达到辐射平衡时，对流层顶的净辐射通量的变化。用来计算全球增温潜能(GWP)等的辐射效率为气体浓度增加 1 ppbv 引起的平流层调整的辐射强迫。

模式中假设 HFCs 的各种化合物都是混合均匀，但是它们的大气寿命为 1.4～270 年，在大气中的浓度随高度是有变化的，Sihra 等(2001)的研究指出，HFCs 的垂直廓线对辐射强迫的结果有一定的影响，并提出了一个基于大气寿命的调整系数来调整温室气体浓度随高度减小对辐射强迫的影响，即对大气寿命超过 0.25 年的气体，调整系数为 $1-0.241\times t^{-0.358}$，其中，t 代表大气寿命，单位为年。大气寿命调整后的辐射强迫也会有误差，但是要比完全不调整的好得多。本章在全球平均的平流层调整的辐射效率的基础上，利用该系数得到 HFCs 的全球平均的辐射效率。

表 7.3 给出美国标准大气(USS)下，998 带和 17 带辐射传输模式计算的 HFCs 晴空大气的瞬时辐射效率的比较。998 带和 17 带辐射传输模式的向上、向下辐射通量和长波加热率的

比较由 Zhang 等(2006b)给出。由表 7.3 可以看出,在相同的大气下,998 带辐射传输方案计算的 HFCs 的辐射效率均比 17 带辐射传输方案的计算结果大,差别最大达到了 73%。这是因为高精度谱分辨率的 998 带辐射传输方案的谱带划分较细(5 cm^{-1}),每个谱区间内的 k-间隔数量较多,能够全面考虑 HFCs 的强吸收带和弱吸收带,使得 HFCs 对地面向上的长波辐射吸收增加,造成 998 带辐射方案计算的辐射效率值增大;而 17 带辐射传输方案的谱带划分较宽,k-间隔数量较少,主要考虑了 HFCs 中较强的吸收带,忽略了它们的一些弱吸收带,使得用 17 带辐射方案计算的辐射效率值比 998 带的小。虽然 998 带辐射传输方案能更精确地计算 HFCs 的辐射效率,但是由于该方案的谱带划分较细,k-间隔数量多,用迭代法计算平流层调整的辐射效率会耗费大量的计算时间,计算效率低;因此,本章对 HFCs 的平流层调整的辐射效率,仍然采用 17 带辐射方案来进行计算,可以很迅速得到结果。

表 7.3　998 带和 17 带模式计算的美国标准大气下 HFCs 瞬时辐射强迫的比较

HFCs	瞬时辐射效率($W \cdot m^{-2} \cdot ppbv^{-1}$)(998 带)	瞬时辐射效率($W \cdot m^{-2} \cdot ppbv^{-1}$)(17 带)
HFC-32	0.22	0.102
HFC-125	0.43	0.125
HFC-134	0.33	0.185
HFC-134a	0.32	0.144
HFC-143a	0.33	0.09
HFC-152a	0.22	0.126

表 7.4 列出了 17 带辐射方案下,取 6 种模式大气平均得到的 HFCs 全球平均的瞬时辐射效率、平流层调整的辐射效率和大气寿命调整的辐射效率,同时还列出了 IPCC(2007)的结果作为比较,其中,HFC-134 的参考值取自 Sihra 等(2001),HFCs 的大气寿命均取自 IPCC(2007)。

表 7.4　HFCs 的瞬时辐射强迫、平流层调整的辐射强迫、大气寿命调整的辐射强迫和 IPCC(2007)结果的比较

气体	瞬时辐射效率($W \cdot m^{-2} \cdot ppbv^{-1}$)	平流层调整的辐射效率($W \cdot m^{-2} \cdot ppbv^{-1}$)	大气寿命调整的辐射效率($W \cdot m^{-2} \cdot ppbv^{-1}$)	IPCC(2007)中的辐射效率($W \cdot m^{-2} \cdot ppbv^{-1}$)
HFC-32	0.097	0.093	0.080	0.11
HFC-125	0.122	0.116	0.107	0.23
HFC-134	0.185	0.182	0.163	0.18
HFC-134a	0.137	0.130	0.117	0.16
HFC-143a	0.094	0.095	0.090	0.13
HFC-152a	0.119	0.114	0.090	0.09

如表 7.4 所示,同样 0～1 ppbv 的扰动,与相应的瞬时辐射强迫相比,除了 HFC-143a 平流层调整的辐射强迫略有增加,其他 HFCs 平流层调整的辐射强迫都略有减小。平流层温度调整对辐射强迫的作用是增大或是减小,取决于平流层温度调整后,温度廓线对对流层顶净辐射通量的影响。图 7.3 以 HFC-143a 和 HFC-134a 为例,分别列出它们在 6 种模式大气下,浓

度从0到0.1 ppbv的扰动在长波区间引起的辐射加热率。由图7.3可以看出，同种气体在不同模式大气下的加热率也有所不用，但是量级都比较接近，并且有基本相似的垂直分布；由于HFC-143a和HFC-134a在美国标准大气(USS)下的加热率结果，基本上都位于其他模式大气的加热率结果之间，因此，下文以美国标准大气的加热率结果为例进行讨论。对HFC-143a，由图7.3a看出，在整个对流层和平流层中下部的加热率都为正值，起加热大气作用。由于HFC-143a增大了平流层中下部的加热率，当平流层温度经过调整达到新的平衡时，平流层中下部加热增温，而增温的平流层中下部会增加向对流层的向下辐射通量，导致对流层顶的向下辐射通量增加，所以，0～1 ppbv扰动的HFC-143a平流层调整的辐射强迫值比其瞬时辐射强迫值稍大(表7.4)。对HFC-134a，由图7.3b看出，在地面到200 hPa左右的对流层加热率为正值，起加热大气作用；200 hPa以上的对流层和平流层加热率为负值，起冷却大气作用。由于HFC-134a减小了平流层下部的加热率，当平流层温度经过调整达到新的平衡时，平流层下部温度降低，而降温的平流层下部会减少向对流层的向下辐射通量，导致对流层顶的向下辐射通量减少，因而，同样扰动的HFC-134a平流层调整的辐射强迫值比其瞬时辐射强迫值小。同理，其他HFCs(HFC-143a除外)平流层调整的辐射强迫值都比相应的瞬时辐射强迫值小(表7.4)。

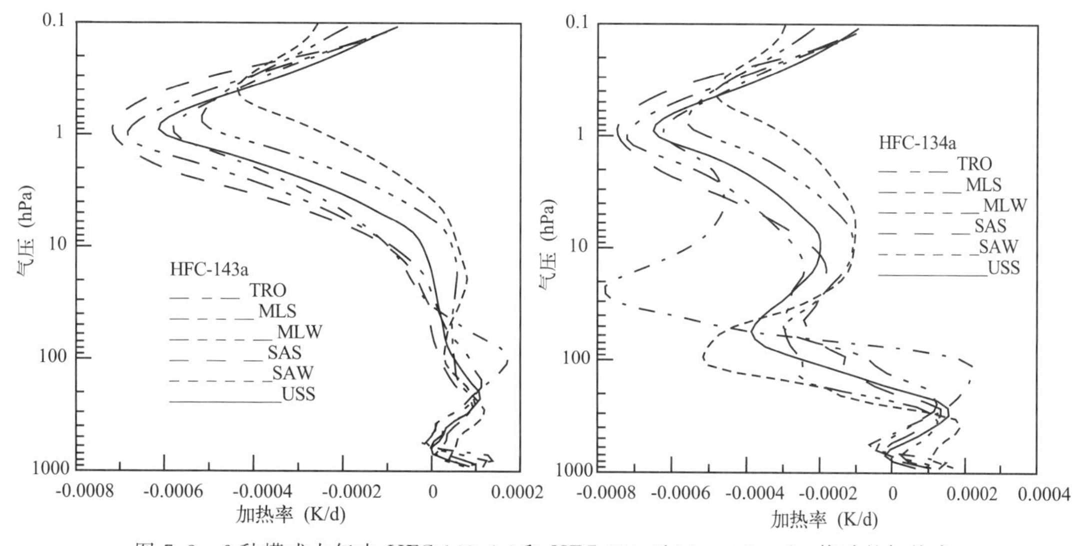

图7.3　6种模式大气中HFC-143a(a)和HFC-134a(b)0～0.1 ppbv扰动的加热率

表7.4还给出了HFCs在平流层调整的辐射效率基础上，经过大气寿命调整后的全球平均辐射效率。对比大气寿命调整前后的HFCs辐射效率可以发现，同样的扰动，大气寿命最小的HFC-152a的辐射强迫差别最大，达21%，大气寿命最长的HFC-143a的辐射强迫差别最小，约为5%，说明，对大气寿命较短的HFCs的辐射强迫必须要进行大气寿命的订正。由于HFCs的大气寿命为1.4～270年，所以，在HFCs辐射强迫的研究中，不能忽略大气寿命的影响，尤其对大气寿命较短的HFCs。

本章经过平流层调整和大气寿命调整之后的HFCs辐射效率与IPCC(2007)中的结果差别在−53%～0%，这些差别主要是由于使用了不同的谱线资料和不同的辐射计算方案，以及大气寿命调整方案造成的。

表 7.5 列出了 HFCs 大气含量的最新观测值、本章计算的 1750 年到 2005 年的辐射强迫、IPCC(2007)给出的它们 1750 年到 2005 年的辐射强迫和 IPCC/TEAP 给出的它们 1750 年到 2000 年的辐射强迫，其中 HFC-143a 在 2005 年的大气含量来自于 2003 年的观测数据(3.3 pptv)和增长速率(0.5 pptv · a^{-1})，因为 HFC-134 的含量在 IPCC 以往的报告中都没有涉及，本章也没有讨论它的气候变化的辐射强迫(1750 年到 2005 年)。由表 7.5 可以看出，由于大气含量的增加，五种 HFCs 在 1750 年到 2005 年的辐射强迫总和约为 0.0057 W · m^{-2}，比 IPCC(2007)给出的辐射强迫总和 0.0075 W · m^{-2} 小 24%，这主要是因为计算的 HFCs 的辐射效率不同引起的差别，与 IPCC/TEAP 给出的 1750 年到 2000 年的辐射强迫总和 0.0031 W · m^{-2} 相比，增幅则高达 84%。

表 7.5　自 1750 年以来 HFCs 的辐射强迫

气体	含量 IPCC(2007)/ pptv	本章计算的辐射强迫 (1750—2005)/ W · m^{-2}	IPCC(2007)中的辐射强迫 (1750—2005)/ W · m^{-2}	IPCC/TEAP 中的辐射强迫 (1750—2000)/ W · m^{-2}
HFC-32	3	0.0002	0.0003	0.0000
HFC-125	3.7	0.0004	0.0009	0.0003
HFC-134a	35	0.0041	0.0055	0.0024
HFC-143a	4.3	0.0006	0.0004	0.0002
HFC-152a	3.9	0.0004	0.0004	0.0002

IPCC 排放情景特别报告 SRES 给出了 HFCs 在不同排放情景下的大气含量变化值，本章利用大气含量变化的平均值和辐射效率计算了 HFCs 在未来 100 年的浓度变化所引起的辐射强迫。含量变化和辐射强迫结果如图 7.4 所示。

由图 7.4a 给出的 HFCs 大气含量变化可见，从 2010 年到 2100 年，HFCs 的大气含量都有明显的增加，其中，HFC-134a 的含量最高，增长最快，到 2100 年，其大气含量接近 900 pptv。图 7.4b 中 HFCs 未来 100 年的辐射强迫变化显示，HFCs 引起的辐射强迫随着它们的大气含量的增加迅速增大，总辐射强迫从 2010 年的约 0.01 W · m^{-2} 增长到 2100 年的 0.16 W · m^{-2} 以上，增加了约 16 倍，其中 HFC-134a 对总的辐射强迫的贡献最大，约占总辐射强迫的 75%左右。

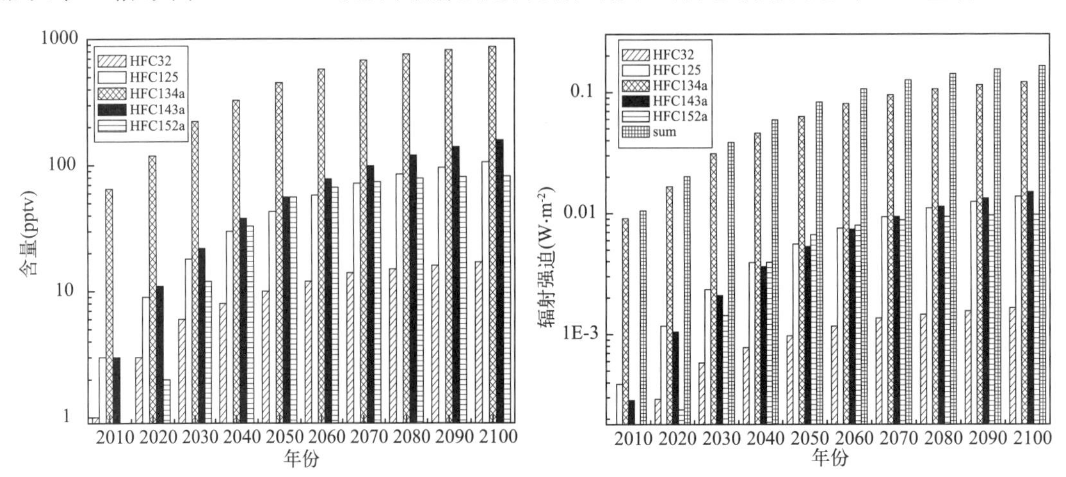

图 7.4　HFCs 2010—2100 年的含量变化(a)和相应的辐射强迫变化(b)

7.4　HFCs的全球增温潜能GWP与全球温变潜能GTP

为了计算HFCs的全球增温潜能GWP和全球温变潜能GTP，本章利用计算得到的HFCs的辐射效率和它的大气寿命等参数，建立了计算它们GWP和GTP的模式，计算并比较了未来20年、100年和500年它们的GWP和GTP的变化。

GWP的定义是瞬时脉冲排放1 kg化合物x，在一定的时间范围内引起的辐射强迫的积分相对于脉冲排放等量参考气体（一般为CO_2）在同一时间范围内的辐射强迫的积分。公式为：

$$GWP_x = \frac{\int_0^{TH} RF_x(t)\mathrm{d}t}{\int_0^{TH} RF_r(t)\mathrm{d}t} = \frac{\int_0^{TH} A_x[x(t)]\mathrm{d}t}{\int_0^{TH} A_r[r(t)]\mathrm{d}t} \tag{7.1}$$

$$x(t) = \mathrm{e}^{-t/\tau} \tag{7.2}$$

$$r(t) = a_0 + \sum_i a_i \mathrm{e}^{-\frac{t}{\alpha_i}} \tag{7.3}$$

其中，TH表示时间范围，本章取为20，100年和500年，RF表示全球平均平流层调整的辐射强迫，A表示全球平均辐射效率，$x(t)$和$r(t)$分别表示所研究气体和参考气体的时间响应函数，τ表示大气寿命，公式(7.3)是IPCC(2007)给出的计算CO_2时间响应函数的最新版本计算公式，其中a_0，a_i和α_i均为给定计算参数，详见IPCC(2007)。

GWP概念自提出以来，研究者就对它提出了质疑，例如，它没有直接给出温室气体排放对温度的影响，没有区分不同气体的大气寿命对温度的影响等。Shine等(2005)提出了全球温变潜能(GTP)的概念，并被IPCC(2007)采用。GTP的定义为：在脉冲排放1 kg化合物x或者以1 $kg \cdot a^{-1}$递增的速率持续排放化合物x，在给定的一段时间内造成的全球平均地表温度的变化与二氧化碳所造成的相应变化之比。脉冲排放和持续排放的GTP分别表示为GTP^P和GTP^S。公式为：

$$GTP_x^{TH} = \frac{\Delta T_x^{TH}}{\Delta T_r^{TH}} \tag{7.4}$$

其中，TH表示时间范围，一般取为20，100年和500年；ΔT表示地表温度的变化，可以通过求解全球平均地表温度的变化与辐射强迫之间的公式得出，公式为：

$$C\frac{\mathrm{d}\Delta T(t)}{\mathrm{d}t} = \Delta F(t) - \frac{\Delta T(t)}{\lambda} \tag{7.5}$$

其中，ΔF表示全球平均平流层调整的辐射强迫随时间的变化，t表示时间，C是系统的热容量，λ是气候灵敏度参数。

脉冲排放和持续排放的绝对全球温变潜能分别记为$AGTP^P$和$AGTP^S$，表示由于初始时刻气体的脉冲排放和持续排放，在时间t时刻分别引起的地表温度的变化，单位为$K \cdot kg^{-1}$和$K \cdot (kg \cdot a^{-1})^{-1}$，分别表示脉冲排放1 kg气体引起的地表温度的变化和以1 $kg \cdot a^{-1}$递增的速率持续排放气体引起的地表温度的变化。故脉冲排放和持续排放的GTP也可以分别表示为：

$$GTP^P = \frac{AGTP_X^P}{AGTP_C^P} \tag{7.6}$$

$$GTP^S = \frac{AGTP_X^S}{AGTP_C^S} \tag{7.7}$$

计算 GWP 和 GTP 都需要 HFCs 和参考气体 CO_2 的辐射效率，以及与大气寿命相关的时间响应函数。HFCs 的辐射效率采用本章的结果，公式(7.2)中 HFCs 大气寿命取 IPCC(2007)中的相应值；CO_2 的辐射效率和时间响应函数分别采用 IPCC(2007)中的最新结果和公式(7.4)。另外，GTP 计算中需要的气候灵敏度参数、热容量等参数取值与 Shine 等(2005)相同。利用 GWP 和 GTP 计算模式得到 HFCs 的 20 年、100 年和 500 年的 GWP、脉冲排放的 GTP^P、持续排放的 GTP^S 如表 7.6 所示，同时，表 7.6 还列出了 IPCC(2007)的 GWP 值作为比较。

表 7.6　本章计算的 HFCs 的 GWP、GTP^P 和 GTP^S 的比较

[其中还给出了计算中使用的大气寿命值；同时也列出了 IPCC(2007)的 GWP 值作为参考]

气体	寿命(a)	GWP 20/100/500 (a)	GWP in IPCC (2007) 20/100/500(a)	GTP^P 20/100/500 (a)	GTP^S 20/100/500 (a)
HFC-32	4.9	1718/ 515/ 160	2330/ 675/ 205	1052/ 1/ 0	2185/ 557/ 162
HFC-125	29	2987/ 1709/ 549	6350/ 3500/ 1100	2903/ 404/ 0	3033/ 1816/ 556
HFC-134	10	3203/ 1091/ 339	3200/ 1100/ 330	2401/ 6/ 0	3654/ 1181/ 343
HFC-134a	14	2830/ 1095/ 341	3830/ 1430/ 435	2455/ 31/ 0	3085/ 1184/ 345
HFC-143a	52	4123/ 3247/ 1182	5890/ 4470/ 1590	4199/ 1788/ 1	4050/ 3362/ 1197
HFC-152a	1.4	442/ 130/ 40	437/ 124/ 38	186/ 0 / 0	623/ 141/ 41

由表 7.6 的 GWP 值可以看出，同样排放等量的气体，HFCs 对气候变化的贡献是 CO_2 的上百倍甚至上千倍，大气寿命越长的气体，其 GWP 值越大，并且在超过气体大气寿命的时间范围内，这些气体对气候系统仍然有影响，例如，大气寿命为 52 年的 HFC-143a 的 500 年 GWP 仍然达到一千倍以上，说明 GWP 方法在很大程度上高估了 HFCs 对气候变化的长期影响。而新的评估方法 GTP 对此有很大的改进。对比 HFCs 的 100 年 GWP 与 IPCC(2007)的结果，除了 HFC-152a 和 HFC-134 的差别在 10%以内，其他四种 HFCs 的差别都在 10%以上，分别对应于 HFCs 辐射效率的−53%～0 的差别，GWP 的差别在−51%～+5%。由于辐射效率差别较大，导致相应的 GWP 值的差别也较大。通过对公式(7.1)的分析得出，HFCs 的 GWP 计算主要与四个方面参数直接相关，即 HFCs 的辐射效率和时间响应函数，以及参考气体 CO_2 的辐射效率和时间响应函数。对 HFCs，本章计算的辐射效率与 IPCC(2007)给出结果的比较已经由表 7.3 给出；在计算中，它们的大气寿命及其时间响应函数与 IPCC(2007)一致。对参考气体 CO_2，本章采用了最新背景浓度下计算的辐射效率和更新的时间响应函数。因此，HFCs 与 CO_2 的辐射效率，以及 CO_2 的时间响应函数三者共同造成 GWP 值的计算差别，其中 HFCs 的辐射效率的差别是主要因素。同时，同一种气体不同时间范围(20 年、100 年和 500 年)的 GWP 值与 IPCC 给出的相应值之间的差别不同，以 HFC-134a 为例，20 年、100 年

和500年的GWP值与IPCC(2007)的结果的差别分别为−26%，−23%和−22%，经分析，公式(7.1)中，不同时间范围的HFC-134a与CO_2的辐射效率是相同的，两者的比值是一个常数，不会引起上述差别，所以，CO_2时间响应函数的更新是引起该差别的原因。

GTP^P的主要物理意义与GWP相同，最大的区别在于：GWP给出的是在一定时间范围内，等量排放1 kg HFCs和CO_2分别引起的辐射强迫时间积分的比值，GTP^P给出的是在一定时间范围内，等量排放1 kg HFCs和CO_2分别引起的地表温度的变化的比值，直观地体现了相同的时间段内HFCs相对于CO_2引起的地表温度的变化。对比表7.6中20年的GTP^P值和GWP值，除了大气寿命较长的HFC-143a的GTP^P值略大于GWP值，其他气体的GTP^P值都小于相应的GWP值；大气寿命越小的气体，两者的差别越大。对100年和500年的时间范围，所有气体的GTP^P值都要远远小于相应的GWP值，500年GTP^P值几乎都为零。这是因为对大气寿命较小的气体，GWP值大大高估了气体脉冲排放对气候变化的影响，因而，它们的GWP要比其相应的GTP^P大。对比表7.6中HFCs的100年GTP^P值可以看出，由于时间范围超出气体大气寿命，排放的气体在大气中降解，含量减少，对地表温度的变化的影响相应减小，所以，100年GTP^P值相对于20年GTP^P值有大幅度的减小；对大气寿命为1.4年的HFC-152a，其100年GTP^P约为0，表示这时由于初始时刻脉冲排放的1 kg HFC-152a引起的地表温度的变化为0，即对地表温度已经没有影响了。同样，由于500年的时间范围远远超过了HFCs的大气寿命，所以，除了大气寿命较长的HFC-143a的500年GTP^P为1，其他HFCs的500年GTP^P几乎都为0。GTP^P不仅直观体现了气体脉冲排放引起的地表温度的变化，同时也更加明确地体现了HFCs的大气寿命对地表温度变化的影响，因而，比GWP更客观和正确地反映了，长寿命人造温室气体对气候变化的长期影响。

HFCs在工业生产中广泛使用，其排放量持续增加，而GTP^S恰恰考虑了气体在持续排放情况下对地表温度的变化产生的相对影响，所以，GTP^S可以为国家针对目前持续排放这类温室气体的特定工业和农业进行政策和产业调整提供很好的评价方法。表7.6中HFCs的GTP^S给出了，从初始时刻持续排放一定量HFCs引起的地表温度的变化与持续排放等量CO_2引起的地表温度的变化的比值，Shine等(2005)验证了利用公式(7.5)计算的GTP^S值能够较为准确地体现，持续排放某种温室气体对地表温度的变化产生的相对影响。GTP^S和GWP的概念相差很大，但是，通过对比GTP^S值和GWP值可以发现，两者的差别要比同一种气体相同时间范围的GTP^P值与GWP值的差别小，并且随着时间范围的增大，GTP^S值与GWP值差别减小。表7.6中HFCs的500年GTP^S值与GWP值的差别都只有2%左右，Shine等(2005)通过数学推导说明了在时间跨度较大的情况下，GTP^S与GWP有相似的数学表达式，因而，得到的结果也接近。

利用本章建立的GTP计算模式得到HFCs在未来500年内的$AGTP^P$和$AGTP^S$，表示由于HFCs的脉冲排放或者持续排放在未来500年内引起的地表温度的变化，如图7.5所示。由图7.5a可见，HFCs脉冲排放引起的地表温度的变化在排放初期迅速达到一个最大值，随着时间变化，在200年左右恢复到零，恢复快慢与大气寿命长短相关，大气寿命最短的HFC-152a恢复得最快，大气寿命最长的HFC-143a恢复得最慢。由图7.5b可以看出，HFCs持续排放引起的地表温度的变化在排放过程中一直增加，在排放初期的增加速率比较大，使地表温度迅速增加，随着时间变化，地表温度的变化速率变小，直至平缓。对比图 7.5b 及 HFCs 的大气寿命可以看出，HFCs 引起的地表温度的变化从初始时刻到趋于平缓的时间，与它们的大气寿命有关，大气寿命最短的 HFC-152a 的相应时间段最短，该时间段随着不同气体大气寿命的增加而增加。这可以理解为，在初始阶段，气体持续排放使大气中 HFCs 含量迅速增加，导致地表温度的变化迅速上升，之后，由于 HFCs 的排放和降解同时进行，最终使得排放和降解速率趋于平衡，导致它们在大气中的累加含量变化不大，使地表温度的变化趋于平缓。

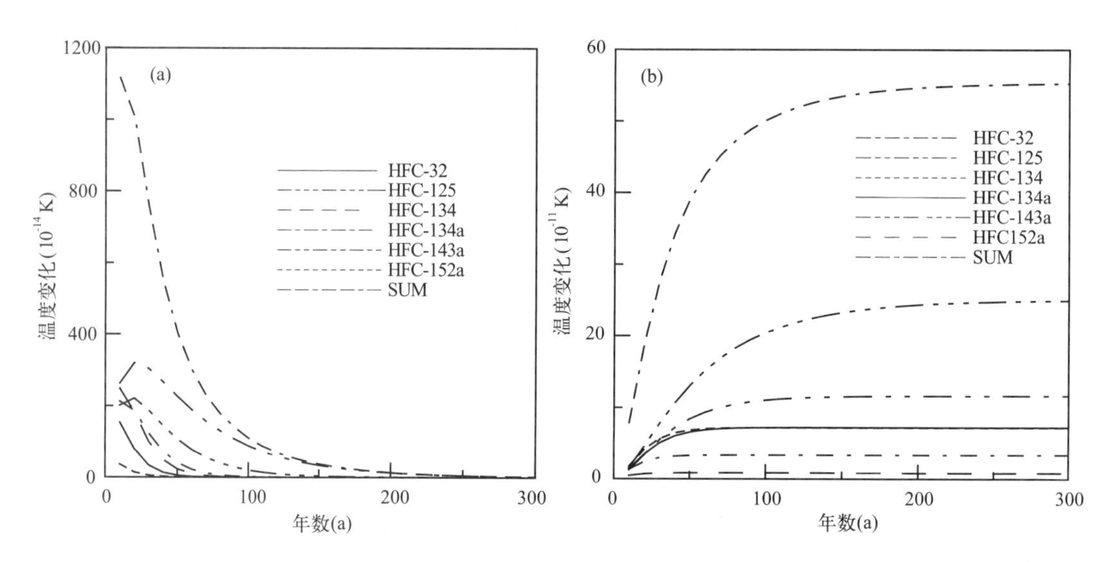

图 7.5　脉冲排放(1 kg)HFCs 引起的温度变化(a)和持续排放(1 kg · a^{-1})HFCs 引起的温度变化(b)

参考文献

黄兴友. 2001. 温室气体全球增温潜能的研究[D]. 中国科学院大气物理研究所博士学位论文.

石广玉. 1992. CFCs 及其代用品的全球增温潜能[J]. 大气科学，**16**(3)：345-351.

吴金秀，肖文安，张华. 2009. SF_6的辐射强迫与全球增温潜能的研究[J]. 大气科学，**33**(4)：825-834.

张华，石广玉，刘毅. 2005. 两种逐线积分辐射模式大气吸收的比较研究[J]. 大气科学，**29**(4)：581-593.

张华，吴金秀，沈钟平. 2011. PFCs 和 SF_6的辐射强迫与全球增温潜能[J]. 中国科学：地球科学，**41**(2)：215-233.

张华，张若玉，何金海，等. 2013. CH_4，N_2O 的最新辐射强迫与全球增温潜能[J]. 大气科学，**37**(3)：745-754.

Christidis N, Hurley M D, Pinnock S, *et al*. 1997. Radiative forcing of climate change by CFC-11 and possible CFC replacements[J]. *Journal of Geophysical Research*: Atmospheres (1984—2012), **102**(D16): 19597-19609.

Freckleton R S, Pinnock S, Shine K P. 1996. Radiative forcing of halocarbons: A comparison of line-by-line and narrow-band models using CF 4 as an example[J]. *Journal of Quantitative Spectroscopy and Radiative Transfer*, **55**(6): 763-769.

Gohar L K, Myhre G, Shine K P. 2004. Updated radiative forcing estimates of four halocarbons[J]. *Journal of Geophysical Research*: Atmospheres (1984—2012), **109**, D01107, doi:10.1029/2003JD004320.

Highwood E J, Shine K P. 2000. Radiative forcing and global warming potentials of 11 halogenated compounds [J]. *Journal of Quantitative Spectroscopy and Radiative Transfer*, **66**(2): 169-183.

IPCC. 2001. *Climate Change* 2001: *The Scientific Basis*[R]. Houghton J T, Ding Y, Griggs D J, *et al*. Eds. Contribution of Working Group I to the Third Assessment Report of the Intergovernmental Panel on Climate Change. Cambridge University Press, Cambridge, UK: 881.

IPCC. 2007. *Climate Change* 2007: *The Physical Science Basis*[R]. Solomon S, Qin D, Manning M, *et al*. Eds. Contribution of Working Group I to the Fourth Assessment Report of the Intergovernmental Panel on Climate Change. Cambridge University Press, Cambridge, UKand New York, NY, USA.

Jain A K, Briegleb B P, Minschwaner K, *et al*. 2000. Radiative forcings and global warming potentials of 39 greenhouse gases[J]. *Journal of Geophysical Research*: Atmospheres (1984—2012), **105**(D16): 20773-20790.

Metz B, Kuijpers L, Solomon S, *et al*. 2004. Safeguarding the ozone layer and the global climate system: issues related to hydrofluorocarbons and perfluorocarbons[M]. Cambridge: Cambridge University Press.

Nakićenović N, Swart R. 2000. Special Report on Emissions Scenarios[R]. A Special Report of Working Group Ⅲ of the Intergovernmental Panel on Climate Change. Cambridge University Press, Cambridge, United Kingdom and New York, NY, USA: 599.

Pinnock S, Hurley M D, Shine K P, *et al*. 1995. Radiative forcing of climate by hydrochlorofluorocarbons and hydrofluorocarbons[J]. *Journal of Geophysical Research*: Atmospheres (1984—2012), **100**(D11): 23227-23238.

Rothman L S, Jacquemart D, Barbe A, *et al*. 2005. The HITRAN 2004 molecular spectroscopic database[J]. *Journal of Quantitative Spectroscopy and Radiative Transfer*, **96**(2): 139-204.

Shi G Y. 1981. An accurate calculation and representation of the infrared transmission function of the atmospheric constituents[D]. Ph. D thesis, Tohoku University of Japan.

Shine K P, Fuglestvedt J S, Hailemariam K, *et al*. 2005. Alternatives to the global warming potential for comparing climate impacts of emissions of greenhouse gases[J]. *Climatic Change*, **68**(3): 281-302.

Sihra K, Hurley M D, Shine K P, *et al*. 2001. Updated radiative forcing estimates of 65 halocarbons and non-methane hydrocarbons[J]. *Journal of Geophysical Research*: Atmospheres (1984—2012), **106**(D17): 20493-20505.

Zhang H, Nakajima T, Shi G Y, *et al*. 2003. An optimal approach to overlapping bands with correlated k distribution method and its application to radiative calculations[J]. *Journal of Geophysical Research*: Atmospheres (1984—2012), **108**: 4641, doi:10. 1029/2002JD003358.

Zhang H, Shi G Y, Nakajima T, *et al*. 2006a. The effects of the choice of the *k*-interval number on radiative calculations[J]. *Journal of Quantitative Spectroscopy and Radiative Transfer*, **98**(1): 31-43.

Zhang H, Suzuki T, Nakajima T, *et al*. 2006b. Effects of band division on radiative calculations[J]. *Optical Engineering*, **45**(1): 016002-016002-10, doi: 10. 1117/1. 2160521.

Zhang H, Wu J X, Lu P. 2011. A study of the radiative forcing and global warming potentials of hydrofluorocarbons[J]. *J. Quant. Spectro. & Radiative Trans.*, **112**(2): 220-229.

Zhang H, Wu J X, Shen Z P. 2011. Radiative forcing and global warming potential of perfluorocarbons and sulfur hexafluoride[J]. *China Earth Sci.*, **54**(5): 764-772, doi: 10. 1007/s11430-010-4155-0.

Zhang H, Zhang R Y, Shi G Y. 2013. The updated radiative forcing due to CO_2 and its effect on global surface temperature change[J]. *Adv. Atmos. Sci.*, **30**(4): 1017-1024.

第8章 BCC_RAD在BCC_AGCM全球气候模式中的应用

摘要：本章主要介绍BCC_RAD模式在气候模式中的应用。其中8.1节主要介绍二流四流混合算法在气候模式中的应用；8.2节主要介绍长波区间太阳辐射方案在气候模式中的应用；8.3节主要介绍了采用BCC_RAD辐射模块后对气候模式的改进。

8.1 二流四流混合算法在气候模式中的应用

8.1.1 引言

目前大多数气候模式仍然采用二流近似辐射传输方案。该方案的优点在于计算速度快，但是与四流近似辐射传输方案相比，该方案在有云大气情况下的计算误差比较大。在美国标准大气廓线情况下，二流近似辐射传输方案与48流DISORT离散纵坐标的参考结果相比，云顶加热率有可能被低估约6%(Zhang *et al.*，2013)。Ayash等(2008)在第三代加拿大气候中心大气环流模式(Scinocca *et al.*，2008)(简称CCC GCM3，the third-Generation Canadian Climate Center Atmosphere GCM)中，评估了二流-四流混合离散纵坐标法(Liou *et al.*，1988)与二流近似辐射传输算法对辐射通量的影响。Liu等(2008)将Fu-Liou四流离散纵坐标辐射传输算法加入美国海军海气耦合中尺度预报系统(简称COAMPS，Coupled Ocean-Atmosphere Mesoscale Prediction System)中，发现对三天短期天气预报的温度场有很大的改进。

Li等(1996)通过比较表明，对于求解单层辐射传输方程而言，四流球谐函数辐射传输方法的透过率和反射率的精度都要略高于四流离散纵坐标方法的结果。本节利用单层四流球谐函数谱展开代替原有的二流近似解，来计算均匀的单层介质的透射率和反射率，其采用的累加过程还是原有的二流累加法(Coakley *et al.*，1983)。这种单层四流球谐函数谱展开和二流近似累加法结合的方法，即为二流-四流球谐函数谱展开累加法。

本节将二流四流混合算法应用到国家气候中心气候模式BCC_AGCM2.0.1新的版本(荆现文 等，2012；Zhang *et al.*，2014)中进行检验和评估，以改进该模式对大气辐射的计算精度。

本节通过离线诊断和在线模拟两种方式，比较Eddington近似和二流四流混合算法在气候模式中的模拟效果。离线诊断是在运行Eddington二流辐射传输算法的同时，加入二流四流混合算法，但二流四流混合算法的输出量仅作为诊断量，不产生气候反馈。离线诊断主要用于检验在相同大气条件下辐射传输算法本身的差别。在线模拟是在相同的初始场条件下分别运行Eddington近似和新方案，以检验两种方法各自对气候模拟的影响。首先离线诊断两种方法的辐射场差异，重点给出地表向下的短波辐射通量、大气顶向上短波辐射通量和短波辐射加热率的结果，它们分别反映以上不同辐射传输算法下大气的透射率、反射率和大气加热情况。然后给出两种方法对气候模拟的影响，重点分析两种辐射传输算法对云辐射强迫的影响。

离线诊断和在线运行都是从1949年9月1日开始，积分52个月。其中辐射方案每小时调用一次(模式的积分步长为20 min，也就是3个模式积分步长调用一次)。前16个月为Spin-up时间，取后三年(1951—1953年)的结果进行分析。所用海温资料为多年平均的月平均气候态数据(Hurrell，1999)。

8.1.2　晴空辐射通量

图8.1分别给出了两种辐射传输算法得到的晴空条件下，地表向下和大气顶向上年平均短波辐射通量差异。从图8.1a可以看出，两种方案在晴空大气条件下地表向下短波辐射通量的差别较大的区域，主要发生在南半球30°到60°区间的海洋表面及非洲北部的撒哈拉沙漠，分别处于海盐气溶胶和沙尘气溶胶含量较高的区域，这些区域Eddington近似方法都高估了地表向下的短波辐射通量。Li等(1996)的结果表明二流近似与新方案相比，不论是粒子单次散射比为1还是0.9，都高估了大气的透射率，因此，在气溶胶浓度高的区域，Eddington近似会高估对晴空地表向下的辐射通量。

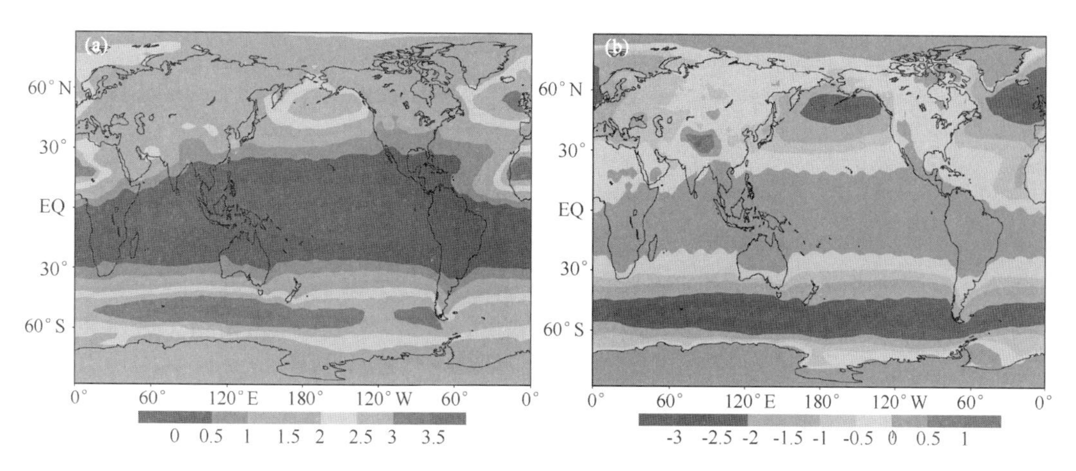

图8.1　用Eddington近似与新方案计算的晴空年平均辐射通量的差别的全球分布(Eddington近似减去新方案)。(a)地表向下短波辐射通量；(b)大气顶向上短波辐射通量(单位：W · m^{-2})

从图8.1b可以看出，Eddington近似与新方案相比，对大气顶向上短波辐射通量的最大低估区主要位于南北半球30°到60°的海洋区域，但在非洲北部的撒哈拉沙漠却仅出现微弱的低估和高估。Li等(1996)表明：与Eddington近似相比，不论是单次散射比为1还是0.9，新方案的反射率在太阳天顶角余弦比较大时存在高估，而在太阳天顶角比较小时存在低估。而在南北半球30°到60°的海洋区域，正好对应太阳天顶角余弦值比较小的时候，因此，大气顶的向上通量会被低估；而对于撒哈拉沙漠区域，当太阳在北半球时，则对应太阳天顶角余弦值比较大的情况，当太阳在南半球时，则对应太阳天顶角余弦值比较小的情况，因此，年平均的通量值正好被这种高估和低估相互抵消，仅出现很微弱的低估和高估。

8.1.3 有云大气辐射通量

图 8.2 与图 8.1 相似，但是为有云条件的相应结果。从图 8.2a 中可以看出，两种方案在有云大气条件下，地表向下短波辐射通量的差值从赤道向两极逐渐变大，南北两极的差别最大。由于 Eddington 近似与新方案相比，整体都是高估单层透过率(Li *et al.*，1996)，同时在相同光学厚度条件下，两种算法计算的透过率差别随着太阳天顶角的增大而增大。而太阳天顶角随着纬度的增加而增加，正好与有云情况下，地表向下短波辐射通量差值的分布相符。Ayash 等(2008)的结果也表明，在有云大气情况下，二流辐射传输算法与二流-四流离散纵坐标累加算法相比到达地面的辐射通量偏多，特别是在高纬地区。

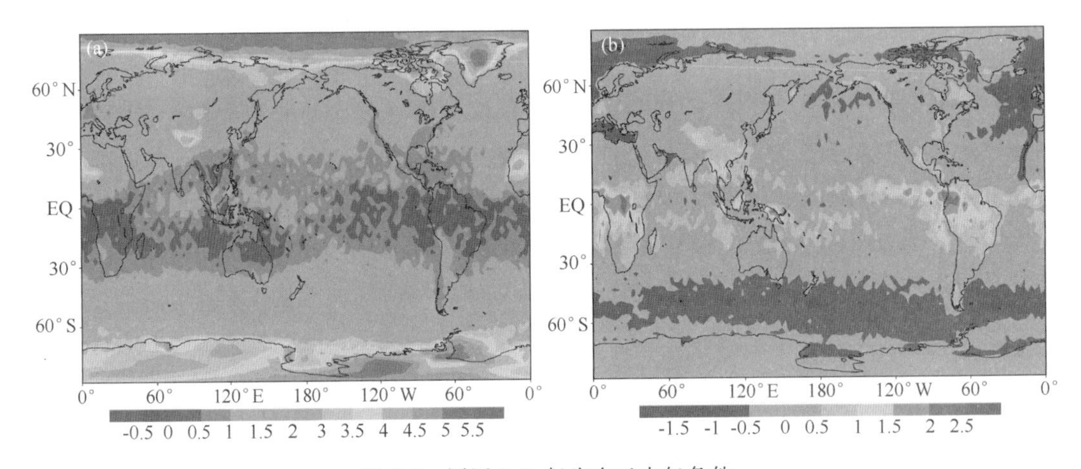

图 8.2 同图 8.1，但为有云大气条件

图 8.2b 表明两种方案在有云大气条件下，大气顶向上短波辐射通量在热带区域存在正的差别，在南北半球中高纬度的海洋区域存在负的差别。这两个区域分别对应对流云量和层云量出现比较大的区域，云的光学厚度较大。由于当太阳天顶角余弦较大的时候，Eddington 二流近似算法在反射率上存在高估，而在太阳天顶角余弦值较小的时候，Eddington 二流近似算法在反射率上存在低估(Li *et al.*，1996)，因此，在高纬度区域，对应太阳天顶角余弦值较小的情况，二流近似算法相对新方案低估了有云大气的大气顶向上短波辐射；在热带区域，对应太阳天顶角余弦值较大的情况，二流近似算法相对新方案高估了有云大气的大气顶向上短波辐射。Ayash 等(2008)比较了二流近似与二流-四流离散纵坐标法也得到了相同的结果。

8.1.4 短波加热率

图 8.3 给出了 Eddington 方法与新方案计算的年平均短波加热率差别的纬度-高度分布。可以看出，两种方法造成的短波加热率差异主要发生在 800 hPa 到地表的低层大气及 50 hPa 到 100 hPa 的高层大气。对 800 hPa 到地表的区域，偏差最大超过－0.02，这主要是受低云的影响。对于 100 hPa 以上的区域，Eddington 近似方案相对新方案，加热率也有一

个负偏差。在 100 hPa 以上的区域，主要处于平流层，目前，全球气候模式对温度场的模拟，在热带上空的平流层中下层区域几乎都存在一个冷偏差，这是全世界气候模拟普遍存在的问题（Forster *et al.*，2011），而 Eddington 近似和新方案计算的加热率差值表明，在该区域如果采用新方案计算，将会比 Eddington 近似计算的加热率强，有助于改善气候模式的冷偏差问题。

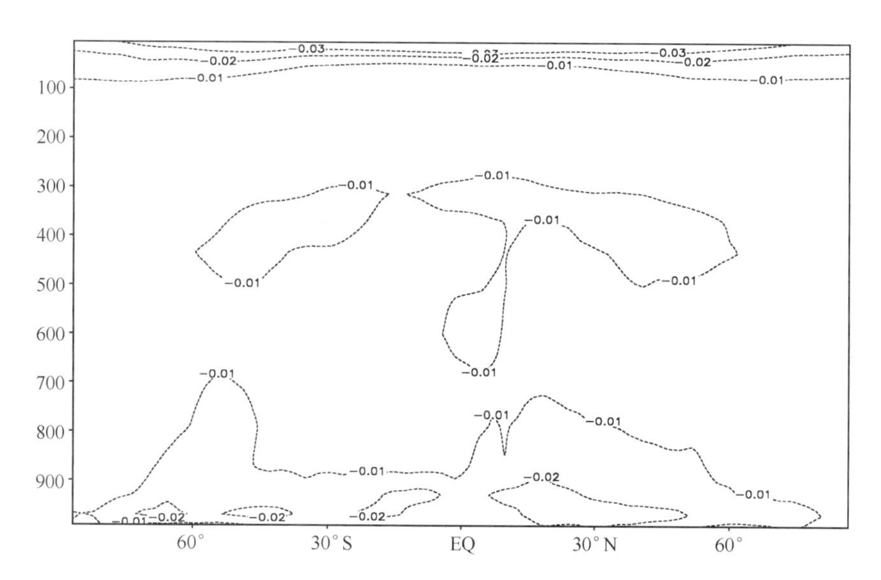

图 8.3 用 Eddington 方法与新方案计算的年平均短波加热率差别的纬度-高度分布（前者减去后者）

图 8.4 给出 Eddington 近似方法、新方案与 ECMWF 资料温度差值的纬度-高度分布图。从图 8.4 可以发现，采用新方案计算的温度场结果，在 50～100 hPa 赤道地区的确要优于 Eddington 近似方案，对原有模式中热带上空平流层的冷偏差有所改进。而该区域大气成分的分布及变化对于认识气候长期变化极为重要，因为该区域的臭氧、水汽、卷云和气溶胶对太阳短波辐射和地球长波辐射有很强的调节作用（陈洪滨 等，2006）。

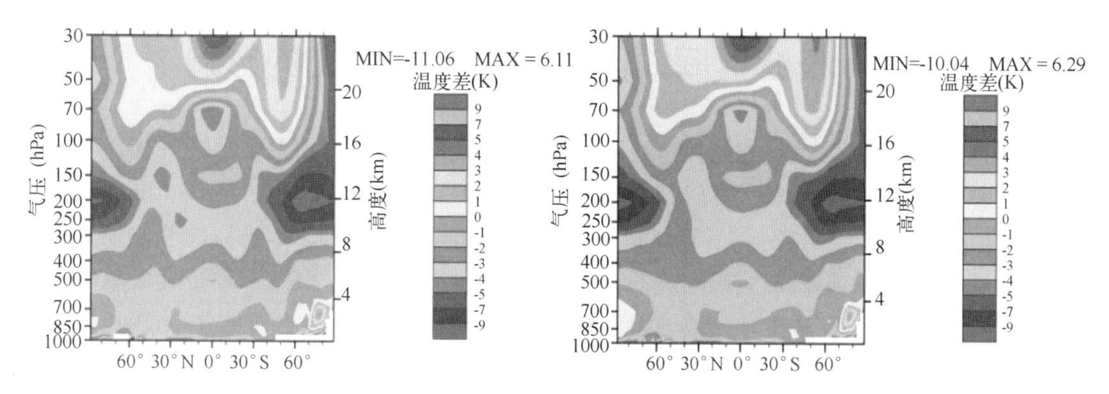

图 8.4 Eddington 近似和新方案与 ECMWF 资料温度场差值的纬度-高度分布（左侧为 Eddington 近似方法与 ECMWF 资料的差值；右侧为新方案与 ECMWF 资料的差值）

8.1.5 云辐射强迫

图 8.5 给出 Eddington 近似方法和新方案模拟的短波区间云辐射强迫与 CERES 资料的差值图，可以看出 Eddington 近似与 CERES 资料的全球平均值相比低估了 $-1.32\ W/m^2$，新方案与 CERES 资料的全球平均值相比低估了 $-0.33W/m^2$。原因可能是由于新方案计算的加热率要大于 Eddington 近似方案，尤其是在加热率最大的云顶处，因此云顶的加热率变大，将抑制云的发展从而减少云量，从而减少反射到大气顶的辐射通量，使得短波区间云的负辐射强迫变小、云辐射强迫与 CERES 资料的结果更加接近。

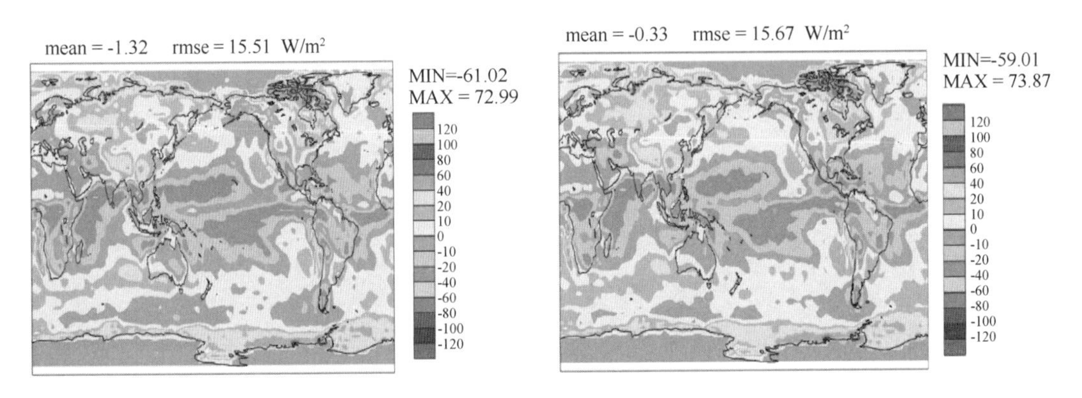

图 8.5 Eddington 近似方法和新方案与 CERES 资料大气顶短波云辐射强迫的差值场图（左侧为 Eddington 近似方法与 CERES 资料的差值；右侧为新方案与 CERES 资料的差值）

从全球分布来看，新方案与 Eddington 近似方法相比，在北太平洋中部和南半球 45°到 60°海域，对模式模拟的短波云顶辐射强迫的误差有所减少。丁守国等（2005）利用 ISCCP 月平均云气候资料研究了全球云量分布，从年平均的经向平均图来看，云量的分布有三个峰值带，分别位于北纬 10°，和南北纬 60°附近，云量都在 70%以上。而新方案与 Eddington 方法相比，改善最大的地方也是在北纬 10°和南纬 60°附近，表明本文提出的新方案在云量较多的地方，对模式模拟的短波大气顶云辐射强迫有较大改进。

8.2 长波区间太阳辐射对气候模式的影响

目前大多数气候模式的辐射模块，长波热红外辐射和短波太阳辐射被分开处理。通常太阳辐射计算区间包括近红外区间（0.7 ～4 μm ）、可见光区间（0.4～ 0.7 μm）和紫外区间（0.2～0.4 μm）；长波辐射包括红外区间（4～1000 μm）。为了方便起见，现有的气候模式在长波区间，往往不考虑太阳辐射的影响，一般通过以下两种方法进行处理：一种是直接忽略长波区间的太阳辐射；另一种是将该区域的太阳辐射按照短波区间太阳辐射能量分布，等比例地分配到短波区域。不论采用哪种方案，都会因为没有正确处理太阳辐射在长波区间的能量而对气候模式的模拟效果造成影响。Li 等（2010）在长波辐射传输计算中加入了太阳辐射计算项。与将长波区间波长范围内太阳辐射按照短波区间太阳辐射能量的分布，等比例加入短波区间的方法相比，改进后的方案将导致热带平流层和热带对流层顶的温度升高，其中热带平流层的最大升温超过 1K。

8.2.1　试验设计

按照 Iqbal(1983)中的数据，在长波第 7 波段(1430～2110 cm^{-1})增加了 3.35 W·m^{-2}的太阳辐射，在长波第 8 波段(2110～2680 cm^{-1})增加了 6.9 W·m^{-2}的太阳辐射，使得辐射模式的总太阳辐射能量达到 1367.62 W·m^{-2}。

为了研究长波区间波长范围内太阳辐射对气候模式模拟的影响，设计了两组试验。第一组不考虑长波区间波长范围内的太阳辐射，称为 NSIL(No Solar In Longwave)；第二组考虑长波区间波长范围内的太阳辐射，称为 SIL(Solar In Longwave)。两组试验分别积分 76 个月，其中辐射方案每小时调用一次(模式的积分步长为 20 min，也就是 3 个模式积分步长调用一次)，前 16 个月为 Spin-up 时间，选取后五年的结果进行分析。

8.2.2　结果分析

8.2.2.1　晴空辐射通量

图 8.6 给出了 NSIL 和 SIL 方案模拟的长波区间晴空地表向下辐射通量与 ISCCP FD 资料的差值。从图 8.6 可以看出，NSIL 方案的全球年平均值与 ISCCP FD 相比，低估了 7.74 W·m^{-2}，SIL 的全球年平均值与 ISCCP FD 相比，低估了 5.69 W·m^{-2}；NSIL 方案的均方根误差为 14.16 W·m^{-2}，SIL 方案的均方根误差为 12.87 W·m^{-2}。SIL 方案的结果与 NSIL 方案相比，对全球年平均值的改善达到 2.05 W·m^{-2}。主要原因是由于增加了长波区间的太阳辐射能量，通过气体吸收和粒子散射后到达地表的辐射通量也有所增加。由于是晴空的原因，长波区域的太阳辐射主要以气体吸收为主，而由于赤道地区水汽含量比较高，理应吸收更多的太阳辐射能量，而使得到达地面的向下辐射通量较小。但是，由于赤道地区太阳天顶角比较小，所以入射的太阳辐射比较多，此消彼长，使得 SIL 相对于 NSIL 方案的改变量在全球比较一致。

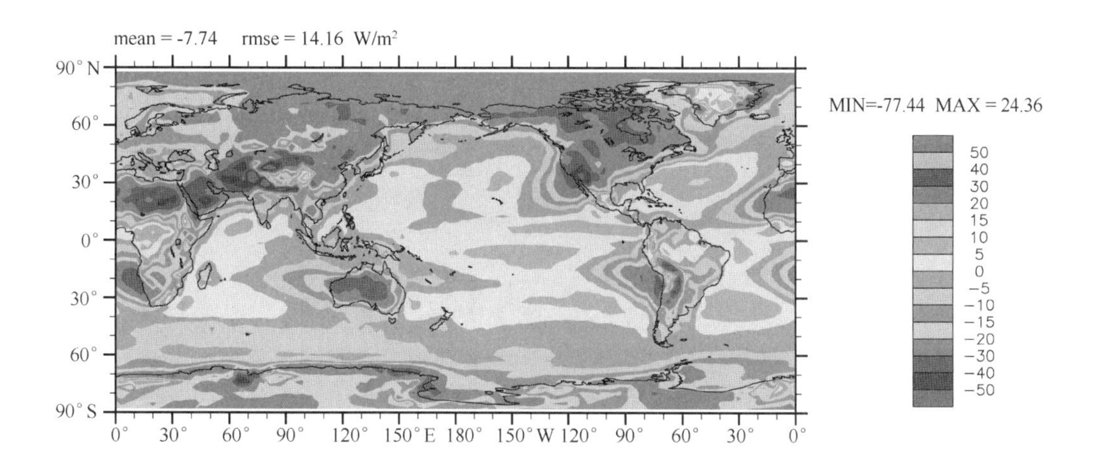

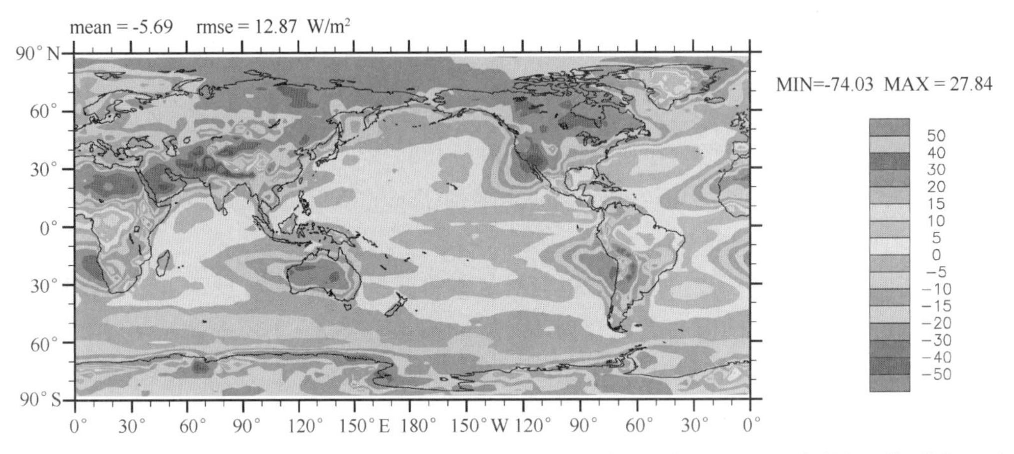

图 8.6　NSIL(上)和 SIL(下)方案模拟的长波区间晴空地表向下辐射通量与 ISCCP FD 资料的差值(单位:W/m²)

从图 8.7 NSIL 和 SIL 方案模拟的长波区间晴空大气顶向上辐射通量与 CERES 资料的差值可以看出,NSIL 方案的全球年平均值与 CERES 相比,低估了 1.90 W · m^{-2};SIL 方案的全球年平均值与 CERES 相比,低估了 1.20 W · m^{-2};NSIL 方案的均方根误差为 8.12 W · m^{-2},SIL 方案的均方根误差为 7.91 W · m^{-2}。SIL 方案的结果与 NSIL 方案相比,对全球年平均值的改善为 0.7 W · m^{-2}。主要原因是由于部分长波区间的太阳辐射能量被反射回大气顶造成的。

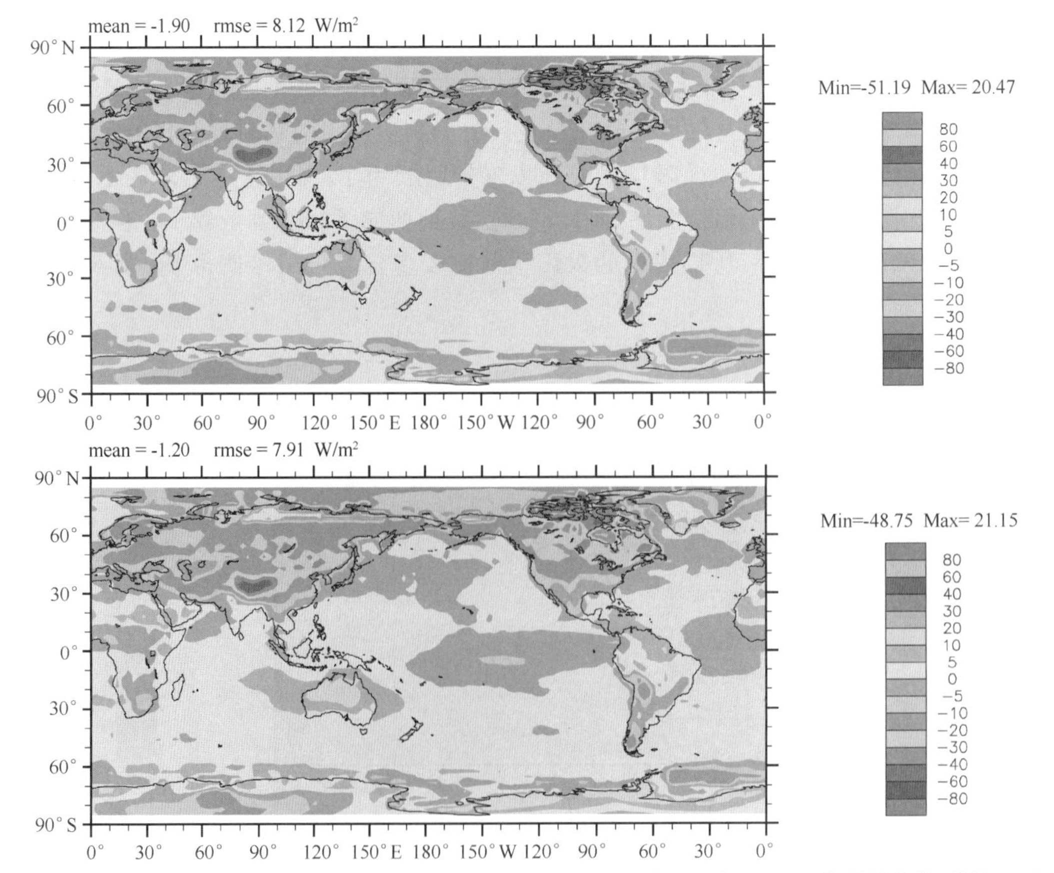

图 8.7　NSIL(上)和 SIL(下)方案模拟的长波区间晴空大气顶向上辐射通量与 CERES 资料的差值(单位:W/m²)

8.2.2.2　有云大气辐射通量

图 8.8 为有云大气 NSIL 和 SIL 方案长波区间地表向下辐射通量与 ISCCP FD 资料的差值。从中可以看出，NSIL 方案的全球年平均值与 ISCCP FD 资料相比，低估了 8.84 W·m^{-2}；SIL 方案的全球年平均值与 ISCCP FD 资料相比，低估了 7.46 W·m^{-2}；NSIL 方案的均方根误差为 14.62 W·m^{-2}，SIL 方案的均方根误差为 13.59 W·m^{-2}。SIL 方案的结果与 NSIL 方案相比，对全球年平均值的改善达到 1.38 W·m^{-2}。

从区域上来看，SIL 方案对西亚、北非撒哈拉地区，澳洲西部区域的改进较大，减少了这些地区的负偏差。这些区域主要是沙漠地区，云量比较少，所以，SIL 方案增加长波区间太阳辐射能量之后，这些区域云吸收和反射的作用比较弱，到达地面的向下辐射通量也比其他区域要多，因此，对这些区域的负偏差的改善比较明显。此外，NSIL 方案在南太平洋区域长波区间的地表向下辐射通量与 ISCCP FD 资料相比，存在高估，SIL 方案对该区域的高估也有一定程度的改善。这可能是由于 SIL 方案在绝大部分地区改善了长波区间的地表向下辐射通量的负偏差，从而改善了气候模式对云模拟，并通过云反馈，进一步改善了南太平洋区域长波区间的地表向下辐射通量的正偏差。

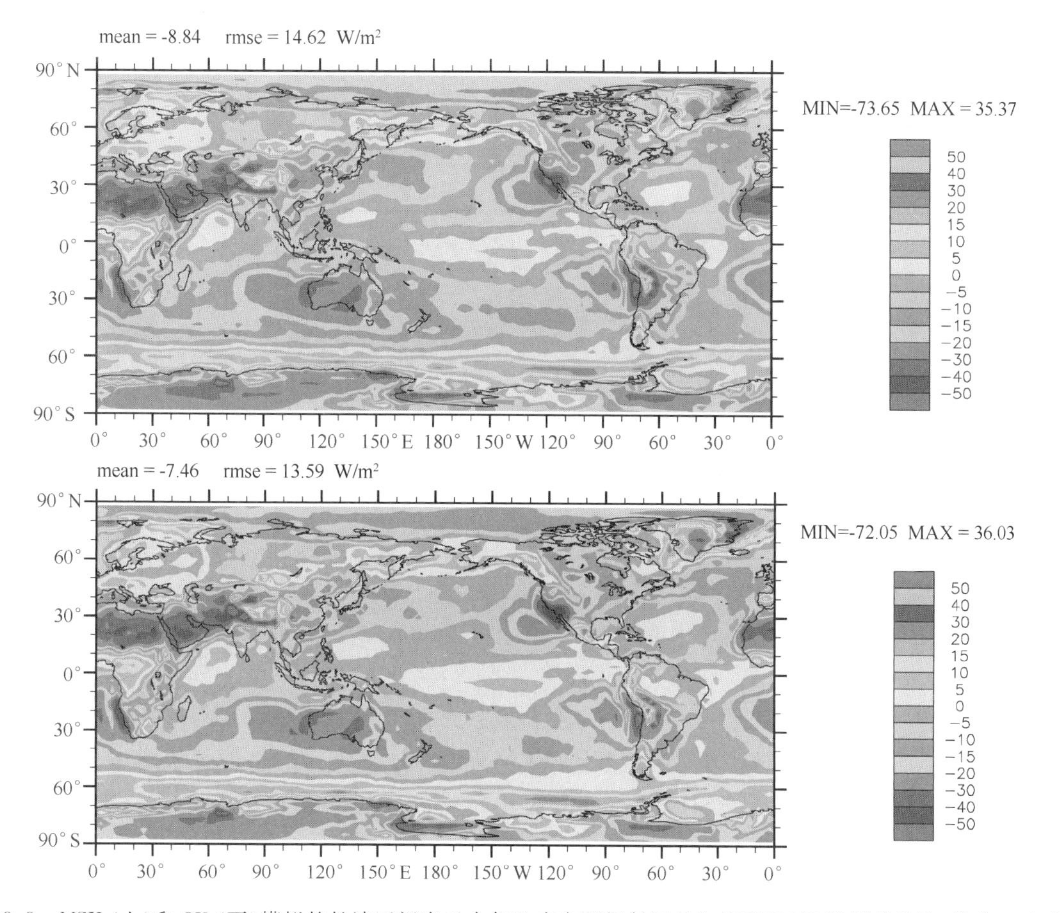

图 8.8　NSIL(上)和 SIL(下)模拟的长波区间有云大气地表向下辐射通量与 ISCCP FD 资料的差值(单位:W/m^2)

图 8.9 给出了 NSIL 和 SIL 方案长波区间有云大气模式顶的向上辐射通量与 CERES 资料的差别。从中可以看出，NSIL 方案模拟的有云大气模式顶的向上辐射通量的全球年平均值与 CERES 资料相比，低估了 2.04 W·m^{-2}；SIL 方案的全球年平均值与 CERES 资料相比，低估了 1.05 W·m^{-2}。NSIL 方案的均方根误差为 8.47 W·m^{-2}，SIL 方案的均方根误差为 8.17 W·m^{-2}。SIL 方案的结果与 NSIL 方案相比，对全球平均值的改善达到 0.99 W·m^{-2}。

从区域上来看，SIL 方案相对 NSIL 方案而言，在北极地区的改善比较明显。丁守国等(2005)利用 ISCCP 资料，给出了 1983—2001 年不同云量的纬向平均分布，结果表明北极地区是中云云量最多的区域，因此，反射能力比较强。SIL 方案中增加的长波区间的太阳辐射被反射得也比较多，所以，对模式顶的长波区间向上辐射通量的改善比较大。

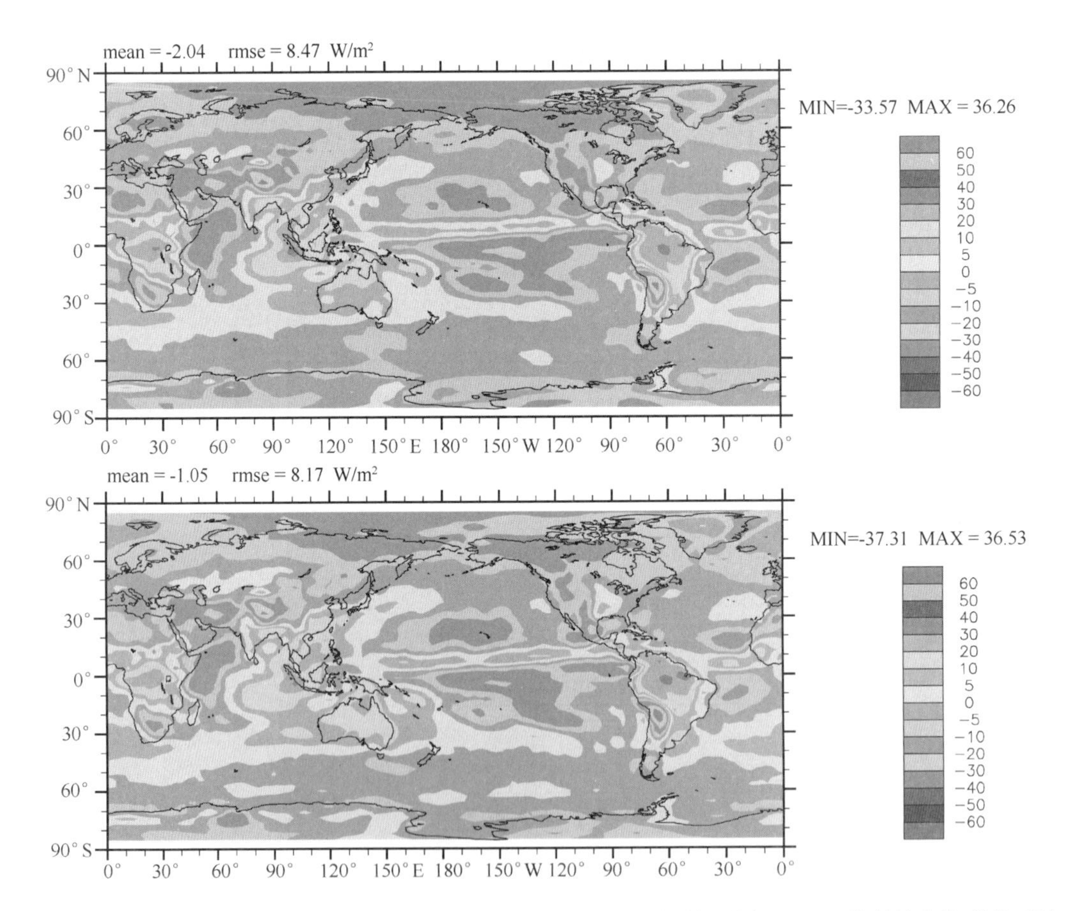

图 8.9　NSIL(上)和 SIL(下)方案模拟的长波区间有云大气大气顶向上辐射通量与 CERES 资料的差值(单位：W/m²)

8.2.2.3　温度

图 8.10 为 NSIL 和 SIL 方案温度场与 ECMWF 再分析资料的差值。从图中可以看出，SIL 方案的温度场要略高于 NSIL 方案，主要是由于长波区间考虑了太阳辐射，这些太阳辐射能量被气体吸收，从而提升了温度。

上对流层-下平流层区域的高度范围大致在 5～20 km。该区域大气成分的分布及变化，对于认识气候长期变化极为重要，因为一方面该区域的臭氧是一种有效的温室气体，另一方面该区域的水汽、卷云和气溶胶，对太阳短波辐射和地球长波辐射有很强的调节作用（陈洪滨等，2006）。新方案对热带地区上空，特别是60 hPa到110 hPa的下平流层区域的温度冷偏差有较为显著的改善。这种改善有利于在更准确的温度场条件下，更好地研究上对流层和下平流层区域的科学问题。

同时也发现，NSIL和SIL方案在热带地区30 hPa到50 hPa区域的温度与ECMWF再分析资料的差值，都超过5 K，之所以出现如此大的差异，主要是由于BCC_AGCM2.0.1大气环流模式的模式顶的高度为2.9 hPa，在热带地区对应高度约为40 km，而在这之上大气状况并没有考虑。BCC_RAD辐射模块为了更好地处理40 km以上的区域，在模式顶新增了3层大气来处理40 km以上的辐射传输过程。但是，将40 km以上的大气简化为3层大气来考虑，还会存在一定的误差，因此，使得该区域的模式温度差异与ECMWF再分析资料的差别比较大。

此外还发现，无论NSIL方案还是SIL方案，在极地250 hPa到150 hPa区域的温度与ECMWF再分析资料的差值超过9 K，如此巨大的差别主要是由于BCC_AGCM 2.0.1在两极区域的模拟能力比较差造成的。

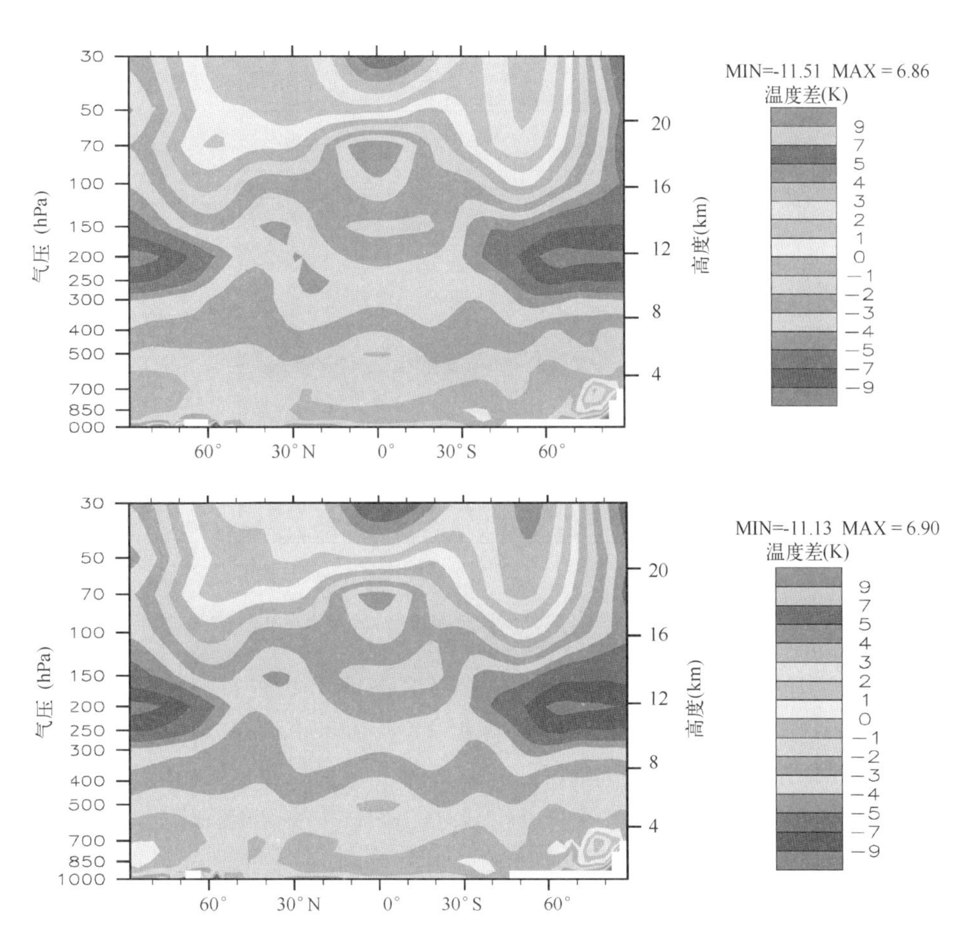

图8.10 NSIL（上）和SIL（下）方案经圈平均的温度场与ECMWF资料的差值（单位：K）

从图 8.11 模拟的对流层顶温度与 ECMWF 再分析资料的比较可以看出，NSIL 方案的全球平均值与 ECMWF 再分析资料相比，低估了 4.18 K，均方根误差为 4.62 K；SIL 方案的全球平均值与 ECMWF 再分析资料相比，低估了 3.91 K，均方根误差为 4.37 K。SIL 方案的结果与 NSIL 方案相比，对全球平均值改善了 0.27 K。

从区域上来看，SIL 方案在热带太平洋区域对流层顶的冷偏差改善较为显著。主要是由于热带地区太阳天顶角较小，长波区间增加的太阳辐射能够比较多地进入大气，到达对流层顶的太阳辐射能量也比较多，因此，对对流层顶该地区的冷偏差改善较为明显。

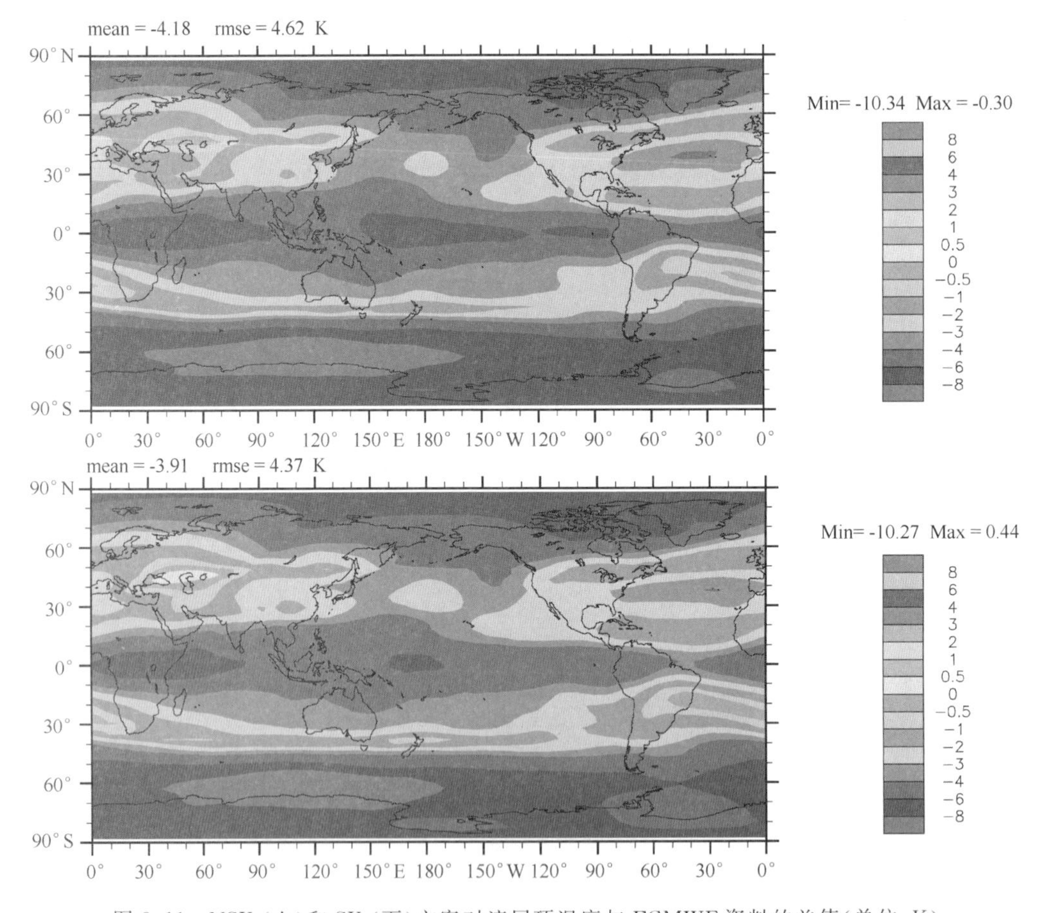

图 8.11　NSIL(上)和 SIL(下)方案对流层顶温度与 ECMWF 资料的差值(单位：K)

从图 8.12 模拟的大气顶长波云辐射强迫与 CERES 再分析资料的比较可以看出，NSIL 方案的全球年平均值与 CERES 再分析资料相比，高估了 0.9 W·m^{-2}，均方根误差为 7.33 W·m^{-2}；SIL 方案的全球年平均值与 CERES 再分析资料相比，高估了 0.61 W·m^{-2}，均方根误差为 7.18 W·m^{-2}。SIL 方案的结果与 NSIL 方案相比，对全球平均值改善了 0.29 W·m^{-2}。这表明在长波区间增加了太阳辐射之后，对于大气顶向上的辐射通量而言，晴空情况的增幅要大于有云情况的增幅。

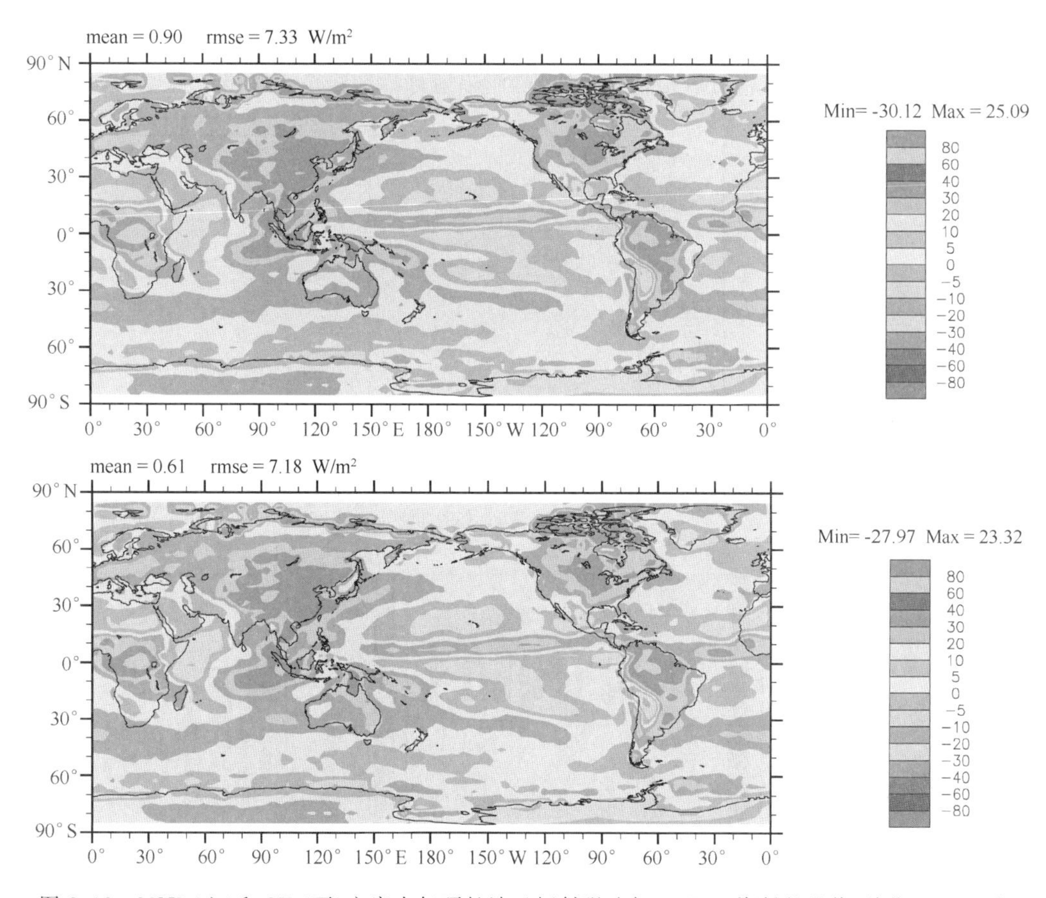

图 8.12　NSIL(上)和 SIL(下)方案大气顶长波云辐射强迫与 CERES 资料的差值(单位:W · m^{-2})

8.3　McICA 方案结合 BCC_RAD 在 BCC_AGCM 中的应用评估

气候模式的水平分辨率一般在几十至两百多千米,这使得尺度小于这一分辨率的云不能被显式分辨,即云在某一模式层上常常是部分覆盖的(云量<1)。因此,要进行辐射计算,首先需要基于一定的统计结果,用参数化的方法给出云的次网格结构(包括云的垂直重叠和云水/冰的水平分布)等信息,而云的次网格结构对辐射计算的结果有很大影响。传统的次网格云结构实现方法[如云矩阵方法(Morcrette *et al.*,2000;Li,2000)],由于形式固定、过多地依赖于特定辐射模式等缺陷,限制了次网格云-辐射过程参数化的进一步发展。最近几十年来,更真实地描述云的次网格辐射作用、减小次网格云-辐射计算的误差,成为科学界关注的一个热点问题(Welch *et al.*,1984;Cahalan *et al.*,1994;Barker,1996;Barker *et al.*,2005;Li *et al.*,2005;Shonk *et al.*,2010)。

Barker 等(2002)和 Pincus 等(2003)基于独立气柱近似(Independent Column Approximation, 简称 ICA)提出了一种快速、灵活的,可以用于任意云重叠形式和云非均匀分布的辐射计算方案,称为蒙特卡洛独立气柱近似(Monte Carlo Independent Column Approximation,

简称 McICA)。图 8.13 是在 McICA 方案下,由一个网格点的云量、云水廓线产生精细的次网格云结构的例子,垂直方向采用最大-随机重叠假定,水平方向云水(冰)含量为 Γ 分布。可以看出,McICA 方案下,次网格云结构可以很精细地实现,而辐射计算在每个次网格进行也更为简便。

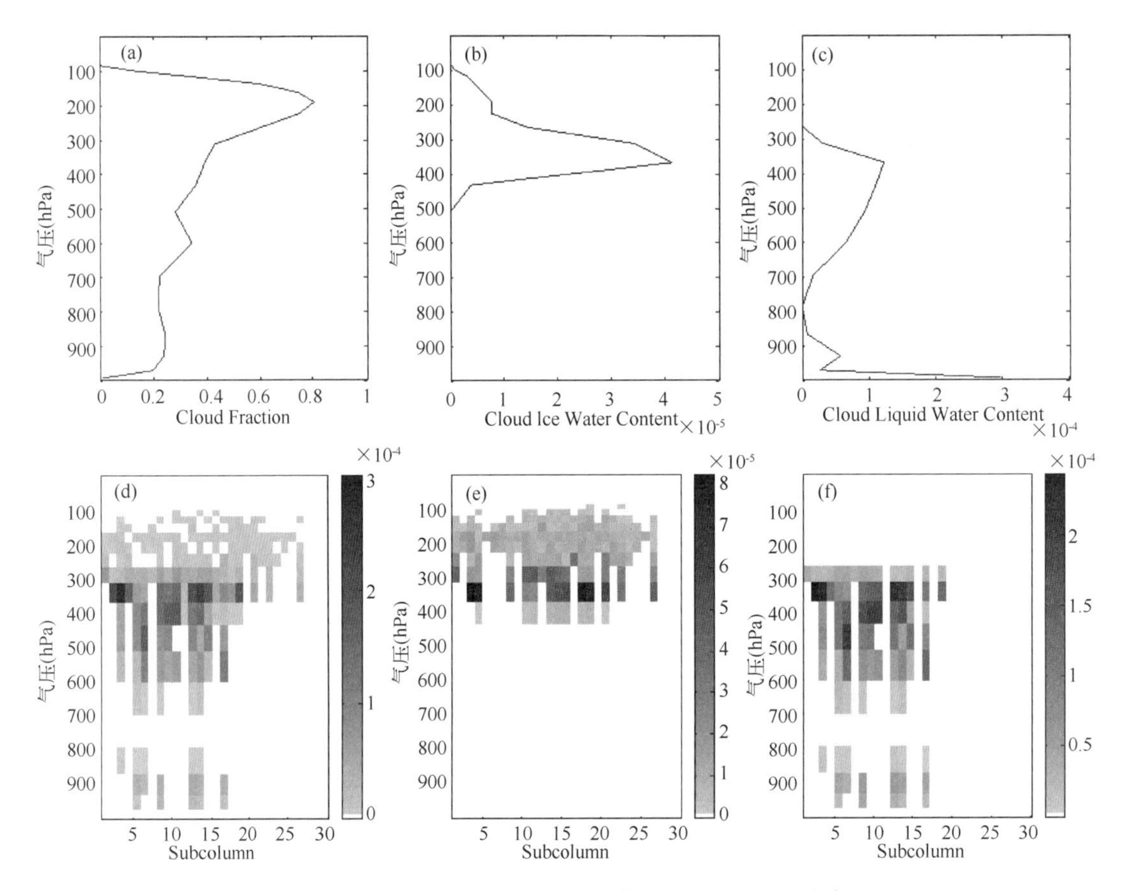

图 8.13　大尺度网格的云及据此产生的次网格云的分布

(a)大尺度云量垂直廓线;(b)冰云含量的垂直廓线;(c)水云含量垂直廓线;(d)次网格总云水结构;(e)次网格冰云结构;(f)次网格水云结构;单位(除云量外):kg/kg

利用 McICA 方法处理次网格云结构及其辐射计算,具有显著的优点:一方面,云的结构描述完全独立于辐射之外进行,无论是调整云的垂直重叠和水平分布等结构以趋向某种观测事实,还是趋向某种假设的理想状况,都比较方便;另一方面,辐射传输计算不用再繁琐地处理云的重叠、水平分布等问题,仅要进行晴空和全云两种情况的辐射方程求解即可,大大方便了辐射方案的选择和改进。因为 McICA 云-辐射方案形式比较灵活,对改进次网格云结构和辐射场的模拟有更大潜力,越来越多的大尺度天气、气候模式开始采用 McICA 云-辐射方案,如地球流体动力实验室(GFDL)的全球环流模式 AM2(Pincus *et al.*,2006)、欧洲中期天气预报中心(ECMWF)的集合预报系统 IFS(Morcrette *et al.*,2008)、德国 Max Planck Institute for Meteorology 的大气环流模式 ECHAM5(Räisänen *et al.*,2010),以及 NCAR 的 CAM5 模式(Neale *et al.*,2010)等。BCC_RAD 应用于国家气候中心全球大气环流模式 BCC_AGCM 时,即采用了 McICA 方案处理次网格云-辐射计算。

BCC_AGCM 原方案中气体吸收采用带模式方法计算。长波采用的是吸收率/发射率方程求解(Ramanathan *et al.*,1986),考虑了 0～800,800～1200,1200～2200 cm^{-1} 三个宽波段的平均吸收率/发射率;短波在 18 个波段范围计算平均透射率(Briegleb,1992)。带模式存在诸多的问题,如不能同时处理气体的非灰吸收和云与气溶胶的多次散射问题(石广玉,1998)等;随着大气辐射模式的不断发展,相关 *k*-分布方法表现出很大的优越性(Fu *et al.*,1992;石广玉,1998;张华,1999;Li *et al.*,2005)。

本节将 BCC_RAD 应用于 BCC_AGCM 2.0.1,同时用 McICA 处理次网格云结构,与原辐射方案的模拟结果进行了对比。为叙述方便,后文将包含云的次网格结构和 BCC_RAD 模式的 McICA 云-辐射方案称为"新方案",将 BCC_AGCM 2.0.1 原有云-辐射方案称为"原方案"。表 8.1 列出了新方案和原方案的具体差异。

表 8.1　新方案和原方案的具体对比

	原方案	新方案
长波吸收气体	H_2O,CO_2,O_3 CH_4,N_2O,CFC11,CFC12	H_2O,CO_2,O_3 CH_4,N_2O,CFC11,CFC12
短波吸收气体	O_3,CO_2,O_2,H_2O	O_3,O_2,H_2O
长波波段范围	0～2000 cm^{-1}	0～2680 cm^{-1}
短波波段范围	2000～50000 cm^{-1}	2110～49000 cm^{-1}①
谱透射比计算方案	带模式	相关 *k*-分布方法
长波辐射传输解法	累加法(Ramanathan *et al.*, 1986; Collins *et al.*, 2002)	二流近似(Nakajima *et al.*, 2000)
短波辐射传输解法	δ—Eddington 方法(Briegleb, 1992)	δ—Eddington 方法(Coakley *et al*, 1983)
云量参数化	诊断方案(Kiehl *et al.*, 1998; Rasch *et al.*, 1998)	诊断方案(Kiehl *et al.*, 1998; Rasch *et al.*, 1998)
云光学性质	长波:Ebert 等(1992)的云发射率计算方法 短波:水云采用 Slingo(1989)方案;冰云采用 Ebert 等(1992)方案	冰云采用 Zhang 等(2015)方案;水云采用 Nakajima(2000)方案
云有效半径	冰云:Kristjansson 等(2000) 水云:Kiehl 等(1994)	冰云:Wyser(1998) 水云:Kiehl 等(1994)
云重叠假定	最大-随机重叠(Collins, 2001)	一般(指数衰减)重叠(Hogan *et al.*, 2000; Mace *et al.*, 2002)
气溶胶—辐射耦合方案	BCC_AGCM 2.0.1_CAM(Zhang *et al.*, 2012)	BCC_AGCM 2.0.1_CAM(Zhang *et al.*, 2012)

①新方案中同时考虑了 2110～2680 cm^{-1} 波段的太阳辐射贡献和地气系统热辐射贡献。

考虑到 McICA 方案在表现次网格云结构上的灵活性,这里首先对新方案在不同次网格云结构设置下与原方案、观测的辐射平衡进行了比较(图 8.14)。其中,N_MRO 和 OLD 采用相同的次网格云结构。可以看出,原方案对大气顶长、短波云辐射方案分别高估 3 W · m^{-2} 和 7 W · m^{-2};而 N_MRO 将这些误差大大减小至 1.5 W · m^{-2} 和 3 W · m^{-2}。因为两者采用相同的云结构,这些改进主要来自新方案对云光学参数的优化。

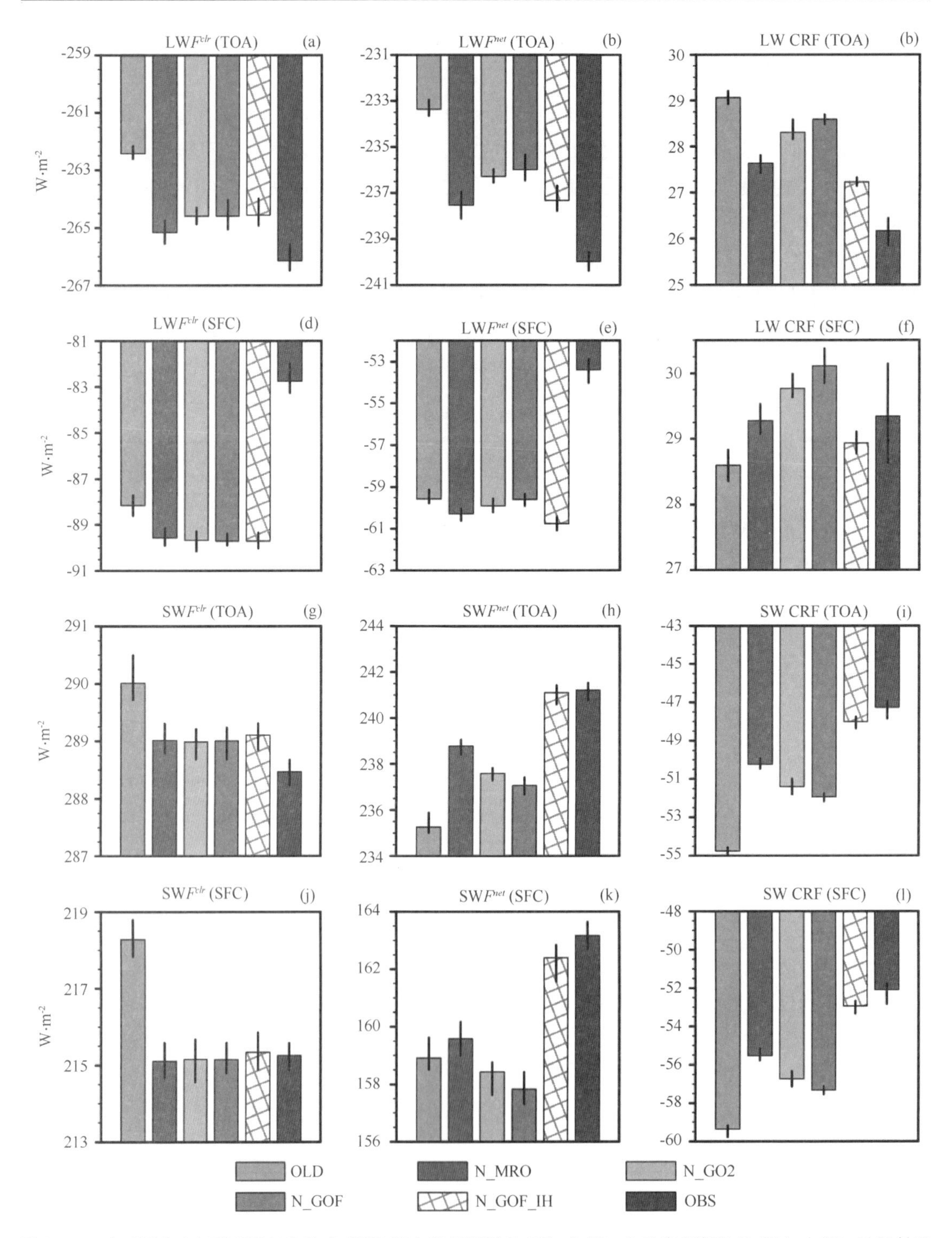

图 8.14　全球平均大气顶(TOA)和地表(SFC)晴空净辐射通量(F^{clr},左侧)、全天净辐射通量(F^{net},中间)、云辐射强迫(CRF,右侧)。SW 代表短波,LW 代表长波。误差棒为模拟的最大和最小值范围。其中 OLD 为原方案;N_MRO 为新方案采用最大随机重叠;N_GO2 为新方案采用指数衰减重叠(抗相关厚度取 2 km);N_GOF 为新方案采用指数衰减重叠(抗相关厚度为对流云量的函数);N_GOF_IH 同 N_GOF,但考虑了云水的水平非均匀分布;OBS 为 CERES_EBAF 观测数据(http://ceres.larc.nasa.gov/order_data.php)(Loeb *et al.*, 2009)

对于晴空辐射通量，原方案对大气顶长、短波辐射通量分别高估了 5 W·m^{-2}和 1.5 W·m^{-2}；而新方案结果更加接近观测，误差分别仅 1 W·m^{-2}和 0.5 W·m^{-2}。晴空辐射通量的改进与 BCC_RAD 用相关 k-分布方法处理气体吸收有关。晴空辐射和云辐射强迫的改进说明，新方案对辐射内部晴空和有云分量的平衡有更好的模拟能力。

采用不同次网格结构的模拟结果表明，云的次网格结构对辐射收支有重要的影响，特别是同时考虑云水的水平非均匀分布后，大气顶能量收支与观测资料达到更好的一致性，这也是 BCC_RAD 和 McICA 相结合在辐射平衡模拟上的重要优势。

以下在相同的次网格云结构(垂直方向为最大随机重叠、水平方向云水/冰均匀分布)设置下进行比较。图 8.15 给出了两种方案得到的大气顶全球平均长波、短波辐射通量的逐月变化，并与 CERES_EBAF 观测结果进行比较。

从长波辐射来看(图 8.15a,c)，无论晴空还是全天(即有云)条件，原方案都低估了大气顶出射长波辐射通量(简称 OLR)。新辐射方案计算的晴空和全天 OLR 较原方案整体提高，使其与观测值更加接近。晴空长波辐射的改进表明，新方案更好地计算了温室气体长波辐射作用，体现出相关 k-分布在气体吸收处理上的优势。全天长波辐射的改进除了与气体长波吸收的改进有关外，云的长波辐射强迫(LWCF)对其也有一定的贡献，新方案使模拟的 LWCF 误差降低了 50%以上。

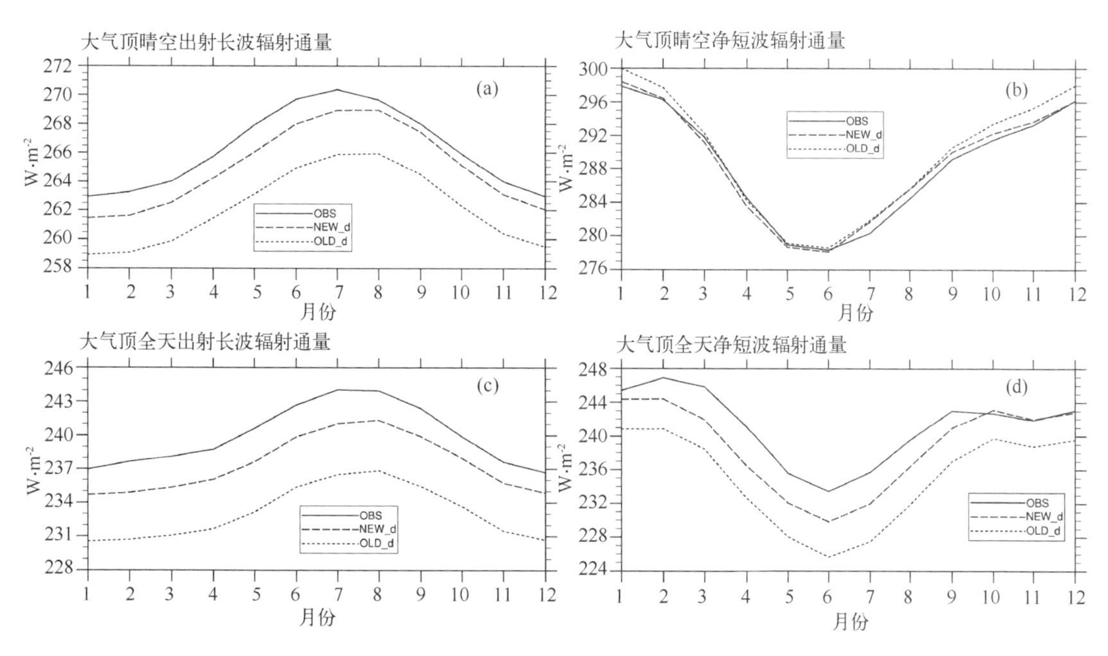

图 8.15 新方案(短划线)、原方案(虚线)和观测(实线)的大气顶晴空(a,b)和全天(c,d)出射长波辐射通量(a,c)、净短波辐射通量(b,d)的全球平均月变化。观测值为 CERES_EBAF 资料。单位：W·m^{-2}

从短波辐射来看(图 8.15b,d)，新方案模拟的大气顶净短波辐射通量(简称 NSR)也有比较明显的改进。首先是晴空 NSR 的改进(图 8.15b)，在北半球秋冬月份(10 月至翌年 2 月)，原方案大气顶净通量偏大 1～1.5 W·m^{-2}，新方案基本上消除了这一误差。晴空短波辐射的改进主要和大气的吸收作用的改进有关。其次是全天 NSR 的改进(图 8.15d)，原方案全年都比观测低估了 5～6 W · m^{-2},新方案的误差则基本上在 3 W · m^{-2} 以内,这主要是因为新方案更好地模拟了云的短波辐射强迫(SWCF),原方案得到的 SWCF 比观测偏大约 7 W · m^{-2}(绝对值),云的对短波辐射的反射率过高,而新方案 SWCF 误差仅有约 3 W · m^{-2},这使新方案模拟的总短波辐射收支更接近观测。

图 8.16 给出了两种方案下,大气顶年平均辐射通量的纬向平均值及其与 CERES_EBAF 观测数据的比较。从长波辐射来看(图 8.16a,c),无论晴空还是全天条件,原方案都低估了南北纬 20°附近及整个中纬度地区的 OLR,新方案则很好地减小了这一误差,尤其是在南北纬 20°附近的辐射通量和观测值非常接近;但是,新方案在赤道附近的晴空 OLR 相对观测值偏高。从短波辐射来看(图 8.16b,d),晴空条件两种辐射方案在整个中纬度地区都较好地模拟了大气顶 NSR,在低纬度地区都略微高估了 NSR,而最大的模拟误差在极地附近,模拟值都相对观测值有所偏低,新方案更为明显;全天条件下,新方案在热带地区相对原方案有一定提高,但是比观测值仍然偏小,高纬度地区的模拟偏差仍比较明显。

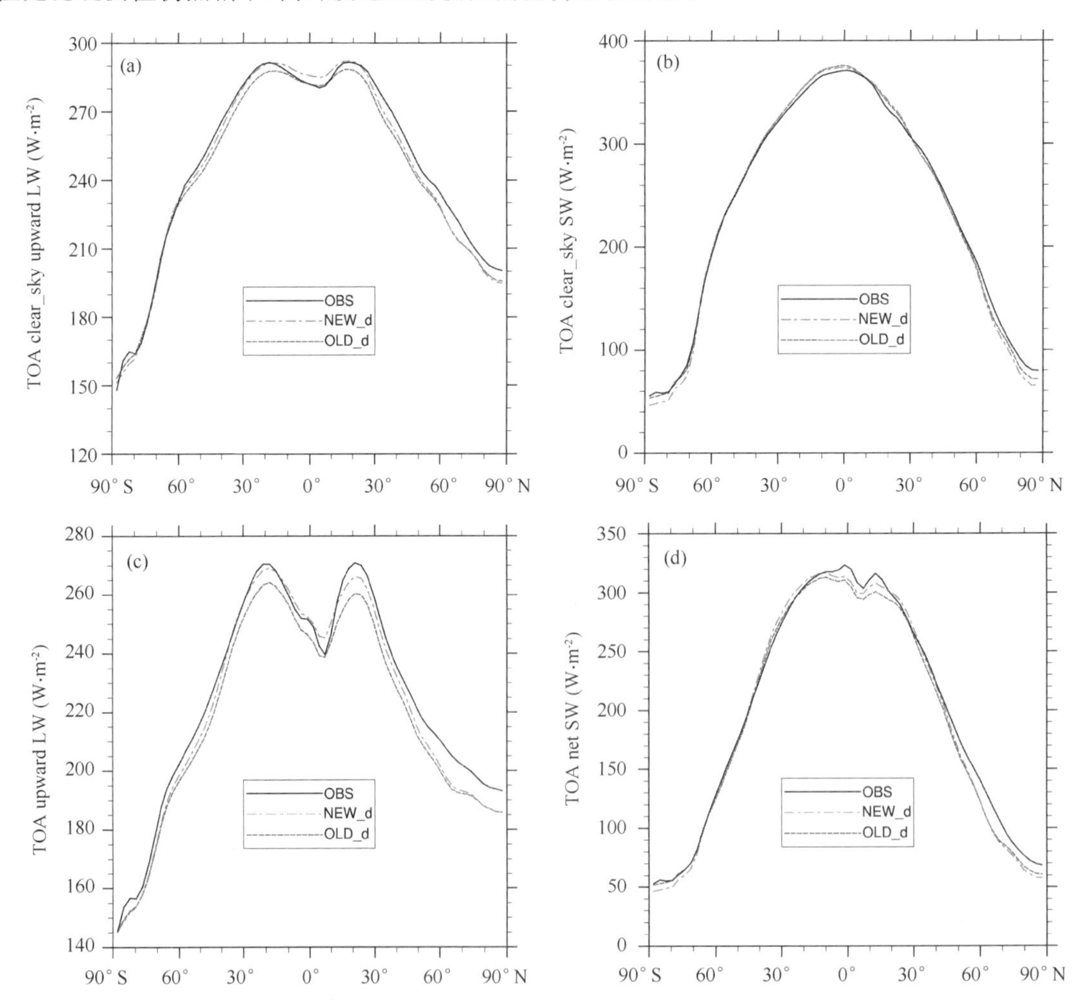

图 8.16　大气顶晴空(a,b)和全天(c,d)出射长波辐射通量(a,c)、净短波辐射通量(b,d)的纬向年平均分布。观测值为 CERES_EBAF 资料。单位:W · m^{-2}

图8.17是新方案、原方案模拟和ERA－40再分析资料(Uppala *et al.*, 2005)的年平均大气温度和比湿的纬度-高度分布与ERA－40资料相比的误差，以及新方案与原方案之差。从模拟的温度垂直分布来看，两种方案都比较好地模拟了大气层的温度结构。但是，新方案对温度场的垂直分布的影响也较明显，从新方案和原方案的差(图8.17c)可以看出，新方案模拟的800～500 hPa对流层中层温度比原方案有所增高(热带地区最高约0.8 K，北极上空最高约1 K)，近地面层温度有微小的降低。因为原方案模拟的对流层温度普遍偏低，新方案对对流层中层大气温度的增高一定程度上减小了模拟偏差，但是温度负偏差仍然没有完全消除。

水汽是一个很重要的物理量，与能量的转换和传输、水在地球不同圈层的交换等有密切联系，因此，对水汽状况的准确模拟是评价模式模拟性能的重要参考。大气中水汽状况的重要表征量是比湿。从图8.17(d－f)来看，原方案模拟的热带地区中低对流层比湿明显偏小，大气比实际状况偏干，这与原方案的水汽长波辐射传输处理有很大关系(Collins *et al.*, 2002)。从图8.17(e,f)可见，由于新方案更好地处理了长波辐射传输，改善了对大气热力状况的模拟，使得热带大气比湿的模拟误差也有了比较明显的纠正。

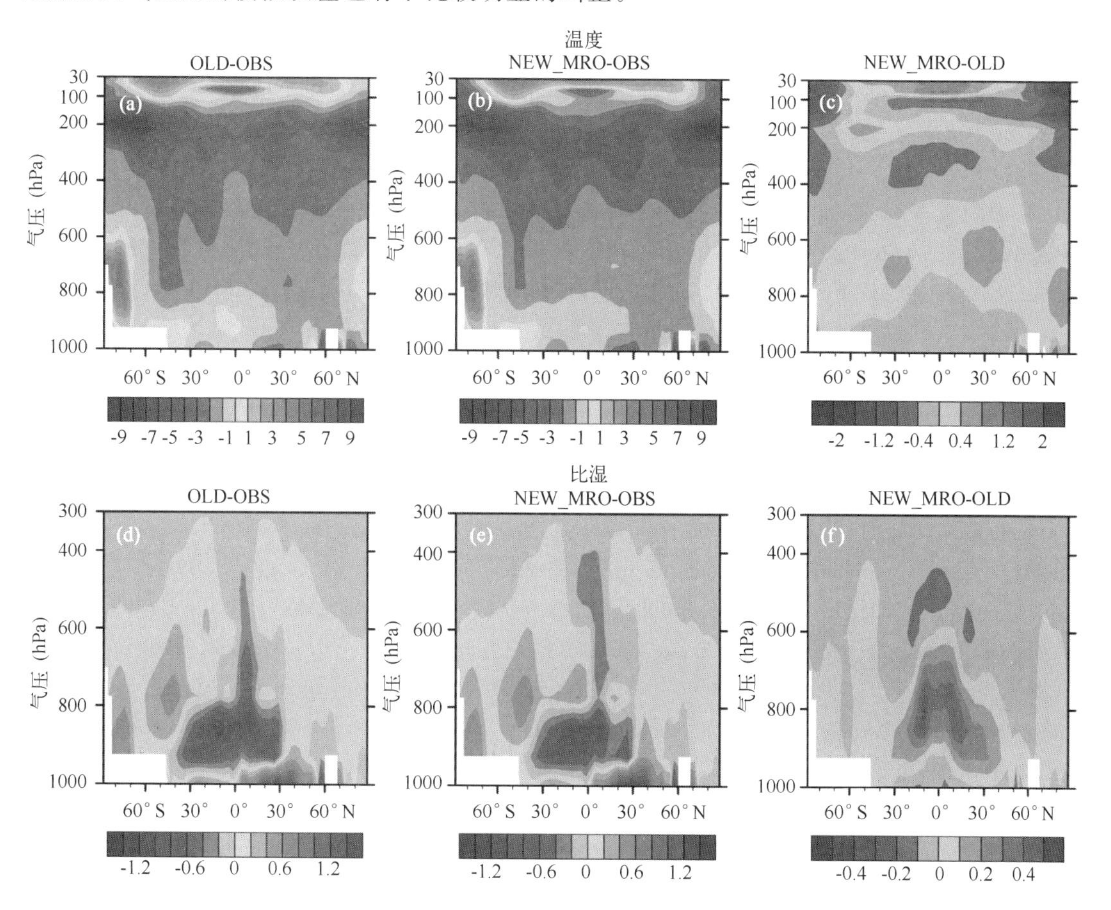

图8.17 原方案(a,d)、新方案(b,e)模拟的大气温度(a,b)和比湿(d,e)相比ERA－40再分析资料的误差，以及新方案与原方案模拟之差(c,f)。单位：K

参考文献

陈洪滨，卞建春，吕达仁. 2006. 上对流层-下平流层交换过程研究的进展与展望[J]. 大气科学，**30**(5)：813-820.

丁守国，赵春生，石广玉，等. 2005. 近 20 年全球总云量变化趋势分析[J]. 应用气象学报，**16**(5)：670-677.

荆现文，张华. 2012. McICA 云-辐射方案在国家气候中心全球气候模式中的应用与评估[J]. 大气科学，**36**(5)：945-958.

卢鹏. 2012. 大气辐射模式的改进及其在气候模拟中的应用[D]. 中国气象科学研究院博士学位论文.

卢鹏，张华，荆现文，等. 2015. 长波区间太阳辐射对气候模拟的影响[J]. 大气科学学报，**38**(2)：175-183.

石广玉. 1998. 大气辐射计算的吸收系数分布模式[J]. 大气科学，**22**(4)：659-676.

石广玉. 2007. 大气辐射学[M]. 北京：科学出版社，1-1.

张华. 1999. 非均匀路径相关 *k*-分布方法的研究[D]. 中国科学院大气物理研究所博士学位论文.

张华，卢鹏，荆现文. 2015. 二流-四流球谐函数谱展开累加辐射传输方案在全球气候模式中的应用[J]. 大气科学，**39**(1)：137-144.

Ayash T，Gong S L，Jia C Q. 2008. Implementing the Delta-Four-Stream approximation for solar radiation computations in an atmosphere general circulation model [J]. *J. Atmos. Sci.*，**65**(7)：2448-2457.

Barker H W. 1996. A Parameterization for Computing Grid－Averaged Solar Fluxes for Inhomogeneous Marine Boundary Layer Clouds. Part I：Methodology and Homogeneous Biases[J]. *Journal of the Atmospheric Sciences*，**53**(16)：2289-2303.

Barker H W. 2002. The Monte Carlo Independent Column Approximation：Application within Large-Scale Models[C]. Proceedings of the GCSS Workshop，20～24，May 2002，Kananaskis，Alberta，Canada.

Barker H W，Räisänen P. 2005. Radiative sensitivities for cloud structural properties that are unresolved by conventional GCMs[J]. *Quarterly Journal of the Royal Meteorological Society*，**131**(612)：3103-3122.

Barker H W，Stephens G L，Partain P T，*et al*. 2003. Assessing 1D atmospheric solar radiative transfer models：Interpretation and handling of unresolved clouds[J]. *J. Climate*，**16**(16)：2676-2699.

Briegleb B P. 1992. Delta－Eddington Approximation for Solar Radiation in the NCAR Community Climate Model[J]. *J. Geophys. Res.*，**97**(D7)：7603-7612.

Cahalan R F，Ridgway W，Wiscombe W J，*et al*. 1994. Independent pixel and Monte Carlo estimates of stratocumulus albedo[J]. *Journal of the Atmospheric Sciences*，**51**(24)：3776-3790.

Chou M D. 1992. A solar radiation model for use in climate studies[J]. *J. Atmos. Sci.*，**49**(9)：762-772.

Coakley Jr J A，Cess R D，Yurevich F B. 1983. The effect of tropospheric aerosols on the Earth's radiation budget：A parameterization for climate models[J]. *Journal of the Atmospheric Sciences*，**40**(1)：116-138.

Collins W D. 2001. Parameterization of Generalized Cloud Overlap for Radiative Calculations in General Circulation Models[J]. *Journal of the Atmospheric Sciences*，**58**(21)：3224-3242.

Collins W D，Hackney J K，Edwards D P. 2002. An updated parameterization for infrared emission and absorption by water vapor in the National Center for Atmospheric Research Community Atmosphere Model[J]. *Journal of Geophysical Research*：Atmospheres (1984—2012)，**107**(D22)：ACL 17－1－ACL 17-20.

Ebert E E，Curry J A. 1992. A parameterization of ice cloud optical properties for climate models[J]. *Journal of Geophysical Research*：Atmospheres (1984—2012)，**97**(D4)：3831-3836.

Fu Q. 1996. An accurate parameterization of the solar radiative properties of cirrus clouds for climate models [J]. *Journal of Climate*, **9**(9): 2058-2082.

Fu Q, Liou K N. 1992. On the Correlated k－Distribution Method for Radiative Transfer in Nonhomogeneous Atmospheres[J]. *Journal of the Atmospheric Sciences*, **49**(22): 2139-2156.

Forster P M, Fomichev V I, Rozanov E, *et al*. 2011. Evaluation of radiation scheme performance within chemistry climate models[J]. *J. Geophys. Res.*, **116**(D1): 10302, doi:10.1029/2010JD015361.

Fouquart Y, Bonnel B, Ramaswamy V. 1991. Intercomparing shortwave radiation codes for climate studies [J]. *J. Geophys. Res.*, **96**(5):8955-8968.

Gong S L, Barrie L A, Blanchet J P, *et al*. 2003. Canadian Aerosol Module: A size-segregated simulation of atmospheric aerosol processes for climate and air quality models 1. Module development[J]. *J. Geophys. Res.*, **108**(D1): 4007, doi:10.1029/2001JD002002.

Gong S L, Barrie L A, Lazare M. 2002. Canadian Aerosol Module (CAM), A size-segregated simulation of atmospheric aerosol processes for climate and air quality models 2. Global sea-salt aerosol and its budgets [J]. *J. Geophys. Res.*, **107**(D24): 4779, doi:10.1029/2001JD002004.

Halthore R N, Crisp D, Schwartz S E, *et al*. 2005. Intercomparison of shortwave radiative transfer codes and measurements[J]. *J. Geophys. Res.*, **110**(D11): D11206, doi:10.1029/2004JD005293.

Hogan R J, Illingworth A J. 2000. Deriving cloud overlap statistics from radar[J]. *Quarterly Journal of the Royal Meteorological Society*, **126**(569): 2903-2909.

Hurrell J W, Trenberth K E. 1999. A comparison of different global SST data sets: implications for climate modeling and reanalysis[C]. Tenth AMS Symposium on Global Change Studies, 10－15, January, 1999, Dallas, TX, 89-90.

Iqbal M. 1983. *An introduction to solar radiation*[M]. Toronto: Academic Press.

Jing X W, Zhang H. 2013. Application and evaluation of McICA scheme in BCC_AGCM2.0.1[C], AIP Conf. Proc. 1531, 756, doi:10.1063/1.4804880.

Kay M J, Box M A, Trautmann T, *et al*. 2001. Actinic flux and net flux calculations in radiative transfer－A comparative study of computational efficiency[J]. *J. Atmos. Sci.*, **58**(24): 3752-3761.

Kiehl J T, Hack J J, Bonan G B, *et al*. 1998. The national center for atmospheric research community climate model: CCM3[J]. *Journal of Climate*, **11**(6): 1131-1149.

Kiehl J T, Hack J J, Briegleb B P. 1994. The simulated Earth radiation budget of the National Center for Atmospheric Research community climate model CCM2 and comparisons with the Earth Radiation Budget Experiment (ERBE)[J]. *Journal of Geophysical Research*: Atmospheres (1984—2012), **99**(D10): 20815-20827.

Kristjánsson J E, Edwards J M, Mitchell D L. 2000. Impact of a new scheme for optical properties of ice crystals on climates of two GCMs[J]. *Journal of Geophysical Research*: Atmospheres (1984—2012), **105**(D8): 10063-10079.

Li J. 2000. Accounting for overlap of fractional cloud in infrared radiation[J]. *Quarterly Journal of the Royal Meteorological Society*, **126**(570): 3325-3342.

Li J, Barker H W. 2005. A radiation algorithm with correlated－k distribution. Part I: Local thermal equilibrium[J]. *Journal of the Atmospheric Sciences*, **62**(2): 286-309.

Li J, Curry C L, Sun Z, *et al*. 2010. Overlap of solar and infrared spectra and the shortwave radiative effect of methane[J]. *Journal of the Atmospheric Sciences*, **67**(7): 2372-2389.

Li J, Dobbie S, Räisänen P, *et al*. 2005. Accounting for unresolved clouds in a 1—D solar radiative-transfer model[J]. *Quarterly Journal of the Royal Meteorological Society*, **131**(608): 1607-1629.

Li J, Ramaswamy V. 1996. Four-stream spherical harmonic expansion approximation for solar radiative transfer[J]. *J. Atmos. Sci.*, **53**(8): 1174-1186.

Liou K N, Fu Q, Ackerman T P. 1988. A simple formulation of the delta—four-stream approximation for radiative transfer parameterization[J]. *J. Atmos. Sci.*, **45**(13): 1940-1947.

Liu M, Nachamkin J E, Westphal D L. 2008. On the improvement of COAMPS weather forecasts using an advanced radiative transfer model[J]. *Weather and Forecasting*, **24**(1): 286-306.

Loeb N G, Wielicki B A, Doelling D R, *et al*. 2009. Toward optimal closure of the Earth's top-of-atmosphere radiation budget[J]. *Journal of Climate*, **22**(3): 748-766.

Mace G G, Benson-Troth S. 2002. Cloud-Layer Overlap Characteristics Derived from long-term cloud radar data[J]. *Journal of Climate*, **15**(17): 2505-2515.

Morcrette J J, Barker H W, Cole J N S, *et al*. 2008. Impact of a new radiation package, McRad, in the ECMWF integrated forecasting system[J]. *Monthly Weather Review*, **136**(12): 4773-4798, doi: 10.1175/2008MWR2363.1.

Morcrette J J, Jakob C. 2000. The response of the ECMWF model to changes in the cloud overlap assumption [J]. *Monthly Weather Review*, **128**(6): 1707-1732.

Nakajima T, Tsukamoto M, Tsushima Y, *et al*. 2000. Modeling of the radiative process in an atmospheric general circulation model[J]. *Applied Optics*, **39**(27): 4869-4878.

Neale R B, Chen C C, Gettelman A, *et al*. 2010. Description of the NCAR community atmosphere model (CAM 5.0)[J]. *NCAR Tech*. Note NCAR/TN-486+ STR. (available at http://www.cesm.ucar.edu/models/cesm1.0/cam/docs/ description/cam5_desc.pdf).

Pincus R, Barker H W, Morcrette J J. 2003. A fast, flexible, approximate technique for computing radiative transfer in inhomogeneous cloud fields[J]. *Journal of Geophysical Research: Atmospheres* (1984—2012), **108**(D13):4376, doi: 10.1029/2002JD003322.

Pincus R, Hemler R, Klein S A. 2006. Using stochastically generated subcolumns to represent cloud structure in a large-scale model[J]. *Monthly Weather Review*, **134**(12): 3644-3656.

Räisänen P, Järvinen H. 2010. Impact of cloud and radiation scheme modifications on climate simulated by the ECHAM5 atmospheric GCM[J]. *Quarterly Journal of the Royal Meteorological Society*, **136**(652): 1733-1752.

Ramanathan V, Downey P. 1986. A Nonisothermal Emissivity and Absorptivity Formulation for Water Vapor [J]. *J. Geophys. Res.*, **91**(D8): 8649-8666.

Randles C A, Kinne S, Myhre G, *et al*. 2013. Intercomparison of shortwave radiative transfer schemes in global aerosol modeling: results from the AeroCom Radiative Transfer Experiment[J]. *Atmospheric Chemistry and Physics*, **13**(5): 2347-2379.

Rasch P J, Kristjánsson J E. 1998. A comparison of the CCM3 model climate using diagnosed and predicted condensate parameterizations[J]. *Journal of Climate*, **11**(7): 1587-1614.

Scinocca J F, McFarlane N A, Lazare M, *et al*. 2008. Technical Note: The CCCma third generation AGCM and its extension into the middle atmosphere[J]. *Atmospheric Chemistry and Physics*, **8**(23): 7055-7074, doi:10.5194/acp—8—7055—2008.

Shibata K, Uchiyama A. 1992. Accuracy of the delta-four-stream approximation in inhomogeneous scattering atmospheres[J]. *J. Meteor. Soc. Japan*, **70**(6): 1097-1109.

Shonk J K P, Hogan R J, Edwards J M, *et al*. 2010. Effect of improving representation of horizontal and vertical cloud structure on the Earth's global radiation budget. Part I: Review and parametrization[J]. *Quarterly Journal of the Royal Meteorological Society*, **136**(650): 1191-1204.

Slingo A. 1989. A GCM parameterization for the shortwave radiative properties of water clouds[J]. *Journal of the Atmospheric Sciences*, **46**(10): 1419-1427.

Uppala S M, Kållberg P W, Simmons A J, *et al*. 2005. The ERA-40 re-analysis[J]. *Quarterly Journal of the Royal Meteorological Society*, **131**(612): 2961-3012.

Welch R M, Wielicki B A. 1984. Stratocumulus Cloud Field Reflected Fluxes: The Effect of Cloud Shape[J]. *Journal of the Atmospheric Sciences*, **41**(21): 3085-3103.

Wu T W, Wu G X. 2004. An empirical formula to compute snow cover fraction in GCMs [J]. *Adv. Atmos. Sci.*, **21**(4): 529-535.

Wu T W, Yu R C, Zhang F. 2008. A modified dynamic framework for the atmospheric spectral model and its application[J]. *J. Atmos. Sci.*, **65**(7): 2235-2253.

Wu T, Yu R, Zhang F, *et al*. 2010. The Beijing Climate Center atmospheric general circulation model: description and its performance for the present—day climate[J]. *Climate Dynamics*, **34**(1): 123-147.

Wyser K. 1998. The effective radius in ice clouds[J]. *Journal of Climate*, **11**(7): 1793-1802.

Yang P, Wei H, Huang H L, *et al*. 2005. Scattering and absorption property database for nonspherical ice particles in the near-through far-infrared spectral region[J]. *Applied Optics*, **44**(26): 5512-5523.

Zhang F, Li J. 2013. Doubling-adding method for delta-four-stream spherical harmonic expansion approximation in radiative transfer parameterization[J]. *Journal of the Atmospheric Sciences*, **70**(10): 3084-3101.

Zhang F, Shen Z, Li J, *et al*. 2013. Analytical delta-four-stream doubling-adding method for radiative transfer parameterizations[J]. *Journal of the Atmospheric Sciences*, **70**(3): 794-808.

Zhang G J, Mu M. 2005. Effects of modifications to the Zhang-McFarlane convection parameterization on the simulation of the tropical precipitation in the National Center for Atmospheric Research Community Climate Model, version 3[J]. *Journal of Geophysical Research*: Atmospheres (1984—2012), **110**(D9): D09109.

Zhang H, Jing X, Li J. 2014. Application and evaluation of a new radiation code under McICA scheme in BCC_AGCM2. 0. 1[J]. *Geoscientific Model Development*, **7**(3): 737.

Zhang H, Nakajima T, Shi G Y, *et al*. 2003. An optional approach to overlapping bands with correlated k distribution method and its application to radiative transfer calculations[J]. *J. Geophys. Res.*, **108**(D20): 4641, doi:10. 1029/2002JD003358.

Zhang H, Shi G Y, Nakajima T, *et al*. 2006a. The effect of the choice of the k-interval number on radiative calculation [J]. *Journal of Quantitative Spectroscopy and Radiative Transfer*, **98**(1): 31-43.

Zhang H, Suzuki T, Nakajima T, *et al*. 2006b. Effects of band division on radiative calculations [J]. *Optical Engineering*, **45**(1): 016002.

Zhang H, Wang Z, Wang Z, *et al*. 2012. Simulation of direct radiative forcing of aerosols and their effects on East Asian climate using an interactive AGCM-aerosol coupled system[J]. *Climate Dynamics*, **38**(7-8): 1675-1693.

附　　表

附表 1　RAD_BCC 辐射模式硫酸盐气溶胶参数表

Band Number		Parameter	RH/20%/	RH/50%/	RH/70%/	RH/90%/	RH/95%/	RH/99%/
band=	1	k_{ext}(cm²/g)	0.81E+03	0.92E+03	0.13E+04	0.75E+04	0.14E+05	0.61E+05
band=	1	Albedo(−)	3.36E−02	3.88E−02	5.64E−02	1.49E−01	1.81E−01	2.53E−01
band=	1	GFactor(−)	1.47E−01	1.63E−01	1.98E−01	2.84E−01	3.04E−01	3.49E−01
band=	2	k_{ext}(cm²/g)	0.14E+04	0.19E+04	0.36E+04	0.25E+05	0.44E+05	0.16E+06
band=	2	Albedo(−)	3.61E−01	3.17E−01	2.69E−01	2.90E−01	3.10E−01	3.59E−01
band=	2	GFactor(−)	4.49E−01	4.57E−01	4.76E−01	5.60E−01	5.88E−01	6.53E−01
band=	3	k_{ext}(cm²/g)	0.12E+04	0.19E+04	0.45E+04	0.32E+05	0.54E+05	0.18E+06
band=	3	Albedo(−)	6.56E−01	4.12E−01	2.49E−01	2.51E−01	2.71E−01	3.23E−01
band=	3	GFactor(−)	5.65E−01	5.73E−01	5.81E−01	6.52E−01	6.80E−01	7.46E−01
band=	4	k_{ext}(cm²/g)	0.17E+04	0.21E+04	0.34E+04	0.20E+05	0.34E+05	0.13E+06
band=	4	Albedo(−)	8.86E−01	7.21E−01	4.80E−01	3.26E−01	3.37E−01	3.82E−01
band=	4	GFactor(−)	6.02E−01	6.33E−01	6.87E−01	7.91E−01	8.14E−01	8.62E−01
band=	5	k_{ext}(cm²/g)	0.31E+04	0.35E+04	0.51E+04	0.26E+05	0.44E+05	0.17E+06
band=	5	Albedo(−)	8.63E−01	8.34E−01	7.73E−01	6.96E−01	6.96E−01	7.01E−01
band=	5	GFactor(−)	5.88E−01	6.19E−01	6.81E−01	7.97E−01	8.17E−01	8.54E−01
band=	6	k_{ext}(cm²/g)	0.26E+04	0.32E+04	0.53E+04	0.34E+05	0.58E+05	0.21E+06
band=	6	Albedo(−)	9.12E−01	8.76E−01	8.19E−01	7.68E−01	7.65E−01	7.58E−01
band=	6	GFactor(−)	6.69E−01	6.87E−01	7.22E−01	7.97E−01	8.12E−01	8.41E−01
band=	7	k_{ext}(cm²/g)	0.42E+04	0.51E+04	0.81E+04	0.45E+05	0.74E+05	0.25E+06
band=	7	Albedo(−)	9.52E−01	9.11E−01	8.44E−01	7.79E−01	7.73E−01	7.58E−01
band=	7	GFactor(−)	6.68E−01	6.90E−01	7.31E−01	8.04E−01	8.17E−01	8.41E−01
band=	8	k_{ext}(cm²/g)	0.67E+04	0.80E+04	0.12E+05	0.60E+05	0.96E+05	0.29E+06
band=	8	Albedo(−)	9.90E−01	9.81E−01	9.65E−01	9.38E−01	9.31E−01	9.12E−01
band=	8	GFactor(−)	6.71E−01	6.90E−01	7.26E−01	7.84E−01	7.92E−01	8.05E−01
band=	9	k_{ext}(cm²/g)	0.10E+05	0.12E+05	0.17E+05	0.69E+05	0.11E+06	0.29E+06
band=	9	Albedo(−)	9.73E−01	9.43E−01	9.12E−01	8.87E−01	8.84E−01	8.73E−01
band=	9	GFactor(−)	7.09E−01	7.35E−01	7.74E−01	8.24E−01	8.30E−01	8.40E−01
band=	10	k_{ext}(cm²/g)	0.14E+05	0.16E+05	0.23E+05	0.79E+05	0.11E+06	0.29E+06
band=	10	Albedo(−)	9.96E−01	9.97E−01	9.98E−01	9.99E−01	9.99E−01	9.98E−01

续表

Band Number		Parameter	RH/20%/	RH/50%/	RH/70%/	RH/90%/	RH/95%/	RH/99%/
band=	10	GFactor(—)	7.11E−01	7.28E−01	7.60E−01	8.01E−01	8.06E−01	8.17E−01
band=	11	k_{ext}(cm^2/g)	0.14E+05	0.16E+05	0.23E+05	0.76E+05	0.11E+06	0.27E+06
band=	11	Albedo(—)	1.00E+00	1.00E+00	1.00E+00	1.00E+00	1.00E+00	1.00E+00
band=	11	GFactor(—)	7.10E−01	7.27E−01	7.59E−01	8.07E−01	8.15E−01	8.31E−01
band=	12	k_{ext}(cm^2/g)	0.14E+05	0.16E+05	0.22E+05	0.73E+05	0.10E+06	0.26E+06
band=	12	Albedo(—)	1.00E+00	1.00E+00	1.00E+00	1.00E+00	1.00E+00	1.00E+00
band=	12	GFactor(—)	7.23E−01	7.38E−01	7.68E−01	8.17E−01	8.26E−01	8.42E−01
band=	13	k_{ext}(cm^2/g)	0.13E+05	0.15E+05	0.22E+05	0.71E+05	0.10E+06	0.26E+06
band=	13	Albedo(—)	1.00E+00	1.00E+00	1.00E+00	1.00E+00	1.00E+00	1.00E+00
band=	13	GFactor(—)	7.30E−01	7.45E−01	7.74E−01	8.22E−01	8.30E−01	8.46E−01
band=	14	k_{ext}(cm^2/g)	0.13E+05	0.15E+05	0.22E+05	0.71E+05	0.10E+06	0.26E+06
band=	14	Albedo(—)	1.00E+00	1.00E+00	1.00E+00	1.00E+00	1.00E+00	1.00E+00
band=	14	GFactor(—)	7.34E−01	7.48E−01	7.76E−01	8.23E−01	8.31E−01	8.47E−01
band=	15	k_{ext}(cm^2/g)	0.13E+05	0.15E+05	0.22E+05	0.70E+05	0.10E+06	0.26E+06
band=	15	Albedo(—)	1.00E+00	1.00E+00	1.00E+00	1.00E+00	1.00E+00	1.00E+00
band=	15	GFactor(—)	7.36E−01	7.50E−01	7.78E−01	8.24E−01	8.32E−01	8.47E−01
band=	16	k_{ext}(cm^2/g)	0.13E+05	0.15E+05	0.21E+05	0.70E+05	0.10E+06	0.26E+06
band=	16	Albedo(—)	1.00E+00	1.00E+00	1.00E+00	1.00E+00	1.00E+00	1.00E+00
band=	16	GFactor(—)	7.41E−01	7.54E−01	7.80E−01	8.25E−01	8.32E−01	8.47E−01
band=	17	k_{ext}(cm^2/g)	0.13E+05	0.15E+05	0.21E+05	0.69E+05	0.10E+06	0.26E+06
band=	17	Albedo(—)	1.00E+00	1.00E+00	1.00E+00	1.00E+00	1.00E+00	1.00E+00
band=	17	GFactor(—)	7.49E−01	7.61E−01	7.84E−01	8.24E−01	8.32E−01	8.44E−01

附表 2　RAD_BCC 辐射模式球形沙尘气溶胶参数表

Band Number	Parameter	r/0.005～0.01/	r/0.01～0.02/	r/0.02～0.04/	r/0.04～0.08/	r/0.08～0.16/	r/0.16～0.32/	r/0.32～0.64/	r/0.64～1.28/	r/1.28～2.56/	r/2.56～5.12/	r/5.12～10.24/	r/10.24～20.48/
band= 1	k_{ext} (m^2/kg)	1.36E+01	1.36E+01	1.36E+01	1.36E+01	1.36E+01	1.36E+01	1.36E+01	1.37E+01	1.40E+01	1.52E+01	2.17E+01	4.46E+01
band= 1	k_{abs} (m^2/kg)	1.36E+01	1.36E+01	1.36E+01	1.36E+01	1.36E+01	1.36E+01	1.36E+01	1.37E+01	1.39E+01	1.49E+01	1.84E+01	2.60E+01
band= 1	GFactor(—)	7.30E−08	2.92E−07	1.17E−06	4.68E−06	1.87E−05	7.48E−05	2.99E−04	1.19E−03	4.76E−03	1.90E−02	7.61E−02	3.33E−01
band= 1	PMOM2(—)	1.00E−01	1.00E−01	1.00E−01	1.00E−01	1.00E−01	1.00E−01	1.00E−01	1.00E−01	1.00E−01	1.00E−01	1.01E−01	1.24E−01
band= 1	PMOM3(—)	5.01E−17	8.02E−16	1.28E−14	2.05E−13	3.29E−12	5.26E−11	8.41E−10	1.37E−08	−1.90E−06	5.99E−06	8.75E−05	1.69E−03
band= 1	PMOM4(—)	5.01E−17	8.02E−16	1.28E−14	2.05E−13	3.29E−12	5.26E−11	8.41E−10	1.37E−08	−1.90E−06	5.99E−06	8.75E−05	1.69E−03
band= 2	k_{ext} (m^2/kg)	3.09E+01	3.09E+01	3.09E+01	3.09E+01	3.09E+01	3.10E+01	3.14E+01	3.33E+01	4.33E+01	9.04E+01	1.18E+02	4.99E+01
band= 2	k_{abs} (m^2/kg)	3.09E+01	3.09E+01	3.09E+01	3.09E+01	3.09E+01	3.10E+01	3.13E+01	3.26E+01	3.73E+01	5.12E+01	5.06E+01	2.68E+01
band= 2	GFactor(—)	1.04E−06	4.16E−06	1.66E−05	6.66E−05	2.66E−04	1.07E−03	4.25E−03	1.69E−02	6.76E−02	3.03E−01	6.56E−01	7.90E−01
band= 2	PMOM2(—)	1.00E−01	1.00E−01	1.00E−01	1.00E−01	1.00E−01	1.00E−01	1.00E−01	1.00E−01	1.01E−01	1.25E−01	3.60E−01	6.50E−01
band= 2	PMOM3(—)	1.49E−14	2.39E−13	3.82E−12	6.11E−11	9.77E−10	1.56E−08	1.85E−09	6.09E−06	1.04E−04	1.72E−03	6.41E−02	3.92E−01
band= 2	PMOM4(—)	1.49E−14	2.39E−13	3.82E−12	6.11E−11	9.77E−10	1.56E−08	1.85E−09	6.09E−06	1.04E−04	1.72E−03	6.41E−02	3.92E−01
band= 3	k_{ext} (m^2/kg)	2.21E+01	2.21E+01	2.21E+01	2.21E+01	2.21E+01	2.22E+01	2.29E+01	2.64E+01	4.62E+01	1.12E+02	1.27E+02	4.42E+01
band= 3	k_{abs} (m^2/kg)	2.21E+01	2.21E+01	2.21E+01	2.21E+01	2.21E+01	2.22E+01	2.26E+01	2.42E+01	2.91E+01	4.00E+01	3.58E+01	2.29E+01
band= 3	GFactor(—)	2.10E−06	8.39E−06	3.36E−05	1.34E−04	5.37E−04	2.15E−03	8.56E−03	3.40E−02	1.37E−01	5.84E−01	7.78E−01	8.03E−01
band= 3	PMOM2(—)	1.00E−01	1.00E−01	1.00E−01	1.00E−01	1.00E−01	1.00E−01	1.00E−01	1.00E−01	1.06E−01	2.21E−01	5.82E−01	6.86E−01
band= 3	PMOM3(—)	7.53E−14	1.20E−12	1.93E−11	3.08E−10	4.93E−09	−1.71E−06	2.21E−06	3.38E−05	5.25E−04	1.12E−02	2.40E−01	5.22E−01
band= 3	PMOM4(—)	7.53E−14	1.20E−12	1.93E−11	3.08E−10	4.93E−09	−1.71E−06	2.21E−06	3.38E−05	5.25E−04	1.12E−02	2.40E−01	5.22E−01
band= 4	k_{ext} (m^2/kg)	3.12E+01	3.12E+01	3.12E+01	3.12E+01	3.13E+01	3.17E+01	3.38E+01	4.54E+01	1.05E+02	1.93E+02	1.17E+02	4.53E+01
band= 4	k_{abs} (m^2/kg)	3.12E+01	3.12E+01	3.12E+01	3.12E+01	3.13E+01	3.16E+01	3.27E+01	3.70E+01	4.88E+01	5.76E+01	4.35E+01	2.26E+01
band= 4	GFactor(—)	3.87E−06	1.55E−05	6.19E−05	2.48E−04	9.72E−04	3.95E−03	1.58E−02	6.27E−02	2.75E−01	6.71E−01	7.91E−01	8.95E−01
band= 4	PMOM2(—)	1.00E−01	1.00E−01	1.00E−01	1.00E−01	1.00E−01	1.00E−01	1.00E−01	1.01E−01	1.23E−01	3.71E−01	6.40E−01	8.30E−01
band= 4	PMOM3(—)	2.28E−13	3.64E−12	5.83E−11	9.32E−10	1.42E−08	−1.27E−07	6.35E−06	1.01E−04	1.67E−03	5.38E−02	3.95E−01	7.06E−01
band= 4	PMOM4(—)	2.28E−13	3.64E−12	5.83E−11	9.32E−10	1.42E−08	−1.27E−07	6.35E−06	1.01E−04	1.67E−03	5.38E−02	3.95E−01	7.06E−01
band= 5	k_{ext} (m^2/kg)	4.71E+01	4.71E+01	4.71E+01	4.72E+01	4.74E+01	4.82E+01	5.27E+01	7.78E+01	1.84E+02	2.25E+02	9.48E+01	4.41E+01
band= 5	k_{abs} (m^2/kg)	4.71E+01	4.71E+01	4.71E+01	4.72E+01	4.73E+01	4.80E+01	5.04E+01	5.92E+01	8.20E+01	7.68E+01	4.72E+01	2.19E+01

续表

Band Number		Parameter	r/0.005～0.01/	r/0.01～0.02/	r/0.02～0.04/	r/0.04～0.08/	r/0.08～0.16/	r/0.16～0.32/	r/0.32～0.64/	r/0.64～1.28/	r/1.28～2.56/	r/2.56～5.12/	r/5.12～10.24/	r/10.24～20.48/
band=	5	GFactor(—)	5.57E−06	2.23E−05	8.92E−05	3.57E−04	1.42E−03	5.69E−03	2.27E−02	9.07E−02	4.33E−01	7.38E−01	8.33E−01	9.12E−01
band=	5	PMOM2(—)	1.00E−01	1.00E−01	1.00E−01	1.00E−01	1.00E−01	1.00E−01	1.00E−01	1.03E−01	1.51E−01	4.93E−01	7.21E−01	8.55E−01
band=	5	PMOM3(—)	4.55E−13	7.28E−12	1.16E−10	1.86E−09	2.97E−08	1.55E−07	1.37E−05	1.97E−04	3.70E−03	1.22E−01	5.18E−01	7.41E−01
band=	5	PMOM4(—)	4.55E−13	7.28E−12	1.16E−10	1.86E−09	2.97E−08	1.55E−07	1.37E−05	1.97E−04	3.70E−03	1.22E−01	5.18E−01	7.41E−01
band=	6	k_{ext}(m^2/kg)	2.59E+01	2.59E+01	2.59E+01	2.60E+01	2.60E+01	2.64E+01	2.84E+01	3.92E+01	7.31E+01	1.15E+02	9.24E+01	4.49E+01
band=	6	k_{abs}(m^2/kg)	2.59E+01	2.59E+01	2.59E+01	2.60E+01	2.60E+01	2.62E+01	2.71E+01	2.95E+01	3.31E+01	3.31E+01	2.75E+01	1.84E+01
band=	6	GFactor(—)	7.58E−06	3.03E−05	1.21E−04	4.85E−04	1.98E−03	7.77E−03	3.09E−02	1.25E−01	5.46E−01	8.10E−01	8.88E−01	9.34E−01
band=	6	PMOM2(—)	1.00E−01	1.00E−01	1.00E−01	1.00E−01	1.00E−01	1.00E−01	1.00E−01	1.05E−01	2.12E−01	6.01E−01	7.76E−01	8.73E−01
band=	6	PMOM3(—)	1.19E−12	1.90E−11	3.04E−10	4.87E−09	3.23E−06	5.00E−06	3.51E−05	5.43E−04	1.14E−02	2.17E−01	5.60E−01	7.58E−01
band=	6	PMOM4(—)	1.19E−12	1.90E−11	3.04E−10	4.87E−09	3.23E−06	5.00E−06	3.51E−05	5.43E−04	1.14E−02	2.17E−01	5.60E−01	7.58E−01
band=	7	k_{ext}(m^2/kg)	2.27E+01	2.27E+01	2.27E+01	2.28E+01	2.28E+01	2.33E+01	2.58E+01	3.80E+01	6.72E+01	1.04E+02	9.64E+01	4.52E+01
band=	7	k_{abs}(m^2/kg)	2.27E+01	2.27E+01	2.27E+01	2.27E+01	2.28E+01	2.30E+01	2.38E+01	2.54E+01	2.70E+01	2.62E+01	2.24E+01	1.63E+01
band=	7	GFactor(—)	1.36E−05	5.46E−05	2.18E−04	8.73E−04	3.48E−03	1.40E−02	5.58E−02	2.30E−01	6.93E−01	8.76E−01	9.28E−01	9.37E−01
band=	7	PMOM2(—)	1.00E−01	1.00E−01	1.00E−01	1.00E−01	1.00E−01	1.00E−01	1.01E−01	1.20E−01	3.74E−01	7.23E−01	8.46E−01	8.77E−01
band=	7	PMOM3(—)	4.50E−12	7.20E−11	1.15E−09	1.84E−08	−4.38E−06	7.51E−06	1.29E−04	2.19E−03	4.44E−02	3.98E−01	6.67E−01	7.56E−01
band=	7	PMOM4(—)	4.50E−12	7.20E−11	1.15E−09	1.84E−08	−4.38E−06	7.51E−06	1.29E−04	2.19E−03	4.44E−02	3.98E−01	6.67E−01	7.56E−01
band=	8	k_{ext}(m^2/kg)	1.27E+01	1.27E+01	1.27E+01	1.27E+01	1.30E+01	1.47E+01	2.56E+01	7.10E+01	1.66E+02	2.30E+02	9.20E+01	4.27E+01
band=	8	k_{abs}(m^2/kg)	1.27E+01	1.27E+01	1.27E+01	1.27E+01	1.28E+01	1.31E+01	1.43E+01	1.63E+01	1.87E+01	1.89E+01	1.73E+01	1.34E+01
band=	8	GFactor(—)	2.40E−05	9.62E−05	3.85E−04	1.53E−03	6.15E−03	2.45E−02	9.83E−02	4.19E−01	7.82E−01	8.93E−01	8.49E−01	9.12E−01
band=	8	PMOM2(—)	1.00E−01	1.00E−01	1.00E−01	1.00E−01	1.00E−01	1.00E−01	1.04E−01	1.66E−01	5.45E−01	7.79E−01	7.34E−01	8.53E−01
band=	8	PMOM3(—)	1.32E−11	2.12E−10	3.38E−09	5.43E−08	1.62E−06	2.31E−05	3.77E−04	7.09E−03	1.41E−01	5.38E−01	5.16E−01	7.36E−01
band=	8	PMOM4(—)	1.32E−11	2.12E−10	3.38E−09	5.43E−08	1.62E−06	2.31E−05	3.77E−04	7.09E−03	1.41E−01	5.38E−01	5.16E−01	7.36E−01
band=	9	k_{ext}(m^2/kg)	1.71E+01	1.71E+01	1.71E+01	1.74E+01	1.90E+01	2.99E+01	7.86E+01	1.90E+02	3.08E+02	2.19E+02	8.40E+01	3.99E+01
band=	9	k_{abs}(m^2/kg)	1.71E+01	1.71E+01	1.71E+01	1.72E+01	1.75E+01	1.85E+01	2.06E+01	2.33E+01	2.41E+01	2.31E+01	1.98E+01	1.42E+01
band=	9	GFactor(—)	8.54E−05	3.42E−04	1.35E−03	5.47E−03	2.18E−02	8.73E−02	3.65E−01	7.57E−01	8.90E−01	9.06E−01	8.93E−01	9.42E−01
band=	9	PMOM2(—)	1.00E−01	1.00E−01	1.00E−01	1.00E−01	1.00E−01	1.03E−01	1.52E−01	4.97E−01	7.63E−01	8.18E−01	8.15E−01	8.92E−01

续表

Band Number		Parameter	r/0.005～0.01/	r/0.01～0.02/	r/0.02～0.04/	r/0.04～0.08/	r/0.08～0.16/	r/0.16～0.32/	r/0.32～0.64/	r/0.64～1.28/	r/1.28～2.56/	r/2.56～5.12/	r/5.12～10.24/	r/10.24～20.48/
band=	9	PMOM3(－)	1.74E－10	2.79E－09	4.40E－08	2.74E－06	1.93E－05	3.11E－04	5.62E－03	1.09E－01	4.91E－01	6.33E－01	6.54E－01	7.91E－01
band=	9	PMOM4(－)	1.74E－10	2.79E－09	4.40E－08	2.74E－06	1.93E－05	3.11E－04	5.62E－03	1.09E－01	4.91E－01	6.33E－01	6.54E－01	7.91E－01
band=	10	k_{ext}(m^2/kg)	2.53E＋01	2.56E＋01	2.79E＋01	4.44E＋01	1.69E＋02	7.59E＋02	1.58E＋03	8.74E＋02	3.63E＋02	1.68E＋02	7.89E＋01	3.87E＋01
band=	10	k_{abs}(m^2/kg)	2.53E＋01	2.54E＋01	2.57E＋01	2.70E＋01	3.16E＋01	4.53E＋01	5.85E＋01	5.88E＋01	5.53E＋01	3.86E＋01	2.66E＋01	1.62E＋01
band=	10	GFactor(－)	4.68E－04	1.86E－03	7.46E－03	2.96E－02	1.18E－01	5.01E－01	7.17E－01	7.09E－01	7.50E－01	8.43E－01	8.97E－01	9.36E－01
band=	10	PMOM2(－)	1.00E－01	1.00E－01	1.00E－01	1.00E－01	1.05E－01	1.93E－01	4.94E－01	5.64E－01	6.49E－01	7.54E－01	8.26E－01	8.98E－01
band=	10	PMOM3(－)	3.91E－09	－6.86E－07	8.69E－07	2.61E－05	4.11E－04	7.56E－03	1.55E－01	3.11E－01	4.59E－01	6.11E－01	7.25E－01	8.46E－01
band=	10	PMOM4(－)	3.91E－09	－6.86E－07	8.69E－07	2.61E－05	4.11E－04	7.56E－03	1.55E－01	3.11E－01	4.59E－01	6.11E－01	7.25E－01	8.46E－01
band=	11	k_{ext}(m^2/kg)	4.75E＋01	5.10E＋01	7.81E＋01	2.85E＋02	1.38E＋03	3.38E＋03	1.97E＋03	7.20E＋02	3.36E＋02	1.60E＋02	7.76E＋01	3.81E＋01
band=	11	k_{abs}(m^2/kg)	4.71E＋01	4.75E＋01	4.97E＋01	5.79E＋01	8.19E＋01	1.13E＋02	1.23E＋02	1.07E＋02	7.63E＋01	5.26E＋01	3.21E＋01	1.71E＋01
band=	11	GFactor(－)	1.57E－03	6.15E－03	2.44E－02	9.68E－02	4.19E－01	6.92E－01	6.80E－01	7.52E－01	8.25E－01	8.87E－01	9.29E－01	9.46E－01
band=	11	PMOM2(－)	1.00E－01	1.00E－01	1.00E－01	1.03E－01	1.62E－01	4.45E－01	5.51E－01	6.67E－01	7.33E－01	8.14E－01	8.88E－01	9.28E－01
band=	11	PMOM3(－)	4.47E－08	1.42E－06	1.91E－05	2.78E－04	4.84E－03	1.07E－01	3.14E－01	5.07E－01	6.01E－01	7.18E－01	8.39E－01	9.05E－01
band=	11	PMOM4(－)	4.47E－08	1.42E－06	1.91E－05	2.78E－04	4.84E－03	1.07E－01	3.14E－01	5.07E－01	6.01E－01	7.18E－01	8.39E－01	9.05E－01
band=	12	k_{ext}(m^2/kg)	7.49E＋01	9.27E＋01	2.28E＋02	1.18E＋03	4.40E＋03	4.86E＋03	1.22E＋03	6.85E＋02	3.27E＋02	1.56E＋02	7.67E＋01	3.78E＋01
band=	12	k_{abs}(m^2/kg)	7.27E＋01	7.46E＋01	8.21E＋01	1.06E＋02	1.66E＋02	1.87E＋02	1.80E＋02	1.31E＋02	9.47E＋01	6.09E＋01	3.39E＋01	1.71E＋01
band=	12	GFactor(－)	3.23E－03	1.29E－02	5.11E－02	2.09E－01	6.24E－01	7.42E－01	5.93E－01	8.03E－01	8.69E－01	9.17E－01	9.43E－01	9.49E－01
band=	12	PMOM2(－)	1.00E－01	1.00E－01	1.01E－01	1.15E－01	2.94E－01	5.84E－01	5.02E－01	7.00E－01	7.88E－01	8.64E－01	9.19E－01	9.34E－01
band=	12	PMOM3(－)	－1.17E－06	5.21E－06	7.66E－05	1.19E－03	2.64E－02	3.03E－01	3.30E－01	5.46E－01	6.78E－01	7.99E－01	8.91E－01	9.16E－01
band=	12	PMOM4(－)	－1.17E－06	5.21E－06	7.66E－05	1.19E－03	2.64E－02	3.03E－01	3.30E－01	5.46E－01	6.78E－01	7.99E－01	8.91E－01	9.16E－01
band=	13	k_{ext}(m^2/kg)	9.02E＋01	1.29E＋02	4.26E＋02	2.25E＋03	6.17E＋03	4.32E＋03	1.68E＋03	6.13E＋02	3.21E＋02	1.55E＋02	7.62E＋01	3.76E＋01
band=	13	k_{abs}(m^2/kg)	8.52E＋01	8.86E＋01	1.01E＋02	1.38E＋02	1.99E＋02	2.32E＋02	2.07E＋02	1.44E＋02	1.01E＋02	6.32E＋01	3.41E＋01	1.70E＋01
band=	13	GFactor(－)	4.59E－03	1.82E－02	7.21E－02	3.11E－01	6.74E－01	6.96E－01	7.80E－01	7.93E－01	8.82E－01	9.26E－01	9.46E－01	9.49E－01
band=	13	PMOM2(－)	1.00E－01	1.00E－01	1.02E－01	1.31E－01	4.18E－01	5.72E－01	7.19E－01	6.94E－01	8.06E－01	8.82E－01	9.26E－01	9.34E－01
band=	13	PMOM3(－)	1.51E－06	1.02E－05	1.48E－04	2.46E－03	7.57E－02	3.37E－01	5.85E－01	5.41E－01	7.06E－01	8.28E－01	9.02E－01	9.17E－01
band=	13	PMOM4(－)	1.51E－06	1.02E－05	1.48E－04	2.46E－03	7.57E－02	3.37E－01	5.85E－01	5.41E－01	7.06E－01	8.28E－01	9.02E－01	9.17E－01

续表

Band Number		Parameter	r/0.005～0.01/	r/0.01～0.02/	r/0.02～0.04/	r/0.04～0.08/	r/0.08～0.16/	r/0.16～0.32/	r/0.32～0.64/	r/0.64～1.28/	r/1.28～2.56/	r/2.56～5.12/	r/5.12～10.24/	r/10.24～20.48/
band=	14	k_{ext}(m²/kg)	1.12E+02	1.62E+02	5.43E+02	2.71E+03	7.10E+03	4.10E+03	1.69E+03	6.57E+02	3.23E+02	1.56E+02	7.61E+01	3.76E+01
band=	14	k_{abs}(m²/kg)	1.06E+02	1.10E+02	1.28E+02	1.77E+02	2.67E+02	2.73E+02	2.39E+02	1.65E+02	1.11E+02	6.60E+01	3.43E+01	1.70E+01
band=	14	GFactor(—)	5.19E−03	2.06E−02	8.16E−02	3.61E−01	7.13E−01	6.93E−01	8.11E−01	8.32E−01	8.97E−01	9.34E−01	9.47E−01	9.49E−01
band=	14	PMOM2(—)	1.00E−01	1.00E−01	1.02E−01	1.41E−01	4.63E−01	5.67E−01	7.40E−01	7.41E−01	8.29E−01	8.99E−01	9.30E−01	9.35E−01
band=	14	PMOM3(—)	1.68E−06	1.21E−05	1.88E−04	3.24E−03	1.01E−01	3.48E−01	6.04E−01	6.06E−01	7.43E−01	8.56E−01	9.09E−01	9.18E−01
band=	14	PMOM4(—)	1.68E−06	1.21E−05	1.88E−04	3.24E−03	1.01E−01	3.48E−01	6.04E−01	6.06E−01	7.43E−01	8.56E−01	9.09E−01	9.18E−01
band=	15	k_{ext}(m²/kg)	1.71E+02	2.35E+02	7.19E+02	3.24E+03	7.86E+03	3.48E+03	1.61E+03	7.00E+02	3.14E+02	1.55E+02	7.60E+01	3.76E+01
band=	15	k_{abs}(m²/kg)	1.63E+02	1.71E+02	2.01E+02	2.82E+02	4.06E+02	3.76E+02	3.13E+02	2.11E+02	1.29E+02	6.95E+01	3.45E+01	1.70E+01
band=	15	GFactor(—)	5.80E−03	2.31E−02	9.13E−02	4.13E−01	7.33E−01	6.57E−01	8.34E−01	8.75E−01	9.17E−01	9.44E−01	9.49E−01	9.49E−01
band=	15	PMOM2(—)	1.00E−01	1.00E−01	1.03E−01	1.54E−01	4.87E−01	5.32E−01	7.46E−01	7.98E−01	8.64E−01	9.21E−01	9.33E−01	9.35E−01
band=	15	PMOM3(—)	1.24E−06	1.47E−05	2.34E−04	4.21E−03	1.20E−01	3.24E−01	6.01E−01	6.89E−01	7.98E−01	8.91E−01	9.14E−01	9.18E−01
band=	15	PMOM4(—)	1.24E−06	1.47E−05	2.34E−04	4.21E−03	1.20E−01	3.24E−01	6.01E−01	6.89E−01	7.98E−01	8.91E−01	9.14E−01	9.18E−01
band=	16	k_{ext}(m²/kg)	3.73E+02	4.74E+02	1.18E+03	4.36E+03	8.16E+03	3.15E+03	1.43E+03	6.69E+02	3.18E+02	1.54E+02	7.59E+01	3.75E+01
band=	16	k_{abs}(m²/kg)	3.62E+02	3.83E+02	4.58E+02	6.66E+02	7.80E+02	7.46E+02	4.80E+02	2.78E+02	1.44E+02	7.06E+01	3.44E+01	1.69E+01
band=	16	GFactor(—)	6.93E−03	2.75E−02	1.09E−01	5.02E−01	7.40E−01	6.59E−01	8.57E−01	9.13E−01	9.42E−01	9.48E−01	9.49E−01	9.49E−01
band=	16	PMOM2(—)	1.00E−01	1.00E−01	1.04E−01	1.81E−01	5.19E−01	5.29E−01	7.62E−01	8.57E−01	9.15E−01	9.31E−01	9.34E−01	9.35E−01
band=	16	PMOM3(—)	2.49E−06	2.12E−05	3.34E−04	6.41E−03	1.54E−01	3.22E−01	6.12E−01	7.79E−01	8.77E−01	9.07E−01	9.15E−01	9.18E−01
band=	16	PMOM4(—)	2.49E−06	2.12E−05	3.34E−04	6.41E−03	1.54E−01	3.22E−01	6.12E−01	7.79E−01	8.77E−01	9.07E−01	9.15E−01	9.18E−01
band=	17	k_{ext}(m²/kg)	9.23E+02	1.14E+03	2.47E+03	7.15E+03	8.73E+03	2.66E+03	1.34E+03	6.54E+02	3.15E+02	1.54E+02	7.57E+01	3.75E+01
band=	17	k_{abs}(m²/kg)	9.02E+02	9.70E+02	1.19E+03	1.75E+03	1.71E+03	1.23E+03	6.43E+02	3.10E+02	1.46E+02	7.01E+01	3.42E+01	1.69E+01
band=	17	GFactor(—)	9.30E−03	3.69E−02	1.49E−01	6.19E−01	7.78E−01	7.26E−01	9.09E−01	9.42E−01	9.47E−01	9.48E−01	9.48E−01	9.49E−01
band=	17	PMOM2(—)	1.00E−01	1.00E−01	1.07E−01	2.42E−01	5.97E−01	5.92E−01	8.43E−01	9.14E−01	9.28E−01	9.32E−01	9.34E−01	9.34E−01
band=	17	PMOM3(—)	3.30E−06	4.02E−05	6.08E−04	1.30E−02	2.73E−01	4.23E−01	7.32E−01	8.65E−01	8.96E−01	9.09E−01	9.15E−01	9.18E−01
band=	17	PMOM4(—)	3.30E−06	4.02E−05	6.08E−04	1.30E−02	2.73E−01	4.23E−01	7.32E−01	8.65E−01	8.96E−01	9.09E−01	9.15E−01	9.18E−01

附表 3 RAD_BCC 辐射模式非球形沙尘气溶胶参数表

Band Number	Parameter	r/0.005～0.01/	r/0.01～0.02/	r/0.02～0.04/	r/0.04～0.08/	r/0.08～0.16/	r/0.16～0.32/	r/0.32～0.64/	r/0.64～1.28/	r/1.28～2.56/	r/2.56～5.12/	r/5.12～10.24/	r/10.24～20.48/
band= 1	k_{ext}(m²/kg)	1.48E+01	1.48E+01	1.48E+01	1.48E+01	1.48E+01	1.48E+01	1.48E+01	1.49E+01	1.52E+01	1.65E+01	2.33E+01	4.40E+01
band= 1	k_{abs}(m²/kg)	1.48E+01	1.48E+01	1.48E+01	1.48E+01	1.48E+01	1.48E+01	1.48E+01	1.49E+01	1.51E+01	1.61E+01	1.97E+01	2.57E+01
band= 1	GFactor(—)	9.80E−08	3.28E−07	1.13E−06	4.65E−06	1.86E−05	7.46E−05	2.98E−04	1.19E−03	4.75E−03	1.88E−02	7.44E−02	3.38E−01
band= 1	PMOM2(—)	9.71E−02	9.71E−02	9.71E−02	9.71E−02	9.71E−02	9.71E−02	9.71E−02	9.70E−02	9.70E−02	9.69E−02	9.79E−02	1.27E−01
band= 1	PMOM3(—)	−1.25E−08	−1.25E−08	−1.25E−08	−1.25E−08	−1.25E−08	−1.24E−08	−1.03E−08	2.25E−08	5.45E−07	8.68E−06	1.28E−04	2.45E−03
band= 1	PMOM4(—)	−1.25E−08	−1.25E−08	−1.25E−08	−1.25E−08	−1.25E−08	−1.24E−08	−1.03E−08	2.25E−08	5.45E−07	8.68E−06	1.28E−04	2.45E−03
band= 2	k_{ext}(m²/kg)	3.24E+01	3.24E+01	3.25E+01	3.25E+01	3.25E+01	3.26E+01	3.30E+01	3.50E+01	4.53E+01	9.09E+01	1.17E+02	5.32E+01
band= 2	k_{abs}(m²/kg)	3.24E+01	3.24E+01	3.25E+01	3.25E+01	3.25E+01	3.26E+01	3.29E+01	3.42E+01	3.90E+01	5.16E+01	5.04E+01	2.74E+01
band= 2	GFactor(—)	1.08E−06	4.30E−06	1.72E−05	6.89E−05	2.75E−04	1.10E−03	4.39E−03	1.74E−02	6.84E−02	2.94E−01	6.53E−01	7.97E−01
band= 2	PMOM2(—)	9.84E−02	9.84E−02	9.84E−02	9.84E−02	9.84E−02	9.84E−02	9.84E−02	9.84E−02	9.98E−02	1.27E−01	3.67E−01	6.51E−01
band= 2	PMOM3(—)	−1.27E−08	−1.27E−08	−1.27E−08	−1.25E−08	−1.02E−08	2.79E−08	6.34E−07	1.01E−05	1.52E−04	2.39E−03	7.01E−02	3.93E−01
band= 2	PMOM4(—)	−1.27E−08	−1.27E−08	−1.27E−08	−1.25E−08	−1.02E−08	2.79E−08	6.34E−07	1.01E−05	1.52E−04	2.39E−03	7.01E−02	3.93E−01
band= 3	k_{ext}(m²/kg)	2.26E+01	2.26E+01	2.26E+01	2.26E+01	2.26E+01	2.28E+01	2.34E+01	2.70E+01	4.67E+01	1.08E+02	1.27E+02	4.90E+01
band= 3	k_{abs}(m²/kg)	2.26E+01	2.26E+01	2.26E+01	2.26E+01	2.26E+01	2.27E+01	2.32E+01	2.47E+01	2.96E+01	3.87E+01	3.59E+01	2.32E+01
band= 3	GFactor(—)	2.24E−06	8.97E−06	3.58E−05	1.43E−04	5.73E−04	2.29E−03	9.13E−03	3.60E−02	1.42E−01	5.67E−01	7.88E−01	8.31E−01
band= 3	PMOM2(—)	9.92E−02	9.92E−02	9.92E−02	9.92E−02	9.92E−02	9.92E−02	9.92E−02	9.96E−02	1.07E−01	2.28E−01	5.85E−01	7.10E−01
band= 3	PMOM3(—)	−1.28E−08	−1.28E−08	−1.27E−08	−1.20E−08	6.89E−12	1.92E−07	3.24E−06	5.05E−05	7.58E−04	1.44E−02	2.47E−01	5.26E−01
band= 3	PMOM4(—)	−1.28E−08	−1.28E−08	−1.27E−08	−1.20E−08	6.89E−12	1.92E−07	3.24E−06	5.05E−05	7.58E−04	1.44E−02	2.47E−01	5.26E−01
band= 4	k_{ext}(m²/kg)	3.21E+01	3.21E+01	3.21E+01	3.22E+01	3.22E+01	3.27E+01	3.48E+01	4.66E+01	1.05E+02	1.92E+02	1.24E+02	4.66E+01
band= 4	k_{abs}(m²/kg)	3.21E+01	3.21E+01	3.21E+01	3.22E+01	3.22E+01	3.25E+01	3.37E+01	3.80E+01	4.89E+01	5.78E+01	4.36E+01	2.33E+01
band= 4	GFactor(—)	4.09E−06	1.64E−05	6.55E−05	2.62E−04	1.05E−03	4.18E−03	1.66E−02	6.52E−02	2.74E−01	6.80E−01	8.10E−01	8.86E−01
band= 4	PMOM2(—)	9.90E−02	9.90E−02	9.90E−02	9.90E−02	9.90E−02	9.90E−02	9.91E−02	1.00E−01	1.25E−01	3.78E−01	6.57E−01	8.12E−01
band= 4	PMOM3(—)	−1.28E−08	−1.28E−08	−1.26E−08	−1.03E−08	2.62E−08	6.09E−07	9.78E−06	1.49E−04	2.36E−03	5.97E−02	4.05E−01	6.80E−01
band= 4	PMOM4(—)	−1.28E−08	−1.28E−08	−1.26E−08	−1.03E−08	2.62E−08	6.09E−07	9.78E−06	1.49E−04	2.36E−03	5.97E−02	4.05E−01	6.80E−01
band= 5	k_{ext}(m²/kg)	4.86E+01	4.86E+01	4.86E+01	4.87E+01	4.89E+01	4.98E+01	5.43E+01	7.98E+01	1.81E+02	2.24E+02	1.02E+02	4.63E+01
band= 5	k_{abs}(m²/kg)	4.86E+01	4.86E+01	4.86E+01	4.86E+01	4.88E+01	4.95E+01	5.20E+01	6.07E+01	8.04E+01	7.79E+01	4.79E+01	2.27E+01

续表

Band Number	Parameter	r/0.005～0.01/	r/0.01～0.02/	r/0.02～0.04/	r/0.04～0.08/	r/0.08～0.16/	r/0.16～0.32/	r/0.32～0.64/	r/0.64～1.28/	r/1.28～2.56/	r/2.56～5.12/	r/5.12～10.24/	r/10.24～20.48/
band= 5	GFactor(—)	5.86E−06	2.35E−05	9.38E−05	3.75E−04	1.50E−03	5.98E−03	2.37E−02	9.30E−02	4.20E−01	7.42E−01	8.42E−01	9.14E−01
band= 5	PMOM2(—)	9.89E−02	9.89E−02	9.89E−02	9.89E−02	9.89E−02	9.89E−02	9.90E−02	1.02E−01	1.57E−01	4.99E−01	7.21E−01	8.59E−01
band= 5	PMOM3(—)	−1.27E−08	−1.27E−08	−1.24E−08	−7.92E−09	6.48E−08	1.22E−06	1.93E−05	2.89E−04	5.06E−03	1.39E−01	5.13E−01	7.43E−01
band= 5	PMOM4(—)	−1.27E−08	−1.27E−08	−1.24E−08	−7.92E−09	6.48E−08	1.22E−06	1.93E−05	2.89E−04	5.06E−03	1.39E−01	5.13E−01	7.43E−01
band= 6	k_{ext} (m^2/kg)	2.61E+01	2.61E+01	2.61E+01	2.61E+01	2.62E+01	2.66E+01	2.85E+01	3.91E+01	7.20E+01	1.14E+02	9.46E+01	4.61E+01
band= 6	k_{abs} (m^2/kg)	2.61E+01	2.61E+01	2.61E+01	2.61E+01	2.62E+01	2.64E+01	2.72E+01	2.96E+01	3.28E+01	3.32E+01	2.77E+01	1.86E+01
band= 6	GFactor(—)	8.31E−06	3.33E−05	1.33E−04	5.32E−04	2.13E−03	8.49E−03	3.37E−02	1.33E−01	5.30E−01	8.11E−01	8.94E−01	9.35E−01
band= 6	PMOM2(—)	9.97E−02	9.97E−02	9.97E−02	9.97E−02	9.97E−02	9.97E−02	1.00E−01	1.07E−01	2.19E−01	5.97E−01	7.85E−01	8.71E−01
band= 6	PMOM3(—)	−1.28E−08	−1.28E−08	−1.21E−08	−2.97E−10	1.88E−07	3.19E−06	5.04E−05	7.82E−04	1.44E−02	2.23E−01	5.72E−01	7.48E−01
band= 6	PMOM4(—)	−1.28E−08	−1.28E−08	−1.21E−08	−2.97E−10	1.88E−07	3.19E−06	5.04E−05	7.82E−04	1.44E−02	2.23E−01	5.72E−01	7.48E−01
band= 7	k_{ext} (m^2/kg)	2.28E+01	2.28E+01	2.28E+01	2.28E+01	2.29E+01	2.34E+01	2.59E+01	3.75E+01	6.56E+01	1.02E+02	9.73E+01	4.69E+01
band= 7	k_{abs} (m^2/kg)	2.28E+01	2.28E+01	2.28E+01	2.28E+01	2.29E+01	2.31E+01	2.38E+01	2.54E+01	2.68E+01	2.62E+01	2.25E+01	1.64E+01
band= 7	GFactor(—)	1.52E−05	6.08E−05	2.43E−04	9.73E−04	3.89E−03	1.55E−02	6.14E−02	2.42E−01	6.88E−01	8.73E−01	9.30E−01	9.42E−01
band= 7	PMOM2(—)	9.99E−02	9.99E−02	9.99E−02	9.99E−02	9.99E−02	9.99E−02	1.01E−01	1.25E−01	3.74E−01	7.17E−01	8.50E−01	8.83E−01
band= 7	PMOM3(—)	−1.29E−08	−1.27E−08	−9.93E−09	3.44E−08	7.44E−07	1.20E−05	1.89E−04	3.01E−03	5.28E−02	3.94E−01	6.77E−01	7.62E−01
band= 7	PMOM4(—)	−1.29E−08	−1.27E−08	−9.93E−09	3.44E−08	7.44E−07	1.20E−05	1.89E−04	3.01E−03	5.28E−02	3.94E−01	6.77E−01	7.62E−01
band= 8	k_{ext} (m^2/kg)	1.27E+01	1.27E+01	1.28E+01	1.28E+01	1.31E+01	1.47E+01	2.55E+01	6.94E+01	1.63E+02	2.25E+02	1.05E+02	4.57E+01
band= 8	k_{abs} (m^2/kg)	1.27E+01	1.27E+01	1.27E+01	1.28E+01	1.29E+01	1.32E+01	1.44E+01	1.63E+01	1.87E+01	1.89E+01	1.73E+01	1.35E+01
band= 8	GFactor(—)	2.67E−05	1.07E−04	4.27E−04	1.71E−03	6.81E−03	2.71E−02	1.07E−01	4.19E−01	7.78E−01	8.93E−01	8.77E−01	9.15E−01
band= 8	PMOM2(—)	9.98E−02	9.98E−02	9.98E−02	9.98E−02	9.98E−02	1.00E−01	1.05E−01	1.75E−01	5.39E−01	7.76E−01	7.76E−01	8.54E−01
band= 8	PMOM3(—)	−1.28E−08	−1.23E−08	−4.19E−09	1.26E−07	2.21E−06	3.51E−05	5.46E−04	9.21E−03	1.47E−01	5.39E−01	5.93E−01	7.38E−01
band= 8	PMOM4(—)	−1.28E−08	−1.23E−08	−4.19E−09	1.26E−07	2.21E−06	3.51E−05	5.46E−04	9.21E−03	1.47E−01	5.39E−01	5.93E−01	7.38E−01
band= 9	k_{ext} (m^2/kg)	1.71E+01	1.71E+01	1.72E+01	1.74E+01	1.91E+01	2.97E+01	7.67E+01	1.85E+02	3.01E+02	2.28E+02	9.13E+01	4.21E+01
band= 9	k_{abs} (m^2/kg)	1.71E+01	1.71E+01	1.72E+01	1.72E+01	1.75E+01	1.86E+01	2.06E+01	2.31E+01	2.40E+01	2.30E+01	1.98E+01	1.44E+01
band= 9	GFactor(—)	9.50E−05	3.80E−04	1.52E−03	6.07E−03	2.41E−02	9.50E−02	3.69E−01	7.53E−01	8.88E−01	9.13E−01	9.05E−01	9.47E−01
band= 9	PMOM2(—)	9.98E−02	9.98E−02	9.98E−02	9.98E−02	1.00E−01	1.04E−01	1.60E−01	4.92E−01	7.58E−01	8.28E−01	8.30E−01	8.94E−01

续表

Band Number		Parameter	r/0.005～0.01/	r/0.01～0.02/	r/0.02～0.04/	r/0.04～0.08/	r/0.08～0.16/	r/0.16～0.32/	r/0.32～0.64/	r/0.64～1.28/	r/1.28～2.56/	r/2.56～5.12/	r/5.12～10.24/	r/10.24～20.48/
band=	9	PMOM3(-)	-1.24E-08	-5.73E-09	1.02E-07	1.82E-06	2.90E-05	4.51E-04	7.38E-03	1.17E-01	4.89E-01	6.58E-01	6.83E-01	7.92E-01
band=	9	PMOM4(-)	-1.24E-08	-5.73E-09	1.02E-07	1.82E-06	2.90E-05	4.51E-04	7.38E-03	1.17E-01	4.89E-01	6.58E-01	6.83E-01	7.92E-01
band=	10	k_{ext}(m²/kg)	2.58E+01	2.62E+01	2.84E+01	4.52E+01	1.69E+02	7.38E+02	1.54E+03	9.54E+02	3.89E+02	1.75E+02	8.37E+01	4.07E+01
band=	10	k_{abs}(m²/kg)	2.58E+01	2.59E+01	2.62E+01	2.75E+01	3.21E+01	4.41E+01	5.72E+01	6.07E+01	5.46E+01	4.08E+01	2.79E+01	1.68E+01
band=	10	GFactor(-)	5.02E-04	2.00E-03	7.99E-03	3.15E-02	1.23E-01	4.83E-01	7.22E-01	7.31E-01	7.59E-01	8.35E-01	9.01E-01	9.36E-01
band=	10	PMOM2(-)	9.93E-02	9.93E-02	9.93E-02	9.97E-02	1.05E-01	1.97E-01	4.88E-01	5.88E-01	6.63E-01	7.52E-01	8.34E-01	8.98E-01
band=	10	PMOM3(-)	-2.63E-09	1.50E-07	2.58E-06	4.03E-05	5.98E-04	9.96E-03	1.61E-01	3.46E-01	4.84E-01	6.14E-01	7.33E-01	8.39E-01
band=	10	PMOM4(-)	-2.63E-09	1.50E-07	2.58E-06	4.03E-05	5.98E-04	9.96E-03	1.61E-01	3.46E-01	4.84E-01	6.14E-01	7.33E-01	8.39E-01
band=	11	k_{ext}(m²/kg)	4.85E+01	5.22E+01	7.97E+01	2.87E+02	1.36E+03	3.32E+03	2.14E+03	7.37E+02	3.49E+02	1.68E+02	8.12E+01	3.98E+01
band=	11	k_{abs}(m²/kg)	4.80E+01	4.86E+01	5.08E+01	5.90E+01	8.09E+01	1.13E+02	1.22E+02	1.11E+02	8.09E+01	5.54E+01	3.34E+01	1.78E+01
band=	11	GFactor(-)	1.65E-03	6.57E-03	2.60E-02	1.01E-01	4.06E-01	7.00E-01	7.14E-01	7.15E-01	8.20E-01	8.89E-01	9.28E-01	9.43E-01
band=	11	PMOM2(-)	9.93E-02	9.93E-02	9.95E-02	1.03E-01	1.66E-01	4.45E-01	5.74E-01	6.31E-01	7.34E-01	8.21E-01	8.88E-01	9.22E-01
band=	11	PMOM3(-)	9.68E-08	1.73E-06	2.73E-05	4.05E-04	6.46E-03	1.18E-01	3.49E-01	4.64E-01	5.96E-01	7.22E-01	8.30E-01	8.95E-01
band=	11	PMOM4(-)	9.68E-08	1.73E-06	2.73E-05	4.05E-04	6.46E-03	1.18E-01	3.49E-01	4.64E-01	5.96E-01	7.22E-01	8.30E-01	8.95E-01
band=	12	k_{ext}(m²/kg)	7.67E+01	9.48E+01	2.32E+02	1.17E+03	4.24E+03	4.81E+03	1.34E+03	6.91E+02	3.38E+02	1.63E+02	8.02E+01	3.95E+01
band=	12	k_{abs}(m²/kg)	7.44E+01	7.63E+01	8.39E+01	1.07E+02	1.64E+02	1.86E+02	1.83E+02	1.43E+02	1.00E+02	6.35E+01	3.52E+01	1.78E+01
band=	12	GFactor(-)	3.46E-03	1.38E-02	5.39E-02	2.12E-01	6.37E-01	7.46E-01	6.00E-01	7.88E-01	8.67E-01	9.17E-01	9.40E-01	9.45E-01
band=	12	PMOM2(-)	9.93E-02	9.93E-02	1.00E-01	1.16E-01	3.08E-01	5.81E-01	4.91E-01	6.95E-01	7.90E-01	8.67E-01	9.15E-01	9.29E-01
band=	12	PMOM3(-)	4.58E-07	7.43E-06	1.14E-04	1.69E-03	3.25E-02	3.10E-01	2.87E-01	5.30E-01	6.76E-01	7.94E-01	8.80E-01	9.09E-01
band=	12	PMOM4(-)	4.58E-07	7.43E-06	1.14E-04	1.69E-03	3.25E-02	3.10E-01	2.87E-01	5.30E-01	6.76E-01	7.94E-01	8.80E-01	9.09E-01
band=	13	k_{ext}(m²/kg)	9.23E+01	1.32E+02	4.31E+02	2.23E+03	6.25E+03	4.61E+03	1.47E+03	7.29E+02	3.45E+02	1.63E+02	7.97E+01	3.94E+01
band=	13	k_{abs}(m²/kg)	8.72E+01	9.06E+01	1.03E+02	1.38E+02	2.00E+02	2.22E+02	2.07E+02	1.52E+02	1.07E+02	6.56E+01	3.55E+01	1.78E+01
band=	13	GFactor(-)	4.90E-03	1.94E-02	7.58E-02	3.10E-01	6.78E-01	7.27E-01	7.01E-01	8.20E-01	8.84E-01	9.25E-01	9.42E-01	9.46E-01
band=	13	PMOM2(-)	9.93E-02	9.94E-02	1.01E-01	1.35E-01	4.11E-01	5.93E-01	6.22E-01	7.38E-01	8.14E-01	8.82E-01	9.21E-01	9.30E-01
band=	13	PMOM3(-)	9.01E-07	1.44E-05	2.18E-04	3.40E-03	7.73E-02	3.73E-01	4.57E-01	6.05E-01	7.12E-01	8.20E-01	8.92E-01	9.11E-01
band=	13	PMOM4(-)	9.01E-07	1.44E-05	2.18E-04	3.40E-03	7.73E-02	3.73E-01	4.57E-01	6.05E-01	7.12E-01	8.20E-01	8.92E-01	9.11E-01

续表

Band Number		Parameter	r/0.005～0.01/	r/0.01～0.02/	r/0.02～0.04/	r/0.04～0.08/	r/0.08～0.16/	r/0.16～0.32/	r/0.32～0.64/	r/0.64～1.28/	r/1.28～2.56/	r/2.56～5.12/	r/5.12～10.24/	r/10.24～20.48/
band=	14	k_{ext}(m^2/kg)	1.15E+02	1.65E+02	5.49E+02	2.68E+03	6.84E+03	4.35E+03	1.56E+03	6.96E+02	3.39E+02	1.63E+02	7.96E+01	3.93E+01
band=	14	k_{abs}(m^2/kg)	1.08E+02	1.13E+02	1.31E+02	1.76E+02	2.49E+02	2.69E+02	2.45E+02	1.73E+02	1.17E+02	6.84E+01	3.57E+01	1.78E+01
band=	14	GFactor(—)	5.54E−03	2.20E−02	8.55E−02	3.55E−01	6.93E−01	7.15E−01	7.47E−01	8.27E−01	8.97E−01	9.31E−01	9.44E−01	9.46E−01
band=	14	PMOM2(—)	9.93E−02	9.94E−02	1.02E−01	1.46E−01	4.43E−01	5.83E−01	6.72E−01	7.43E−01	8.32E−01	8.95E−01	9.25E−01	9.31E−01
band=	14	PMOM3(—)	1.16E−06	1.84E−05	2.76E−04	4.45E−03	1.01E−01	3.73E−01	5.20E−01	6.10E−01	7.37E−01	8.44E−01	9.00E−01	9.12E−01
band=	14	PMOM4(—)	1.16E−06	1.84E−05	2.76E−04	4.45E−03	1.01E−01	3.73E−01	5.20E−01	6.10E−01	7.37E−01	8.44E−01	9.00E−01	9.12E−01
band=	15	k_{ext}(m^2/kg)	1.75E+02	2.40E+02	7.26E+02	3.20E+03	7.35E+03	4.04E+03	1.61E+03	6.75E+02	3.24E+02	1.62E+02	7.95E+01	3.93E+01
band=	15	k_{abs}(m^2/kg)	1.66E+02	1.75E+02	2.04E+02	2.79E+02	3.79E+02	3.96E+02	3.31E+02	2.19E+02	1.34E+02	7.21E+01	3.60E+01	1.77E+01
band=	15	GFactor(—)	6.20E−03	2.45E−02	9.55E−02	4.03E−01	7.13E−01	7.13E−01	7.95E−01	8.56E−01	9.17E−01	9.39E−01	9.45E−01	9.47E−01
band=	15	PMOM2(—)	9.93E−02	9.95E−02	1.03E−01	1.59E−01	4.74E−01	5.81E−01	7.20E−01	7.75E−01	8.67E−01	9.13E−01	9.28E−01	9.31E−01
band=	15	PMOM3(—)	1.45E−06	2.30E−05	3.44E−04	5.71E−03	1.27E−01	3.73E−01	5.79E−01	6.53E−01	7.92E−01	8.78E−01	9.06E−01	9.14E−01
band=	15	PMOM4(—)	1.45E−06	2.30E−05	3.44E−04	5.71E−03	1.27E−01	3.73E−01	5.79E−01	6.53E−01	7.92E−01	8.78E−01	9.06E−01	9.14E−01
band=	16	k_{ext}(m^2/kg)	3.81E+02	4.84E+02	1.19E+03	4.27E+03	8.01E+03	3.60E+03	1.57E+03	6.84E+02	3.33E+02	1.62E+02	7.94E+01	3.93E+01
band=	16	k_{abs}(m^2/kg)	3.70E+02	3.91E+02	4.66E+02	6.48E+02	7.98E+02	7.31E+02	5.04E+02	2.87E+02	1.49E+02	7.35E+01	3.59E+01	1.77E+01
band=	16	GFactor(—)	7.39E−03	2.92E−02	1.14E−01	4.84E−01	7.46E−01	7.23E−01	8.60E−01	9.11E−01	9.35E−01	9.43E−01	9.45E−01	9.46E−01
band=	16	PMOM2(—)	9.93E−02	9.95E−02	1.04E−01	1.87E−01	5.21E−01	5.90E−01	7.87E−01	8.55E−01	9.04E−01	9.24E−01	9.29E−01	9.31E−01
band=	16	PMOM3(—)	2.08E−06	3.27E−05	4.89E−04	8.51E−03	1.74E−01	3.86E−01	6.61E−01	7.70E−01	8.58E−01	8.96E−01	9.08E−01	9.13E−01
band=	16	PMOM4(—)	2.08E−06	3.27E−05	4.89E−04	8.51E−03	1.74E−01	3.86E−01	6.61E−01	7.70E−01	8.58E−01	8.96E−01	9.08E−01	9.13E−01
band=	17	k_{ext}(m^2/kg)	9.44E+02	1.16E+03	2.48E+03	6.87E+03	8.54E+03	3.04E+03	1.44E+03	6.83E+02	3.30E+02	1.61E+02	7.92E+01	3.92E+01
band=	17	k_{abs}(m^2/kg)	9.23E+02	9.91E+02	1.21E+03	1.68E+03	1.66E+03	1.24E+03	6.68E+02	3.23E+02	1.52E+02	7.31E+01	3.58E+01	1.77E+01
band=	17	GFactor(—)	9.93E−03	3.92E−02	1.54E−01	6.02E−01	7.83E−01	7.79E−01	9.17E−01	9.41E−01	9.40E−01	9.44E−01	9.45E−01	9.46E−01
band=	17	PMOM2(—)	9.93E−02	9.98E−02	1.08E−01	2.49E−01	5.93E−01	6.46E−01	8.60E−01	9.13E−01	9.17E−01	9.25E−01	9.29E−01	9.31E−01
band=	17	PMOM3(—)	3.76E−06	5.85E−05	8.79E−04	1.68E−02	2.72E−01	4.54E−01	7.58E−01	8.62E−01	8.82E−01	9.01E−01	9.09E−01	9.14E−01
band=	17	PMOM4(—)	3.76E−06	5.85E−05	8.79E−04	1.68E−02	2.72E−01	4.54E−01	7.58E−01	8.62E−01	8.82E−01	9.01E−01	9.09E−01	9.14E−01

附表 4　可见光波段内黑碳-硫酸盐 Core-shell 混合气溶胶的光学性质

[黑碳体积分数为 25%，$r1 \sim r12$ 分别对 0.0075～15.36 μm(详见 BCC_RAD 的气溶胶分档)]

$RH = 0.2$	Q_e	Q_a	Q_s	ω	ASY
$r1$	2.56794	0.001355	2.566585	0.00053	0.001645
$r2$	2.620905	0.01092	2.60999	0.004185	0.00656
$r3$	2.863475	0.08896	2.77452	0.031195	0.026085
$r4$	3.993935	0.698015	3.29592	0.17519	0.105805
$r5$	6.359065	2.622515	3.73655	0.412765	0.415325
$r6$	4.95423	2.42967	2.52456	0.490515	0.7351
$r7$	2.23613	1.00284	1.23329	0.44819	0.885115
$r8$	1.056785	0.48916	0.56762	0.462865	0.954165
$r9$	0.52377	0.270895	0.25288	0.517505	0.92816
$r10$	0.24533	0.13215	0.11317	0.538415	0.934565
$r11$	0.119295	0.0651	0.054195	0.545655	0.93855
$r12$	0.058525	0.03227	0.026255	0.551385	0.93959
$RH = 0.5$	Q_e	Q_a	Q_s	ω	ASY
$r1$	2.712515	0.0014	2.71111	0.000515	0.001625
$r2$	2.76771	0.011275	2.756435	0.004085	0.00649
$r3$	3.01993	0.091885	2.928045	0.03052	0.0258
$r4$	4.19182	0.721305	3.47051	0.17239	0.10466
$r5$	6.64431	2.72387	3.92044	0.41022	0.41168
$r6$	5.17937	2.538925	2.640445	0.49027	0.73294
$r7$	2.33953	1.053935	1.285595	0.450265	0.881555
$r8$	1.100885	0.5085	0.59239	0.46184	0.95526
$r9$	0.551845	0.28298	0.268865	0.512725	0.93218
$r10$	0.25971	0.13986	0.11985	0.538255	0.936385
$r11$	0.125555	0.06817	0.057385	0.542945	0.93838
$r12$	0.06174	0.03395	0.02779	0.54988	0.941125
$RH = 0.7$	Q_e	Q_a	Q_s	ω	ASY
$r1$	2.774595	0.00142	2.773175	0.000515	0.00162
$r2$	2.830745	0.01143	2.81932	0.00405	0.006465
$r3$	3.087085	0.09313	2.993955	0.03025	0.02569
$r4$	4.276665	0.73121	3.545455	0.171245	0.104215
$r5$	6.76722	2.767395	3.999825	0.40917	0.41024
$r6$	5.276495	2.585965	2.690525	0.490155	0.732045
$r7$	2.38415	1.07612	1.308025	0.451165	0.87999
$r8$	1.119745	0.517135	0.60261	0.46176	0.9552
$r9$	0.5634	0.28792	0.27548	0.51081	0.933695
$r10$	0.26609	0.1433	0.12279	0.538285	0.93695
$r11$	0.128315	0.06959	0.05873	0.54231	0.93833
$r12$	0.063165	0.03472	0.02845	0.549585	0.941465

续表

$RH=0.9$	Q_e	Q_a	Q_s	ω	ASY
$r1$	2.85278	0.001445	2.85134	0.00051	0.00161
$r2$	2.91013	0.01162	2.89851	0.004005	0.00643
$r3$	3.17165	0.09469	3.07695	0.029925	0.025565
$r4$	4.38353	0.743665	3.639865	0.16987	0.103705
$r5$	6.922615	2.82236	4.100255	0.407885	0.40854
$r6$	5.39938	2.645405	2.75397	0.49	0.730955
$r7$	2.440585	1.104245	1.336345	0.452285	0.878025
$r8$	1.143565	0.52834	0.615225	0.46194	0.954735
$r9$	0.57744	0.29393	0.28351	0.508575	0.93539
$r10$	0.274275	0.147725	0.12655	0.53838	0.93745
$r11$	0.131885	0.071475	0.06041	0.541965	0.938315
$r12$	0.065015	0.035725	0.029285	0.549525	0.94183
$RH=0.95$	Q_e	Q_a	Q_s	ω	ASY
$r1$	2.883665	0.001455	2.88221	0.00051	0.00161
$r2$	2.94149	0.0117	2.929785	0.003985	0.006415
$r3$	3.205035	0.09531	3.10973	0.0298	0.02552
$r4$	4.4257	0.748555	3.677145	0.16934	0.103515
$r5$	6.984065	2.844045	4.140015	0.40739	0.4079
$r6$	5.448005	2.668895	2.779105	0.489935	0.730535
$r7$	2.46292	1.115395	1.34752	0.45272	0.877255
$r8$	1.152985	0.53286	0.620125	0.46209	0.95444
$r9$	0.582825	0.29623	0.2866	0.507735	0.936005
$r10$	0.27755	0.149495	0.12805	0.53843	0.93759
$r11$	0.133325	0.072255	0.061075	0.541955	0.93833
$r12$	0.065715	0.03609	0.02962	0.54925	0.941925
$RH=0.99$	Q_e	Q_a	Q_s	ω	ASY
$r1$	2.9183	0.001465	2.91684	0.0005	0.001605
$r2$	2.97665	0.011785	2.964865	0.00397	0.0064
$r3$	3.24249	0.096	3.14649	0.02967	0.02547
$r4$	4.47301	0.75404	3.71897	0.168755	0.10331
$r5$	7.053125	2.86841	4.18471	0.40684	0.4072
$r6$	5.502665	2.69529	2.807375	0.48986	0.730065
$r7$	2.48802	1.127935	1.360085	0.453205	0.87639
$r8$	1.163575	0.538	0.625575	0.462305	0.95404
$r9$	0.588765	0.298755	0.290005	0.50682	0.936635
$r10$	0.281265	0.151505	0.12976	0.53847	0.937705
$r11$	0.134965	0.073155	0.061815	0.54202	0.93836
$r12$	0.066515	0.03652	0.029995	0.54905	0.942055

附表 5　可见光波段内黑碳-有机碳 Core-shell 混合粒子的光学性质
（参数设置同附表 4）

$RH=0.2$	Q_e	Q_a	Q_s	ω	ASY
r1	2.772855	0.00154	2.771315	0.000555	0.00169
r2	2.831855	0.012405	2.81945	0.0044	0.006745
r3	3.103485	0.101135	3.00235	0.0327	0.02682
r4	4.377645	0.79224	3.58541	0.18127	0.10889
r5	7.04381	2.941975	4.101835	0.41786	0.424775
r6	5.472595	2.68391	2.788685	0.49048	0.74008
r7	2.465165	1.0964	1.368765	0.44463	0.8911
r8	1.172145	0.55056	0.621585	0.46971	0.94518
r9	0.562385	0.296245	0.26614	0.526935	0.919705
r10	0.264895	0.14296	0.121935	0.539695	0.93212
r11	0.128965	0.07077	0.058195	0.54876	0.939255
r12	0.063175	0.03479	0.02838	0.550705	0.940575
$RH=0.5$	Q_e	Q_a	Q_s	ω	ASY
r1	2.83163	0.00152	2.83011	0.00054	0.00166
r2	2.89058	0.01222	2.878355	0.00424	0.006615
r3	3.16092	0.09958	3.061335	0.031595	0.026295
r4	4.42269	0.780885	3.641805	0.17681	0.1067
r5	7.057905	2.921075	4.136825	0.414045	0.41822
r6	5.490885	2.69208	2.7988	0.49033	0.73675
r7	2.47662	1.107255	1.369365	0.446935	0.88724
r8	1.1737	0.54502	0.62868	0.464365	0.9524
r9	0.57568	0.2993	0.27638	0.51995	0.926325
r10	0.26984	0.145145	0.1247	0.537805	0.93495
r11	0.131435	0.07174	0.059695	0.545805	0.941125
r12	0.06438	0.035325	0.029055	0.5487	0.94298
$RH=0.7$	Q_e	Q_a	Q_s	ω	ASY
r1	2.85883	0.001505	2.85732	0.00053	0.00164
r2	2.91771	0.01212	2.90559	0.00417	0.00655
r3	3.187255	0.09877	3.088485	0.03107	0.02606
r4	4.44238	0.774875	3.667505	0.174655	0.105715
r5	7.06393	2.910315	4.153615	0.412165	0.41515
r6	5.499375	2.695755	2.803615	0.49024	0.735035
r7	2.482045	1.11331	1.368735	0.4484	0.88476
r8	1.172845	0.542765	0.630085	0.46277	0.954395
r9	0.58141	0.300255	0.281155	0.51632	0.92946
r10	0.2726	0.146545	0.12605	0.53747	0.93621
r11	0.132465	0.07204	0.060425	0.54383	0.94092
r12	0.06501	0.035645	0.02936	0.54832	0.943955

续表

$RH=0.9$	Q_e	Q_a	Q_s	ω	ASY
r1	2.89324	0.001485	2.891755	0.000515	0.001625
r2	2.95196	0.011975	2.93999	0.00407	0.006475
r3	3.22011	0.09755	3.12256	0.030365	0.025755
r4	4.46494	0.76578	3.699165	0.17171	0.104465
r5	7.068175	2.893575	4.1746	0.409535	0.4111
r6	5.50822	2.69922	2.809005	0.49008	0.7326
r7	2.488275	1.121765	1.366505	0.45068	0.880835
r8	1.170035	0.540335	0.6297	0.461785	0.95533
r9	0.58733	0.30057	0.28676	0.51139	0.933425
r10	0.276855	0.148895	0.127965	0.537625	0.937445
r11	0.133745	0.072455	0.061285	0.54174	0.93986
r12	0.065775	0.03603	0.029745	0.54776	0.943935
$RH=0.95$	Q_e	Q_a	Q_s	ω	ASY
r1	2.90703	0.00148	2.90555	0.00051	0.001615
r2	2.965655	0.011905	2.95375	0.004025	0.006445
r3	3.23312	0.097	3.13612	0.030065	0.02563
r4	4.473215	0.761645	3.71157	0.17046	0.103965
r5	7.06896	2.88589	4.18307	0.4084	0.40943
r6	5.51134	2.70027	2.811065	0.489995	0.73154
r7	2.49064	1.125435	1.365205	0.451725	0.87901
r8	1.16849	0.53967	0.62882	0.461815	0.955065
r9	0.588945	0.300285	0.28866	0.50938	0.934915
r10	0.278895	0.150065	0.12883	0.53789	0.93771
r11	0.134335	0.072745	0.061595	0.541495	0.939275
r12	0.066185	0.036295	0.02989	0.548405	0.943415
$RH=0.99$	Q_e	Q_a	Q_s	ω	ASY
r1	2.92688	0.00147	2.925405	0.0005	0.001605
r2	2.985475	0.01184	2.97363	0.003975	0.00641
r3	3.252475	0.096475	3.15599	0.029725	0.025495
r4	4.488645	0.75776	3.73088	0.168995	0.1034
r5	7.079795	2.880835	4.198955	0.407055	0.40752
r6	5.522845	2.705265	2.81758	0.489875	0.730285
r7	2.496955	1.131435	1.365515	0.45299	0.876775
r8	1.168295	0.54005	0.628245	0.4622	0.95424
r9	0.590895	0.30004	0.290855	0.50716	0.936435
r10	0.281865	0.15179	0.130075	0.53835	0.937765
r11	0.13533	0.073325	0.062005	0.541835	0.93856
r12	0.06669	0.0366	0.03009	0.548815	0.942385

附表 6　冰云消光系数参数表　　（单位：cm^{-1}）

波段	有效半径	5 μm	10 μm	20 μm	35 μm	50 μm	70 μm
1	10～250	1.25E+03	1.01E+03	7.12E+02	4.09E+02	3.14E+02	2.29E+02
2	250～550	1.45E+03	1.21E+03	7.89E+02	4.38E+02	3.23E+02	2.26E+02
3	550～780	3.12E+03	1.78E+03	8.93E+02	4.88E+02	3.29E+02	2.27E+02
4	780～990	2.23E+03	1.31E+03	7.28E+02	4.14E+02	2.98E+02	2.14E+02
5	990～1200	2.44E+03	1.56E+03	8.27E+02	4.56E+02	3.12E+02	2.18E+02
6	1200～1430	3.26E+03	1.77E+03	8.59E+02	4.71E+02	3.17E+02	2.20E+02
7	1430～2110	3.46E+03	1.73E+03	8.27E+02	4.62E+02	3.14E+02	2.19E+02
8	2110～2680	3.65E+03	1.73E+03	8.17E+02	4.60E+02	3.14E+02	2.20E+02
9	2680～5200	3.26E+03	1.62E+03	7.90E+02	4.45E+02	3.07E+02	2.17E+02
10	5200～12000	3.19E+03	1.57E+03	7.70E+02	4.37E+02	3.03E+02	2.15E+02
11	12000～22000	3.15E+03	1.55E+03	7.65E+02	4.35E+02	3.02E+02	2.15E+02
12	22000～31000	3.08E+03	1.53E+03	7.59E+02	4.33E+02	3.02E+02	2.15E+02
13	31000～33000	3.08E+03	1.53E+03	7.58E+02	4.32E+02	3.02E+02	2.15E+02
14	33000～35000	3.07E+03	1.52E+03	7.58E+02	4.32E+02	3.02E+02	2.15E+02
15	35000～37000	3.07E+03	1.52E+03	7.58E+02	4.32E+02	3.02E+02	2.15E+02
16	37000～43000	3.07E+03	1.52E+03	7.57E+02	4.32E+02	3.02E+02	2.15E+02
17	43000～49000	3.06E+03	1.52E+03	7.56E+02	4.32E+02	3.01E+02	2.15E+02

附表 7　冰云吸收系数参数表　（单位：cm^{-1}）

	波段＼有效半径	5 μm	10 μm	20 μm	35 μm	50 μm	70 μm
1	10～250	1.04E+03	7.01E+02	4.15E+02	2.22E+02	1.56E+02	1.06E+02
2	250～550	4.53E+02	3.56E+02	2.55E+02	1.54E+02	1.22E+02	9.20E+01
3	550～780	1.42E+03	8.03E+02	4.13E+02	2.22E+02	1.50E+02	1.02E+02
4	780～990	1.46E+03	7.75E+02	3.90E+02	2.15E+02	1.47E+02	1.02E+02
5	990～1200	6.79E+02	4.76E+02	3.09E+02	1.80E+02	1.37E+02	1.00E+02
6	1200～1430	9.10E+02	5.88E+02	3.47E+02	1.95E+02	1.42E+02	1.02E+02
7	1430～2110	9.02E+02	5.68E+02	3.31E+02	1.89E+02	1.38E+02	9.94E+01
8	2110～2680	5.42E+02	3.77E+02	2.48E+02	1.52E+02	1.18E+02	9.02E+01
9	2680～5200	4.34E+02	2.52E+02	1.51E+02	9.76E+01	7.76E+01	6.20E+01
10	5200～12000	6.95E+00	6.75E+00	6.63E+00	6.43E+00	6.40E+00	6.25E+00
11	12000～22000	1.59E−02	1.70E−02	1.91E−02	2.17E−02	2.30E−02	2.41E−02
12	22000～31000	2.54E−03	6.01E−03	6.91E−03	8.15E−03	8.69E−03	9.14E−03
13	31000～33000	2.91E−03	6.90E−03	7.94E−03	9.32E−03	9.94E−03	1.04E−02
14	33000～35000	3.44E−03	8.17E−03	9.41E−03	1.10E−02	1.17E−02	1.22E−02
15	35000～37000	7.08E−03	1.14E−02	1.27E−02	1.49E−02	1.58E−02	1.66E−02
16	37000～43000	1.47E−02	1.81E−02	1.95E−02	2.29E−02	2.42E−02	2.53E−02
17	43000～49000	3.42E−02	3.49E−02	3.68E−02	4.31E−02	4.55E−02	4.77E−02

附表 8　冰云不对称因子参数表

	有效半径 波段	5 μm	10 μm	20 μm	35 μm	50 μm	70 μm
1	10～250	6.95E+01	1.64E+02	2.12E+02	1.48E+02	1.34E+02	1.09E+02
2	250～550	6.75E+02	6.36E+02	4.35E+02	2.43E+02	1.80E+02	1.25E+02
3	550～780	1.26E+03	7.86E+02	4.15E+02	2.35E+02	1.64E+02	1.17E+02
4	780～990	6.36E+02	4.76E+02	3.16E+02	1.88E+02	1.45E+02	1.08E+02
5	990～1200	1.53E+03	9.73E+02	4.79E+02	2.59E+02	1.68E+02	1.14E+02
6	1200－1430	2.02E+03	1.04E+03	4.69E+02	2.56E+02	1.67E+02	1.14E+02
7	1430～2110	2.19E+03	1.02E+03	4.52E+02	2.54E+02	1.68E+02	1.16E+02
8	2110～2680	2.48E+03	1.12E+03	5.00E+02	2.77E+02	1.82E+02	1.25E+02
9	2680～5200	2.33E+03	1.14E+03	5.53E+02	3.09E+02	2.10E+02	1.45E+02
10	5200～12000	2.49E+03	1.24E+03	6.25E+02	3.63E+02	2.57E+02	1.86E+02
11	12000～22000	2.48E+03	1.24E+03	6.27E+02	3.65E+02	2.60E+02	1.89E+02
12	22000～31000	2.44E+03	1.22E+03	6.18E+02	3.60E+02	2.57E+02	1.87E+02
13	31000～33000	2.43E+03	1.22E+03	6.17E+02	3.60E+02	2.57E+02	1.87E+02
14	33000～35000	2.43E+03	1.22E+03	6.16E+02	3.59E+02	2.56E+02	1.87E+02
15	35000～37000	2.42E+03	1.22E+03	6.14E+02	3.58E+02	2.56E+02	1.86E+02
16	37000～43000	2.41E+03	1.21E+03	6.11E+02	3.56E+02	2.54E+02	1.86E+02
17	43000～49000	2.38E+03	1.19E+03	6.02E+02	3.52E+02	2.51E+02	1.83E+02

附表9 冰云前向峰因子参数表

波段 \ 有效半径		5 μm	10 μm	20 μm	35 μm	50 μm	70 μm
1	10～250	0.00E+00	0.00E+00	0.00E+00	0.00E+00	0.00E+00	0.00E+00
2	250～550	0.00E+00	0.00E+00	0.00E+00	0.00E+00	0.00E+00	0.00E+00
3	550～780	0.00E+00	0.00E+00	0.00E+00	0.00E+00	0.00E+00	0.00E+00
4	780～990	0.00E+00	0.00E+00	0.00E+00	0.00E+00	0.00E+00	0.00E+00
5	990～1200	0.00E+00	0.00E+00	0.00E+00	0.00E+00	0.00E+00	0.00E+00
6	1200～1430	0.00E+00	0.00E+00	0.00E+00	0.00E+00	0.00E+00	0.00E+00
7	1430～2110	0.00E+00	0.00E+00	0.00E+00	0.00E+00	0.00E+00	0.00E+00
8	2110～2680	0.00E+00	0.00E+00	0.00E+00	0.00E+00	0.00E+00	0.00E+00
9	2680～5200	1.69E+03	8.47E+02	4.28E+02	2.52E+02	1.79E+02	1.29E+02
10	5200～12000	1.72E+03	8.62E+02	4.50E+02	2.77E+02	2.04E+02	1.53E+02
11	12000～22000	1.71E+03	8.57E+02	4.49E+02	2.78E+02	2.06E+02	1.55E+02
12	22000～31000	1.64E+03	8.37E+02	4.45E+02	2.76E+02	2.06E+02	1.56E+02
13	31000～33000	1.65E+03	8.40E+02	4.46E+02	2.77E+02	2.06E+02	1.56E+02
14	33000～35000	1.67E+03	8.44E+02	4.47E+02	2.77E+02	2.06E+02	1.56E+02
15	35000～37000	1.61E+03	8.32E+02	4.46E+02	2.76E+02	2.06E+02	1.56E+02
16	37000～43000	1.62E+03	8.35E+02	4.46E+02	2.77E+02	2.07E+02	1.56E+02
17	43000～49000	1.65E+03	8.43E+02	4.48E+02	2.78E+02	2.07E+02	1.56E+02